高等职业教育土建类专业课程改革系列教材

房屋建筑与装饰工程概预算

主　编　王娟丽　杨文娟
副主编　孙　婧　马睿涓
参　编　祁巧艳　毕　明　梁　明
主　审　冯　雷　杨　晶

机械工业出版社

本书内容包括建设工程定额原理和概预算编制两部分，共13章。定额原理部分包括定额概论、施工定额、预算定额、企业定额、概算定额和概算指标、建筑安装工程费用等6章内容，详细阐述建筑工程定额的组成及消耗量指标的确定方法和编制原理。概预算部分包括建筑面积计算规范、工程计量、建设工程施工图预算、设计概算的编制、建设工程施工预算、工程价款结算、工程决算等7章内容，详细阐述建筑工程各阶段概预算文件的编制原理和方法。全书以社会需求为基本依据，以就业为导向，以学生为主体，在内容上注重与岗位实际要求紧密结合，体现教学组织的科学性和灵活性；在编写过程中，注重原理性、基础性、现代性，强化学习概念和综合思维，有助于学生知识与能力的协调发展。

本书可用作工程造价、工程管理、土木工程等相关专业的教材，也可供工程造价从业人员参考书使用，特别适用于大、中专院校工程管理类教材及成人造价员继续教育专用教材。

为方便教学，本书配有电子课件，凡使用本书作为教材的教师可登录机械工业出版社教育服务网 www.cmpedu.com 注册下载。咨询邮箱：cmpgaozhi@sina.com。咨询电话：010-88379375。

图书在版编目（CIP）数据

房屋建筑与装饰工程概预算/王娟丽，杨文娟主编．—北京：机械工业出版社，2014.8（2024.8重印）

高等职业教育土建类专业课程改革系列教材

ISBN 978-7-111-46942-1

Ⅰ.①房… Ⅱ.①王…②杨… Ⅲ.①建筑装饰-建筑概算定额-高等职业教育-教材②建筑装饰-建筑预算定额-高等职业教育-教材 Ⅳ.①TU723.3

中国版本图书馆CIP数据核字（2014）第169058号

机械工业出版社（北京市百万庄大街22号 邮政编码100037）

策划编辑：覃密道 常金锋 责任编辑：覃密道

版式设计：赵颖喆 责任校对：程俊巧

封面设计：张 静 责任印制：单爱军

北京虎彩文化传播有限公司印刷

2024年8月第1版·第7次印刷

184mm×260mm·21.5印张·1插页·524千字

标准书号：ISBN 978-7-111-46942-1

定价：46.00元

电话服务

客服电话：010-88361066

010-88379833

010-68326294

网络服务

机 工 官 网：www.cmpbook.com

机 工 官 博：weibo.com/cmp1952

金 书 网：www.golden-book.com

机工教育服务网：www.cmpedu.com

前　言

“房屋建筑与装饰工程概预算”是研究建筑产品生产成果与生产消耗之间定量关系以及如何合理确定建筑工程造价金额的一门综合性、实践性较强的应用型课程。通常所说的工程造价有两个方面的含义：一是工程投资费用，即业主为建造一项工程所需的固定资产投资、无形资产投资；二是工程建造的价格，即建筑企业为建造一项工程形成的工程建设总价或建筑安装总价。计价方式的科学、正确与否，从小处讲关系到一个企业的兴衰，从大处讲则关系到整个建筑工程行业的发展。认真学好“房屋建筑与装饰工程概预算”课程，掌握好定额计价方法和基本原理，是正确确定工程造价和学习全新计价模式的基础和基本要求。

为积极推进课程改革和教材建设，我们根据工程造价专业的教学要求，组织编写了本教材。在工程计量部分以《全国统一建筑工程基础定额　土建》为基础，结合甘肃省预算定额为依据，在工程价款结算部分以《建设工程工程量清单计价规范》（GB 50500—2013）为依据。教材结构完整，内容全面，案例结合当前实际工程应用，丰富而新颖，难易适当。

本教材内容包括建设工程定额原理和概预算编制两部分，共13章。定额原理部分包括定额概论、施工定额、预算定额、企业定额、概算定额和概算指标、建筑安装工程费用等6章内容，详细阐述建筑工程定额的组成及消耗量指标的确定方法和编制原理。概预算部分包括建筑面积计算规范、工程计量、建设工程施工图预算、设计概算的编制、建设工程施工预算、工程价款结算、工程决算等7章内容，详细阐述建筑工程各阶段概预算文件的编制原理和方法。

教材在总结教学经验和吸纳新知识的基础上，丰富了钢筋计算部分，引用国家现行11G101系列平法图集的节点详图进行了详实讲解；采用甘肃省现行预算定额计算规则，突出本课程的地域适用性，使学生就业后可迅速进入实务操作角色，加强学生就业后的职业能力。

本教材第1、2、5章由王娟丽编写，绪论、第8章由杨文娟编写，第9章由马睿涓编写，第12、13章及附录由孙婧编写，第6章由祁巧艳编写，第4、7章由毕明编写，第3、10、11章由梁明编写。全书由杨文娟统稿。由甘肃省造价管理总站副站长冯雷、甘肃建筑职业技术学院建筑经济管理系主任杨晶主审。本教材案例图纸选用广联达预算软件实训图纸，在此向北京广联达软件有限公司深表感谢！

本教材以社会需求为基本依据，以就业为导向，以学生为主体，在内容上注重与岗位实际要求紧密结合，体现教学组织的科学性和灵活性；在编写过程中，注重原理性、基础性、现代性，强化学习概念和综合思维，有助于学生知识与能力的协调发展。本书可用作工程造价、工程管理、土木工程等相关专业的教材，也可供工程造价从业人员参考使用，特别适用于大、中专院校工程管理类教材及成人造价员继续教育专用教材。

目前适逢我国建设工程造价管理制度的变革时期，相关的法律、法规、规章、制度陆续出台，加之编者学术水平和实践经验有限，书中缺点和不当之处难免存在，恳请读者批评指正。

编　者

目　　录

绪　论

【学习重点】

“房屋建筑与装饰工程概预算”课程的研究对象和任务；基本建设项目概念、分类和划分；工程造价基本概念及不同表现形式。

【学习目标】

通过本章学习，了解“房屋建筑与装饰工程概预算”课程的研究对象和任务；掌握基本建设项目概念；理解工程造价的内涵及不同建设阶段的表现形式。

0.1　房屋建筑与装饰工程概预算概述

0.1.1　房屋建筑与装饰工程概预算的研究对象

房屋建筑与装饰工程概预算就是对房屋建筑工程造价的计算，即工程计价。建筑产品的生产需要消耗一定的人力、物力、财力，它受到管理机制、管理水平、社会生产力发展水平等诸多因素的影响。在一定社会生产力水平条件下，完成单位合格建筑产品和生产消耗之间存在着以质量为基础的数量关系。用科学的方法，合理地确定这两者之间的关系，并把完成单位建筑产品的生产消耗（人工、材料、机械台班）用价值量的形式表示出来，就是工程造价的计算与确定，即工程概预算的研究对象。

具体地说，房屋建筑与装饰工程概预算是指工程造价人员在建设项目实施的各个阶段，根据各阶段的不同要求，遵循一定的原则和程序，采用科学的方法，对建设项目最可能实现的合理价格做出科学的计算，从而确定建设项目工程造价数额、编制工程造价文件的工作过程。

0.1.2　房屋建筑与装饰工程概预算的研究任务

房屋建筑与装饰工程概预算的基本任务是研究房屋建筑与装饰工程的计价依据、计价方法、计价手段和市场经济条件下建设工程概预算编制的最新动态。通过“房屋建筑与装饰工程概预算”课程的学习，学生应能掌握建设工程定额基本原理、工程费用的组成、工程量计算、工程造价管理的现状与发展趋势。本课程的核心任务是帮助学生建立工程造价计价及管理的严谨思维和科学方法，具有工程造价计价及管理的初步能力，并在此基础上，结合当前建筑市场经济竞争机制的需要，达到提高建筑工程投标报价的技巧和水平、加强建筑企业管理和经济核算能力的目的。

0.1.3　房屋建筑与装饰工程概预算与其他专业技能知识的关系

房屋建筑与装饰工程概预算的研究对象为房屋建筑与装饰工程，所以其先导知识应为“建筑制图与识图”、“房屋建筑学”、“建筑构造”、“建筑材料”、“建筑施工技术”等，通过以上先导知识的学习，学生应具备基本工程图识读能力，掌握建筑物基本构造、常用建筑材料，了解房屋建筑与装饰工程施工技术及施工工艺流程。同时，工程造价的计算和确定是从商品的价格形成因素出发，进而研究建筑产品的价格，所以学生还应具备一定的“工程经济学”的知识，以便于系统理解工程造价费用构成及形成原理。

通过“房屋建筑与装饰工程概预算”的学习，掌握房屋建筑与装饰工程在项目建设程序内各阶段概预算文件的编制方法，具备概预算文件的编制能力，为后续展开学习“安装工程预算”、“工程量清单计价”、“工程造价软件应用”等，提供知识保障，奠定基础。

0.1.4 房屋建筑与装饰工程概预算学习指导

房屋建筑与装饰工程概预算实践性、政策性较强，同时要兼顾地域特征对工程造价的影响。在学习的过程中应坚持理论联系实际，把国家相关规范和地区法规结合起来，在国家相关规范的指导下，以某地区定额、计价办法为主线展开学习，在了解工程造价行业共性的同时掌握地区特性，做到举一反三。在实践操作技能培养方面，应以应用为重点，采用小型案例和工程实例相结合的方法，边学边练，加强培养学生实际动手能力，使学生通过“房屋建筑与装饰工程概预算”学习，快速掌握实用的概预算编制技能及工程造价管理方法。

0.2 基本建设概述

0.2.1 基本建设的概念

基本建设是指固定资产扩大再生产的新建、扩建、改建、恢复工程及与之相关的其他工作。实际上基本建设是形成新的固定资产的经济活动过程，即把一定的物质资料（如建筑材料、机器设备等），通过购置、建造和安装等活动转化为固定资产，形成新的生产能力或使用效益的过程。与此相关的其他工作，如征用土地、勘察设计、筹建机构和生产职工培训等也属于基本建设。由此可见，基本建设实质上是形成新的固定资产的经济活动，是实现社会扩大再生产的重要手段。

所谓固定资产是指在社会再生产过程中，可供生产或生活较长时间，在使用过程中，基本保持原有实物形态的劳动资料或其他物资资料，如建筑物、构筑物、机械设备或电气设备。一般地，凡列为固定资产的劳动资料，应同时具备以下两个条件：①使用期限在一年以上；②劳动资料的单位价值在限额以上。限制的额度，对小型企业在1000元以上；中型企业在1500元以上；大型企业在2000元以上。

0.2.2 基本建设的内容

1. 建筑工程

建筑工程是指永久性和临时性的建筑物、构筑物的建造。建筑物为房屋及设备设施，包括土建工程，房屋内水、电、暖，以及为人们生活提供方便的设施；构筑物有桥梁、隧道、公路、铁路、矿山、水利及园林绿化工程等。

2. 设备安装工程

设备安装工程包括各种机械设备和电气设备的安装，与设备相连的工作台、梯子等的装设，附属于被安装设备的管线敷设和设备的绝缘、保温、油漆等，以及为测定安装质量对单个设备进行试运转的工作。

3. 设备、工具、器具的购置

设备、工具、器具及生产用具的购置是指车间、实验室、医院、学校、宾馆、车站等生产、工作、学习所应配备的各种设备、工具、器具、家具及实验设备的购置。

4. 其他基本建设工作

其他基本建设工作是指在上述工作之外而与建设项目有关的各项工作，如筹建机构、征用土地、培训工人及其他生产准备等工作。

0.2.3　基本建设的分类

1. 按照建设性质的不同分类

（1）新建项目　新建项目是指新开始建设的基本建设项目，或在原有固定资产的基础上扩大3倍以上规模的建设项目。这是基本建设的主要形式。

（2）扩建项目　扩建项目是指在原有固定资产的基础上扩大3倍以内规模的建设项目，其建设目的是为了扩大原有产品的生产能力或效益。

（3）改建项目　改建项目是指为了提高生产效率或使用效益，对原有设备、工艺流程进行技术改造的建设项目。这是基本建设的补充形式。

（4）迁建项目　迁建项目是指由于各种原因迁移到另外的地方建设的项目。迁建项目中符合新建、扩建、改建条件的，应分别作为新建、扩建或改建项目。

（5）恢复项目　恢复项目是指因遭受自然灾害或战争使得建筑物全部报废而投资重新恢复建设的项目，或部分报废后又按原规模重新恢复建设的项目。

2. 按照建设规模分类

基本建设项目按照设计生产能力和投资规模分为大型项目、中型项目和小型项目三类。习惯上将大型项目和中型项目合称为大中型项目。一般是按产品的设计能力或全部投资额来划分的。

3. 按照国民经济各行业性质和特点分类

建设项目分为竞争性项目、基础性项目和公益性项目三类。

（1）竞争性项目　竞争性项目指投资效益比较高、竞争性比较强的一般性建设项目。

（2）基础性项目　基础性项目指具有自然垄断性、建设周期长、投资额大而收益低的基础设施和需要政府重点扶持的一部分基础工业项目，以及直接增强国力的符合经济规模的支柱产业项目。

（3）公益性项目　公益性项目主要包括科技、文教、卫生、体育和环保等设施，公、检、法等政权机关，以及政府机关、社会团体办公设施和国防建设等。

0.2.4　基本建设项目的划分

1. 建设项目

建设项目是指有经过有关部门批准的立项文件和设计任务书，按一个总体设计组织施工、经济上实行独立核算、管理上具有独立组织形式的基本建设单位。如一座工厂、一所学校、一所医院等均为一个建设项目。一个建设项目由一个或几个单项工程组成。

2. 单项工程

单项工程是指在一个建设项目中具有独立的设计文件，竣工后可以独立发挥生产能力或效益的工程。它是建设项目的组成部分，如工业项目中的各个车间、办公楼等，民用项目中如学校的教学楼、图书馆、食堂等。

3. 单位工程

单位工程是竣工后一般不能独立发挥生产能力或效益，但具有独立的设计图纸，可以独立组织施工的工程。它是单项工程的组成部分，按其构成，又可将其分解为建筑工程和设备安装工程。

一般情况下，单位工程是进行工程成本核算的对象。单位工程产品的价格通过编制单位工程施工图预算来确定。

4. 分部工程

分部工程是单位工程的组成部分。按照工程部位、设备种类、使用材料的不同，可以将一个单位工程分解为若干个分部工程。如房屋的土建工程，按其不同的工种、不同的结构和部位可分为土石方工程、桩基础工程、砖石工程、混凝土及钢筋混凝土工程、金属结构工程、木结构工程、屋面及防水工程、保温隔热工程、楼地面工程、一般抹灰工程等分部工程。

5. 分项工程

分项工程是分部工程的组成部分。按照不同的施工方法、不同的材料、不同的规格，可将一个分部工程分解为若干个分项工程。如可将砖石砌筑工程分为砖砌体和毛石砌体两类，其中砖砌体又可分为砖基础、砖墙等分项工程。

分项工程是工程量计算的基本要素，是工程项目划分的基本单位，所以核算工程量均按分项工程计算。建设工程预算的编制就是从最小的分项工程开始，由小到大逐步汇总而成的。

建设项目、单项工程、单位工程、分部工程、分项工程之间的关系，如图 0-1 所示。

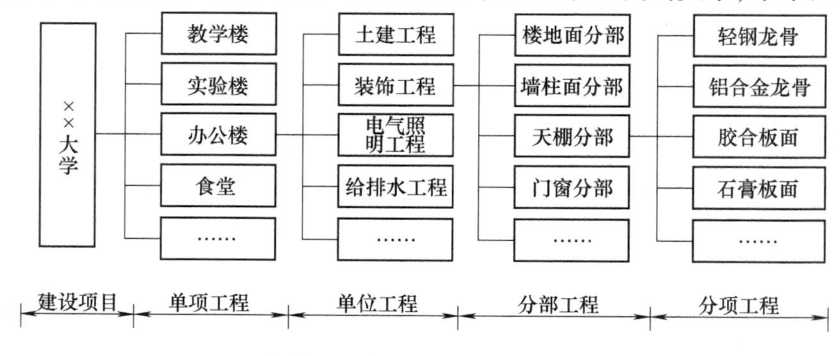

图 0-1　建设项目划分示意图

0.2.5　项目建设程序

项目建设程序是指建设项目从决策、设计、施工到竣工验收和后评价的全过程中，各项工作必须遵循的先后次序。

项目建设程序是人们在认识客观规律的基础上制定出来的，是建设项目科学决策和顺利实施的重要保证。按照建设项目发展的内在联系和发展过程，项目建设程序分成若干阶段，这些发展阶段有严格的先后次序，不能任意颠倒。

我国项目建设程序依次分为决策、勘察设计、建设实施、竣工验收和后评价五个阶段。

1. 决策阶段

决策阶段又称为建设前期工作阶段，主要包括编报项目建议书和可行性研究报告两项工作内容。

（1）编报项目建议书　编报项目建议书是项目建设最初阶段的工作。项目建议书是要求建设某一具体工程项目的建议文件，是投资决策前对拟建项目的轮廓设想。其主要作用是为了推荐一个拟建项目，以便在一个确定的地区或部门内，以自然资源和市场预测为基础，选择建设项目。项目建议书经批准后，可进行可行性研究工作，但并不表明项目非上不可，项目建议书不是项目的最终决策。

（2）可行性研究　可行性研究是在项目建议书被批准后，对项目在技术上和经济上是否可行所进行的科学分析和论证。可行性研究主要评价项目技术上的先进性和适用性、经济上的盈利性和合理性、建设的可能性和可行性，是一个由粗到细的分析研究过程，可以分为初步可行性研究和详细可行性研究两个阶段。

1）初步可行性研究的目的，是对项目初步评估进行专题辅助研究，广泛分析，筛选方案，界定项目的选择依据和标准，确定项目的初步可行性。通过编制初步可行性研究报告，判定是否有必要进行下一步的详细可行性研究。

2）详细可行性研究为项目决策提供技术、经济、社会及商业方面的依据，是项目投资决策的基础。其研究目的是对建设项目进行深入细致的技术经济论证，重点对建设项目进行财务效益和经济效益的分析评价，经过多方案比较，选择最佳方案，确定建设项目的最终可行性，本阶段的最终成果为可行性研究报告。

可行性研究工作完成后，需要编写出反映其全部工作成果的“可行性研究报告”。报告内容应包括：①建设项目提出的背景和依据；②市场需求情况和拟建规模；③资源、原材料、燃料及协作情况；④厂址方案和建厂条件；⑤设计方案；⑥环境保护；⑦生产组织、劳动定员；⑧投资估算和资金筹措；⑨产品成本估算；⑩经济效益评价；⑪结论。可行性研究报告经过审批通过之后，方可进入项目建设下一阶段的工作。

2. 勘察设计阶段

（1）勘察阶段　根据建设项目初步选址建议，进行拟建场地的岩土、水文地质、工程测量等方面的勘察，提出勘察报告，为设计做好充分准备。勘察报告主要包括拟建场地的工程地质条件、拟建场地的水文地质条件、场地及地基的建筑抗震设计条件、地基基础方案分析评价及相关建议、地下室开挖和支护方案评价及相关建议、降水对周围环境的影响、桩基工程设计与施工建议、其他合理化建议等内容。

（2）设计阶段　通过设计招标或设计方案选定设计单位后，即开始初步设计文件的编制工作。根据建设项目的不同情况，设计过程一般划分为两个阶段，即初步设计阶段和施工图设计阶段。对于大型复杂项目，可根据不同行业的特点和需要，增加技术设计阶段（扩大初步设计阶段）。初步设计是设计的第一步，如果初步设计提出的总概算超过投资估算10%以上或其他主要指标需要变动时，要重新报批可行性研究报告。

3. 建设实施阶段

建设实施阶段主要进行施工准备、组织施工和竣工前的生产准备三项工作。

（1）施工前的准备工作　项目在开工建设之前，要切实做好各项准备工作。主要内容包括征地，拆迁，三通（水、电、道路通）一平（场地平整），组织施工材料订货，准备必要的施工图纸，组织施工招投标，择优选定施工单位等。

（2）组织施工　项目经批准开工建设后，便进入建设实施阶段。项目新开工时间，按设计文件中规定的任何一项永久性工程第一次正式破土开槽时间而定，不需开槽的以正式打桩作为开工时间，铁路、公路、水库等以开始进行土石方工程作为正式开工时间。

（3）生产性项目准备工作　在生产性建设项目竣工投产前，适时地由建设单位组织专门班子或机构，有计划地做好生产准备工作，包括招收、培训生产人员，落实原材料供应，组建生产管理机构，健全生产规章制度。生产准备是由建设阶段转入经营阶段前的一项重要工作。

4. 竣工验收阶段

工程竣工验收是建设程序的最后一步，是全面考核项目建设成果、检验设计和施工质量的重要步骤，也是建设项目转入生产和使用的标志。根据国家规定，建设项目的竣工验收按规模大小和复杂程度，分为初步验收和竣工验收两个阶段进行。规模较大、较复杂的建设项目应先进行初验，然后进行全项目的竣工验收。验收时可组成验收委员会或验收小组，由银行、物资、环保、劳动、规划、统计及其他有关部门组成，建设单位、接管单位、施工单位、勘察单位、监理单位参加验收工作。验收合格后，建设单位编制竣工决算，项目正式投入使用。

5. 后评价阶段

建设项目后评价是工程项目竣工投产、生产运营一段时间后，对项目的立项决策、设计施工、竣工投产、生产运营等全过程进行系统评价的一种技术活动，是固定资产管理的一项重要内容，也是固定资产投资管理的最后一个环节。通过建设项目后评价，可以达到肯定成绩、总结经验、研究问题、吸取教训、提出建议、改进工作、不断提高项目决策水平和投资效果的目的。

0.3　建设工程造价概述

0.3.1　工程造价的概念

从业主（投资者）的角度来定义，工程造价（广义）是指建设一项工程预期开支或实际开支的全部固定资产投资费用。投资者在投资活动中所支付的全部费用最终形成了工程建成以后交付使用的固定资产、无形资产和其他（递延）资产价值，所有这些开支构成工程造价。工程造价可衡量建设工程项目的固定资产投资费用的大小。

从市场角度来定义，工程造价（狭义）是指工程建造价格。即为建成一项工程，预计或实际在土地市场、设备市场、技术劳务市场，以及承包市场等交易活动中所形成的建筑安装工程的价格和建设工程总价格。

0.3.2　工程造价在不同建设阶段的表现形式

工程造价在工程项目的不同建设阶段具有不同的表现形式，主要有投资估算、设计概算、施工图预算、合同价、工程结算、竣工决算等，如图0-2所示。

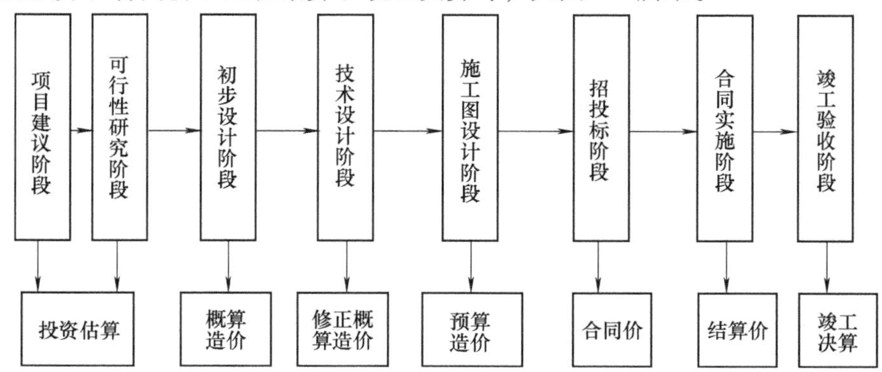

图0-2　工程造价在不同建设阶段的表现形式

1. 投资估算

投资估算是指在项目建议书或可行性研究阶段，依据现有资料，通过一定的方法对拟建项目所需投资额进行预先测算和确定的过程。投资估算也可表示估算出的建设项目的投资额，或称估算造价。就一个建设项目来说，如果项目建议书和可行性研究分不同阶段，例如分规划、项目建议书、可行性研究和评审阶段，相应的投资估算也分为四个阶段。投资估算是建设项目决策、筹资和控制造价的主要依据。

2. 设计概算

设计概算是指在初步设计阶段，根据初步设计图纸、概算定额（或概算指标）、各项费用标准等资料，预先测算和确定的建设项目从筹建到竣工验收交付使用所需全部费用的文件。设计概算与投资估算相比准确性有所提高，但它受估算造价的控制。设计概算造价文件由建设项目总概算、各单项工程综合概算和各单位工程概算三个层次构成。

3. 施工图预算

施工图预算是在施工图设计阶段，根据施工图纸、预算定额、各项取费标准、建设地区的自然技术经济条件以及各种资源价格信息等资料编制的用以确定拟建工程造价的技术经济文件。施工图预算造价比设计概算或修正概算造价更为详细准确，但同样要受前一阶段所限定的工程造价的控制。施工图预算是签订建安工程承包合同、实行工程预算包干、拨付工程款及进行竣工结算的依据；实行招标的工程，施工图预算可作为确定标底和招标控制价的依据。

4. 合同价

建设项目在招投标阶段，建筑工程的价格是通过标价来确定的。标价常分为标底价、招标控制价、投标价和合同价等。标底价是招标人对拟招标工程事先确定的预期价格，作为衡量投标人投标价的一个尺度。招标控制价是招标人根据国家或省级、行业建设行政主管部门颁发的有关计价依据和办法，按设计施工图纸计算的，对招标工程限定的最高工程造价。投标价是投标人投标时报出的工程造价。合同价是发、承包双方在施工合同中约定的工程造价。其中，标底价和投标价分别是招、投标双方对招标工程的预期价格，并非实际交易价格；合同价是双方的成交价格，但它并不等同于工程最终决算的实际工程造价；招标控制价是合同价的最高限额。

5. 工程结算

工程结算是指在工程项目施工阶段，依据施工承包合同中有关付款条款的规定和已经完成的工程量，按照规定的程序，由承包商向业主收取工程款的一项经济活动。工程结算文件由施工承包方编制，经业主方的项目管理人员审核后确认工程结算价款。当工程项目全部完成并经验收合格，在交付使用之前，再由施工承包方根据合同价格和实际发生费用的增减变化情况编制竣工结算文件，双方进行竣工结算。逐期结算的工程价款之和形成工程结算价，已完工程结算价是建设项目竣工决算的基础资料之一。

6. 竣工决算

竣工决算是在项目建设竣工验收阶段，当所建设项目全部完工并经过验收后，由建设单位编制的从项目筹建到竣工验收、交付使用全过程中实际支付的全部建设费用的经济文件。竣工决算是反映项目建设成果、实际投资额和财务状况的总结性文件，是业主考核投资效果，办理工程交付、动用、验收的依据。

不同阶段工程造价文件对比如表 0-1 所示。

表 0-1　不同阶段工程造价文件对比

类别 项目	投资估算	设计概算、 修正概算	施工图预算	合同价	工程结算	竣工决算
编制 阶段	项目建议书可 行性研究	初步设计、 扩大初步设计	施工图设计	招投标	施工	竣工验收
编制 单位	建设单位、工程 咨询单位	设计单位	施工单位、 设计单位、 工程咨询单位	承发包双方	施工单位	建设单位
编制 依据	投资估算 指标	概算定额	预算定额	预算定额	预算定额、 施工变更资料	预算定额、 工程建设 其他费定额
用途	投资决策	控制投资 及造价	编制标底、 投标报价等	确定工程 承发包价格	确定工程 实际建造价格	确定工程 项目实际投资

0.3.3　建设工程造价的特点

建设工程产品是工程造价的计算主体，建设工程产品的特点决定了建设工程造价具有以下特点：

1. 大额性

建筑产品体积庞大，生产周期长，且生产程序复杂，需要消耗大量的人力和物资，这就必须投入大量的资金且占用时间长，从而使得其造价高昂。

2. 个别性

由于建筑产品的单件性，决定了建筑产品价格的个别性。每一个建筑产品都有自己特定的建筑形式与结构形式，特有的自然条件和施工条件，所以其价格也各不相同。

3. 价格相对的可比性

借助分解的方法，可以将巨大的建筑产品分解成能用适当的计量单位计算的简单的基本结构要素，即假定的建筑安装产品。这些假定产品的造价具有一定的可比性。通过对假定产品价格的比较，可以反映出各个时期及各种建筑产品价格水平的变动情况。

4. 具有定价在先的特点

在没有开始施工之前就要先确定价格，即定价在先，生产在后。这对建筑产品生产之前的定价提出很高的要求，不仅要求从事工程造价业务的专业技术人员具有认真负责的工作态度，而且要掌握技术、经济、经营管理等多方面的知识，从而提高建筑产品定价的客观性、科学性和正确性。

5. 具有不同形式的差异

首先是地区差异，建筑产品的地区差价，是指由于地区不同而客观存在的生产条件、生产要素的差异所导致的价格差异。其次是质量差异，建筑产品的质量差价是指由于施工质量等级的不同而造成的价格差异。建筑产品的质量有合格与优良之分。另外还有生产时间的差异，建筑产品的工期差价是指由于建造工期的提前或推迟而形成的价格差异。由于存在这些差价，从而使得工程造价具有不同形式的差异。

6. 动态性

任何一项工程都有较长的建设期间，由于不可控因素的影响，在预计工期内，会有许多影响价格的动态因素，如工程变更，设备材料价格，工资标准以及费率、利率等发生变化。这些变化必然会影响到工程造价的变动。

0.3.4　工程造价计价的特点

1. 计价的单件性

任何一项工程都有特定的用途、功能、规模，对其结构形式、空间分割、设备配置和内外装饰等都有具体的要求，这就使得工程内容和实物形态千差万别。同时，每项工程所处地区、地段的不同，也使这一特点更为强化。建设项目产品的个体差异性决定了工程计价必须针对每项工程单独进行。

2. 计价的多次性

建设项目建设周期长、规模大、造价高，使得工程计价需要按建设程序分阶段进行，导致同一建设项目在不同建设阶段多次计价，这是为了保证工程计价的准确性和工程造价控制的有效性。建设项目全过程多次计价是一个由粗到细、逐步深化并逐步接近实际造价的过程。

3. 计价的组合性

建设项目可以分解为许多有内在联系的独立和不能独立发挥效能的多个工程组成部分。从计价和工程管理的角度，分部分项工程还可以再分解。建设项目的这种组合性决定了工程计价的过程是一个逐步组合的过程，即建设项目总造价由其内部各个单项工程造价组合而成，单项工程造价由其内部各个单位工程造价组合而成，单位工程造价由其内部各个分部工程费用组合而成，分部工程费用又是由其内部各个分项工程费用组合而成。建设项目造价的计算过程和计算顺序是：分项工程费用→分部工程费用→单位工程造价→单项工程造价→建设项目总造价。

4. 计价方法的多样性

工程造价具有多次性计价的特点，不同建设阶段的计价有各不相同的计价依据，对造价的精确度要求也不同，这就决定了不同建设阶段的计价方法有多样性特征。即使在同一建设阶段，工程计价也有不同的方法，如投资估算的计算方法有单位生产能力估算法、生产能力指数法、设备系数法等，概预算造价的计算方法有单价法和实物法等。

5. 计价的动态性

建设项目从立项到竣工一般都要经历一个较长的建设周期，其间会出现一些不可预见的因素对工程造价产生影响。如设计变更，材料、设备价格及人工工资标准变化，市场利率、汇率调整，因承发包方原因或不可抗力造成索赔事件出现等，均可能造成项目建设中的实际支出偏离预计数额。因此，建设项目的造价在整个建设期内是不确定的，工程计价须随项目的进展进行动态跟踪、调整，直至竣工决算后才能真正形成建设项目实际造价。

6. 计价依据的复杂性

由于工程的组成要素复杂，影响造价的因素较多，使得计价依据也较为复杂，种类繁多。工程计价一方面要依据工程建设方案或设计文件，考虑工程建设条件；另一方面还要反映建设市场的各种资源价格水平；同时还必须遵循现行的工程造价管理规定、计价标准、计价规范、计价程序。计价依据的复杂性不仅使计算过程复杂，而且要求计价人员必须熟悉各类依据的内容和规定，并加以正确应用。

思考与练习

1. 简述基本建设的分类。
2. 简述基本建设的划分。
3. 什么是项目基本建设程序？我国项目建设程序由哪些阶段组成？
4. 简述建设项目在各个建设阶段应完成的工程造价文件。
5. 简述建设工程造价的特点及工程造价计价的特点。

第 1 章　建设工程定额概论

【学习重点】

建设工程定额的概念、建设工程定额的特性、建设工程定额的分类；工作时间研究的内容构成。

【学习目标】

通过本章学习，了解建设工程定额原理，掌握建设工程定额的概念及特性；理解工作时间研究系统构成及主要研究方法。

1.1　概述

1.1.1　建设工程定额的概念

1. 定额的概念

从广义上理解，定额就是规定的额度或限额，即标准或尺度。由于不同的产品有不同的质量要求和安全规范要求，因此定额不单纯是一种数量标准，而是数量、质量和安全要求的统一体。

建设工程定额是专门为建设生产而制定的一种定额，是生产建设产品消耗资源的限额规定。具体而言，建设工程定额是指在正常施工条件下，在合理的劳动组织、合理使用材料和机械的条件下，完成建设工程单位合格产品所必须消耗的各种资源的数量标准。

所谓正常施工条件，是指生产过程按生产工艺和施工验收规范操作，施工条件完善，劳动组织合理，机械运转正常，材料储备合理。

2. 定额的水平

定额水平是规定完成单位合格产品所需各种资源消耗的数量水平，它是一定时期社会生产力水平的反映，代表一定时期的施工机械化和构件工厂化程度，以及工艺、材料等建筑技术发展的水平。一定时期的定额水平，应是在相同的生产条件下，大多数人员经过努力可以达到而且可能超过的水平。定额水平并不是一成不变的，应随着社会生产力水平的提高而提高，但是在一定时期内必须是相对稳定的。

1.1.2　建设工程定额的作用

1）建设工程定额是建设工程计价的依据。在编制设计概算、施工图预算、竣工结算时，划分工程项目、计算工程量、确定人工、材料、机械消耗量都以建设工程定额作为标准依据。

2）建设工程定额是建设工程的计划、设计、施工、竣工验收等各项工作取得最佳经济效益的有效工具和杠杆，又是考核和评价上述各阶段工作的经济尺度。

3）建设工程定额是建筑施工企业实行科学管理的必要手段。

1.1.3 建设工程定额的特性

1. 定额的法令性和指导性

在我国传统计价模式下，建设工程定额是由国家或地方的被授权部门编制并颁发的一种法令性指标，任何建设工程涉及单位都必须严格执行，因此定额具有计价法规的性质；在推行工程量清单计价模式后，计价依据企业定额，国家编制的定额就具有指导性的作用，可以以国家编制的基础定额为依据编制企业定额，但法令性的作用在不断弱化。

2. 定额的科学性与群众性

建设工程定额的制定是依据一定的理论知识，在认真调查研究和总结生产实践经验的基础上，运用系统的、科学的方法制定的，它反映的是经过实践证明的成熟的先进技术和先进操作方法。因此，定额不仅具有严密的科学性和先进性，而且具有广泛的群众基础，其水平是建设行业群体生产技术水平的综合反映。总之，定额来自于群众，又贯彻于群众。

3. 定额的稳定性和时效性

定额水平的高低是根据一定时期社会生产力水平确定的，随着科学技术的进步，社会生产力的水平必然提高。当原有定额不能适应生产需要时，就要对它进行修订和补充。但社会生产力的发展有一个由量变到质变的过程，因此定额的执行也有一个相应的时间过程。所以，定额既有显著的时效性，又有一个相对稳定的执行期间。

1.1.4 定额的产生及我国建设工程定额发展

19 世纪末 20 世纪初，在技术最发达、资本主义发展最快的美国，形成了系统的经济管理理论。现在被称为“古典管理理论”的代表人物是美国人泰勒。定额伴随着管理科学的产生而产生，伴随着管理科学的发展而发展，它在现代化管理中一直占有重要地位。

我国建筑工程定额，最初吸取了原苏联定额工作的经验；20 世纪 70 年代后期又参考了欧洲多国和美日等国家有关定额方面的管理科学内容。在各个时期，结合我国建筑工程施工的实际情况，编制了适合我国的切实可行的定额。

1951 年，在东北地区制定了统一劳动定额，其他地区也相继编制了劳动定额或工料消耗定额，从此定额工作在我国开始试行。

1955 年，劳动部和原建筑工程部联合编制了全国统一劳动定额，这是定额集中管理的起步，1956 年原国家建委对 1955 年统一劳动定额进行了修订，增加了材料消耗和机械台班定额部分，颁发了 1956 年《全国统一施工定额》。

1979 年，国家建筑工程总局颁发了《建筑安装工程统一劳动定额》，定额水平大幅度提升。1985 年，城乡建设环境保护部在原劳动定额基础上，参照各地近期的劳动定额又颁发了《建筑安装工程统一劳动定额》。

1994 年，劳动部和原建设部颁发了《建筑安装工程劳动定额、建筑装饰工程劳动定额》。

1995 年，原建设部颁发了《全国统一建筑工程基础定额》。

2003 年，原建设部在全国范围内推行工程量清单计价模式，颁发了《建设工程工程量清单计价规范》，2008 年、2013 年根据工程量清单计价模式在我国的推行情况及使用过程中显现的问题，住房与城乡建设部先后两次对 2003 版的计价规范进行了修订，2013 年颁布了《建设工程工程量清单计价规范》（GB 50500—2013）、《房屋建筑与装饰工程工程量计算规范》（GB 50854—2013），作为现阶段我国建设工程造价计价的主要依据。

1.2 建设工程定额的分类

建设工程定额是在合理的劳动组织和合理地使用材料与机械的条件下，完成一定计量单位合格建筑产品所消耗资源的数量标准。建设工程定额是建设工程造价计价和管理中各类定额的总称，包括许多种类的定额，可以按照不同的原则和方法进行分类。

1.2.1 按照生产要素分类

建设工程定额按照生产要素分类，可以划分为劳动定额、材料消耗定额和机械台班消耗定额三种。

1. 劳动定额

劳动定额（也称为人工定额）是指完成一定数量的合格产品（工程实体或劳务）规定活劳动消耗的数量标准。

2. 材料消耗定额

材料消耗定额是指完成一定数量的合格产品所需消耗的原材料、成品、半成品、构配件、燃料以及水、电等动力资源的数量标准。

3. 机械消耗定额

机械消耗定额是以一台机械一个工作台班为计量单位，所以又称为机械台班定额。机械消耗定额是指为完成一定数量的合格产品（工程实体或劳务）所规定的施工机械消耗的数量标准。

1.2.2 按照定额的用途分类

建设工程定额按照定额的用途分类，可以分为施工定额、预算定额、概算定额、概算指标、投资估算指标五种。

1. 施工定额

施工定额是施工企业（建筑安装企业）组织生产和加强管理在企业内部使用的一种定额，属于企业定额的性质。施工定额是以同一性质的施工过程、工序作为对象编制，表示生产产品数量与生产要素消耗综合关系的定额。为了适应组织生产和管理的需要，施工定额的项目划分很细，是建设工程定额中分项最细、定额子目最多的一种定额，也是建设工程定额中的基础性定额。

2. 预算定额

预算定额是在编制施工图预算阶段，以工程中的分项工程和结构构件为对象编制，用来计算工程造价和计算工程中的劳动、机械台班、材料需要量的定额。预算定额是一种计价性定额。从编制程序上看，预算定额是以施工定额为基础综合扩大编制的，同时它也是编制概算定额的基础。

3. 概算定额

概算定额是以扩大分项工程或扩大结构构件为对象编制，计算和确定劳动、机械台班、材料消耗量所使用的定额，也是一种计价性定额。概算定额是编制扩大初步设计概算、确定建设项目投资额的依据。概算定额的项目划分粗细，与扩大初步设计的深度相适应，一般是在预算定额的基础上综合扩大而成的，每一综合分项概算定额都包含了数项预算定额。

4. 概算指标

概算指标的设定和初步设计的深度相适应，比概算定额更加综合扩大。概算指标是概算定额的扩大与合并，它是以整个建筑物和构筑物为对象，以更为扩大的计量单位来编制的。概算指标的内容包括劳动、机械台班、材料定额三个基本部分，同时还列出了各结构分部的工程量及单位建筑工程（以体积或面积计）的造价，是一种计价定额。

5. 投资估算指标

投资估算指标是在项目建议书和可行性研究阶段编制投资估算、计算投资需要量时使用的一种定额。投资估算指标非常概略，往往以独立的单项工程或完整的工程项目为计算对象，编制内容是所有项目费用之和。投资估算指标的概略程度与可行性研究阶段相适应。投资估算指标往往根据历史的预、决算资料和价格变动等资料编制，但其编制基础仍然离不开预算定额、概算定额。

1.2.3 按照适用范围分类

建设工程定额按照适用范围可以分为全国统一定额、行业统一定额、地区统一定额、企业定额、补充定额五种。

1. 全国统一定额

全国统一定额是由国家建设行政主管部门综合全国工程建设中技术和施工组织管理的情况编制，并在全国范围内执行的定额。

2. 行业统一定额

行业统一定额是考虑到各行业部门专业工程技术特点，以及施工生产和管理水平编制的。一般只在本行业和相同专业性质的范围内使用。

3. 地区统一定额

地区统一定额包括省、自治区、直辖市定额。地区统一定额主要是考虑地区性特点对全国统一定额水平作适当调整和补充编制的。

4. 企业定额

企业定额是指由施工企业考虑本企业具体情况，参照国家、部门或地区定额的水平制定的定额。企业定额只在企业内部使用，是企业素质的一个标志。企业定额水平一般应高于国家现行定额，这样才能满足生产技术发展、企业管理和市场竞争的需要。在工程量清单计价方式下，企业定额作为施工企业进行建设工程投标报价的计价依据，正发挥着越来越大的作用。

5. 补充定额

随着设计、施工技术的发展，现行定额不能满足使用需要的情况时，省级定额管理部门为了及时补充定额缺项而编制的定额称为补充定额。补充定额只能在指定的范围内使用，可以作为以后修订定额的基础。

1.2.4 按照专业不同分类

建设工程定额按照专业不同分为建筑工程定额、设备安装工程定额、市政工程定额、公路工程定额、铁路工程定额等。

上述各种定额虽然适用于不同的情况和用途，但是它们是一个互相联系的、有机的整体，在实际工作中配合使用。

建筑工程定额分类见图 1-1。

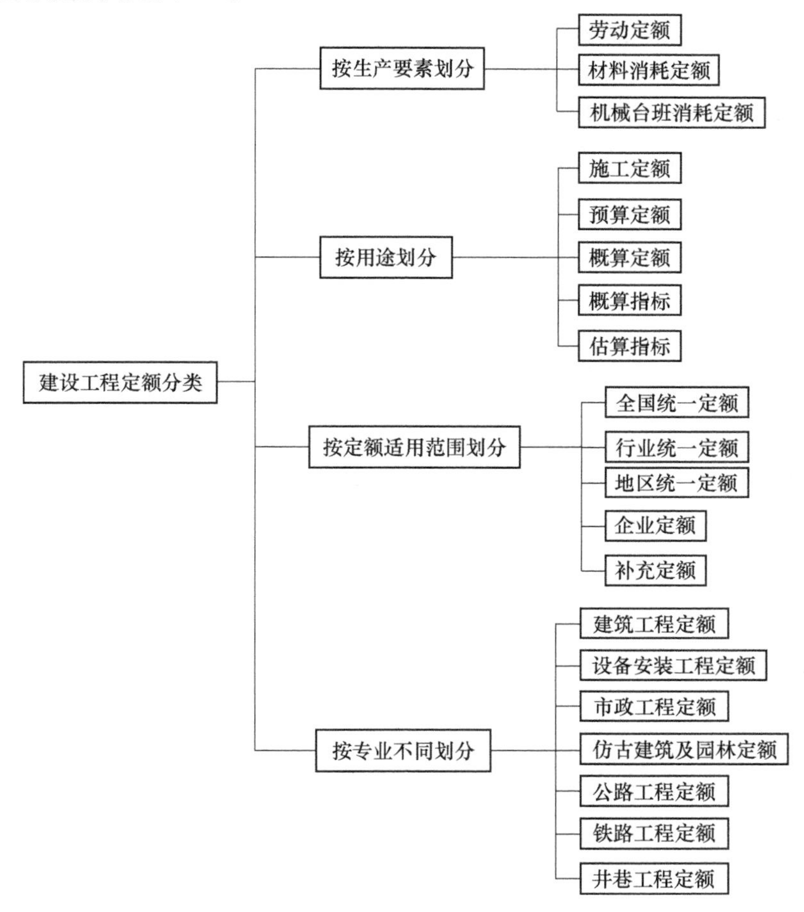

图 1-1　建设工程定额分类

1.3　工时研究

1. 作业时间研究

作业时间的研究是把劳动者在整个生产过程中所消耗的作业时间，根据其性质、范围和具体情况，予以科学地划分，归纳类别，分析取舍，明确规定哪些属于定额时间，哪些为非定额时间，找出原因，以便拟定技术和组织措施，消除产生非定额时间的因素，充分利用作业时间，提高劳动效率。作业时间的研究通常分为两个系统进行，即工人作业时间消耗和机械作业时间消耗。

2. 施工过程的分解

根据施工组织的复杂程度，施工过程一般分解为综合工作过程、工作过程、工序等。

（1）综合工作过程　综合工作过程是指同时进行的，并在组织上彼此有直接关系，而又为一个最终产品结合起来的各个工作过程的总和。例如，浇灌混凝土的施工过程是由搅拌、运输、浇灌和捣实等工作过程组成。浇灌混凝土就是一个综合施工过程。

（2）工作过程　工作过程是由同一工人或同一小组所完成的，在技术上相互联系的工序的综合。工作过程的特征是劳动者不变、工作地点不变，而仅仅是使用的材料和工具可以改变。如浇混凝土和在其上抹面是一个工作过程。一个工作过程又可分解为若干个工序。

（3）工序　工序是施工过程中的一个基本施工活动单元，即一个工人或一个工人班组在一个工作地点对同一劳动对象连续进行的生产活动。它的特征是劳动者、劳动对象和劳动手段均不改变，如果其中一个发生变化就意味着从一个工序转入另一个工序。如支模板可分为模板制作、安装、拆除三道工序。

1.4　工作时间分析

1.4.1　人工工作时间的分析

人工工作时间分析，是把劳动者在整个生产过程中所消耗的作业时间予以科学地划分与归纳，明确规定哪些属于定额时间，哪些为非定额时间，对于非定额时间在确定单位产品用工标准时，不予考虑。人工工作时间可分解为定额时间和非定额时间，具体构成如图 1-2 所示。

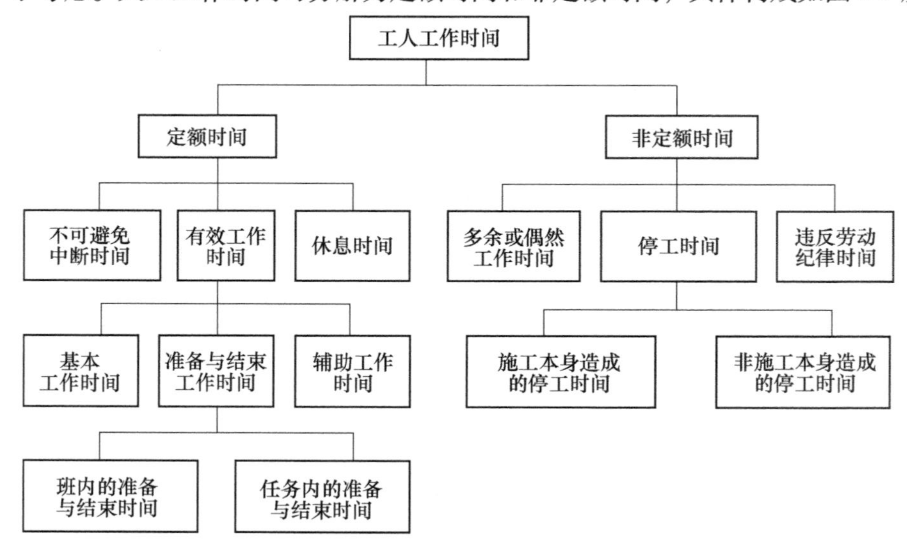

图 1-2　人工工作时间分析

1. 定额时间

定额时间是指工人在正常施工条件下，为完成一定数量的产品或符合要求的工作所必须消耗的工作时间。

（1）有效工作时间　有效工作时间指用于执行施工工艺过程中规定工序的各项操作所必须消耗的时间，是定额时间中最主要的组成部分，包括准备与结束工作时间、基本工作时间和辅助工作时间。

1）准备与结束工作时间是指生产工人在执行施工任务前的准备工作及施工任务完成后

结束整理工作所消耗的时间。

2）基本工作时间是指施工活动中直接完成基本施工工艺过程的操作所需消耗的时间。

3）辅助工作时间是指为保证基本工作顺利进行所需消耗的时间，它一般与任务的大小成正比。

（2）不可避免中断时间 不可避免的中断时间又称工艺性中断时间，是指生产工人在施工活动中，由于工艺上的要求，在施工组织或作业中引起的难以避免或不可避免的中断操作所消耗的时间。

（3）休息时间 休息时间指生产工人在工作班内为恢复体力和生理需要而消耗的时间，应根据工作的繁重程度、劳动条件和劳动保护的规定，将其列入定额时间内。

2. 非定额时间

非定额时间是指与完成施工任务无关的时间消耗，即明显的工时损失。

（1）停工时间 停工时间指非正常原因造成的工作中断所损失的时间。按照造成原因的不同，又可分为施工本身原因造成的停工时间和非施工本身原因造成的停工时间。

（2）多余或偶然工作时间 多余或偶然工作时间指工人在工作中因粗心大意、操作不当或技术水平低等原因造成的工时浪费。

（3）违反劳动纪律时间 违反劳动纪律时间指工人不遵守劳动纪律而造成的工作中断所损失的时间。

1.4.2 机械工作时间的分析

机械工作时间是指机械在工作班内的时间消耗。按其与产品生产的关系，可分为与产品生产有关的时间和与产品生产无关的时间。通常把与生产产品有关的时间称为机械定额时间，而把与生产产品无关的时间称为非机械定额时间。机械工作时间分析如图1-3所示。

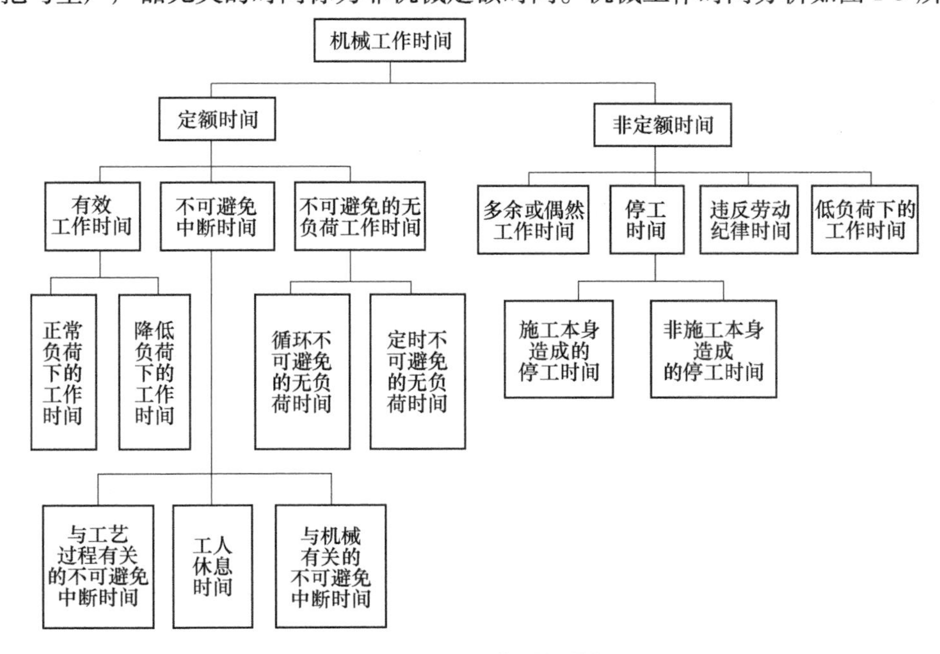

图1-3 机械工作时间分析

1. 定额时间

机械定额时间是指机械在工作班内消耗的与完成合格产品生产有关的工作时间，包括有效工作时间、不可避免中断时间和不可避免的无负荷工作时间。

（1）有效工作时间　有效工作时间是指机械直接为完成产品生产而工作的时间，包括正常负荷下和降低负荷下两种工作时间的消耗。

1）正常负荷下的工作时间是指机械与其说明规定负荷相等的负荷下（满载）进行工作的时间。

2）降低负荷下的工作时间：由于技术上的原因，个别情况下机械可能在低于规定负荷下工作，如汽车载运重量轻、体积大的货物时，不能充分利用汽车载重吨位而不得不降低负荷工作，此种情况也属于定额时间范畴。

（2）不可避免的中断时间　不可避免中断时间指施工中由于技术操作和组织的原因而造成机械工作中断的时间，包括下列三种情况：

1）与工艺过程有关的不可避免中断时间，如汽车装卸的停歇中断等。

2）与机械有关的不可避免中断时间，如机械开动前的检查、给机械加油加水时的停驶等。

3）工人休息时间，如机械不可避免的停转时工人休息所引起的机械工作中断时间。

（3）不可避免的无负荷工作时间　不可避免的无负荷工作时间是指由于施工的特性和机械本身的特点所造成的机械无负荷工作时间，又可分为以下两种：

1）循环的不可避免的无负荷工作时间：指由于施工的特性所引起的机械空转所消耗的时间。它在机械的每一工作循环中重复一次，如铲运机返回铲土地点，推土机的空车返回等。

2）定时的不可避免的无负荷工作时间：指工作班的开始或结束时的无负荷空转或工作地点转移所消耗的时间，如压路机的工作地段转移，工作班开始或结束时运货汽车来回放空车等。

2. 非定额时间

机械非定额时间亦称损失时间，是指机械在工作班内与完成产品生产无关的时间损失，并不是完成产品所必须消耗的时间。损失时间按其发生的原因，可分为以下几种：

（1）多余或偶然工作时间　多余或偶然工作时间是指产品生产中超过工艺规定所用的时间，如搅拌机超过规定的搅拌时间而多余运转的时间，工人没有及时供料而使机器空转的时间等。

（2）违反劳动纪律所损失的时间　如因迟到早退、闲谈或擅离岗位所引起的机械停运转的损失时间。

（3）停工时间　停工时间指由于施工组织不善和外部原因所引起的机械停运转的时间损失，如机械停工待料，保养不好的临时损坏，未及时给机械供水和燃料而引起的停工时间损失，水源、电源的突然中断，大风、暴雨、冰冻等影响而引起的机械停工时间损失。

（4）低负荷下的工作时间　低负荷下的工作时间即由于工人、技术人员和管理人员的过失，使机械在降低负荷的情况下进行工作的时间。如工人装车的数量不足而引起汽车在降低负荷下工作，装入搅拌机的材料数量不够而使搅拌机降低负荷工作等。

1.5　工时研究的方法——计时观察法

工时研究最基本的方法为计时观察法。计时观察法是以研究工时消耗为对象，以观察测时为手段，通过密集抽样和粗放抽样等技术进行直接时间研究的一种技术测定方法。

计时观察法最常用的方法有三种：测时法、写实记录法、工作日写实法。

1.5.1　测时法

测时法主要适用于测定那些重复的循环工作的工时消耗，是精确度比较高的一种计时观察法，有选择法和接续法两种，见表 1-1、表 1-2。

采用选择法测时，当被观察的某一循环工作的组成部分开始时，观察者立即启动秒表，当组成部分终止时，立即停止秒表，此刻秒表显示的时间就是所测工作组成部分的持续时间。当下一个工作组成部分开始时，再启动秒表。如此依次观察，并依次记录延续时间。

接续法测时和选择法测时相比，更准确、完善，但观察技术也较之复杂。它的特点是：在工作进行中和非循环组成部分出现之前一直不停止秒表，秒针走动过程中，观察者根据各组成部分之间的定时点，记录每项组成部分的开始和持续时间。由于这个特点，在观察时要使用双针秒表，以便使其辅助针停止在某一组成部分的结束时间上。

对每一组成部分进行多次测时的记录所形成的数据序列，称为测时数列。对测时数据需要加以修正，以剔除那些不正常的数值，并在此基础上求出算术平均值。测试时记录时间的精确度较高，一般可达到 0.2 ~ 15s。

表 1-1　选择法测时记录表示例

<table>
<tr><td colspan="2" rowspan="3">测定对象：单斗正铲挖土机挖土（斗容量 $1m^3$）
观察精确度：每一循环时间精确度 1s</td><td colspan="4">施工单位名称</td><td colspan="2">工地名称</td><td colspan="2">观察日期</td><td colspan="2">开始时间</td><td colspan="2">终止时间</td><td colspan="2">延续时间</td><td>观察号次</td></tr>
<tr><td colspan="4"></td><td colspan="2"></td><td colspan="2"></td><td colspan="2"></td><td colspan="2"></td><td colspan="2"></td><td></td></tr>
<tr><td colspan="15">施工过程名称：用正铲挖松土，装上自卸载重汽车
挖土机斗臂回转角度在 120° ~ 180°之间</td></tr>
<tr><td rowspan="2">序号</td><td rowspan="2">工序或操作名称</td><td colspan="10">每一循环内各组成部分的工时消耗/台班</td><td colspan="5">记 录 整 理</td></tr>
<tr><td>1</td><td>2</td><td>3</td><td>4</td><td>5</td><td>6</td><td>7</td><td>8</td><td>9</td><td>10</td><td>延续时间总计</td><td>有效循环次数</td><td>算术平均值</td><td>占一个循环比例(%)</td><td>稳定系数</td></tr>
<tr><td>1</td><td>土斗挖土并提升斗臂</td><td>17</td><td>15</td><td>18</td><td>19</td><td>19</td><td>22</td><td>16</td><td>18</td><td>18</td><td>16</td><td>178</td><td>10</td><td>17.8</td><td>38.12</td><td>1.47</td></tr>
<tr><td>2</td><td>回转斗臂</td><td>12</td><td>14</td><td>13</td><td>25</td><td>10</td><td>11</td><td>12</td><td>11</td><td>12</td><td>13</td><td>108</td><td>9</td><td>12.0</td><td>25.70</td><td>1.40</td></tr>
<tr><td>3</td><td>土斗卸土</td><td>5</td><td>7</td><td>6</td><td>5</td><td>6</td><td>12</td><td>5</td><td>8</td><td>6</td><td>5</td><td>53</td><td>9</td><td>5.9</td><td>12.63</td><td>1.60</td></tr>
<tr><td>4</td><td>返转斗臂并落下土斗</td><td>10</td><td>12</td><td>11</td><td>10</td><td>12</td><td>10</td><td>9</td><td>12</td><td>10</td><td>14</td><td>110</td><td>10</td><td>11.0</td><td>23.55</td><td>1.56</td></tr>
<tr><td></td><td>一个循环总计</td><td>44</td><td>48</td><td>48</td><td>59</td><td>47</td><td>55</td><td>42</td><td>49</td><td>46</td><td>48</td><td>—</td><td>—</td><td>46.7</td><td>100.00</td><td>—</td></tr>
</table>

表 1-2　接续法测时记录表示例

测定对象：混凝土搅拌机拌和混凝土 观察精确度：1s	施工单位名称	工地名称	观察日期	开始时间	终止时间	延续时间	观察号次
	施工过程名称：混凝土搅拌机(J_5B—500 型)拌和混凝土						

序号	工序或操作名称	时间	观察次数																				记录整理					
			1		2		3		4		5		6		7		8		9		10		延续时间总计	有效时间总计	算术平均值	最大值 t_{max}	最小值 t_{min}	稳定系数
			分	秒	分	秒	分	秒	分	秒	分	秒	分	秒	分	秒	分	秒	分	秒	分	秒						
1	装料入鼓	终止时间	0	15	2	16	4	20	6	30	8	33	10	39	12	44	14	56	17	4	19	5	148	10	14.8	19	12	1.58
		延续时间		15		13		13		17		14		15		16		19		12		14						
2	搅拌	终止时间	1	45	3	48	5	55	7	57	10	4	12	9	14	20	16	28	18	33	20	38	915	10	91.5	96	87	1.10
		延续时间		90		92		95		87		91		90		96		92		89		93						
3	出料	终止时间	2	3	4	7	6	13	8	19	10	24	12	28	14	37	16	52	18	51	20	54	191	10	19.1	24	16	1.50
		延续时间		18		19		18		22		20		19		17		24		18		16						

1.5.2　写实记录法

写实记录法是一种研究各种性质工作时间消耗的方法。采用这种方法，可以获得分析工作时间消耗的全部资料，如基本工作时间、辅助工作时间、不可避免的中断时间、准备与结束时间、休息时间和各种损耗时间等，从而得到制定定额的基础技术数据，并且精确程度可达到 0.5 ~ 1min。

写实记录法的观察对象，可以是一个工人，也可以是一个工作小组；测时用普通表进行，按记录时间的方法不同可分为数示法、图示法、混合法。

数示法写实记录，是三种记录法中精确度较高的一种，可以同时对两名以内的工人进行观测，观察的工时消耗，记录在专门的数示法写实记录表中，见表 1-3。数示法用来对整个工作班或半个工作班进行长时间的观察，因此能反映工人或机器工作日全部情况，适用于作业组成部分少且稳定的施工过程，记录的时间精度可达到 5 ~ 15s。

图示法写实记录，可同时对三个以内的工人进行观察，观察资料写入图示法写实记录表中。

混合法写实记录，可以同时对三个以上工人进行观察，记录观察资料的表格仍采用图示法写实记录表。填写表格时，各组成部分延续时间用图示法填写，完成每一组成部分的工人人数则用数字填写在该组成部分时间线段的下面。

混合法的方法，是将表示分钟数的线段与标在线段上面的工人人数相乘，算出每一组成部分的工时消耗，记入图示法写实记录表工分总计栏，然后再将总计垂直相加，计算出工时消耗总数，该总数应符合参加该施工过程的工人人数乘观察时间。对于写实记录的各项观察资料，也要在事后加以整理。

表 1-3　数示法写实记录表示例

工地名称			开始时间		8:33:00		延续时间		81′40″		调查号次			
施工单位名称			终止时间		9:54:40		记录日期				页　次			
施工过程 双轮车运土方 （运距 200m）			观察记录						观察记录					
序号	施工过程组成部分名称	时间消耗量	组成部分序号	起止时间		延续时间	完成产品		组成部分序号	起止时间		延续时间	完成产品	
				时:分	秒		计量单位	数量		时:分	秒		计量单位	数量
(1)	(2)	(3)	(4)	(5)		(6)	(7)	(8)	(9)	(10)		(11)	(12)	(13)
1	装土	29′35″	(开始)	8:33	0				1	9:16	50	3′40″	m^3	0.288
2	运输	21′26″	1	35	50	2′50″	m^3	0.288	2	19	10	2′20″	次	1
3	卸土	8′59″	2	39	0	3′10″	次	1	3	20	10	1′00″		
4	空返	18′5″	3	40	20	1′20″			4	22	30	2′20″		
5	等候装土	2′5″	4	43	0	2′40″			1	26	30	4′00″	m^3	0.288
6	喝水	1′30″	1	46	30	3′30″	m^3	0.288	2	29	0	2′30″	次	1
			2	49	0	2′30″	次	1	3	30	0	1′00″		
			3	50	0	1′00″			4	32	50	2′50″		
			4	52	30	2′30″			5	34	55	2′00″		
			1	56	40	4′10″	m^3	0.288	1	38	50	3′55″	m^3	0.288
			2	59	10	2′30″	次	1	2	41	56	3′06″	次	1
			3	9:00	20	1′10″			3	43	20	1′24″		
			4	3	10	2′50″			4	45	50	2′30″		
			1	6	50	3′40″	m^2	0.288	1	49	40	3′50″	m^3	0.288
			2	9	40	2′50″	次	1	2	52	10	2′30″	次	1
			3	10	45	1′05″			3	53	10	1′00″		
			4	13	10	2′25″			6	54	40	1′30″		
	合计	81′40″				4′10″						4′30″		

1.5.3　工作日写实法

工作日写实法是一种研究整个工作班内的各种工时消耗的方法。运用该法主要有两个目的：一是取得编制定额的基础资料；二是检查定额的执行情况，找出缺点，改进工作。记录过程如表 1-4、表 1-5 所示。

表 1-4　工作日写实法记录表示例

施工单位名称		工地名称		延续时间		调查号次		页次	
观察日期		观察对象	第一瓦工小组:4 级瓦工 2 人;6 级瓦工 2 人						
施工过程名称	砌筑 2 砖厚混水墙								

序号	工时消耗分类	时间耗用/工分	百分比(%)	施工过程中存在的问题和建议
1	适合于技术水平的有效工作	1120	58.3	1. 架子工搭设脚手板未保证质量及未按计划进度完成,以致影响瓦工的工作 2. 灰浆搅拌时有故障发生,使灰浆不能及时供应 3. 工长和工地技术人员对于工人工作指导不及时,并缺乏经常的检查、督促,致使砌砖返工。架子工搭设脚手板后也未校验,又未及时指示而造成瓦工停工 4. 由于工人宿舍距施工地点远,并缺乏纪律教育,工人经常迟到
2	不适合于技术水平的有效工作	67	3.5	
	有效工作时间小计	1187	61.8	
3	休息	176	9.2	
Ⅰ	定额时间合计(A)	1363	71.0	
	砌筑不正确而返工	49	2.6	
	脚手板辅设不当而返工	54	2.8	
4	多余和偶然工作时间小计	103	5.4	
	灰浆供应中断而停工	112	5.9	
	脚手板准备不及时而停工	64	3.3	
	工长耽误指示而停工	100	5.2	
5	由于施工本身而停工时间小计	276	14.4	
	因雨而停工	96	5.0	
	因停电而停工	12	0.6	
6	非施工本身而停工时间小计	108	5.6	
	上午迟到	34	1.7	
	午后迟到	36	1.9	
7	违反劳动纪律时间小计	70	3.6	
Ⅱ	非定额时间合计(B)	557	29.0	
Ⅲ	总共消耗的时间(C)	1920	100	

表 1-5　工作日写实法结果汇总表示例

施工单位名称			测定时间	自____年____月____日 至____年____月____日
施工过程名称		砌筑 2 砖厚混水墙		

序号	工时消耗分类	小组编号及人数(总数 35 人)												加权平均值 X	备　注
		第1组	第2组	第3组	第4组	第5组	第6组	第7组	第8组	第9组	第10组	第11组	第12组		
		4人	2人	2人	3人	4人	3人	2人	2人	4人	2人	4人	3人		
	Ⅰ. 定额时间														
1	适合于技术水平的有效工作	58.3	67.3	67.7	50.3	56.9	50.6	77.1	62.8	75.9	53.1	51.9	69.1	61.1	
2	不适合于技术水平的有效工作	3.5	17.3	7.6	31.7	0	21.8	0	6.5	12.8	3.6	26.4	10.2	12.3	
	有效工作共计	61.8	84.6	75.3	82.0	56.9	72.4	77.1	69.3	88.7	56.7	78.3	79.3	73.4	

（续）

<table>
<tr><td colspan="3">施工单位名称</td><td colspan="8"></td><td colspan="4" rowspan="2">测定时间</td><td colspan="2" rowspan="2">自___年___月___日
至___年___月___日</td></tr>
<tr><td colspan="3">施工过程名称</td><td colspan="8">砌筑2砖厚混水墙</td></tr>
<tr><td rowspan="3">序号</td><td colspan="2" rowspan="3">工时消耗分类</td><td colspan="12">小组编号及人数(总数35人)</td><td rowspan="3">加权平均值X</td><td rowspan="3">备　注</td></tr>
<tr><td>第1组</td><td>第2组</td><td>第3组</td><td>第4组</td><td>第5组</td><td>第6组</td><td>第7组</td><td>第8组</td><td>第9组</td><td>第10组</td><td>第11组</td><td>第12组</td></tr>
<tr><td>4人</td><td>2人</td><td>2人</td><td>3人</td><td>4人</td><td>3人</td><td>2人</td><td>2人</td><td>4人</td><td>2人</td><td>4人</td><td>3人</td></tr>
<tr><td>3</td><td colspan="2">休息</td><td>9.2</td><td>9.0</td><td>8.7</td><td>10.9</td><td>10.8</td><td>11.4</td><td>8.6</td><td>17.8</td><td>11.3</td><td>13.4</td><td>15.1</td><td>10.1</td><td>11.4</td><td rowspan="12"></td></tr>
<tr><td></td><td colspan="2">定额时间合计</td><td>71.0</td><td>93.6</td><td>94.0</td><td>92.9</td><td>67.7</td><td>83.8</td><td>85.7</td><td>87.1</td><td>100</td><td>70.1</td><td>93.4</td><td>89.4</td><td>84.8</td></tr>
<tr><td></td><td colspan="2">Ⅱ. 非定额时间</td><td></td><td></td><td></td><td></td><td></td><td></td><td></td><td></td><td></td><td></td><td></td><td></td><td></td></tr>
<tr><td>4</td><td colspan="2">多余和偶然工作共计</td><td>5.4</td><td>5.2</td><td>6.7</td><td>0</td><td>0</td><td>3.3</td><td>6.9</td><td>0</td><td>0</td><td>0</td><td>0</td><td>3.2</td><td>2.2</td></tr>
<tr><td>5</td><td colspan="2">由于施工本身而停工共计</td><td>14.4</td><td>0</td><td>6.3</td><td>2.6</td><td>26.0</td><td>3.8</td><td>4.4</td><td>11.3</td><td>0</td><td>29.9</td><td>6.6</td><td>5.1</td><td>9.4</td></tr>
<tr><td>6</td><td colspan="2">非施工本身而停工共计</td><td>5.6</td><td>0</td><td>1.3</td><td>3.6</td><td>6.3</td><td>9.1</td><td>3.0</td><td>0</td><td>0</td><td>0</td><td>0</td><td>1.7</td><td>2.8</td></tr>
<tr><td>7</td><td colspan="2">违反劳动纪律共计</td><td>3.6</td><td>1.2</td><td>1.7</td><td>0.9</td><td>0</td><td>0</td><td>0</td><td>1.6</td><td>0</td><td>0</td><td>0</td><td>0.6</td><td>0.8</td></tr>
<tr><td></td><td colspan="2">非定额时间合计</td><td>29.0</td><td>6.4</td><td>16.0</td><td>7.1</td><td>32.3</td><td>16.2</td><td>14.3</td><td>12.9</td><td>0</td><td>29.9</td><td>6.6</td><td>10.6</td><td>15.2</td></tr>
<tr><td></td><td colspan="2">Ⅲ. 总共消耗时间</td><td>100</td><td>100</td><td>100</td><td>100</td><td>100</td><td>100</td><td>100</td><td>100</td><td>100</td><td>100</td><td>100</td><td>100</td><td>100</td></tr>
<tr><td rowspan="2"></td><td rowspan="2">完成定额</td><td>实际</td><td>89.5</td><td>115</td><td>107</td><td>113</td><td>95</td><td>98</td><td>102</td><td>110</td><td>116</td><td>97</td><td>114</td><td>101</td><td>104.5</td></tr>
<tr><td>可能</td><td>126</td><td>123</td><td>128</td><td>122</td><td>140</td><td>117</td><td>199</td><td>126</td><td>116</td><td>138</td><td>122</td><td>120</td><td>—</td></tr>
</table>

工作日写实法和测时法、写实记录法比较，具有技术简便、费力不多、应用面广和资料全面的优点，在我国是一种采用较广的编制定额的方法。

思考与练习

1. 简述建设工程定额及定额水平的概念。
2. 简述建设工程定额的特性。
3. 建设工程定额按生产要素分有哪些？按编制程序和用途分有哪些？
4. 简述工时研究的概念。
5. 简述工人工作时间由哪些组成部分。

第2章　施　工　定　额

【学习重点】

施工定额的概念及定额水平，施工定额的内容构成；劳动定额、材料消耗定额、机械台班使用定额的编制原理和方法。

【学习目标】

通过本章学习，了解施工定额的概念及定额水平的确定，理解施工定额内容构成；掌握劳动定额、材料消耗定额、机械台班使用定额的编制原理和方法。

2.1　施工定额概述

2.1.1　施工定额的概念

1. 概念

施工定额是规定在正常的施工条件下，为完成一定计量单位的某一合格施工过程或工序所需人工、材料和机械台班消耗的数量标准。

施工定额包括劳动定额、材料消耗定额、机械台班使用定额。其中劳动定额目前实行统一指导分级管理，如《全国建筑安装工程劳动定额》、《全国市政工程劳动定额》等，而材料消耗定额和机械台班使用定额则由各地或企业根据需要进行编制和管理。

施工定额是直接用于建筑工程管理的定额，是建筑安装企业的生产定额。它是以同一性质的施工过程或工序为标定研究对象编制的。为了适应生产组织和管理的需要，施工定额划分很细，是建设工程定额中分项最细、定额子目最多的一种定额，也是建设工程定额中的基础性定额。

2. 施工定额的水平

在施工定额编制中，为了体现其鼓励建筑施工企业内部提高生产效率、降低生产要素消耗的目的，施工定额水平采用社会平均先进水平。

平均先进水平是指在正常的施工条件下，大多数施工班组或生产者通过努力可以达到、少数班组或生产者可以接近、个别先进班组或生产者可以超越的水平。通常，它低于先进水平，略高于平均水平。贯彻平均先进水平，有利于企业科学管理，提高劳动生产率和减低材料消耗，以达到提高企业经济效益的目的。

2.1.2　施工定额的任务和作用

施工定额是施工企业内部使用的定额，是施工企业内部管理的依据，其作用主要体现在以下几个方面：

1）施工定额是衡量施工企业劳动生产率的主要依据。

2）施工定额是施工企业编制施工预算的基本依据。施工预算确定的费用是企业计划成本的主要组成部分，它为企业内部实行经济责任制提供了成本考核的依据，同时也为承包者的成本管理提出了明确的目标。

3）施工定额是施工企业编制施工组织设计，施工作业计划及劳动力、材料、机械台班使用计划的依据。施工企业可以根据施工定额，拟定使用资源的最佳时间安排，编制进度计划；以施工定额和施工企业的实际施工水平为尺度，进行劳动力、施工机械和运输力量的安排，计算材料构件的需求量，以安排形象进度等。

4）施工定额是向班组签发施工任务书和限额领料单的依据。施工任务书是施工企业把施工任务落实到班组或个人执行的技术经济文件，也是记录班组或个人完成任务情况和计算劳动报酬的凭证。施工工日数是根据施工任务的工程量和劳动定额的单位消耗指标计算出来的。限额领料单是根据施工任务和材料消耗定额计算确定的作为施工班组或个人完成规定施工任务所需材料消耗的最高限额。依据限额领料单统计实际消耗，作为工资结算的依据。

5）施工定额是施工企业进行经济核算的依据。

6）施工定额是编制预算定额的依据。

2.1.3　施工定额的编制原则

施工定额能否在施工管理中促进生产水平和经济效益的提高，决定于定额本身的质量。所以，保证定额的编制质量十分重要。衡量定额质量的主要依据是定额水平及其表现形式，因此在定额编制中要贯彻以下几个原则。

1. 定额水平要符合平均先进原则

施工定额的水平应是平均先进水平。因为只有依据这样的标准进行管理，才能不断提高企业的劳动生产率水平，进而提高企业的经济效益。

2. 成果要符合质量要求原则

完成后的施工过程质量，要符合国家颁布的施工及验收规范和现行的《建筑安装工程质量检验评定标准》的要求。

3. 采用合理劳动组织原则

根据施工过程的技术复杂程度和工艺要求，合理组织劳动力，按照国家规定的《建筑工人技术等级标准》，配套安排适应技术等级的工人及合理数量。

4. 明确劳动手段与对象的原则

采用不同的劳动手段（设备、工具等）和劳动对象（材料、构件等）得到不同的生产率。因此，必须规定设备、工具，明确材料与构件的规格、型号等。

5. 内容和形式简明适用原则

内容和形式的简明适用首先表现为定额内容的简明适用，要求做到项目齐全，项目划分粗细适当，适应施工管理的要求，如符合编制施工作业计划、签发施工任务书、计算投标报价、企业内部考核的作用要求。要求步距合理，同时注意选择适当的计量单位，以准确反映产品的特性。结构形式要合理，要反映已成熟和推广的新材料、新技术、新机具的内容。

6. 以专业队伍和群众相结合的编制原则

施工定额的编制，应由有丰富经验的专门机构和人员组成，同时由有丰富的专业技术经验的人员为主，由工人群众配合，共同编制，这样才能体现定额的科学性和群众性。

2.1.4 施工定额编制依据

1. 经济政策和劳动制度

经济政策和劳动制度具体包括建筑安装工人技术等级标准、建筑安装工人及管理人员工资标准、劳动保护制度、工资奖励制度、利税制度、8 小时工作日制度等。

2. 技术依据

技术依据具体包括现行建筑安装工程施工验收规范、建筑安装工程安全操作规程、建筑安装工程质量检验评定标准、生产要素消耗技术测定及统计数据、建筑工程标准图集或典型工程图纸等。

3. 经济依据

经济依据具体包括建筑材料预算价格和现行定额。

2.1.5 施工定额的编制方法和步骤

施工定额的编制方法与编制步骤主要包括以下三个方面。

1. 施工定额项目的划分

为了满足简明适用原则的要求并具有一定的综合性，施工定额项目的划分应遵循以下具体要求：一是不能把隔日的工序综合到一起，二是不能把由不同专业的工人或不同小组完成的工序综合到一起，三是应具有可分可合的灵活性。

施工定额项目划分，按其具体内容和工效差别，一般可采用以下 6 种方法。

（1）按手工和机械施工方法的不同划分　由于手工和机械施工的方法不同，使得工效差异很大，即对定额水平的影响很大，因此在项目划分上应加以区分，如土石方工程施工，可划分为人工挖土和机械挖土两部分。

（2）按构件类型及形体的复杂程度划分　同一类型的作业，如混凝土工程，由于构件类型及结构复杂程度不同，其表面形状及体积也不同，它们对定额水平都有较大的影响，因此定额项目要分开。如基础工程中按满堂基础、独立基础、带形基础、桩承台、设备基础等分别列项，并且满堂基础按箱式和无梁式分别列项等。

（3）按建筑材料品种和规格的不同划分　建筑材料的品种和规格不同，对工人完成某种产品的工效影响很大。如雨水管安装，要按铸铁、铁皮、PVC 管及不同管径进行划分。

（4）按构造做法及质量要求的不同划分　不同的构造做法和不同的质量要求，其单位产品的工时消耗、材料消耗都有很大的不同。如砖墙按双面清水、单面清水、混水内墙、混水外墙等分别列项，并在此基础上还按墙厚划分为 1/2 砖、3/4 砖、1 砖及 2 砖以上。又如墙面抹灰，按质量等级划分为高级抹灰、中级抹灰和普通抹灰项目。

（5）按施工作业面的高度划分　施工作业面高度越高，工人操作及垂直运输就越困难，对安全要求也就越高，因此施工作业面高度对工时消耗有着较大的影响。一般地，采取增加工日或乘系数的方法计算，将不同高度对定额水平的影响程度加以区分。如油漆（安装）工程中的超高系数。

（6）按技术要求与操作的难易程度划分　技术要求与操作的难易程度对工时消耗也有较大的影响，应分别列项。如人工挖土，按土类别分为四类，挖一、二类土就比挖三、四类土用工少，又如人工挖地槽土方，由于槽底宽、槽深各有不同，就应按槽底宽、槽深及土壤类别的不同分别列项等。

2. 定额项目计量单位的确定

一个定额项目就是一项产品，其计量单位应能确切反映出该项产品的形态特征。所以确定定额项目计量单位要遵循以下原则：

1）能确切、形象地反映产品的形态特征。

2）便于工程量与工料消耗的计算。

3）便于保证定额的精确度。

4）便于在组织施工、统计、核算和验收等工作中使用。

3. 定额册、章、节的编排

（1）定额册的编排　定额册的编排一般按工种、专业和结构部位划分，以施工的先后顺序排列。如建筑工程施工定额可分为人工土石方、机械打桩、砖石、脚手架、混凝土及钢筋混凝土、金属构件制作、构件运输、木结构、楼地面、屋面等分册。各分册的编排和划分，要同施工企业劳动组织实际情况相结合，以利于施工定额在基层的贯彻执行。

（2）章的排序　章的编排和划分有两种方法：

1）按同工种不同工作内容划分。如木结构分册分为门窗制作、门窗安装、木装修、木间壁墙裙和护壁、屋架及屋面木基层、天棚、地板、楼地面及木栏杆、扶手、楼梯等章。

2）按不同生产工艺划分。如混凝土及钢筋混凝土分册，按现浇混凝土工程和预制混凝土工程进行划分。

（3）节的编排　为使定额层次分明，各分册或各章应设若干节。节的划分主要有以下两种方法：

1）按构件的不同类型划分。如“现浇混凝土工程”一章中，分为现浇基础、柱、梁、板、其他等多节。

2）按材料及施工操作方法的不同划分。如装饰分册分为干粘石、剁假石、木材面油漆、水质涂料等节，各节内又设若干子项目。

（4）定额表格的拟定　定额表格的内容一般包括项目名称、工作内容、计量单位、定额编号、附注、人工消耗指标、材料和机械台班消耗指标等。表格编排形式可灵活处理，强调统一，应视定额的具体内容而定。

2.1.6 施工定额手册的内容构成

施工定额手册是施工定额的汇编，其内容主要包括以下三个部分。

1. 文字说明

文字说明包括总说明、分册说明和分节说明。

（1）总说明　一般包括定额的编制原则和依据、定额的用途及适用范围、工程质量及安全要求、劳动消耗指标及材料消耗指标的计算方法、有关全册的综合内容、有关规定及说明。

（2）分册说明　主要对本册定额有关编制和执行方面的问题与规定进行阐述，如分册中包括的定额项目和工作内容、施工方法说明、有关规定（如材料运距、土壤类别的规定等）的说明和工程量计算方法、质量及安全要求等。

（3）分节说明　主要内容包括具体的工作内容、施工方法、劳动小组成员等。

2. 定额项目表

定额项目表是定额手册的核心内容，包括定额编号、计量单位、项目名称、工料消耗量及附注等。附注是定额项目的补充，主要说明没有列入定额项目的分项工程执行的定额、执行时应增（减）工料（有时乘系数）的具体数值等，它不仅是对定额使用的补充，也是对定额使用的限制。

3. 附录

附录一般放在定额册的最后，主要内容包括名词解释及图解、先进经验及先进工具介绍、混凝土及砂浆配合比表、材料单位重量参考表等。

以上三部分组成定额手册的全部内容。其中以定额项目表为核心，但同时必须了解另外两部分的内容，这样才能保证准确无误地使用施工定额。

2.2 劳动定额

2.2.1 劳动定额的概念和表达形式

在各种定额中，劳动消耗定额都是重要的组成部分。劳动消耗的含义是指活劳动的消耗，而不是活劳动和物化劳动的全部消耗。劳动消耗定额通常简称为劳动定额。为了便于综合和核算，劳动定额大多采用工作时间消耗量来表示和计算劳动消耗的数量。

劳动定额是指在正常施工技术条件和合理劳动组织条件下，为生产单位合格产品所必需消耗的工作时间，或在单位时间内生产合格产品的数量标准。

2.2.2 劳动定额的表现形式

生产单位产品的劳动消耗量可用劳动时间来表示，同样在单位时间内的劳动消耗量也可以用生产的产品数量来表示。因此，劳动定额有以下两种基本的表现形式。

1. 时间定额

时间定额是指在一定的生产技术组织条件下，完成单位合格产品所需消耗工作时间的数量标准。一般用“工时”或“工日”作为计量单位，每个工日的工作时间按现行劳动制度规定为 8 个小时。

例如，某定额规定：人工挖土方工程，工作内容包括挖土、装土、修整底边等全部操作过程，挖 $1m^3$ 较松散的二类土的时间定额为 0.192 工日。时间定额的计算方法是：

$$\text{完成单位工程量的时间消耗(工日)} = \frac{1}{\text{每工日完成的工程量}}$$

若以小组为单位进行计算，则时间定额表示为：

$$\text{完成单位工程量的时间消耗(工日)} = \frac{\text{小组成员工日数总和}}{\text{小组的每班完成工程量}}$$

2. 产量定额

产量定额是指生产工人在单位时间（一个工日）内生产合格产品的数量标准，或指完成工作任务的数量额度。产量定额的单位以产品的计量单位来表示，如 m/工日、m^2/工日、m^3/工日、t/工日等，用公式表示如下：

$$每工日完成的工程量=\frac{1}{单位工程量的时间消耗(工日)}$$

若以小组为单位进行计算，则产量定额表示为：

$$每班完成工程量=\frac{小组成员工日数的总和}{单位工程量的时间消耗(工日)}$$

3. 时间定额与产量定额的关系

从时间定额和产量定额的概念和计算公式很容易看出，时间定额与产量定额互为倒数关系，即：

$$时间定额=\frac{1}{产量定额}$$

时间定额和产量定额都表示同一劳动定额项目，它们是同一劳动定额项目的两种不同的表现形式。其中，时间定额的特点是单位统一，便于综合，常用于确定完成一定工程量所需的总工日数，进而计算工期、核算工资；产量定额具有形象化的特点，可使工人应完成的目标一目了然，便于分配任务，编制作业计划，考核工人生产效率。

目前实施的《全国建筑安装工程劳动定额》和《全国建筑装饰工程劳动定额》，其劳动消耗量均以时间定额来表示。定额中不仅规定了完成某分部分项工程的劳动消耗的数量标准，而且在各分部中还详细规定了完成该分部工程的一般工作内容、工程量计算规则、水平和垂直运输方式、建筑物高度等，在各分项工程中也规定了具体工作内容。

表2-1为砌体工程分部中砖墙分项的劳动定额摘录，摘自2009版《建设工程劳动定额》建筑工程——砌筑工程。

例如，该定额中每砌1m³250mm厚多孔砖墙，砌墙时间定额为0.500工日，运输为0.417工日，调制砂浆为0.050工日，则综合时间定额为0.500+0.417+0.050=0.967（工日/m³）。

表2-1 每1m³砌体的劳动定额 （单位：m³）

定额编号	AD0030	AD0031	AD0032	AD0033	AD0034	AD0035	序号
项目	多孔砖墙			空心砖墙			
	墙体厚度/mm						
	≤150	≤250	>250	≤150	≤250	>250	
综合	0.967	0.915	0.860	0.965	0.804	0.712	一
砌砖	0.500	0.450	0.400	0.556	0.463	0.411	二
运输	0.417	0.415	0.410	0.364	0.296	0.256	三
调制砂浆	0.050	0.050	0.050	0.045	0.045	0.045	四

注：多孔砖、空心砖墙包括镶砌标准砖。

2.2.3 劳动定额的制定方法

劳动定额的制定方法是随着建筑业生产技术水平的不断提高而不断改进的，目前采用以下几种方法：技术测定法、统计分析法、比较类推法、经验估计法。

1. 技术测定法

技术测定法是指在正常的施工条件下，对施工过程中的具体活动进行现场观察，从而制定定额的一种方法。这种方法有较高的科学性和准确性，但耗时多，常用于制定新定额和典型定额。该方法已发展成为一个多种技术测定体系，包括计时观察测定法、工作抽样测定法、回归分析测定法和标准时间资料法等。

（1）计时观察测定法　计时观察测定法是最基本的一种技术测定法，它是一种在单位时间内，对特定作业进行直接连续的观察和记录，从而获得工时消耗数据并据以分析制定劳动定额的方法。按其测定的具体方法，计时观察测定法又分为秒表时间研究法、工作日写实法。计时观察测定法的优点是对施工作业过程的各种情况记录比较详细，数据比较准确，分析研究比较充分；但缺点是测定工作量大，一般适用于重复程度比较高的工作过程或重复性手动作业。

（2）工作抽样测定法　工作抽样测定法又称瞬间观察法，是通过对操作者或机械设备进行随机瞬间观测，记录各种作业项目在生产活动中发生的次数和发生率，由此取得工时消耗资料，推断各个观测项目的时间结构及其演变情况，从而掌握工作状况的一种测定技术。同计时观察测定法比较，工作抽样测定法无须观测人员连续在现场记录，具有省力、省时、适应面广的优点；但缺点是不宜测定周期很短的作业，不能详细记录操作方法，观察结果不直观等。工作抽样测定法，一般适用于间接劳动等工作的定额制定，如工时利用率、设备利用率等。

（3）回归分析测定法　回归分析测定法是应用数理统计的回归与相关原理，对施工过程中从事多种作业的一个或几个操作者的工作成果与工时消耗进行分析的一种工作测定技术。其优点是速度快，工作量小，特别对于一些难以直接测定的工作尤为有效；缺点是所需的技术资料来自统计报表，往往不够具体准确。

（4）标准时间资料法　标准时间资料法是利用计时观察测定法所获得的大量数据，通过分析、综合，整理出用于同类工作的基本数据而制定劳动定额的一种方法。其优点是不必进行大量的直接测定即可制定劳动定额，加快了定额制定的速度。由于标准资料是过去多次研究的成果，是统一的衡量标准，可提高定额的准确性，因而具有极大的适应性。

2. 统计分析法

统计分析法是根据过去完成同类产品或完成同类工序的实际耗用工时的统计资料与当前生产技术组织条件的变化因素相结合，进而分析研究制定劳动定额的一种方法。该方法适用于施工条件正常、产品稳定且批量大、统计工作健全的施工过程。由于统计资料反映的是工人过去已达到的水平，在统计时并没有也不可能剔除施工活动中的不合理因素，因而这个水平一般偏于保守。为了克服这个缺陷，可采用二次平均法作为确定定额水平的依据，其步骤如下所述。

第一步　剔除统计资料中明显偏高、偏低的不合理数据。

第二步　计算一次平均值：

$$\bar{t} = \sum_{i=1}^{n} \frac{t_i}{n}$$

式中　$\bar{t}$——一次平均值；

t_i——统计资料的各个数据；

n——计算资料的数据个数。

第三步 计算平均先进值：

$$\bar{t}_{\min} = \sum_{i=1}^{n} \frac{t_{i,\min}}{x}$$

式中 $\bar{t}_{\min}$——平均先进值；

$t_{i,\min}$——小于一次平均值的统计数据；

x——小于一次平均值的统计数据个数。

第四步 计算二次平均值：

$$\bar{t}_0 = \frac{\bar{t} + \bar{t}_{\min}}{2}$$

【例2-1】 某种产品工时消耗的资料为5、30、40、70、50、70、70、40、50、40、50、90。试用二次平均法制定该产品的时间定额。

【解】 （1）剔除明显偏高、偏低值，即5，90。

（2）计算一次平均值

$$\bar{t} = \frac{30+40+70+50+70+70+40+50+40+50}{10} = 51$$

（3）计算平均先进值

$$\bar{t}_{min} = \frac{30+40+40+40+50+50+50}{7} = 42.90$$

（4）计算二次平均值

$$\bar{t}_0 = \frac{51+42.90}{2} = 46.95$$

3. 比较类推法

比较类推法又称典型定额法，是以生产同类型产品（或工序）的定额为依据，经过分析比较，类推出同一组定额中相邻项目定额水平的方法。这种方法简便、工作量小，只要典型定额选择恰当，切合实际，具有代表性，类推出的定额水平一般比较合理。这种方法适用于同类型产品规格多、批量小的作业过程。

应用比较类推法测算定额，首先选择好典型定额项目，并通过技术测定或统计分析，确定出相邻项目或类似项目的比例关系，然后算出定额水平，其计算式为：

$$t = pt_0$$

式中 t——所求项目的时间定额；

t_0——典型定额项目的时间定额；

p——比例系数。

4. 经验估计法

经验估计法是由定额人员、技术人员和工人相结合，根据时间经验，经过分析图纸、现场观察、了解施工工艺、分析施工生产的技术组织条件和操作方法等情况，进行座谈讨论以制定定额的一种方法。经验估计法简便及时，工作量小，可以缩短定额制定的时间；但由于受到估计人员主观因素和局限性的影响，因而只适用于不易计算工作量的施工作业，通常是作为一次性定额制定使用。

经验估计法一般可用下面的经验公式进行优化处理：

$$t = \frac{a+4m+b}{6}$$

式中 t——优化定额时间；

a——先进作业时间；

m——一般作业时间；

b——后进作业时间。

2.3 材料消耗定额

2.3.1 材料消耗定额的概念

材料消耗定额是指在合理使用材料的条件下，生产单位合格产品所必须消耗一定品种、规格的材料数量标准，包括各种原材料、燃料、半成品、构配件、周转性材料摊销等。

2.3.2 材料定额消耗量的构成和计算

材料的消耗量由两部分组成，即材料净用量和材料损耗量。材料净用量是指为了完成单位合格产品所必需的材料使用量，即构成工程实体的材料消耗量。材料损耗量是指材料从工地仓库领出到完成合格产品生产的过程中不可避免的合理损耗量，包括材料场内运输损耗量、加工制作损耗量和施工操作损耗量三部分。所以，合格产品中某种材料的消耗量等于该种材料的净用量与损耗量之和，即：

材料消耗量 = 材料净用量 + 材料损耗量

在实际应用中，通常是采用材料损耗率来计算材料的损耗量，表 2-2 为部分建筑材料损耗率参考表，可对应材料查找损耗率，计算材料损耗量，进而确定材料消耗量。

材料的损耗量 = 材料净用量 × 损耗率

材料消耗量 = 材料净用量 ×(1 + 损耗率)

表 2-2 部分建筑材料损耗率参考表

材料名称	工程项目	损耗率(%)	材料名称	工程项目	损耗率(%)
普通粘土砖	地面、屋面、空花(斗)墙	1.5	水泥砂浆	抹墙及墙裙	2
普通粘土砖	基础	0.5	水泥砂浆	地面、屋面、构筑物	1
普通粘土砖	实砖墙	2	素水泥浆		1
普通粘土砖	方砖柱	3	混凝土(预制)	柱、基础梁	1
普通粘土砖	圆砖柱	7	混凝土(预制)	其他	1.5
普通粘土砖	烟囱	4	混凝土(现浇)	二次灌浆	3
普通粘土砖	水塔	3.0	混凝土(现浇)	地面	1
白瓷砖		3.5	混凝土(现浇)	其余部分	1.5
陶瓷锦砖(马赛克)		1.5	细石混凝土		1
面砖、缸砖		2.5	轻质混凝土		2
水磨石板		1.5	钢筋(预应力)	后张吊车梁	13
大理石板		1.5	钢筋(预应力)	先张高强丝	9
混凝土板		1.5	钢材	其他部分	6
水泥瓦、粘土瓦	包括脊瓦	3.5	铁件	成品	1
石棉垄瓦(板瓦)		4	镀锌铁皮	屋面	2
砂	混凝土、砂浆	3	镀锌铁皮	排水管、沟	6

2.3.3 材料消耗定额的制定方法

1. 技术测定法

技术测定法是指在施工现场，通过对产品数量、材料净用量和损耗量的观察与测定，对其进行分析和计算，从而确定材料消耗定额的方法。采用这种方法，观测对象应符合下列要求：工程结构是典型的，施工符合技术规范要求，材料品种和质量符合设计要求，被测定的工人在节约材料和保证产品质量方面有较好的成绩。技术测定法最适合于确定材料损耗量和损耗率。因为只有通过现场观察，才有可能测定出材料损耗数量，也才能区别出哪些是难以避免的合理损耗，哪些是不应发生的损耗，后者则不能包括在材料消耗定额内。

2. 试验法

试验法是在试验室内通过专门的仪器设备测定材料消耗量的一种方法。这种方法是对材料的结构、化学成分和物理性能作出科学结论，从而给材料消耗定额的制定提供可靠的技术依据，如确定混凝土的配合比、砂浆的配合比等，然后计算出水泥、砂、石、水的消耗量。试验法的优点是能够深入细致地研究各种因素对材料消耗的影响，其缺点是无法估计施工过程中某些因素对材料消耗的制约。

3. 统计分析法

统计分析法是以现场用料的大量统计资料为依据，通过分析计算获得消耗材料的各项数据，然后确定材料消耗量的一种方法。

如某项产品在施工前共领某种材料数量为 N_0，完工后的剩余材料数量为 ΔN，则用于该产品上的材料数量为：

$$N = N_0 - \Delta N$$

若完成产品的数量为 n，则单位产品的材料消耗量 m 为

$$m = \frac{N}{n} = \frac{N_0 - \Delta N}{n}$$

统计分析法简单易行，但不能区分材料消耗的性质，即材料的净用量、不可避免的损耗量与可以避免的损耗量，只能笼统地确定出总的消耗量。所以，用该方法制定的材料消耗定额质量较差。

4. 理论计算法

理论计算法是通过对施工图纸及其建筑材料、建筑构件的研究，用理论计算公式计算出某种产品所需的材料净用量，然后再查找损耗率，从而制定材料消耗定额的一种方法。理论计算法主要用于块、板类材料的净用量，如砖砌体、钢材、玻璃、锯材、混凝土预制构件等，但材料的损耗量仍要在现场通过实测取得。例如在砌砖工程中，每 1m^3 砌体的砖及砂浆净用量，可用以下公式计算（只用于实砌墙）。

$$1\text{m}^3\text{ 砌体标准砖净用量} = \frac{2\times\text{墙厚的砖数}}{\text{墙厚}\times(\text{砖长}+\text{灰缝})\times(\text{砖厚}+\text{灰缝})}$$

$$1\text{m}^3\text{ 砌体砂浆净用量} = 1\text{m}^3 - \text{砌体中砌块材料净体积}$$

上式中墙厚的砖数是指用标准砖的长度来标明的墙体厚度，例如 0.5 砖墙是指 115 墙，3/4 砖墙是指 180 墙，1 砖墙是指 240 墙等。要理解标准砖净用理计算公式，首先要弄清该公式的计算思路，下面分步骤说明公式的含义。

1）根据实砌墙厚度计算出标准块的体积。所谓标准块，就是由砖和砂浆所构成砌体的基本计算单元。不同墙厚标准块体积的计算公式为

$$墙厚\times(砖长+灰缝)\times(砖厚+灰缝)$$

如1.5砖墙的标准块体积为$(0.24+0.115+0.01)\times(0.24+0.01)\times(0.053+0.01)=0.356\times0.25\times0.036=0.00575(m^3)$。

2）根据标准块中所含标准砖的数量，用正比法算出$1m^3$砌体中标准砖净用量。例如，1.5砖墙的标准块中包含3块标准砖，在已知标准块体积的情况下，可以算出每$1m^3$砌体标准量，计算过程为：

$$每1m^3 1.5砖墙砌体标准砖净用量=1\div0.00575\times3=521.8（块）$$

3）砂浆消耗量计算。例如，每$1m^3$1.5砖墙中砂浆净用量$=1-521.8\times0.24\times0.115\times0.053=0.2367\ (m^3)$。

如果已知砖和砂浆的损耗率，则可进一步求出这两种材料的消耗量。如砖和砂浆的损耗率均为1%，则每$1m^3$1.5砖墙中，标准砖消耗量$=521.8\div(1-0.01)=527.07$(块)，砂浆消耗量$=0.2367\div(1-0.01)=0.2391(m^3)$。

【例2-2】 某彩色地面砖规格为200mm×200mm×5mm，灰缝为1mm，结合层为20厚1:2水泥砂浆，试计算$100m^2$地面中面砖和砂浆的消耗量（面砖和砂浆损耗率均为1.5%）。

【解】 面砖净用量：$\dfrac{100}{(0.2+0.001)\times(0.2+0.001)}=2475$ 块

面砖的消耗量：$2475/(1-1.5\%)=2513$ 块

灰缝砂浆的净用量：$(100-2475\times0.2\times0.2)\times0.005=0.005m^3$

结合层砂浆净用量：$100\times0.02=2m^3$

砂浆的消耗量：$(0.005+2)/(1-1.5\%)=2.036m^3$

2.4 机械台班使用定额

2.4.1 机械台班使用定额的概念

机械台班使用定额，是指在正常的施工条件、合理的施工组织和合理使用施工机械的条件下，由技术熟练的工人操纵机械，生产单位合格产品所必须消耗的机械工作时间的标准。机械台班使用定额是企业编制机械需要量计划的依据；是考核机械生产率的尺度；是推行经济责任制，实行计件工资，签发施工任务书的依据。

2.4.2 机械台班使用定额的表现形式

按表现形式的不同，机械台班使用定额分为时间定额和产量定额。

1. 机械时间定额

机械时间定额是指在前述条件下，某种机械生产单位合格产品所必须消耗的作业时间。机械时间定额以“台班”为单位，即一台机械作业一个工作班（8小时）为一个台班，用公式表示为：

$$机械时间定额(台班)=\frac{1}{机械台班的产量}$$

2. 机械产量定额

机械产量定额是指在前述条件下，某种机械在一个台班内必须生产的合格产品的数量。机械产量定额的单位以产品的计量单位来表示，如 m^3、m^2、m、t 等，用公式表示为：

$$机械台班产量定额 = \frac{1}{机械时间定额(台班)}$$

2.4.3 机械台班使用定额的制定方法

1. 拟定正常的施工条件

拟定正常工作条件，主要是拟定工作地点的合理组织和合理的工人编制。

拟定工作地点的合理组织，就是对施工地点机械和材料的放置位置、工人从事操作的场所，做出科学合理的平面布置和空间安排。它要求施工机械和操作机械的工人在最小范围内移动，但又不妨碍机械运转和工人操作，应使机械的开关和操纵装置尽可能集中地装置在操纵工人的近旁，以节省工作时间和减轻工作强度，最大限度地发挥机械效能、减少工人的手工操作。

拟定合理的工人编制，就是根据施工机械的性能和设计能力，工人的专业分工和劳动工效，合理确定操纵机械的工人和直接参加机械化施工过程的工人的编制人数。拟定合理的工人编制，应力求保持机械的正常生产率和工人正常的劳动工效。

2. 确定机械纯工作1小时的生产效率

机械纯工作时间，就是指必须消耗机械的时间。机械纯工作1小时的生产效率，就是指在正常施工组织条件下，具有必需的知识和技能的技术工人操纵机械1小时的生产率。

建筑机械可分为循环动作型和连续动作型两种。循环动作型机械是指机械重复地、有规律地在每一周期内进行同样次序的动作，如塔式起重机、单斗挖土机等。连续动作型机械是指机械工作没有规律性的周期界限，表现为不停地做某一种动作（转动、行走、摆动等），如皮带运输机、多斗挖土机等。这两类机械纯工作1小时的生产效率有着不同的确定方法。

1）循环动作型机械净工作1小时的生产效率的确定。循环动作型机械净工作1小时的生产效率 $N_{小时}$ 取决于该机械净工作1小时的循环次数 n 和每次循环中所生产合格产品的数量 m。

确定循环次数 n，首先要确定每一循环的正常延续时间，而每一循环的延续时间等于该循环各组成部分正常延续时间之和（$t_1 + t_2 + \cdots + t_i$），一般应根据技术测定法确定（个别情况也可根据技术规范确定）。观测中应根据各种不同的因素，确定相应的正常延续时间。对于某些机械工作的循环组成部分，必须包括有关循环的、不可避免的无负荷及中断时间。对于某些同时进行的动作，应扣除其重叠的时间，例如挖土机“提升挖斗”与“回转斗臂”的重叠时间。因而机械净工作1小时的循环次数 n，可用计算公式表示为：

$$机械纯工作1h正常循环次数 = \frac{3600(s)}{一次循环正常延续时间}$$

2）连续动作型机械净工作1小时生产效率的确定。连续动作型机械净工作1小时生产的效率主要根据机械性能来确定。在一定条件下，净工作1小时的生产效率通常是一个比较稳定的数值。确定的方法是通过实际观察或试验得出一定时间完成的产品数量，则：

$$连续动作机械纯工作1h正常生产率 = \frac{工作时间内完成的产品数量}{工作时间(h)}$$

3. 确定机械工作时间利用系数

机械在一个工作班内纯工作时间与工作班延续时间的比值，称为机械工作时间利用系数 K_B，即：

$$机械工作时间利用系数=\frac{机械在一个工作班内纯工作时间}{一个工作班延续时间(8h)}$$

工作班延续时间仅考虑生产产品所必须消耗的定额时间，它除净工作时间之外，还包括其他工作时间，如机械操纵者或配合机械工作的工人在工作时班内或任务内的准备与结束工作时间，正常维修保养机械等辅助工作时间，工人休息时间等，不包括机械的多余工作时间（超过工艺规定的时间）、机械停工损失的时间和工人违反劳动纪律所损失的时间等非定额时间。

4. 确定机械台班产量定额

机械台班产量定额（台班）等于该机械净工作 1 小时的生产效率 $N_{小时}$乘以工作班的延续时间 T(8h)，再乘以台班时间利用系数 K_B。对于某些一次循环时间大于 1h 的机械施工过程，就不必计算净工作 1h 生产率，可以直接用一次循环时间 t，求出台班循环次数（T/t），再根据每次循环的产品数量 m，确定其台班产量定额。计算公式为：

$$施工机械台班产量定额=机械纯工作1h正常生产率\times工作班纯工作时间$$

或　施工机械台班产量定额 =

$$机械纯工作1h正常生产率\times工作班延续时间\times机械正常利用系数$$

对于一次循环时间大于 1h 的施工过程，则按下列公式计算：

施工机械台班产量定额 =

$$\frac{工作班延续时间}{机械一次循环时间}\times机械每次循环的产品数量\times机械正常利用系数$$

$$施工机械时间定额=\frac{1}{机械台班产量定额指标}$$

例如，某规格的混凝土搅拌机，正常生产率是 6.95m^3/h，工作内纯工作时间是 7.2h，则工作时间利用系数 $K_B=7.2/8=0.9$。机械台班产量为 $n_{台班}=6.95\times8\times0.9=50$（$m^3$ 混凝土），生产每 1m^3 混凝土的时间定额为 1/50，即 0.02 台班。

思考与练习

1. 简述施工定额的概念。施工定额应按何种定额水平编制？为什么？
2. 简述施工定额的编制原则。
3. 简述劳动定额的概念及表现形式。
4. 什么是材料消耗定额？材料消耗量由哪些内容构成？
5. 简述机械台班定额的概念。

第3章　预 算 定 额

【学习重点】

预算定额的概念及定额水平，预算定额的内容构成；人工、材料、机械消耗量的确定方法；人工单价、材料预算价格、机械台班单价的计算方法。

【学习目标】

通过本章学习，了解预算定额的概念及作用，理解预算定额的内容构成；掌握人工、材料、机械消耗量的确定方法，人工单价、材料预算价格、机械台班单价的计算方法。

3.1　预算定额概述

3.1.1　预算定额的概念和作用

预算定额是指在正常施工技术组织条件下，以建筑工程的各个分项工程或结构构件为标定对象，确定完成规定计量单位合格产品所必须消耗的人工、材料、机械台班的数量标准。

预算定额反映了在一定的施工方案和一定的资源配置条件下施工企业在某个具体工程上的施工水平和管理水平，可作为施工中各项资源的直接消耗、编制施工计划和核算工程造价的依据。

预算定额的作用主要体现在以下几点：

1）预算定额是编制施工图预算，确定工程预算造价的基本依据。

2）预算定额是编制地区单位估价表和概算定额的统一基础。

3）预算定额是招标工程标底、投标工程报价的统一计算依据。

4）预算定额是编制施工图预算，进行工程结算和决算的基本文件。

5）预算定额是施工企业进行经济活动分析，进行“两算”对比的重要依据。

3.1.2　预算定额与施工定额的关系

预算定额是在施工定额的基础上制定的，两者都是施工企业实现科学管理的工具，但是两者又有不同之处。

1. 定额的作用不同

施工定额是施工企业内部管理的依据，直接用于施工管理；是编制施工组织设计、施工作业计划及劳动力、材料、机械台班使用计划的依据；是编制单位工程施工预算，加强企业成本管理和经济核算的依据；是编制预算定额的基础。

预算定额是一种计价性的定额，其主要作用表现在对工程造价的确定和计量方面，以及用于进行国家、建设单位和施工单位之间的拨款和结算。施工企业投标报价、建设单位编制标底也多以预算定额为依据。

2. 定额的水平不同

编制施工定额的目的在于提高施工企业管理水平，进而推动社会生产力向更高水平发展，因而作为管理依据和标准的施工定额中规定的活劳动和物化劳动的消耗量标准，应是平均先进的水平标准。编制预算定额的目的主要在于确定建筑安装工程每一分项工程的预算基价，因而任何产品的价格都是按照生产该产品所需的社会必要劳动量来确定的，所以预算定额中规定的活劳动和物化劳动消耗量标准，应体现社会平均水平。这种水平的差异主要体现在预算定额比施工定额考虑了更多的实际存在的可变因素，如工序衔接、机械停歇、质量检查等，因此，在施工定额的基础上增加一个附加额，即幅度差。

3. 项目划分和定额内容不同

施工定额以工序或施工过程为研究对象，所以定额项目划分详细、定额工作内容具体。预算定额是在施工定额基础上经过综合扩大编制而成的，所以定额项目划分更加综合，每一个定额项目的工作内容包括了若干个施工定额的工作内容。

3.1.3 预算定额的编制原则

1. 定额水平以社会平均水平为准

由于预算定额为计价性定额，所以应遵循社会平均的定额水平。

2. 简明适用、严谨准确

要求预算定额中对于主要的、常用的、价值量大的项目，其分项工程划分宜细；相反，对于次要的、不常用的、价值较小的项目划分宜粗。要求定额项目齐全，计量单位设置合理。

3. 内容齐全

在确定预算定额消耗量标准时，要考虑施工现场为完成某一分项工程所必须发生的所有直接消耗，从而保证在计算造价时的准确性。

3.1.4 预算定额的编制依据

预算定额的编制依据主要有以下几个方面：

1）国家及有关部门的政策和规定。

2）现行的设计规范、国家工程建设标准强制性条文、施工技术规范和规程、质量评定标准和安全操作规程等建筑技术法规。

3）通用的标准设计图纸、图集，有代表性的典型设计图纸、图集。

4）有关的科学试验、技术测定、统计分析和经验数据等资料，成熟推广的新技术、新结构、新材料和先进管理经验的资料。

5）现行的施工定额，国家和各省、市、自治区颁发的、现行的预算定额及编制的基础资料。

6）现行的人工工资标准、材料市场价格与预算价格、施工机械台班预算价格。

3.1.5 预算定额的内容构成

为了便于编制预算，使编制人员能够准确地确定各分部分项工程的人工、材料和机械台班消耗指标及相应的价值指标，将预算定额按一定的顺序汇编成册，成为预算定额手册。预算定额手册一般由下列内容组成：

（1）总说明　总说明主要阐述预算定额的编制原则、编制依据、使用范围和定额的作用，说明编制定额时已经考虑和未考虑的因素，以及有关规定和定额的使用方法等。

如图3-1所示为《甘肃省建筑与装饰工程预算定额》总说明。

总　说　明

一、《甘肃省建筑与装饰工程预算定额》（以下简称本定额）是完成规定计量单位建筑与装饰工程分项工程的人工、材料、机械台班消耗量的标准；是编制全省建筑与装饰工程地区基价，编制施工图预算、招标控制价、投标报价和签订施工合同价款，办理竣工结算，调解工程造价纠纷及办理工程造价鉴定的依据。

二、本定额适用于一般工业与民用建筑的新建、扩建和改建工程。

三、本定额的主要编制依据

1.《建筑工程建筑面积计算规范》（GB/T 50353—2005）。

2.《建设工程工程量清单计价规范》（GB 50500—2013）、《房屋建筑与装饰工程工程量计算规范》（GB 50854—2013）。

3.《建设工程劳动定额》（LD/T 72.1—11—2008）、（LD/T 73.1—4—2008）。

4.《全国统一建筑工程基础定额》（GJD 101—1995）。

5.《甘肃省建筑工程消耗量定额》（DBJD 25—14—2004）、《甘肃省建筑装饰装修工程消耗量定额》（DBJD 25—15—2004）及《甘肃省建设工程补充定额》等。

6. 国家和我省现行的建筑与装饰工程施工及验收规范、质量评定标准、安全操作规程。

7. 结合我省目前的工程结构、建筑与装饰标准图集、施工机械装备程度、施工工艺及正常的施工条件编制，反映社会平均消耗水平。

8. 有代表性的工程设计、施工资料和其他资料。

四、本定额人工工日是按8小时工作制计算的，工种类别按一类工、二类工和三类工划分，消耗量包括基本用工、超运距用工、辅助用工及人工幅度差。

五、本定额中材料用量包括主要材料和辅助材料，对个别消耗量较小的零星材料，以其他材料费表示。定额中已包括材料从工地仓库、现场集中堆放地点或现场加工地点至操作或安装地点的运输损耗、施工损耗及现场堆放损耗。

六、本定额中混凝土、砌筑砂浆、抹灰砂浆、各种胶泥、灰土、多合土、水磨石、水刷石及饰面材料的水泥砂浆结合层等均按半成品用量以体积或重量表示，其各种强度等级及配合比的材料用量应按《甘肃省建设工程混凝土砂浆材料消耗量定额》的规定确定。

七、本定额中钢筋混凝土预制构件，除吊车梁、基础梁、屋架、屋架梁、门式刚架、升板及水塔倒锥壳水箱和单体在0.5m^3以上的柱外，应计算制作、运输、堆放及安装（打桩）损耗，在编制预算时，应根据施工图计算的净用量，再按下式计算制作、运输、安装（打桩）工程量：

1. 制作工程量 = 图纸净用量 ×（1 + 总损耗率）

2. 运输工程量 = 图纸净用量 ×（1 + 运输损耗率 + 安装或打桩损耗率）

3. 安装或打桩工程量 = 图纸净用量

钢筋混凝土预制构件的损耗率按下表规定计算：

构 件 名 称	制作	运输堆放	安装（打桩）	总计
	损耗率（%）			
预制钢筋混凝土桩	0.1	0.4	1.5	2.0
其他各种预制钢筋混凝土构件	0.2	0.8	0.5	1.5

八、本定额中的混凝土养护是按自然养护编制的，如采用蒸汽或其他养护时，可另行计算。

九、本定额中已包括材料、半成品、成品从工地仓库、现场集中堆放地点或现场加工地点至操作安装地点的水平运输所需的费用。

图3-1　《甘肃省建筑与装饰工程预算定额》总说明

十、本定额中施工机械的规格型号是按照工程对象的需要合理配置的。除各章节说明允许调整换算者外，其他不再调整换算。

十一、本定额的机械台班用量包括主机和辅助机械，对个别用量较小的辅助机械，以其他机械费表示。

十二、凡单位价值在2000元以内的，使用年限2年以内的、不构成固定资产的工具、用具等费用，未列入本定额，均包括在我省建筑安装工程费用定额中。

十三、本定额除脚手架、垂直运输及构筑物定额已说明其使用高度外，其他均按建筑物室外地坪至檐口高度20m以内编制的。超过20m时，其超高费应另按第二十章《措施项目》的有关规定计算。

十四、建筑物檐高：有挑檐者，是指设计室外地坪标高至建筑物挑檐上皮的高度；无挑檐者，是指设计室外地坪标高至屋面顶板面标高的高度；如有女儿墙的，其高度算至女儿墙顶面；构筑物的高度，以设计室外地坪标高至构筑物的顶面标高为准。

十五、建筑与装饰工程与其他专业工程划分界限以散水外边线为界（包括与建筑物相连的室外台阶、坡道），以内为建筑与装饰工程。

十六、本定额已考虑了建筑工程设防的有关要求。

十七、本定额中人工、材料、机械的用量及各种费用等，是综合计算确定的，除各章节另有规定者外，不再调整换算。

十八、本定额中所取定的材料、半成品、成品的品种、规格型号与设计不符时，可按各章规定调整。

十九、本定额中的工程内容已说明了主要施工工序，次要工序虽未说明，但均已包括在定额内。

二十、本定额中注有×××以内或以下者均包括本身，×××以外或以上者，则不包括本身。

二十一、本定额消耗量中凡带“( )”者均为未计价材料。

图3-1 《甘肃省建筑与装饰工程预算定额》总说明（续）

（2）建筑面积计算规则　严格、系统地规定了计算建筑面积的内容范围和计算规则，从而使全国各地区的同类建筑产品的计划价格有一个科学的可比性。如对同类型结构的工程可通过计算单位建筑面积的工程量、造价、用工、用料等，进行技术经济分析和比较。

（3）分部工程说明　每一分部工程即为定额的每一章，在说明中介绍了该分部中所包括的主要分项工程、工作内容及主要施工过程，阐述了各分项工程量的计算规则、计算单位界限的划分，以及使用定额的一些基本规定和计算附表等。

（4）分项工程定额项目表　这是预算定额的主要组成部分，是以分部工程归类并以分项工程排列的。在项目表的表头中说明了该分项工程的工作内容；在项目表中标明了定额编号、项目名称、计量单位，列有人工、材料、机械消耗量指标。有的项目表下部还列有附注，说明了设计要求与定额规定不符时怎样进行调整，以及其他应说明的问题。表3-1为《甘肃建筑与装饰工程预算定额》中砖基础、砖墙预算定额项目表。

表3-1　砖基础、砖墙预算定额项目表

工作内容：①制运砂浆，运砖，浸砖，砌砖，现场清理；②安放木砖　　　　计量单位：m^3

定额编号			3-1	3-2	3-3	3-4
项目名称			砖基础	1/2砖墙	3/4砖墙	1砖墙
名　称		单　位	消耗量			
人工	二类工	工日	0.6881	1.1425	1.1147	0.9108
	三类工	工日	0.4586	0.7619	0.7438	0.6075
	合计	工日	1.1466	1.9044	1.8585	1.5183

（续）

定额编号			3-1	3-2	3-3	3-4
项目名称			砖基础	1/2砖墙	3/4砖墙	1砖墙
名称		单位	消耗量			
材料	标准砖(240×115×53)	千块	0.5236	0.5641	0.5510	0.5394
	砂浆	m^3	0.2360	0.1950	0.2130	0.2290
	水	m^3	0.1050	0.1130	0.1100	0.1060
机械	灰浆搅拌机　拌筒容量200L	台班	0.0390	0.0330	0.0350	0.0380

（5）附录或附表　这部分列在预算定额的最后面。例如，某市的预算定额的附录包括砂浆配合比、混凝土配合比表，材料预算价格、地模制作价格表，金属制品制作价格表等。

3.2　预算定额的编制

3.2.1　预算定额的编制步骤

预算定额的编制一般按图3-2所示五个阶段进行。

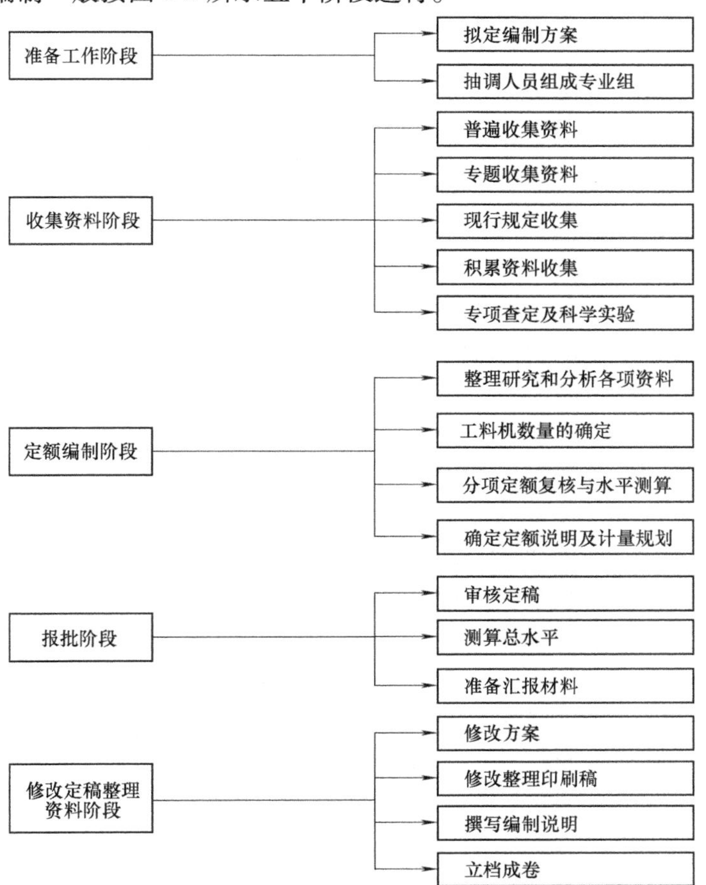

图3-2　预算定额编制程序

3.2.2 预算定额分项工程定额指标的确定

分项工程定额指标的确定，包括确定定额项目和内容，确定定额计量单位，计算工程量，确定人工、材料和机械台班消耗量指标等内容。

1. 确定定额项目及其内容

如前所述，一个单位工程按工程性质可以划分为若干个分部工程，如土石方工程、桩基工程、混凝土及钢筋混凝土工程等。一个分部工程可以分为若干个分项工程，如土石方工程可划分为人工挖土方，人工挖基槽、基坑，人工挖孔桩等分项工程。对于编制定额来讲，还要进一步详细划分为具体项目。例如，人工挖土方项目，按挖土难易程度，有一类、二类、三类、四类土之分；同样是挖此几类土，由于挖掘深度的不同，其所消耗的人工数量就不同，基于这种因素，再按不同的挖土深度，建立单独的定额编号，这样划分的定额项目就比较科学合理。

预算定额项目的划分、各项目的名称、工作内容和施工方法，是在施工定额分项项目基础上进一步综合确定的。定额编号栏中的人工、材料和机械台班的消耗，可以确切地反映完成该项目的资源投入数据；定额中同时要简明扼要地说明该分项工程的工作内容。预算定额项目的确定，应该有利于简化编制预算定额工作，便于进行设计方案的技术经济分析，便于施工计划、经济核算和确定工程单价工作的开展。

2. 确定定额编号

为了便于编制和审查施工图预算及下达施工任务，在定额表格中的上部（即栏头）写有定额编号，代表项目或子目。定额编号的注写有二级编码和三级编码两种，二级编码如第一章土石方工程的第一个子目（人工挖土方，一、二类土，1.5m 以内）定额编码为 1-1。在有些分项工程子项目后还需要进一步划分，则需三级编码，如第四章混凝土及钢筋混凝土工程的现浇有梁板分项工程为 4-79，根据其混凝土强度等级还可以进一步划分为 C15、C20、C25 等，所以分项工程（现浇 C20 混凝土有梁板）的定额编号为 4-79-2，为三级编码。

3. 确定定额计量单位与计算精度

（1）确定预算定额计量单位的原则　定额项目的计量单位应与项目的内容相适应，一般应根据分项工程或结构构件的形体特征及变化规律来确定。其原则是：当物体的三个度量，即长、宽、高都变化不定时，采用体积为计量单位，如土方、砌体、混凝土等工程；当物体厚度一定而长、宽两个度量变化不定时，采用面积为计量单位，如楼地面面层、墙面抹灰、门窗等工程；当物体的截面形状大小不变，但长度变化不定时，采用延长米为计量单位，如栏杆、管道、线路等工程；当物体的截面形状不规则，且构造又较复杂时，就以重量为计量单位，如金属构件；安装工程中的阀门以个，散热器以片，其他以件、台、套、组等为单位。

（2）预算定额计量单位的表示方法　预算定额的计量单位采用国家法定计量单位［长度：mm，cm，km；面积：mm^2，cm^2，m^2；体积（溶剂）：m^3，L；重量（质量）：kg，t］。在预算定额中，也可采用扩大的计量单位，如 10cm，100m，$100m^2$，$10m^3$ 等，以利于定额的编制和使用。

（3）预算定额项目表中各消耗量计量单位及小数位数的确定　人工：以“工日”为单位，取两位小数。机械：以“台班”为单位，取两位小数。主要材料及半成品：木材以 m^3

为单位；钢材及钢筋以t为单位，取三位小数；标准砖块以千块为单位；砂浆、混凝土以m^3为单位，取两位小数；水泥、石灰以kg为单位，取整数。单价、其他材料费、中小型机械费以“元”为单位，取两位小数。

4. 工程量计算

预算定额是一种综合定额，它包括了完成某一分项工程的全部工作内容。如砖墙定额中，其综合的内容有筛砂、调运砂浆、运砖、砌窗台虎头砖、腰线、门窗套、砖过梁、附墙烟囱等。因此，在确定定额项目中各项消耗量指标时，首先应根据编制方案中所选定的若干份典型工程图纸，计算出单位工程中各种墙体及上述综合内容所占的比重，然后利用这些数据，结合定额资料，综合确定人工和材料消耗净用量。工程量计算一般以列表的形式进行。

5. 计算和确定预算定额中各消耗量指标

预算定额是在施工定额的基础上编制的一种综合性定额，所以首先要将施工定额中以施工过程、工序为项目确定的工程量，按照典型设计图纸，计算出预算定额所要求的分部分项工程量；然后以此为基础，再把预算定额与施工定额两者之间存在幅度差等各种因素考虑进去，确定出预算定额中人工、材料、机械台班的消耗量指标。

6. 编制预算定额基价

对于量价合一的预算定额，还需要编制预算定额基价。预算定额基价是指以货币形式反映的人工、材料、机械台班消耗的价值额度，它是以地区性预算价格资料为基准综合取定的单价，乘以定额各消耗量指标，得到该项定额的人工费、材料费和机械使用费，并汇总形成定额基价。在编制以消耗量指标为主的预算定额（如《全国统一建筑工程基础定额》）时，可不计算预算定额基价，而是在编地区单位估价表时计算。

7. 编制预算定额项目表格，编写预算定额说明

根据已确定的定额项目和内容、定额计量单位，人工、材料和机械台班消耗量指标等内容，编制预算定额项目表格，整理全册定额项目内容。同时编写预算定额说明，简明扼要的阐述预算定额的适用范围、编制依据、编制原则及注意事项等，使读者可快速准确使用定额。

3.2.3 预算定额分项工程消耗量指标的确定

1. 人工消耗量指标的确定

人工消耗量是指在正常的施工生产条件下，生产一定计量单位的分项工程或结构构件所必需的各种用工数量或时间。人工消耗量的单位是“工日”，按现行规定，每个建安生产工人工作8小时为一个工日。

消耗量定额中的人工消耗量的确定有两种基本方法：一种是定额法，即以施工的劳动定额为基础来确定人工消耗量；另一种是技术测定法，即以现场测定资料为依据确定人工消耗量。

（1）以劳动定额为基础确定人工消耗量　消耗量定额中人工消耗量水平以及技工、普工比例，以劳动定额为基础，按消耗量定额规定的单位分项工程量和工作内容，计算定额人工的工日数。

消耗量定额人工消耗量 = 基本用工 + 辅助用工 + 超运距用工 + 人工幅度差

1）基本用工是指完成一定计量单位分项工程或结构构件所必需消耗的主要用工，如砌筑墙体工程时的砌砖等所需要的工日数量。基本用工按综合取定的工程量和施工劳动定额进行计算，其计算公式为：

$$基本用工=\sum(某分项工程综合取定的工程量\times相应时间定额)$$

2）辅助用工是指预算定额中基本用工以外的材料加工等用工，如筛砂子、淋石灰用工等，其计算式为：

$$辅助用工=\sum(材料加工数量\times相应时间定额)$$

3）超运距用工是指预算定额中规定的材料、半成品的平均水平运距超过劳动定额规定运输距离的用工，其计算式为：

$$超运距用工=\sum(超运距运输材料数量\times相应超运距时间定额)$$

$$超运距=预算定额取定的运距-劳动定额已包括的运距$$

4）人工幅度差主要是指在施工劳动定额中没有包括而在预算定额中又必须考虑的工时消耗，即在正常施工情况下不可避免的且无法计量的用工。如各工种间工序搭接、交叉作业时不可避免的停歇工时消耗；施工机械转移以及水电线路移动造成的间歇工时消耗；质量检查影响操作消耗的工时；以及施工作业中不可避免的其他零星用工等。其计算采用乘系数的方法，即：

$$人工幅度差=(基本用工+辅助用工+超运距用工)\times人工幅度差系数$$

人工幅度差系数，一般取10%～15%，各地方略有不同。

（2）以现场测定资料为依据确定人工消耗量　这种方法结合技术测定法测得基本工作时间、辅助工作时间、休息时间、不可避免的中断时间，然后采用以下公式计算：

$$N=\frac{N_{基本}}{1-(N_{辅助}+N_{准备}+N_{休息}+N_{中断})}$$

式中　N——单位产品时间定额；

$N_{基本}$——完成单位产品的基本时间；

$N_{辅助}$——辅助工作时间占总工作班延续时间的百分比；

$N_{准备}$——准备与结束时间占总工作班延续时间的百分比；

$N_{休息}$——休息时间占总工作班延续时间的百分比；

$N_{中断}$——不可避免的中断时间占总工作班延续时间的百分比。

【例3-1】　根据下列现场测定资料，确定混合砂浆抹砌块墙面的人工消耗量。基本工作时间：490min/10m²；辅助工作时间占总工作班延续时间的2%；准备与结束时间占总工作班延续时间的1.8%；不可避免的中断时间占总工作班延续时间的2%；休息时间占总工作班延续时间的10%，人工幅度差系数为10%，试确定该分项工程的人工消耗量定额。

【解】　时间定额 $N=\frac{N_{基本}}{1-(N_{辅助}+N_{准备}+N_{休息}+N_{中断})}$

$$=\frac{490\text{min}/10\text{m}^2}{1-(2\%+1.8\%+2\%+10\%)}=581.95\ \text{min}/10\text{m}^2$$

折合为工日/100 m²，1 工日 = 8h = 480min，则：

$$时间定额=581.95\div480=1.21\ 工日/10\text{m}^2$$

每10m²混合砂浆抹砌块墙面的人工消耗量为：

$$\begin{aligned}\text{人工消耗量} &= \text{时间定额} \times (1+\text{人工幅度差系数}) \\ &= 1.21 \times (1+10\%) \\ &= 1.331\ \text{工日}/10\text{m}^2\end{aligned}$$

2. 材料消耗量指标的确定

预算定额的材料消耗量指标由材料的净用量和损耗量构成。从消耗内容来看，包括为完成该分项工程或结构构件的施工任务必需的各种实体消耗和措施性材料的消耗；材料消耗量确定的方法有技术测定法、试验法、统计分析法和理论计算法，具体方法与施工定额中所述一致。但是，两种定额中的材料损耗率并不相同，预算定额中的材料损耗较施工定额中的更广，它考虑了整个施工现场材料堆放、运输、制备及施工操作过程中的损耗。另外，在确定预算定额中材料消耗量时，还必须充分考虑分项工程或结构构件所包括的工程内容、分项工程或结构构件的工程量计算规则等因素对材料消耗量的影响。

在材料消耗量中对用量很小，不便计算的零星材料（如砌砖墙中的木砖），或不构成工程实体，但在施工中消耗的辅助材料（如氧气等），在定额中按“其他材料费”以“元”为单位列入。

3. 机械台班消耗量指标的确定

预算定额中的机械台班消耗量指标，一般是在施工定额的基础上，再考虑一定的机械幅度差进行计算的。机械幅度差是指在合理的施工组织条件下，机械的停歇时间，其主要内容包括：

1）施工中机械转移工作面及配套机械相互影响所损失的时间。

2）在正常施工条件下，机械施工中不可避免的工序间歇。

3）检查工程质量影响机械操作的时间。

4）因临时水电线路在施工过程中移动而发生的不可避免的机械操作间歇时间。

5）冬季施工期内发动机械的时间。

6）不同厂牌机械的工效差、临时维修、小修、停水、停电等引起的机械间歇时间。

对于在施工中使用量较少的各种中小型机械，不便在预算定额中逐一列出，而将它们的台班消耗量和机械费计算后并入“其他机械费”，单位为“元”，列入预算定额的相应子目内。

3.3 预算单价的确定

一项工程直接费用的多少，除取决于预算定额中的人工、材料和机械台班的消耗量外，还取决于人工工资标准、材料和机械台班的预算单价。因此，合理确定人工工资标准、材料和机械台班的预算价格，是正确计算工程造价的重要依据。

3.3.1 人工单价的确定

1. 人工单价的概念及构成

人工单价是指按工资总额构成规定，支付给从事建筑安装工程施工的生产工人和附属生产单位工人的各项费用。

1）计时工资或计件工资：指按计时工资标准和工作时间或对已做工作按计件单价支付

给个人的劳动报酬。

2）奖金：指对超额劳动和增收节支支付给个人的劳动报酬，如节约奖、劳动竞赛奖等。

3）津贴、补贴：指为了补偿职工特殊或额外的劳动消耗和因其他特殊原因支付给个人的津贴，以及为了保证职工工资水平不受物价影响支付给个人的物价补贴，如流动施工津贴、特殊地区施工津贴、高温（寒）作业临时津贴、高空津贴等。

4）加班加点工资：指按规定支付的在法定节假日工作的加班工资和在法定日工作时间外延时工作的加点工资。

5）特殊情况下支付的工资：指根据国家法律、法规和政策规定，因病、工伤、产假、计划生育假、婚丧假、事假、探亲假、定期休假、停工学习、执行国家或社会义务等原因按计时工资标准或计时工资标准的一定比例支付的工资。

2. 影响人工日单价的因素

（1）社会平均工资水平　建筑安装工人人工工日单价必然和社会平均工资水平趋同。社会平均工资水平取决于经济发展水平。由于我国改革开放以来经济迅速增长，社会平均工资也有了大幅度增长，从而影响人工工日单价的大幅度提高。

（2）生活消费指数　生活消费指数的提高会影响人工工日单价的提高，以减少生活水平的下降，或维持原来的生活水平。生活消费指数的变动取决于物价的变动，尤其取决于生活消费品物价的变动。

（3）人工工日单价的组成　例如住房消费、养老保险、医疗保险、失业保险费等列入人工工日单价，会使人工工日单价提高。

（4）劳动力市场供需变化　在劳动力市场如果需求大于供给，人工单价就会提高；供给大于需求，市场竞争激烈，人工单价就会下降。

（5）社会保障和福利政策　政府推行的社会保障和福利政策也会影响人工工日单价的变动。

3.3.2　材料预算单价的确定

材料预算单价是指建筑材料（构成工程实体的原材料、辅助材料、构配件、零件、半成品）由其来源地（或交货地点）运至工地仓库（或施工现场材料存放点）后的出库价格。

1. 材料预算单价的构成

1）材料原价（或供应价格）：指出厂价或交货地价格。

2）材料运杂费：指材料自来源地运至工地仓库或指定对方地点所发生的全部费用。

3）运输损耗费：指材料在运输、装卸过程中不可避免的损耗。

4）采购及保管费：指为组织采购、供应和保管材料过程中所需要的各项费用，具体包括采购费、仓储费、工地保管费、仓储损耗费。

2. 材料预算单价的计算方法

材料预算价格的计算公式为：

材料预算价格 =（材料原价 + 运杂费）×（1 + 运输损耗率）×（1 + 采购及保管费率）

（1）材料原价的确定　在确定原价时，一般采用询价的方法确定该材料的出厂价或供应商的批发牌价和市场采购价。从理论上讲，不同的材料均应分别确定其单价；同一种材料，因产地或供应单位的不同而有几种原价时，应根据不同来源地的供应数量及不同的单价，计算出加权平均原价。

【例3-2】 某地区需用中砂，经货源调查得知，有三个厂家可以供货，甲厂供货30%，原价为19.80元/t；乙厂供货30%，原价为18.80元/t；丙厂供货40%，原价为21.70元/t；运杂费为5.2元/t，运输损耗率为2.5%，采购及保管费费率为3%。试确定中砂的预算价值是多少。

【解】

$$中砂加权平均原价=\frac{19.80\times30\%+18.80\times30\%+21.70\times40\%}{100\%}$$

$$=20.26\ (元/t)$$

$$材料预算价格=(材料原价+运杂费)\times(1+运输损耗率)\times(1+采购保管费率)$$

$$=(20.26+5.2)\times(1+2.5\%)\times(1+3\%)$$

$$=26.88\ (元/t)$$

(2) 材料运杂费　材料运杂费是指材料由来源地运至工地仓库或指定对方地点所发生的全部费用，包括车船费、出入库费、装卸费、搬运费、堆叠费等，并根据材料的来源地、运输里程、运输方法、运输工具等，按照交通部门的有关规定并结合当地交通运输市场情况确定。

(3) 运输损耗费　运输损耗费是指材料在运输、装卸过程中不可避免的损耗。

运输损耗费=(材料供应价+材料运杂费)×运输损耗费率

现场交货的材料，不得计算运输损耗费。

(4) 采购及保管费　采购及保管费是指材料部门（包括工地仓库及其以上各级材料管理部门）在组织采购、供应和保管材料过程中所需的各项费用，包括采购费、仓储费、工地保管费、仓储损耗。

3. 影响材料预算价格变动的因素

1）材料市场供需变化。材料原价是材料预算价格中最基本的组成。市场供大于求，价格就会下降；反之，价格就会上升，从而也就会影响材料预算价格的涨落。

2）材料生产成本的变动直接涉及材料预算价格的波动。

3）流通环节的多少和材料供应体制也会影响材料预算价格。

4）运输距离和运输方法的改变会影响材料运输费用的增减，从而也会影响材料预算价格。

5）国际市场行情会对进口材料价格产生影响。

3.3.3 施工机械台班单价的确定

施工机械台班单价是指一台施工机械在正常运转条件下，在一个台班内所支出和分摊的各种费用之和。

1. 施工机械台班单价的组成

根据1994年《全国统一施工机械台班费用定额》，施工机械台班单价由折旧费、大修理费、经常修理费、安拆费及场外运费、人工费、燃烧动力费、其他费用共七项组成，这些费用按其性质划分为第一类费用和第二类费用。

第一类费用是指在施工机械台班单价中，不因施工地点和条件的不同而发生变化的那部分费用，它是一项比较固定的费用，也称为不变费用。第一类费用包括折旧费、大修理费、经常修理费、安拆费及场外运费。

第二类费用是指在施工机械台班单价中，随着施工地点和条件不同而发生较大变化的那部分费用。它只有在机械运转工作时才会发生，属于支出性质的费用，也称为可变费用。第二类费用包括人工费、燃料动力费、其他费用（养路费、车船使用税、保险费及年检费等）。

（1）折旧费　折旧费是指施工机械在规定使用期限内，陆续收回其原值及购置资金的时间价值。其计算式如下：

$$台班折旧费 = \frac{机械预算价格 \times (1 - 残值率) \times 贷款利息系数}{耐用总台班}$$

其中，机械预算价格是指按机械出厂（或到岸完税）价格及机械以交货地点或口岸运至使用单位机械管理部门的全部运杂费计算。

残值率是指机械设备报废时其回收残值占原值的比率。残值率一般在2%～8%的范围内。

耐用总台班是指施工机械从开始投入使用到报废前所使用的总台班数。

贷款利息系数是指用于支付购置设备所需贷款利息的计算系数。

（2）大修理费　大修理费是指施工机械按规定修理间隔台班必须进行的大修，以恢复其正常使用功能所需的费用。

$$台班修理费 = \frac{一次大修理费 \times 寿命期内大修理次数}{耐用总台班}$$

（3）经常修理费　经常修理费是指施工机械除大修理以外的各级保养及临时故障排除所需的费用，为保障施工机械正常运转所需替换设备，随机使用工具，附加的摊销和维护费用；机械运转与日常保养所需润滑与擦拭材料费用和机械停滞期间的正常维护保养费用等。

$$经常修理费 = 大修理费 \times K$$

$$K = 典型机械台班经常修理费测算值/典型机械台班大修理费测算值$$

（4）安拆费及场外运费　安拆费是指机械在施工现场进行安装、拆卸所需的人工费、材料费、机械费、试运转费以及安装所需的辅助设施（机械的基础、底座、固定锚桩、行走轨道、枕木等）的折旧、搭设、拆除等费用。

场外运费是指施工机械整体或分件，从停放点运至施工现场或由一个施工地点运至另一个施工地点的运输、装卸、辅助材料及架线等费用。

（5）人工费　人工费是指机上司机（司炉）及其他操作人员的工作日人工及上述人员在施工机械规定的年工作台班以外的人工费，其计算公式为：

$$台班人工费 = 机上操作人员人工工日数 \times 人工单价$$

（6）燃料动力费　燃料动力费是指施工机械在运转作业中所耗用的固体燃料（煤、木柴）、液体燃料（汽油、柴油）、水、电等费用，其计算公式为：

$$台班燃料动力费 = 每台班燃料动力消耗量 \times 燃料动力的单价$$

（7）其他费用　其他费用是指施工机械按国家及省、市有关规定应缴纳的养路费、车船使用税、保险费及年检费等在台班费用内的摊销。

2. 影响机械台班单价变动的因素

1）施工机械的价格。施工机械的价格是影响折旧费，从而影响机械台班单价的重要因素。

2）机械使用年限。机械使用年限不仅影响折旧费的提取，而且也是影响机械台班单价的重要因素。

3）机械的使用效率和管理水平。

4）政府征收税费的规定。

3.4 地区基价表的编制

3.4.1 地区基价的概念及作用

1. 地区基价的概念

预算定额是确定一定计量单位的分项工程或结构构件所需各种消耗量标准的文件，其主要是研究和确定定额的消耗量，而地区基价则是在预算定额所规定的各项消耗量的基础上，根据所在地区的人工工资、物价水平，确定人工工日单价、材料预算单价、机械台班预算价格，从而用货币形式表达拟定预算定额中每一分项工程的预算定额单价的计算表格。所以地区基价是预算定额资源消耗量的货币表现形式。

地区基价表的一个非常明显的特点是地区性强，所以也称作“地区单位估价表”或“工程预算单价表”。不同地区分别使用各自的地区基价表，互不通用。

2. 地区基价的作用

地区基价的作用主要体现在以下几个方面：

1）地区基价是编制、审核施工图预算和确定工程造价的基础依据。

2）地区基价是工程拨款、工程结算和竣工决算的依据。

3）地区基价是施工企业实行经济核算，考核工程成本，向工人班组下达作业任务书的依据。

4）地区基价是编制概算价目表的依据。

3.4.2 地区基价表的编制

1. 编制依据

1）住建部发布的《全国统一建筑工程基础定额》。

2）省、市和自治区建设委员会编制的《建筑工程预算定额》。

3）地区建筑安装工人工资标准。

4）地区材料预算价格。

5）地区施工机械台班预算价格。

6）国家与地区对编制地区基价表的有关规定及计算手册等资料。

2. 地区基价表的组成

地区基价表是预算消耗量定额的货币表现形式，故地区基价表的分项工程项目应该和预算消耗量定额一一对应，这里的对应主要是定额编号的对应和分项工程的对应。预算消耗量定额研究的是分项工程的人工、材料、机械的实物消耗量，而地区基价研究的则是该分项工程的人工费、材料费、机械费。如《甘肃省建筑与装饰工程消耗量定额》中的“1-84 平整场地”项目，在消耗量定额中显示的是该项目的人工消耗量为二类工 0.0020 工日/m^2、三类工 0.0250 工日/m^2，而在对应的地区基价表“1-84 平整场地”项目中可以查到该分项工程的人工费 1.43 元/m^2。

3. 地区基价表的编制方法

分项工程地区基价 = 人工费 + 材料费 + 机械费

其中：人工费 = 分项工程预算定额人工消耗量 × 地区人工单价

材料费 = Σ(分项工程预算定额材料消耗量 × 相应的材料预算价格)

机械费 = Σ(分项工程预算定额机械台班使用量 × 相应机械台班预算单价)

【例 3-3】 根据《甘肃省建筑与装饰工程预算定额》和兰州市预算单价，试确定 M5 水泥砂浆砌 1 砖墙的地区基价中基价人工费和基价机械费。

【解】 由表 3-1 查得水泥砂浆砌 1 砖墙的人工、机械消耗量并填入表 3-2 中，在地区材料预算价格中查得相关预算单价，计算得人工费、机械费及地区基价，如表 3-2 所示。

表 3-2　分项工程地区基价计算表

<table>
<tr><th>定额编号</th><th>定额项目名称</th><th colspan="2">预算定额消耗量</th><th>预算单价</th><th>地区基价/(元/m³)</th></tr>
<tr><td rowspan="3">3-4-2</td><td rowspan="3">M5 水泥砂浆砌 1 砖墙</td><td rowspan="2">人工</td><td>二类工
0.9108 工日</td><td>65 元/工日</td><td rowspan="2">基价人工费：
0.9108 ×65 +0.6075 ×52 =90.79</td></tr>
<tr><td>三类工
0.6075 工日</td><td>52 元/工日</td></tr>
<tr><td>机械</td><td>灰浆搅拌机
0.0380 台班</td><td>111.28 元/台班</td><td>机械费：
0.038 ×111.28 =4.23</td></tr>
</table>

3.5　预算定额的应用和换算

3.5.1　预算定额的应用

预算定额是编制施工图预算、确定工程造价的重要依据，定额应用水平及定额套用的正确与否，直接影响建筑工程造价。在应用预算定额编制施工图预算时，必须明确预算定额的内容构成，熟练掌握预算定额及地区基价的套用、换算和补充。在使用定额前，必须仔细阅读定额的总说明、建筑面积计算规范、分部工程说明、分项工程的工作内容和定额项目注解，熟练掌握各分部工程的工程量计算规则，从而正确使用预算定额编制施工图预算。

预算定额应用具体有预算定额套用和地区基价套用两个方面，常见方法如下：

1. 预算定额及地区基价直接套用

在施工图预算编制过程中，大部分的分项工程都可以在预算定额上找到相应子目，同时在地区基价上可查到相应的分项工程基价，直接套用计算即可。

2. 预算定额可直接套用而地区基价需要换算套用

在套用时应注意定额分项工程计量单位与地区基价分项工程计量单位是否一致，两者一致时直接套用计算；如两者不一致则需先换算后使用。如某地区预算定额中“铝合金推拉窗”定额分项工程计量单位为 m^2，而对应的地区基价分项工程计量单位为 $100m^2$，这时则需对定额分项工程量进行换算，使其和地区基价计量单位一致后再套用。

3. 预算定额子目借用

在预算定额使用时，有些建筑分项工程在预算定额上找不到相应的子目，但有相近子目，定额消耗量大致相同，这时应借用相近子目，然后进行定额基价换算，换算后即可使用，具体换算方法见本节中“预算定额的换算”。

4. 预算定额子目补充

因为预算定额有可变性和相对稳定性的特性，地区预算定额的编制使用期一般在 5 ~8 年，在定额使用后期，因为行业新型材料及新型施工方法的不断产生，势必会有个别分项工程在现行预算定额中找不到相应子目的情况出现。在施工图预算编制过程中，可根据自己企业的资源具体消耗编制补充子目，企业自行编制的补充子目可上报省级定额管理部门备案，为后期定额修订及改版提供基础数据。

3.5.2 预算定额的换算

定额换算的实质就是按定额规定的换算范围、内容和方法，对某些分项工程预算基价进行换算。预算定额具有法令性，为了保持预算定额的水平不改变，在定额说明中规定了若干条定额换算的条件。因此，为了避免人为改变定额水平的不合理现象，在定额换算时必须执行这些规定才能换算。从定额水平保持不变的角度来看，定额换算实际上是预算定额的进一步扩展与延伸；经过换算的定额在原定额编号后写一个“换”字。

在预算定额换算中，常见的换算类型有砂浆的换算、混凝土的换算、钢筋的换算、系数换算及其他换算等。

1. 砂浆的换算

砂浆换算包括砌筑砂浆换算和抹灰砂浆换算两种。如果涉及要求与定额规定的砂浆强度等级、砂浆种类或配合比不同时，预算定额基价需要经过换算才可套用。其换算步骤如下所述：

1）从定额附录材料预算价格表中，分别找出设计要求和定额规定的不同品种和强度等级的两种砂浆的单价，并求出价差。

2）从定额表中，找出完成定额计量单位和各产品规定的砂浆消耗量和原定额基价。

3）将以上两步所得的数值带入下列公式，计算换算后的定额基价，即：

换算后的定额基价 = 原定额基价 + 定额规定砂浆用量 ×（换入砂浆单价 − 换出砂浆单价）

4）写出换算后的定额编号，即在原定额编号后加一个“换”字。

【例 3-4】 某工程砌砖基础，设计要求用红机砖、M7.5 水泥砂浆砌筑，试计算该分项工程预算价。

【解】（1）确定换入、换出砂浆的单价（某市建筑工程预算定额附录如表 3-3 所示）。

M7.5 水泥砂浆预算单价 159.00 元/m^3

M5 水泥砂浆预算单价 135.21 元/m^3

（2）确定换算定额的编号 4-1（M5 水泥砂浆），查得：

地区基价 165.13 元/m^3

砂浆用量 0.236 m^3/m^3

（3）计算换算后预算价：

$4\text{-}1_{换} = 165.13 + 0.236 \times (159.00 - 135.21) = 170.74$（元/$m^3$）

表 3-3 砂浆、混凝土配合比表（砌筑砂浆）

项目			水泥砂浆		
			M10	M7.5	M5
合价			185.35	159.00	135.21
名称	单位	单位/元	数量		
水泥	kg	0.366	346.000	274.000	209.000
砂子	kg	0.036	1631.000	1631.000	1631.000

2. 混凝土的换算

当预算定额中混凝土强度等级或石子粒径与施工图的设计要求不一致时，定额说明中允许换算。通常采用两种形式：一种是定额基价按某一强度等级混凝土单价确定，其换算方法和步骤同砂浆换算；另一种是定额基价用不完全价格来表示，即定额基价，不含混凝土单价，其换算步骤如下所述：

1）从定额附录——混凝土、砂浆配合比表中，查出设计要求的混凝土单价。

2）从定额表中，查出完成定额计量单位和各产品规定的混凝土消耗量和定额不完全价格（即小计）。

3）将以上两步所得的数值带入下列公式计算。即：

换算后的定额基价价格 = 定额不完全价格 + 定额规定混凝土消耗量 × 混凝土单价

4）写出换算后的定额编号。

3. 系数换算

定额说明和附注规定，在某些与定额所规定的施工环境不相符的情况下进行施工的分项工程，需要对原分项工程定额基价或其中的人工费、材料费和机械费一项或两项进行系数调整，应将系数乘在定额基价上或乘在人工费、材料费、机械费某一项或两项费用上。

如《甘肃省建筑与装饰工程预算定额》土石方工程的定额说明中规定：“土壤含水率均以天然湿度为准，若挖土时含水率达到或超过 25% 时，应将各自相应定额项目的人工、材料、机械用量乘系数 1.18”。

思考与练习

1. 简述预算定额的概念和作用。
2. 简述预算定额和施工定额的关系。
3. 预算定额的人工消耗量指标包括哪些内容？
4. 简述人工预算单价的构成。
5. 什么是材料预算价格？如何计算？
6. 简述机械台班单价的构成。
7. 什么是地区基价？地区基价由哪些内容构成？如何计算？

第4章　企 业 定 额

【学习重点】

企业定额的概念及作用；企业定额的特点；企业定额的编制方法。

【学习目标】

通过本章学习，了解企业定额的概念及作用，理解企业定额的特点，掌握企业定额的编制方法。

4.1　企业定额概述

4.1.1　企业定额的概念

随着我国工程造价管理体制的不断改革和工程造价计价模式的发展更新，国家及省级统一定额在建设工程招投标工程中逐渐体现出了其局限性，国家及省级统一定额的特性也由原来的法令性逐渐变为指导性。在建设工程招投标中，投标报价应尽可能地体现投标企业的特性，使招投标竞争更加合理有序，鉴于此，国家住房与城乡建设部在《建设工程工程量清单计价规范》（GB 50500—2013）中明确提出了企业定额的概念。

企业定额是施工企业根据本企业的施工技术、机械装备和管理水平而编制的人工、材料和机械台班消耗标准。企业定额是指建筑安装企业根据本企业的技术装备和管理水平，编制完成单位合格产品所必需的人工、材料和施工机械台班的消耗量，以及其他生产经营要素消耗的数量标准。企业定额是一种事先规定的消耗标准，它是建筑安装施工企业项目承包人在正常施工条件下，为完成单位合格产品所需要的劳动、机械、材料消耗量及管理费支出的数量标准。

4.1.2　企业定额的作用

企业定额不是简单地把传统定额或行业定额的编制手段用于编制施工企业的内部定额，它的形成和发展同样要经历从实践到理论、由不成熟到成熟的多次反复检验、积累、修订，在这个过程中，企业的技术水平在不断发展，管理水平和管理手段、管理体制也在不断更新提高。可以这样说，企业定额产生的过程，就是一个快速互动的内部自我完善的进程。在现有的建设市场形势下，施工企业要生存壮大，必须要有一套切合本企业实际情况的企业定额，运用企业定额资料去编制工程量清单计价模式下的投标报价文件。

企业定额是企业计划管理的依据，其具体作用表现在：

1）企业定额是企业计划管理的依据。

2）企业定额是组织和指挥施工生产的有效工具。

3）企业定额是计算工人劳动报酬的依据。

4）企业定额有利于推广先进技术。

5）企业定额是编制施工预算，加强企业成本管理和经济核算的基础。

6）企业定额是现代施工企业进行工程投标、编制工程量清单报价的依据。

4.1.3 企业定额的特点

1. 定额水平与企业生产力发展水平一致

企业定额在确定其定额水平时，应和本企业的生产力发展水平相一致，其人工、材料、机械台班消耗量指标应在社会平均先进水平的基础上，体现本企业在技术和管理方面的优势，尽可能提高企业定额水平。

2. 定额消耗量体现企业特色

企业定额在确定人工、材料、机械台班消耗量时，要尽可能体现本企业在企业管理成果和某些技术方面的优势，体现国家新工法及企业新工艺。同时应结合不同施工方案制定不同的资源消耗量标准。不同的施工方案包括不同的施工方法、使用不同的机械、采取不同的施工措施等，这些因素都会影响工程造价的确定。

3. 定额单价动态管理

定额的人工、材料、机械台班单价应在本企业劳动资源、技术力量、管理水平的控制下，随市场价格波动变化动态管理，由市场竞争形成价格。同时随着企业生产经营方式和经营规模的改变，新技术、新工艺的采用，机械化水平的提高，定额单价应及时更新。

4.2 企业定额的编制

4.2.1 企业定额的编制原则

编制企业定额，应该坚持既要结合历年定额水平，又要考虑本企业实际情况，还要兼顾本企业今后的发展趋势，并按市场经济规律办事的原则。企业定额能否在施工管理中促进生产力水平、提高经济效益和市场竞争力，取决于定额本身的质量，而衡量定额质量的主要指标是定额水平、定额内容与形式，所以，为确保定额质量，就要合理确定定额水平和定额内容与形式。要求在定额编制过程中遵循以下原则：

（1）平均先进性原则　定额水平的平均先进性原则指在正常的施工条件下，大多数生产者经过努力能够达到和超过的水平，企业施工定额的编制应能够反映比较成熟的先进技术和先进经验，有利于降低工料消耗，提高企业管理水平，达到鼓励先进、勉励中间、鞭策落后的目的。我国现行全国统一基础定额的水平是按照正常的施工条件，多数建筑企业的施工机械装备程度，合理的施工工期、施工工艺、劳动组织为基础编制的，反映了社会平均消耗水平标准。而企业定额水平则反映的是单个施工企业在一定的施工程序和工艺条件下，施工生产过程中活劳动和物化劳动的实际水平。这种水平既要在技术上先进，又要在经济上合理可行，是一种可以鼓励中间、鞭策落后的定额水平，是编制企业定额的理想水平。这种定额水平的制定将有利于降低工、料、机的消耗，有利于提高企业管理水平和获取最大的利益。同时，还能够正确地反映比较先进的施工技术和施工管理水平，以促进新技术在施工企业中的不断推广和提高，及施工管理的日益完善。

（2）简明适用性原则　企业定额设置应简单明了，便于查阅，计算要满足劳动组织分工、经济责任与核算个人生产成本的需要。同时，企业自行设定的定额标准也要符合《建设工程工程量清单计价规范》（GB 50500—2013）的要求，定额项目的设置要尽量齐全完备，根据企业特点合理划分定额步距，常用的对工料消耗影响大的定额项目步距可小一些，反之，步距可大一些，这样有利于企业报价与成本分析。由于企业定额更多地考虑了施工组织设计、先进施工工艺（技术）以及其他的成本降低性措施，因此对影响工程造价的主要、常用项目，在划项时要比预算定额具体详尽，对次要的、不常用的、价值相对小的项目，可尽量综合，减少零散项目，便于定额管理，但要确保定额的适用性。同时每章节后要预留空档位置，不断补充因采用新技术、新结构、新工艺、新材料而出现的新的定额子目。

（3）以专家为主编制定额的原则　企业定额的编制要求有一支经验丰富，技术与管理知识全面，有一定政策水平的专家队伍，可以保证编制企业定额的延续性、专业性和实践性。

（4）独立自主的原则　施工企业作为具有独立法人地位的经济实体，应根据企业的具体情况，结合政府的价格政策和产业导向，以盈利为目标，自主地编制企业定额。贯彻这一原则有利于企业自主经营；有利于推行现代企业财务制度；有利于施工企业摆脱过多的行政干预，更好地面对建筑市场竞争环境；也有利于促进新的施工技术和施工方法的采用。企业独立自主地制定定额，主要是自主地确定定额水平，自主地划分定额项目，自主地根据需要增加新的定额项目。

（5）时效性原则　由于新材料、新工艺的不断出现，会有一些建筑产品被淘汰，一些施工工艺落伍，加之市场行情不断变化，企业的管理水平和技术水平也在不断地更新，因此企业定额的编制要注意定额的时效性。施工企业应该设立专门的部门和组织，及时搜集和了解各类市场信息和变化因素的具体资料，对企业定额进行不断地补充和完善、调整，使之更具生命力和科学性，同时改进企业各项管理工作，保持企业在建筑市场中的竞争优势。

（6）保密原则　企业定额反映的是本企业内部施工管理和技术水平，是施工企业进行施工管理和投标报价的基础及依据，从某种意义上讲，企业定额是企业的商业秘密，是企业参与市场竞争的核心，是项目经济指标、限额领料、项目考核的依据。

4.2.2　编制依据

企业定额的编制依据主要有：

1）国家的有关法律、法规，政府的价格政策。

2）现行的建筑安装工程设计、施工及验收规范，安全技术操作规程和现行劳动保护法律、法规。

3）各种类型具有代表性的标准图集、施工图纸。

4）企业技术与管理水平，工程施工组织方案。

5）现场实际调查和测定的有关数据，工程具体结构和难易程度状况。

6）采用新工艺、新技术、新材料、新方法的情况等。

4.2.3　企业定额的编制方法

编制企业定额最关键是以下两个方面的工作：

（1）确定人工、材料和机械台班消耗量　由于现行规范没有具体的人工、材料和机械台班消耗量，需要企业自主依据企业定额的消耗量或参照建设行政有关部门发布的社会平均消耗量定额来确定。

1）人工消耗量的确定。首先根据企业实际情况和正常施工条件，确定每一组成部分工时消耗，然后综合工作过程的工时消耗，得出基本用工；其次根据其他用工与基本用工的关系，计算出其他用工；最后，在上述基础上拟定施工项目的定额时间。

2）材料消耗量的确定。首先在企业数据库中根据已完成工程的数据，确定材料消耗数量；其次通过实地考察、统计分析、理论计算、实验室实验等方法对数据进行整理、分析、取舍；最后拟定材料消耗的定额指标。

3）机械台班消耗量的确定。首先根据企业机械设备实际和正常施工条件，确定机械工作效率和机械利用系数；其次拟定施工机械的定额台班；最后拟定与机械作业有关的工人定额用工。

各省、市、自治区为配合上述规范的使用，陆续推出了各地区的社会平均消耗量定额，施工企业也可以作为参考依据，结合自身实际来确定人工、材料和机械台班消耗量。

（2）计算分项工程单价或综合单价　在确定人工、材料和机械台班消耗量基础上，施工时施工企业可根据人工、材料和机械台班的市场价格信息，结合自身的情况来计算分项工程单价或综合单价。

思考与练习

1. 简述企业定额的概念和作用。
2. 简述企业定额的特点。

第 5 章　概算定额和概算指标

【学习重点】

概算定额的概念及作用；概算指标的实用意义。

【学习目标】

通过本章学习，了解概算定额的概念及作用，理解概算指标的特点，掌握概算定额的编制方法。

5.1　概算定额

5.1.1　概算定额的概念和作用

概算定额是规定一定计量单位的扩大分项工程或扩大结构构件所需人工、材料、机械台班消耗量和货币价值的数量标准。它是在相应预算定额的基础上，根据有代表性的设计图及通用图、标准图和有关资料，把预算定额中的若干相关项目合并、综合和扩大编制而成的，以达到简化工程量计算和编制设计概算的目的。例如，砌筑条形毛石基础，在概算定额中是一个项目，而在预算定额中，则分属于挖土、回填土、槽底夯实、找平层和砌石五个分项。

编制概算定额时，为了能适应规划、设计、施工各阶段的要求，概算定额与预算定额的水平应基本一致，即反映社会平均水平，但由于概算定额是在预算定额的基础上综合扩大而成的，因此两者之间必然产生并允许留有一定的幅度差，这种扩大的幅度差一般在 5% 以内，以便使根据概算定额编制的设计概算能对施工图预算起到控制作用。目前，全国尚无编制概算定额的统一规定，各省、市、自治区的有关部门是在总结各地区经验的基础上编制概算定额的。

概算定额的主要作用有以下几个方面：

1）它是初步设计阶段编制单位工程概算、技术设计阶段编制修正概算的主要依据。

2）它是工程建设单位编制主要材料计划的基本依据。

3）它是投资项目对设计方案进行经济比较的计算依据。

4）它是在没有工程预算历史资料情况下，编制概算指标的根据依据。

5.1.2　概算定额的编制

1. 概算定额的编制原则

1）相对于施工图预算定额而言，概算定额应本着扩大综合和简化计算的原则进行编制。“简化计算”是指在综合内容、工程量计算、活口处理和不同项目的换算等问题的处理上力求简化。

2）概算定额应做到简明适用。“简明”就是在章节的划分、项目的排列、说明、附注、定额内容和表现形式等方面，清晰醒目，一目了然；“适用”就是面对本地区，综合考虑到各种情况都能应用。

3）为保证概算定额质量，必须把定额水平控制在一定的幅度之内，使预算定额和概算定额之间幅度差的极限值控制在5%以内，一般控制在3%左右。

4）细算粗编。“细算”是指在含量的取定上，一定要正确地选择有代表性且质量高的图纸和可靠的资料，精心计算，全面分析。“粗编”是指在综合内容时，要贯彻以主代次的指导思想，以影响水平较大的项目为主，并将影响水平较小的项目综合进去。

5）考虑运用统筹法原理及电子计算机计算程序，提高概算工作效率。

2. 编制依据

概算定额的编制依据主要有以下几个方面：

1）现行的设计标准、规范和施工技术规范、规程等法规。

2）有代表性的设计图和标准设计图集、通用图集。

3）现行的建设工程预算定额和概算定额。

4）现行的人工工资标准、材料预算价格、机械台班预算价格及各项取费标准。

5）有关的施工图预算和竣工结算等经济资料。

6）有关国家、省、市和自治区文件。

3. 概算定额的编制方法

（1）定额项目划分　定额项目划分应以简明和便于计算为原则，在保证一定准确性的前提下，以主要结构分部工程为主，合并相关联的子项目。

（2）定额的计量单位　定额的计量单位基本上按预算定额的规定执行，但是扩大了该单位中所包含的工程内容。

（3）定额数据的综合取定　由于概算定额是在预算定额的基础上综合扩大而成的，因此在工程的标准和施工方法的确定、工程量计算和取值上都需综合考虑，并结合概预算定额水平的幅度差而适当扩大，此外还要考虑到初步设计的深度条件来编制。如对混凝土和砂浆的强度等级、钢筋用量等，可根据工程结构的不同部位，通过综合测算、统计而取定合理数据。

4. 概算定额的内容

各地区概算定额的形式、内容各有特点，但一般包括下列主要内容：

（1）总说明　总说明主要阐述概算定额的编制原则、编制依据、适用范围、取费标准和概算造价计算方法等。

（2）分章说明　分章说明主要阐明本章所包括的定额项目及工程内容、规定的工程量计算规则等。

（3）定额项目表　定额项目表是概算定额的主要内容，它由若干分节定额表组成。各节定额表头注有工作内容，定额表中列有计量单位、概算基价、各种资源消耗量指标，以及所综合的预算定额的项目与工程量等。

5.2 概算指标

5.2.1 概算指标的概念及作用

在建筑工程中，概算指标是以建筑面积（m^2 或 $100m^2$）或建筑体积（m^3 或 $100m^3$）、构筑物以座为计量单位，规定所需人工、材料、机械台班消耗量和资金数量的定额指标。概算指标是按整个建筑物为标定对象，因此它比概算定额更加综合和扩大，其编制设计概算也就更为简便。概算指标中消耗量的确定，主要来自各种工程的概预算和决算的统计资料。

概算指标按项目划分，有单位工程概算指标（如土建工程概算指标、水暖工程概算指标等）、单项工程概算指标、建设工程概算指标等；按费用划分，有直接费概算指标和工程造价指标。

概算指标的主要作用有：

1）在初步设计阶段，特别是当工程设计形象尚不具体时，计算分部工程量有困难，无法采用概算定额，同时又必须提出建筑工程概算的情况下，可以使用概算指标编制设计概算。

2）概算指标是在建设项目可行性研究阶段编制项目投资估算的依据。

3）概算指标是建设单位编制基本建设计划、申请投资贷款和编写主要材料计划的依据。

4）概算指标是设计和建设单位进行设计方案的技术经济分析、考核投资效果的标准。

5.2.2　概算指标的编制

1. 概算指标的编制依据

概算指标的编制，要以下列内容为依据：

1）标准设计图和各类工程典型设计。

2）国家颁布的建筑标准、设计规范、施工规范。

3）各类工程造价资料。

4）现行的概算定额、预算定额及补充定额资料。

5）人工工资标准、材料预算价格、机械台班预算价格及其他价格资料。

2. 概算指标的编制方法

下面以房屋建筑工程为例，对概算指标的编制方法作简要概述。

首先，编制概算指标要根据选择好的设计图，计算出每一结构构件或分部工程的工程量。计算工程量的目的有两个。第一个目的是以1000m^3建筑体积（或100m^2建筑面积）为计算单位，换算出某种类型建筑物所含的各结构构件和分部工程量指标。例如，根据某砖混结构工程中的典型设计图，已知其毛石带形基础的工程量为90m^3，混凝土基础的工程量为70m^3，该砖混结构建筑物的体积为800m^3，则1000m^3砖混结构经综合归并后，所含的毛石带形和混凝土基础的工程量指标分别为：$1000 \times 90/800 = 112.5$（$m^3$），$1000 \times 70/800 = 87.5$（$m^3$）。工程量指标是概算指标中的主要内容，它详尽地说明了建筑物的结构特征，同时也规定了概算指标的使用范围。计算工程量的第二个目的是为了计算出人工、材料和机械的消耗量指标，计算出工程的单位造价。所以，计算标准设计图和典型设计的工程量，是编制概算指标的重要环节。

其次，在计算工程量指标的基础上，要确定人工、材料和机械的消耗指标，确定的方法是按照所选择的设计图、现行的概预算定额、各类价格资料，编制单位工程概算或预算，并将各种人工、材料和机械的消耗量汇总后，计算出人工、材料和机械的总用量，然后再计算出每m^2建筑面积和每m^3建筑体积的单位造价，计算出该计量单位所需的主要人工、材料和机械的实物消耗量指标，次要人工、材料和机械的消耗量，综合为其他人工、其他材料、其他机械，用金额“元”表示。例如每 m^2 造价指标，就是以整个建筑物为对象，根据该项工程的全部预算（或概算、决算）价值除以总建筑面积而得的数值，而每 m^2 面积所包含的某种材料数量就是该工程预算（或概算、决算）中此种材料总的耗用量除以总建筑面积而得的数据。

假定从上例单位工程预算书上取得如下资料：一般土建工程 400000 元，给排水工程 40000 元，汇总预算造价 440000 元。根据这些资料，可以计算出单位工程的单位造价和整个建筑物的单位造价：

每 m^3 建筑物体积的一般土建工程造价 = 400000/800 = 500（元）

每 m^3 建筑物体积的给排水工程造价 = 40000/800 = 50（元）

每 m^3 建筑物体积造价 = 440000/800 = 550（元）

每 m^2 建筑物的单位造价计算方法同上。

假定根据概算定额，10m^3 毛石基础需要用砌石工 6.54 工日，又假定在该项单位工程中没有其他工程需要砌石工，则 1000m^3 建筑物需用的砌石工为 112.5 × 6.54/10 = 73.58（工日）。

其他各种消耗指标的计算方法同上。

对于经过上述编制方法确定和计算出的概算指标，要经过比较平衡、调整和水平测算对比及试算修订，才能最后定稿报批。

5.2.3　概算指标的内容

概算指标在其表达形式上，可分为综合形式和单项形式。

1. 综合形式的概算指标

综合形式的概算指标概括性比较大，对于房屋来讲，只包括单位工程的单方造价、单项工程造价和每 100m^2 土建工程的主要材料消耗量。表 5-1 ~ 表 5-3 为各种建筑工程综合形式的概算指标参考示例。在综合形式的概算指标中，主要材料消耗以每 100m^2（材料消耗量/100m^2）为单位。

表 5-1　某省住宅建筑工程综合形式概算指标示例

编号	工程名称	结构特征	适用范围/m^2	每 m^2 造价（%）	其中（%）			方案指数（%）	主要材料消耗量/100m^2				
					土建	水暖	电照		水泥/t	钢材/t	木材/t	红砖/1000 块	玻璃/m^2
住-1	二层住宅	混合	600	100	83.25	10.34	6.15	100.00	14.19	1.24	3.13	28.38	26
住-2	三层住宅	混合	1080	100	84.22	9.89	5.88	104.47	14.30	1.84	3.30	30.40	29
住-3	四层住宅	混合	2540	100	84.55	10.73	4.71	106.70	15.75	1.28	4.32	31.80	32
住-4	五层住宅	混合	2000	100	84.80	9.07	6.13	113.97	14.50	1.48	3.93	30.10	40
住-5	六层住宅	混合	3200	100	82.32	11.62	6.05	115.36	16.35	2.28	3.75	29.28	39
住-6	七层住宅	混合	2600	100	83.42	10.40	6.19	112.85	16.15	1.75	3.71	28.71	36
住-7	七层住宅	框架	3400	100	87.19	8.70	4.12	122.07	16.60	3.01	4.63	5.58	30
住-8	七层住宅	框架	7000	100	85.81	9.77	4.42	120.11	17.83	3.03	2.61	9.64	29
住-9	七层住宅	框架	3700	100	88.33	7.78	3.89	122.07	14.60	2.45	3.81	8.17	29

表 5-2　某省教学楼建筑工程综合形式概算指标示例

编号	工程名称	结构特征	适用范围/m^2	每 m^2 造价(%)	其中(%)			方案指数(%)	主要材料消耗量/100m^2				
					土建	水暖	电照		水泥/t	钢材/t	木材/t	红砖/1000 块	玻璃/m^2
教-1	一层教学楼	混合	1500	100	86.10	7.52	6.38	100.00	18.10	1.84	4.60	30.90	46.00
教-2	二层培训楼	混合	1400	100	86.85	7.94	5.21	91.80	17.14	1.81	3.84	24.08	39.34
教-3	三层小学校	混合	3200	100	84.90	9.61	5.49	99.54	16.70	1.96	3.41	28.83	30.00
教-4	三层中学校	混合	3300	100	85.05	9.58	5.37	97.49	16.00	2.27	3.58	28.18	30.00
教-5	三层教学楼	混合	3500	100	86.45	8.13	5.42	92.42	16.70	1.82	2.90	28.00	50.00
教-6	三层教学楼	混合	2500	100	82.03	8.33	5.64	92.93	14.50	2.10	5.40	26.40	45.00
教-7	四层中学校	混合	3800	100	86.28	8.60	5.12	97.95	18.00	1.73	3.50	27.00	41.00
教-8	五层中学校	混合	4300	100	86.73	7.88	5.45	96.13	19.80	2.31	2.21	27.80	41.00
教-9	五层中学校	混合	4200	100	86.81	8.13	5.05	103.64	20.24	3.64	2.82	26.00	47.00
教-10	六层中学校	混合	4200	100	87.14	7.54	5.32	102.73	19.60	2.78	6.06	27.00	40.00

表 5-3　某省办公楼建筑工程综合形式概算指标示例

编号	工程名称	结构特征	适用范围/m^2	每 m^2 造价(%)	其中(%)			方案指数(%)	主要材料消耗量/100m^2				
					土建	水暖	电照		水泥/t	钢材/t	木材/t	红砖/1000 块	玻璃/m^2
办-1	一层办公房	混合	300	100	95.84	—	4.16	100.00	9.09	1.84	8.01	28.28	28.00
办-2	二层办公房	混合	500	100	94.43	—	5.57	87.37	11.87	1.81	2.04	28.19	36.00
办-3	三层办公楼	混合	750	100	86.57	8.33	5.09	105.62	18.68	1.96	3.10	33.50	33.00
办-4	三层办公楼	混合	500	100	88.34	7.62	4.04	109.05	24.20	2.27	3.68	28.89	30.00
办-5	三层办公楼	混合	800	100	86.58	9.09	4.33	112.96	11.53	1.82	5.10	32.40	30.00
办-6	三层办公楼	混合	1200	100	88.24	7.92	3.85	108.07	19.00	2.10	4.60	33.00	33.00
办-7	四层办公楼	混合	2000	100	84.62	9.86	5.53	101.71	13.30	1.73	6.42	34.00	39.00
办-8	五层办公楼	混合	1300	100	87.16	9.01	3.83	108.56	18.19	2.31	3.20	32.45	31.00
办-9	五层办公楼	混合	2800	100	87.21	7.08	5.71	107.09	15.02	3.64	3.50	34.70	32.00
办-10	六层办公楼	混合	1500	100	86.00	7.71	6.27	101.47	18.98	2.78	3.40	33.20	32.00

2. 单项形式的概算指标

单项形式的概算指标要比综合形式的概算指标详细。如某省的单项形式概算指标就是以其现行的概预算定额和当时的材料价格为依据，收集了当地的许多典型工程竣工结算资料，经过整理和计算后编制而成的。

单项形式的概算指标，通常包括 4 个方面的内容。

（1）编制说明　它主要从总体上说明概算指标的作用、编制依据、适用范围和使用方法等。

（2）工程简图　也称“示意图”，由立面图和平面图来表示。根据工程的复杂程度，必要时还要画出剖面图。对于单层厂房，只需画出平面图和剖面图。

（3）经济指标　建筑工程中，常用的经济指标有每 m^2 的造价（单位：元/m^2）和每 100m^2 的造价（单位：元/100m^2），该单项工程中土建、给排水、采暖、电照等单位工程的单价指标。造价指标中，包含了直接费、间接费、计划利润、其他费用和税金。

（4）构造内容及工程量指标　说明该工程项目的构造内容（可作为不同构造内容进行换算的依据）和相应计算单位的扩大分项工程的工程量指标，以及人工、主要材料消耗量指标，如表 5-4 ~ 表 5-7 所示。

表 5-4　某学院学生宿舍建筑安装工程概算指标

结构类型:砖混结构			建筑面积:5277.99m²				
基本特征	檐高/m	层数	层高/m			基础类型	利润率(%)
			首层	标准层	顶层		
	20.55	6	3.45	3.3×4	3.45	桩承台	7.5

表 5-5　工程造价指标

工程造价/元		价格/m²		各项费用所占比例(%)					
		元	%	人工费	材料费	机械费	费用	利润	税金
4063999.52		769.99	100	17.20	52.41	5.84	13.25	7.00	3.30
其中	建筑工程	667.02	100	18.54	52.01	6.54	12.86	6.75	3.30
	给排水工程	25.96	100	14.25	60.90	1.75	12.66	7.13	3.31
	采暖工程	29.84	100	14.25	58.51	1.61	14.43	7.90	3.30
	照明工程	47.17	100	18.07	49.61	0.83	18.31	10.02	3.31

表 5-6　主要做法和工程量指标

项目名称					单位	数量		基价合计/元	
						合计	含量/m²	合计	含量/m²
土建工程	基础	土方				1442.990	0.273	21829	4.14
		砖基础			m³	40.90	0.008	9312	1.76
		混凝土基础			m³	315.33	0.06	230301	43.63
	主体	墙体		砌体	m³	1817.10	0.335	466258	88.34
		钢筋混凝土结构	柱	现浇	m³	52.80	0.01	46241	8.76
			梁	现浇	m³	143.81	0.027	162181	30.73
			板	预制	m³	269.53	0.051	182621	3.60
				现浇	m³	164.40	0.031	133964	25.38
	屋面	改性沥青卷材			m²	958	0.182	121019	22.93
	门窗	木门窗			m²	522.89	0.099	89256	16.91
		钢门窗			m²	562	0.106	133646	25.32
		铝合金门窗			m²	120	0.023	39085	7.41
	地面	地面垫层			m²	36.48	0.007	12554	2.38
		面层	水泥		m²	2322	0.44	45195	8.56
			水磨石		m²	2216	0.42	148097	28.06

（续）

项目名称				单位	数量		基价合计/元	
					合计	含量/m²	合计	含量/m²
土建工程	墙面	内墙	水泥砂浆	m²	3406	0.645	51994	9.85
			混合砂浆	m²	17449	3.306	217864	41.28
			瓷砖	m²	876	0.166	63005	11.94
			涂料	m²	17455	3.307	57524	10.90
		外墙	水泥砂浆	m²	1327	0.251	19886	3.77
			涂料	m²	1327	0.251	12155	2.30
	给排水	镀锌钢管			690	0.13	24196.51	4.58
		铸铁管			520	0.10	39682.58	7.52
		地漏			54	0.01		0.31
		阀门			76	0.01		1.06
	采暖	焊接钢管			1517	0.29	28983.75	5.49
		阀门			277	0.05	7309.11	1.38
		散热器(柱型 813)			2712	0.51	60865.75	11.53

表 5-7　每 m² 建筑面积工料消耗指标

材料名称			单位	消耗量		主要部位用量/m²		
				合计	m²	基础	主体	装饰
	人工		工日	20729	3.93	1.54	1.54	1.609
土建工程	水泥	综合	kg	640973	121.44	51.69	51.69	40.63
	钢材	钢筋	t	89.84	0.017	0.026	0.0126	
	木材	锯材	m³	7.988	0.0015	—	—	0.0015
		模板	m³	48.222	0.009	0.007	0.008	—
	玻璃		m²	781.65	0.148	—	—	0.148
	普通油毡		m²	3219	0.61	—	0.61	—
	石油沥青		kg	13929	2.639	—	2.639	—
	砖	机砖	千块	1010.51	0.192	0.004	0.187	
	白灰		kg	165573	31.37	0.006	50423	25.93
	砂子		t	2337.86	0.443	0.046	0.193	0.187
	石子		t	1136.43	0.215	0.079	0.122	
	装饰材料	106 涂料	kg	6716.68	1.2726			1.2827
		无机涂料 JH-80-1	kg	1327	0.2514			0.2514
		水磨石板	m²	292.27	0.055			0.055

材料消耗指标是概算指标中的基本指标。计算工程造价材料价格时要考虑有地区差价和时间差价，通常是根据材料消耗指标，按当时和当地的材料价格进行计算的。

思考与练习

1. 简述概算定额的概念和作用。
2. 简述概算指标的概念。

第 6 章　建筑安装工程费用

【学习重点】

建筑安装工程费用组成；建筑安装工程费用计算程序。

【学习目标】

通过本章学习，了解我国建筑安装工程费用组成；掌握建筑安装工程费用计算程序和方法，可根据已知资料计算建筑安装工程费用。

6.1　我国建筑安装工程费用

为适应深化工程计价改革的需要，根据国家有关法律、法规及相关政策，国家住房与城乡建设部、国家财政部在总结原建设部、财政部《关于印发〈建筑安装工程费用项目组成〉的通知》（建标［2003］206 号）执行情况的基础上，修订完成了《建筑安装工程费用项目组成》。

6.1.1　《建筑安装工程费用项目组成》调整的主要内容

1）建筑安装工程费用项目按费用构成要素组成划分为人工费、材料费、施工机具使用费、企业管理费、利润、规费和税金。

2）为指导工程造价专业人员计算建筑安装工程造价，将建筑安装工程费用按工程造价形成顺序划分为分部分项工程费、措施项目费、其他项目费、规费和税金。

3）按照国家统计局《关于工资总额组成的规定》，合理调整了人工费构成及内容。

4）依据国家发展改革委、财政部等 9 部委发布的《标准施工招标文件》的有关规定，将工程设备费列入材料费，原材料费中的检验试验费列入企业管理费。

5）将仪器仪表使用费列入施工机具使用费，大型机械进出场及安拆费列入措施项目费。

6）按照《社会保险法》的规定，将原企业管理费中劳动保险费中的职工死亡丧葬补助费、抚恤费列入规费中的养老保险费；在企业管理费中的财务费和其他中增加担保费用、投标费、保险费。

7）按照《社会保险法》、《建筑法》的规定，取消原规费中危险作业意外伤害保险费，增加工伤保险费、生育保险费。

8）按照财政部的有关规定，在税金中增加地方教育附加。

6.1.2　其他

为指导各部门、各地区开展费用标准测算等工作，修改完善了建筑安装工程费用参考计算方法、公式和计价程序，统一制订了《建筑安装工程费用参考计算方法》和《建筑安装工程计价程序》。

《建筑安装工程费用项目组成》自 2013 年 7 月 1 日起施行，原建设部、财政部《关于印发〈建筑安装工程费用项目组成〉的通知》（建标［2003］206 号）同时废止。

6.2　甘肃省《建筑安装工程费用定额》

6.2.1　总说明

1）为规范建筑工程造价计价行为，合理确定和有效控制工程造价，根据《甘肃省建设工程造价管理条例》、《建设工程工程量清单计价规范》（GB 50500—2013）以及《房屋建筑与装饰工程工程量计算规范》（GB 50854—2013）等规范，住建部、财政部《建筑安装工程费用项目组成》（建标［2013］44 号）等有关规定，结合我省实际情况，制定了《甘肃省建筑安装工程费用定额》（以下简称“本定额”）。

2）本定额是编制施工图预算、招标控制价，投标报价和签订施工合同价款，办理竣工结算，调节工程造价纠纷及办理工程造价鉴定的依据。

3）本定额适用于新建、扩建和改建的建筑与装饰工程、安装工程、市政工程、仿古建筑工程、园林绿化和抗震加固及维修工程。与《建设工程工程量清单计价规范》（GB 50500—2013）、《房屋建筑与装饰工程工程量计算规范》（GB 50854—2013）等规范及我省现行的建筑与装饰、安装、市政、仿古建筑、园林绿化、抗震加固及维修工程预算定额（消耗量）及地区基价配套使用。

4）建筑与装饰、安装工程的人工单价按照省住房和城乡建设厅《关于颁发“甘肃省建筑安装工程人工单价”的通知》（甘建价［2013］541 号）中“甘肃省建筑安装工程人工单价”计算，内容见表 6-1。

表 6-1　甘肃省建筑安装工程人工单价　　单位：元/工日

工程项目 / 类别	建筑与装饰工程	安装工程	包工不包料工程	
			建筑工程	安装工程
一类工	70			
二类工	65			
三类工	52			

市政、仿古建筑、园林绿化工程的人工单价按照省住建厅原《关于颁发“甘肃省建筑安装工程人工单价”的通知》（甘建价［2004］125 号）中“甘肃省建筑安装工程人工单价”×2.50 的系数计算。

抗震加固及维修工程的人工单价按照“甘肃省建筑安装维修抗震加固工程预算定额地区基价”附录中的“综合人工单价”×1.60 的系数计算。

5）市政、仿古建筑、园林绿化、抗震加固及维修工程中，“分部分项工程及定额措施项目的机械费”×1.60 的系数计算。

6）本定额费用内容按照工程造价形成划分，由分部分项工程费、措施项目费、其他项目费、规费和税金组成；按照费用构成要素划分，由人工费、材料费、施工机具使用费、企业管理费、利润、规费和税金组成。其中，安全文明施工费、规费、税金为不可竞争费，应按规定标准计取。

7）本定额由甘肃省建设工程造价管理总站监督管理和解释。

6.2.2 建筑安装工程费用项目组成

建筑安装工程费用是指建设工程施工发承包的工程造价，按照费用构成要素和工程造价形成的划分标准，分为以下两类。

1. 建筑安装工程费按照费用构成要素划分

建筑安装工程费按照费用构成要素划分：由人工费、材料（包含工程设备，下同）费、施工机具使用费、企业管理费、利润、规费和税金组成。其中人工费、材料费、施工机具使用费、企业管理费和利润包含在分部分项工程费、措施项目费、其他项目费中（表6-2）。

表6-2 建筑安装工程费用项目组成表（按费用构成要素划分）

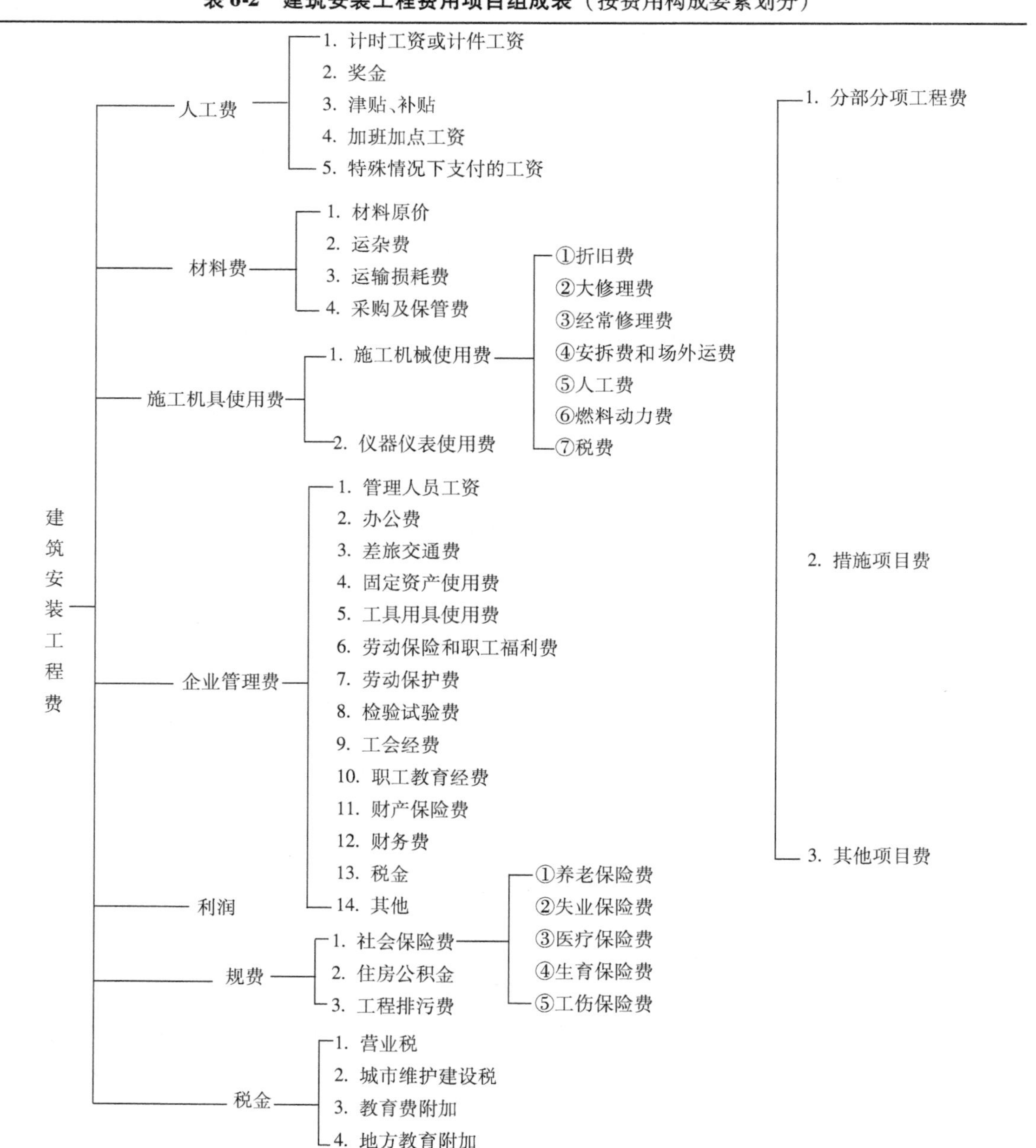

（1）人工费　人工费是指按工资总额构成规定，支付给从事建筑安装工程施工的生产工人和附属生产单位工人的各项费用。内容包括：

1）计时工资或计件工资：指按计时工资标准和工作时间或对已做工作按计件单价支付给个人的劳动报酬。

2）奖金：指对超额劳动和增收节支支付给个人的劳动报酬，如节约奖、劳动竞赛奖等。

3）津贴补贴：指为了补偿职工特殊或额外的劳动消耗和因其他特殊原因支付给个人的津贴，以及为了保证职工工资水平不受物价影响支付给个人的物价补贴，如流动施工津贴、特殊地区施工津贴、高温（寒）作业临时津贴、高空津贴。

4）加班加点工资：指按规定支付的在法定节假日工作的加班工资和在法定工作日工作时间外延时工作的加点工资。

5）特殊情况下支付的工资：指根据国家法律、法规和政策规定，因病、工伤、产假、计划生育假、婚丧假、事假、探亲假、定期休假、停工学习、执行国家或社会义务等原因按计时工资标准或计时工资标准的一定比例支付的工资。

（2）材料费　材料费是指施工过程中耗费的原材料、辅助材料、购配件、零件、半成品或成品、工程设备的费用，内容包括：

1）材料原价：指材料、工程设备的出厂价格或商家供应价格。

2）运杂费：指材料、工程设备自来源地运至工地仓库或指定堆放地点所发生的全部费用。

3）运输损耗费：指材料在运输装卸过程中不可避免的损耗。

4）采购及保管费：指为组织采购、供应和保管材料、工程设备的过程中所需要的各项费用，包括采购费、仓储费、工地保管费、仓储损耗。

工程设备是指构成或计划构成永久工程一部分的机电设备、金属结构设备、仪器装置及其他类似的设备和装备。

（3）施工机具使用费　施工机具使用费是指施工作业所发生的施工机械、仪器仪表使用费或其租赁费。

1）施工机械使用费以施工机械台班耗用量乘以施工机械台班单价表示，施工机械台班单价应由下列七项费用组成：

①折旧费：指施工机械在规定的使用年限内，陆续收回其原值及购置资金的时间价值。

②大修理费：指施工机械按规定的大修理间隔台班进行必要的大修理，以恢复其正常功能所需的费用。

③经常修理费：指施工机械除大修理以外的各级保养和临时故障排除所需的费用，包括为保障机械正常运转所需替换设备与随机配备工具用具的摊销和维护费用，机械运转及日常保养所需润滑与擦拭的材料费用及机械停滞期间的维护和保养费用等。

④安拆费和场外运费：安拆费是指施工机械（大型机械除外）在现场进行安装与拆卸所需的人工、材料、机械和试运转费用以及机械辅助设施的折旧、搭设、拆除等费用；场外运费指施工机械整体或分体自停放地点运至施工现场或由一施工地点运至另一施工地点的运输、装卸、辅助材料及架线等费用。

⑤人工费：指机上司机（司炉）和其他操作人员的人工费。

⑥燃料动力费：指施工机械在运转作业中所消耗的各种燃料及水、电等。

⑦税费：指施工机械按照国家规定应缴纳的车船使用税、保险费及年检费等。

2）仪器仪表使用费是指工程施工所需使用的仪器仪表的摊销及维修费用。

（4）企业管理费　企业管理费是指建筑安装企业组织施工生产和经营管理所需的费用，内容包括：

1）管理人员工资：指按规定支付给管理人员的计时工资、奖金、津贴补贴、加班加点工资及特殊情况下支付的工资。

2）办公费：指企业管理办公用的文具、纸张、账表、印刷、邮电、书报、办公软件、现场监控、会议、水电、烧水和集体取暖、降温（包括现场临时宿舍取暖、降温）等费用。

3）差旅交通费：指职工因公出差、调动工作差旅费、住勤补助费、市内交通和误餐补助费、职工探亲路费、劳动力招募费、职工退休、退职一次性路费、工伤人员就医路费、工地转移费以及管理部门使用的交通工具的油料、燃料费用。

4）固定资产使用费：指管理和试验部门及附属生产单位使用的属于固定资产的房屋、设备、仪器等的折旧、大修、维修或租赁费。

5）工具用具使用费：指企业施工生产和管理使用的不属于固定资产的工具、器具、家具、交通工具和检验、实验、测绘、消防用具等的购置、维修和摊销费。

6）劳动保险和职工福利费：指由企业支付的职工退休金、按规定支付给离休干部的经费、集体福利费、夏季防暑降温、冬季取暖补贴、上下班交通补贴等。

7）劳动保护费：指企业按规定发放的劳动保护用品的支出，如工作服、手套、防暑降温饮料以及在有碍身体健康的环境中施工的保护费用等。

8）检验试验费：指施工企业按照有关标准规定，对建筑以及材料、构件和建筑安装物进行一般鉴定、检查所发生的费用，包括自设实验室进行试验所耗用的材料等费用。

9）工会经费：指企业按《工会法》规定的全部职工工资总额比例计提的工会经费。

10）职工教育经费：指按照职工工资总额的规定比例计提，企业为职工进行专业技术和职业技能培训，专业技术人员继续教育、职工职业技能鉴定、职工资格认定以及根据需要对职工进行各类文化教育所发生的费用。

11）财产保险费：指施工管理用财产、车辆等的保险费用。

12）财务费：指企业为施工生产筹集资金或提供预付款担保、履约担保、职工工资支付担保等所发生的各种费用。

13）税金：指企业按规定缴纳的房产税、车船使用税、土地使用税、印花税等。

14）其他：包括技术转让费、技术开发费、投标费、业务招待费、绿化费、广告费、公证费、费率顾问费、审计费、咨询费、保险费等。

（5）利润　利润是指施工企业完成所承包工程获得的盈利。

（6）规费　规费是指按国家法律、法规规定，由省级政府和省级有关部门规定必须缴纳或计取的费用。包括：

1）社会保险费

①养老保险费：指企业按照规定标准为职工缴纳的基本养老保险费。

②失业保险费：指企业按照规定标准为职工缴纳的失业保险费。

③医疗保险费：指企业按照规定标准为职工缴纳的医疗保险费。

④生育保险费：指企业按照规定标准为职工缴纳的生育保险费。

⑤工伤保险费：指企业按照规定标准为职工缴纳的工伤保险费。

2）住房公积金：指企业按照规定标准为职工缴纳的住房公积金。

3）工程排污费：指按规定缴纳的施工现场工程排污费。

其他应列而未列入的规费，按实际发生计取。

（7）税金　税金是指国家税法规定的应计入建筑安装工程造价内的营业税、城市维护建设税、教育费附加以及地方教育附加。

2. 建筑安装工程费按照工程造价形成划分

建筑安装工程费按照工程造价形成划分：由分部分项工程费、措施项目费、其他项目费、规费、税金组成，分部分项工程费、措施项目费、其他项目费包含人工费、材料费、施工机具使用费、企业管理费和利润（表 6-3）。

表 6-3　建筑安装工程费用组成表（按工程造价形成划分）

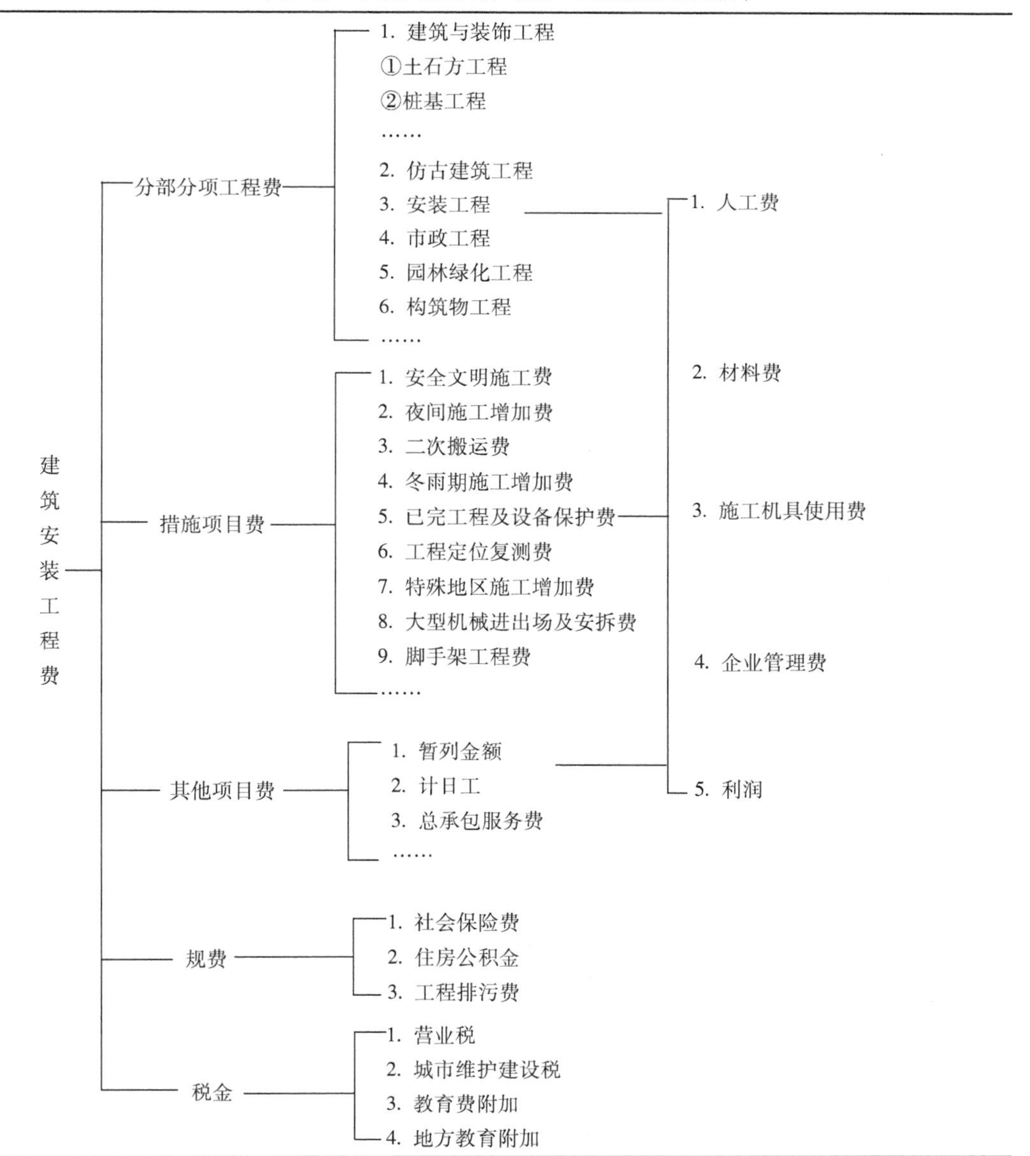

（1）分部分项工程费　分部分项工程费是指各专业工程的分部分项工程应予列支的各项费用。

1）专业工程：指按现行国家计量规范划分的房屋建筑与装饰工程、仿古建筑工程、安装工程、市政工程、园林绿化工程、抗震加固及维修等各类工程。

2）分部分项工程：指按现行国家计量规范对专业工程划分的项目。如房屋建筑与装饰工程划分的土石方工程、地基处理与边坡支护工程、砌筑工程、门窗工程、钢筋及钢筋混凝土工程、拆除工程、措施项目等。

（2）措施项目费　措施项目费是指为完成建设工程施工，发生于该工程施工前和施工过程中的技术、生活、安全、环境保护等方面的费用，内容包括：

1）安全文明施工费

①环境保护费：指施工现场为达到环保部门要求所需要的各项费用。

②文明施工费：指施工现场文明施工所需要的各项费用。

③安全施工费：指施工现场安全施工所需要的各项费用。

④临时设施费：指施工企业为进行建设工程施工所必须搭设的生活和生产用的临时建筑物、构筑物和其他临时设施费用，包括临时设施的搭设、维修、拆除、清理费或摊销费等。

2）夜间施工增加费：指因夜间施工所发生的夜班补助费、夜间施工降效、夜间施工照明设备摊销及照明用电等费用。

3）二次搬运费：指因施工场地条件限制而发生的材料、构配件、半成品等一次运输不能达到堆放地点，必须进行二次或多次搬运所发生的费用。

建筑与装饰工程及附属的安装工程、仿古建筑工程、外购构件工程计取二次搬运费的条件是：施工使用占地面积除以单位工程外墙外边线周长小于15m。

安装工程计取二次搬运费的条件是：安装的设备、材料运输中有障碍物，不能一次通过，需再次装卸的。

其他工程计取二次搬运费的条件是：施工场地狭小，工程用材料、成品、半成品需进行二次倒运。

4）冬雨期施工增加费：指在冬期或雨期施工需增加的临时设施、防滑、排除雨雪，人工及施工机械效率降低等费用，但不包括采用抗雨施工及电热法、暖棚法、外加剂等特殊措施费用。

5）已完工程及设备保护费：指竣工验收前，对已完工程及设备采取的必要保护措施所发生的费用。

6）工程定位复测费：指工程施工过程中进行全部施工测量放线和复测工作的费用。

7）特殊地区施工增加费：指工程在沙漠或其边缘地区、高海拔、高寒、原始森林等特殊地区施工增加的费用。

8）大型机械设备进出场及安拆费：指机械整体或分体自停放场地运至施工现场或由一个施工地点运至另一个施工地点，所发生的机械进出场运输及转移费用及机械在施工现场进行安装、拆卸所需要的人工费、材料费、机械费、试运转费和安装所需的辅助设施的费用。

9）脚手架工程费：指施工需要的各种脚手架搭、拆、运输费用以及脚手架购置费的摊销（或租赁）费用。

10）建筑物超高费：指建筑物檐高超过20m需要增加的人工降效、施工用水加压、脚手架使用期延长增加摊销量、脚手架超高加固等费用。安装工程高层建筑增加费是指安装工程预算定额所规定的费用。

11）施工排水费：指为确保工程在正常条件下施工，采取各种排水措施所发生的费用。费用内容包括：施工现场为排除既有地表水、上层滞水、积水等所发生的人工、材料及机械费用，不包括雨期施工时，雨后排除积水的费用。

12）施工降水费：指为确保工程在正常条件下施工，采取各种地下降水措施所发生的费用，费用内容包括：根据地质水文勘察资料和设计要求，现场为排除地下水或降低地下水位，采取各种降水措施所发生的人工、材料及机械费用。

13）混凝土、钢筋混凝土模板及支架（撑）费：指在混凝土施工过程中需要搭设的各种钢模板、木模板、竹胶模板、支架（撑）等的支、拆、保养、运输以及模板、支架（撑）的周转摊销（或租赁）费用。

14）地上、地下设施、建筑物的临时保护设施费：指在工程施工过程中，对已建成的地上、地下设施和建筑物进行的遮盖、封闭、隔离等必要保护措施的费用。

15）施工因素增加费：指具有市政或仿古建筑及园林工程特点又不属于临时设施范围，并在施工前可预见的因素所发生的费用。包括施工受行车、行人干扰的影响，导致人工、机械效率降低而增加的措施费用，为保证行车、行人安全，现场增设维护交通与疏导人员而增加的措施费用。园林工程包括防游人干扰及路面保护等措施费用。

16）其他项目：指以上未包括的施工现场实际发生的其他措施费用及专业工程措施费用。

措施项目及其包含的内容详见各类专业工程的现行国家计量规范。

（3）其他项目费

1）暂列金额：指招标人在工程量清单中暂定并包括在合同款中的一笔款项，用于工程合同签订时尚未确定或者不可预见的所需材料、工程设备、服务的采购，施工中可能发生的工程变更、合同约定调整因素出现时的合同价款调整以及发生的索赔、现场签证确认等的费用。

2）暂估价：指招标人在工程量清单中提供的用于支付必然发生但暂时不能确定价格的材料、工程设备的单价以及专业工程的金额。

3）计日工：指在施工过程中，承包人完成发包人提出的工程合同范围以外的零星项目或工作，按照合同中约定的单价计价的一种方式。

4）总承包服务费：指总承包人为配合协调发包人进行的专业工程发包，对发包人自行采购的材料、工程设备进行保管及施工现场管理、竣工材料汇总整理等服务所需的费用。

（4）规费　相关规定同前文所述。

（5）税金　相关规定同前文所述。

6.3 工程造价计算程序

6.3.1 工程量清单计价法

工程量清单计价法工程造价计算程序见表6-4。

表6-4 工程量清单计价法工程造价计算程序

序号	费用名称		计算公式
一	分部分项工程费及定额措施项目费		工程量×综合单价
	其中	1. 人工费	人工消耗量×人工单价
		2. 材料费	材料消耗量×材料单价
		3. 机械费	机械消耗量×机械台班单价
		4. 企业管理费	(1或+3)×费率
		5. 利润	(1或+3)×费率
二	措施项目费(费率措施费)		(人工费或+机械费)×费率
三	其他项目费		
四	规费		
	其中	1. 社会保险费	人工费×费率
		2. 住房公积金	
		3. 工程排污费	
五	税金		(一+二+三+四)×费率
六	工程造价		一+二+三+四+五

注：综合单价是指完成一个规定清单项目所需的人工费、材料和工程设备费、施工机具使用费和企业管理费、利润以及一定范围内的风险费用。

计算基础中的人工费为分部分项工程的人工费与定额措施项目费中的人工费之和；机械费为分部分项工程的机械费与定额措施项目费中的机械费之和（下同）。

6.3.2 定额计价法

定额计价法工程造价计算程序见表6-5。

表6-5 定额计价法工程造价计算程序

序号	费用名称		计算公式
一	分部分项工程费及定额措施项目费		工程量×基价
	其中	1. 人工费	工程量×(人工消耗量×人工单价)
		2. 材料费	工程量×(材料消耗量×材料单价)
		3. 机械费	工程量×(机械消耗量×机械台班单价)
二	措施项目费(费率措施费)		(人工费或+机械费)×费率
三	企业管理费		(人工费或+机械费)×费率
四	利润		(人工费或+机械费)×费率

（续）

序号	费用名称		计算公式
五	价差调整	1. 人工费调整	人工费×调整系数
		2. 材料价差	
		其中:实物法材料价差	按照实物法调差规定计算
		系数法材料价差	定额材料费×调整系数
		3. 机械费调整	机械费×调整系数
六	规费		人工费×费率
	其中	1. 社会保险费	
		2. 住房公积金	
		3. 工程排污费	
七	税金		(一+二+三+四+五+六)×费率
八	工程造价		一+二+三+四+五+六+七

注：定额材料费为分部分项工程的材料费与定额措施项目费中的材料费之和。

6.3.3　其他

按照国家及甘肃省有关规定，安全文明施工费、规费及税金为不可竞争性费用，招投标时应单独列项，其费用计算程序见表6-6。

表6-6　不可竞争性费用计算程序

序号	项目名称	计算公式
一	安全文明施工费	(人工费或+机械费)×费率
	1. 环境保护费	
	2. 文明施工费	
	3. 安全施工费	
	4. 临时施工费	
二	规费	人工费×费率
	1. 社会保险费	
	2. 住房公积金	
	3. 工程排污费	
三	税金	(一+二)×费率
四	工程造价	一+二+三

6.4　费用标准及有关规定

6.4.1　企业管理费、利润计取标准

企业管理费计取标准见表6-7。利润计取标准见表6-8。

表6-7　企业管理费计取标准

序号	工程项目		计算基础V	工程类别		
				一类	二类	三类
				取费标准(%)		
1	建筑与装饰工程		人工费+机械费	28.54	26.00	24.75
2	安装工程		人工费	39.26	35.40	33.16
3	大规模土石方(机械施工)工程		人工费+机械费	5.37		
4	大规模土石方(人工施工)工程		人工费	10.96		
5	抗震加固及维修工程	单独拆除	人工费	15.95	12.64	11.50
		拆除及安装	人工费	31.25	28.42	26.02
		拆除及建筑	人工费+机械费	28.55	25.86	24.47
6	市政施工	道路、桥涵	人工费+机械费	23.80	21.61	20.51
		集中供热、燃气、给排水、路灯	人工费	36.56	33.34	30.65
7	园林绿化工程	绿化工程	人工费	23.61	20.75	—
		堆砌假山及塑假石山、园路、园桥及园林小品工程	人工费+机械费	20.50	18.58	—
8	仿古建筑工程		人工费+机械费	23.25	20.65	18.99
9	包工不包料工程		人工费	16.46	13.15	12.05
10	外购构件工程		人工费+机械费	12.73	11.12	10.33
11	单独装饰装修工程		人工费	24.55	22.47	20.94

表6-8　利润计取标准

序号	工程项目		计算基础	工程类别		
				一类	二类	三类
				取费标准(%)		
1	建筑与装饰工程		人工费+机械费	19.73	15.62	11.20
2	安装工程		人工费	33.88	27.62	18.28
3	大规模土石方(机械施工)工程		人工费+机械费	2.69		
4	大规模土石方(人工施工)工程		人工费	7.84		
5	抗震加固及维修工程	单独拆除	人工费	24.35	19.86	13.14
		拆除及安装、包工不包料工程	人工费	24.35	19.86	13.14
		拆除及建筑	人工费+机械费	18.35	14.53	10.42
6	市政工程	道路、桥涵	人工费+机械费	13.08	9.42	7.28
		集中供热、燃气、给排水、路灯	人工费	27.48	19.78	15.29

（续）

序号	工程项目		计算基础	工程类别		
				一类	二类	三类
				取费标准(%)		
7	园林绿化工程	绿化工程	人工费	18.58	7.47	—
		堆砌假山及塑假石山、公园及园林小品工程	人工费 + 机械费	8.71	3.58	—
8	仿古建筑工程		人工费 + 机械费	14.95	8.25	4.78
9	单独装饰装修工程		人工费	20.85	16.96	11.33

注：外购构件工程不得计取利润。

6.4.2　措施项目费计取标准及规定

1. 费率措施项目

1）建筑与装饰、抗震加固及维修（拆除及建筑）、大规模土石方（机械施工）工程，市政（道路、桥涵）、仿古建筑、园林绿化（堆砌假山及塑假石山、园桥及园林小品）工程，外购构件工程费率措施费计取标准见表 6-9。

表 6-9　建筑与装饰等工程费率措施费计取标准

序号	费用项目名称		计算基础	建筑与装饰工程(%)	抗震加固(拆除及建筑)工程(%)	大规模土石方(机械施工)工程(%)	市政(道路、桥涵)、园林绿化(堆砌假山及塑假石山、园路、园桥及园林小品)工程(%)	仿古建筑工程(%)	外购构件工程(%)
1	环境保护费		人工费+机械费	0.77	0.98	0.38	0.80	0.80	0.21
2	文明设施费			1.24	1.58	0.61	1.09	1.09	0.32
3	安全设施费			8.87	6.20	4.35	6.82	7.55	4.32
4	临时设施费			4.16	2.04	2.28	2.28	2.28	1.98
5	夜间施工增加费			1.86	2.36	0.91	1.68	1.68	0.80
6	二次搬运费			2.44	3.11	1.20	2.28	2.28	2.42
7	已完工程及设备保护费			0.10	0.13	0.05	0.09	0.09	0.10
8	冬雨期施工增加费			2.44	3.11	1.20	2.23	2.23	1.14
9	工程定位复测费			0.50	0.64	0.25	0.42	0.42	0.26
10	施工因素增加费						1.73	1.73	
11	特殊地区增加费	沙漠及其边缘地区		7.08					
		高原 2000 ~ 3000m		4.90					
		高原 3001 ~ 4000m		14.45					

2）安装工程、抗震加固及维修（单独拆除、拆除及安装）、大规模土石方（人工施工）、包工不包料工程，市政（集中供热、燃气、给排水、路灯）、园林绿化工程费率措施费计取标准见表 6-10。

表 6-10　安装等工程费率措施费计取标准

序号	费用项目名称		计算基础	安装工程（%）	市政（集中供热、燃气、给排水、路灯）工程（%）	抗震加固（单独拆除、拆除及安装）（%）	大规模土石方（人工施工）、包工不包料工程（%）	园林绿化工程（%）	单独装饰装修工程（%）
1	环境保护费		人工费+机械费	1.32	1.29	1.58	0.63	1.29	0.95
2	文明设施费			2.14	1.87	2.53	1.00	1.87	1.25
3	安全设施费			10.50	13.55	9.39	4.09	14.50	9.27
4	临时设施费			8.32	4.43	7.92	3.15	4.43	5.72
5	夜间施工增加费			3.21	2.84	3.77	1.50	2.84	2.84
6	二次搬运费			1.10	—	—	—	—	0.70
7	已完工程及设备保护费			0.18	0.08	0.05	0.02	0.08	0.15
8	冬雨期施工增加费			4.26	3.77	4.98	1.98	3.77	3.03
9	工程定位复测费			0.92	0.70	1.04	0.42	0.70	0.64
10	施工因素增加费			—	2.78	—	—	2.78	—
11	特殊地区增加费	沙漠及其边缘地区		8.35					
		高原 2000 ~ 3000m		8.44					
		高原 3001 ~ 4000m		25.34					

2. 定额措施费项目

定额措施费项目计取按照各专业工程预算（消耗量）定额及有关规定计算。

6.4.3　其他项目计取标准及规定

（1）暂列金额应按照招标工程量清单中列出的金额填写。

（2）材料、工程设备暂估价应按照招标工程量清单中列出的单价计入综合单价。

①专业工程暂估价应按照招标工程量清单中列出的金额填写。

②计日工应按招标工程量清单中列出的项目和数量，自主确定综合单价并计算计日工金额。

（3）总承包服务费应根据招标工程量清单中列出的内容和提出的要求确定或参照下列规定确定：

①招标人仅要求对分包的专业工程进行总承包管理和协调时，总承包服务费按分包专业工程估算造价的 1% ~3% 计算。

②招标人要求对分包的专业工程进行总承包管理和协调，并同时要求提供脚手架、垂直运输机械以及对总包单位的非生产人员工资、工效降低、工序交叉影响等配合服务的补偿，根据招标文件中列出的配合服务内容和提出的要求，按分包专业工程估算造价的 4% ~6% 计算。

③以上总承包服务费参照标准未包括招标人自行采购材料、工程设备的总承包服务费，发生时另按照本省有关规定计算。

6.4.4　规费项目计取及规费项目费率计取标准

规费项目计取及规费项目费率计取标准见表 6-11。

表6-11 规费项目费率计取标准

序号	规费名称	计算基础	取费标准
1	社会保险费	人工费	核定标准
2	住房公积金		核定标准
3	工程排污费		0.21

社会保险费、住房公积金按照《甘肃省建设工程费用标准证书》中的标准计取。

社会保险费、住房公积金在编制招标控制价（或最高限价）时参照表6-12标准计取。

表6-12 社会保险费、住房公积金招标控制价计取标准

序号	费用项目名称	计算基础	建筑与装饰工程、安装工程、大规模土石方工程、抗震加固及维修工程、市政工程、仿古建筑工程、园林绿化工程、包工不包料工程、外购构件工程、单独装饰装修工程
			费率标准(%)
一	社会保险费(含养老、失业、医疗、工伤、生育保险费)	人工费	18.00
二	住房公积金		7.00

6.4.5 税金计取标准

税金计取标准见表6-13。

表6-13 税金计取标准

序号	纳税地点(工程所在地)	计算基础	税率(%)
1	在市区	(分部分项工程费+措施项目费+其他项目费+规费)或(分部分项工程费+措施项目费+企业管理费+利润+价差调整+规费)	3.48
2	在县城、镇		3.41
3	不在市区、县城或镇		3.28

注：税金系营业税、城市维护建设税、教育费附加以及地方教育附加。

6.5 费用定额适用范围

1）建筑与装饰工程：适用于一般工业与民用建筑与装饰的新建、扩建、改建工程。

2）安装工程：适用于《甘肃省安装工程预算定额》所规定的机械设备安装工程，电气设备安装工程，工业管道安装工程，给排水、采暖、消防、燃气管道及器具安装工程，静置设备与工艺金属结构制作安装工程，通风空调安装工程，自动化控制仪表安装工程，火灾自动报警及建筑智能化系统设备安装工程，热力设备安装工程，炉窑砌筑工程，刷油、防腐蚀、绝热工程等。

3）大规模土石方工程：适用于一个单位工程内挖方或填方工程量在10000m^3以上或单独编制工程预算的场地平整、土方石处理（包括挖方或填方）、堤坝、沟渠、水池、运动场、机场、管道沟等的土石方工程。

4）抗震加固及维修工程：适用于甘肃省抗震加固及维修工程预算定额所规定的抗震加固及维修工程。

5）市政工程：适用于道路、桥涵、给水、排水、燃气与集中供热、路灯等工程。

6）仿古建筑工程：适用于新建和扩建的仿古建筑工程。

7）园林绿化工程：适用于园林绿化、堆砌假山及塑假山石、园路、园桥及园林小品工程。

8）包工不包料工程：适用于按定额只包人工不包材料、机械的工程。

9）外购构件工程：适用于外购的预制混凝土构件、钢筋混凝土构件及金属构件等工程。

10）单独装饰装修工程：适用于单独承分包且执行《甘肃省建筑与装饰装修工程预算定额》的装饰装修工程。

6.6　工程类别划分标准及说明

6.6.1　建筑与装饰工程

1. 建筑与装饰工程类别划分

建筑与装饰工程类别划分见表6-14。

表6-14　建筑与装饰工程类别划分标准

项　目				一类	二类	三类
工业建筑	钢结构		跨度	≥30m	≥15m	<15m
			建筑面积	≥12000m^2	≥4000m^2	<4000m^2
	其他结构	单层	檐高	≥20m	≥15m	<15m
			跨度	≥24m	≥15m	<15m
		多层	檐高	≥24m	≥15m	<15m
			建筑面积	≥8000m^2	≥4000m^2	<4000m^2
民用建筑	公共建筑		檐高	≥36m	≥20m	<20m
			建筑面积	≥7000m^2	≥4000m^2	<40000m^2
			跨度	≥30m	≥15m	<15m
	居住建筑		檐高	≥56m	≥20m	<20m
			层数	≥20层	≥7层	<7层
			建筑面积	≥12000m^2	≥7000m^2	<7000m^2
构筑物	水塔（水箱）		高度	≥75m	≥35m	<35m
			吨位	≥150m^3	≥75m^3	<75m^3
	烟囱		高度	≥100m	≥50m	<50m
	贮仓		高度	≥30m	≥15m	<15m
			容积	≥600m^3	≥300m^3	<300m^3
	贮水（油）池		容积	≥3000m^3	≥1500m^3	<1500m^3
	沉井、沉箱			执行一类	—	—
	室外工程			—	—	执行三类

2. 说明

1）以单位工程为类别划分单位，在同一类别工程中有几个特征时，凡符合其中之一者，即为该类工程。

2）一个单位工程由几种工程类型组成时，符合其中较高工程类别指标部分的建筑面积若不低于工程建筑面积的50%，该工程可全部按该指标确定工程类别；若低于50%，但该部分建筑面积又大于1500m²，则可按其不同工程类别分别计算。

3）建筑物檐高：有挑檐者，是指设计室外地坪标高至建筑物挑檐上皮的高度；无挑檐者，是指设计室外地坪标高至屋顶板面标高的高度；如有女儿墙，其高度算至女儿墙顶面；构筑物的高度以设计室外地坪标高至建筑物的顶面高度为准。

4）跨度是指建筑物中，梁、拱券两端的承重结构之间的距离，即两支点中心之间的距离，多跨建筑物按主跨的跨度划分工程类别。

5）建筑面积是指按《建筑工程建筑面积计算规范》（GB/T 50353—2013）计算的建筑面积。

6）建筑面积小于标准层30%的顶层和建筑物内的设备管道夹层，不计算层数。

7）超出屋面封闭的楼梯出口间、电梯间、水箱间、楼塔、瞭望台，不计算高度、层数。

8）建筑面积大于一个标准层的50%且层高2.2m及以上的地下室，计算层数。面积小于标准层的50%或层高不足2.2m的地下室，不计算层数。

9）居住建筑指住宅、宿舍、公寓等建筑物。

10）公共建筑指满足人们物质文化生活需要和进行社会活动而设置的非生产性建筑物，如综合楼、办公楼、教学楼、实验楼、图书馆、医院、酒店、宾馆、商店、车站、影剧院、礼堂、体育馆、纪念馆、独立车库等以及相类似的工程。

11）对有声、光、超净、恒温、无菌等特殊要求的工程，其建筑面积超过总建筑面积的40%，建筑工程类别可按对应标准提高一类核定。

6.6.2 安装工程

1. 安装工程类别划分

安装工程类别的划分标准见表6-15。

表6-15 安装工程类别划分标准

一类工程	（1）成套生产工艺装置（生产线）安装工程 （2）台重≥35t各类机械设备；精密数控（程控）机床；自动、半自动生产工艺装置；配套功率≥1500kW的压缩机（组）、风机、泵类设备等安装工程 （3）主钩起重量桥式≥50t、门式≥20t起重设备及相应轨道；运行速度≥1.5/s自动快速、高速电梯；宽度≥1m或输送长度≥100m或斜度≥10°的胶带输送机安装工程 （4）容量≥1000kV·A变配电装置；电压≥6kV架空线路及电缆敷设工程；全面积防爆电气工程 （5）中压锅炉和汽轮发电机组、各型散装锅炉设备（蒸发量≥10t/h蒸汽锅炉、供热量≥7MW热水锅炉）及其配套工程的安装工程 （6）各类压力容器、塔器等制作、组对、安装；台重≥40t各类静置设备安装；电解槽、电除雾、电除尘及污水处理设备安装工程 （7）金属重量≥50t工业炉；炉膛内径≥2000mm煤气发生炉及附属设备；乙炔发生设备及制氧设备安装工程 （8）容量≥5000m³金属贮罐、容量≥1000m³气柜制作安装；球罐组装；总重>50t或高度>60m火炬塔架制作安装工程 （9）制冷量≥4.2MW制冷站、供热量≥7MW换热站安装工程

（续）

一类工程	（10）工业生产微机控制自动化装置及仪表安装、调试工程 （11）中、高压或有毒、易燃、易爆工作介质或有探伤要求的工艺管网（线）；试验压力≥1.0MPa 或管径≥500mm 的铸铁给水管网（线）；管径≥800mm 的排水管网（线） （12）净化、超净、恒温、恒湿通风空调系统；作用建筑面积≥10000m² 的民用工程集中空调（含防排烟）系统安装工程 （13）作用建筑面积≥5000m² 的自动灭火消防系统安装工程 （14）专业用灯光、音响系统安装工程 （15）专业炉窑的砌筑；中压锅炉的砌筑；散装锅炉（蒸发量≥10t/h 蒸汽锅炉、供热量≥7MW 热水锅炉）的炉体砌筑工程 （16）化工制药安装工程 （17）附属于上述工程各种设备及相关管道、电气、仪表、金属结构及其刷油、绝热、防腐蚀工程 （18）一类建筑工程的附属设备、电气、采暖、通风、给排水、消防及弱电等安装工程
二类工程	（1）台重 <35t 各类机械设备；配套功率 <1500kW 的压缩机（组）、风机、泵类设备等的安装工程 （2）主钩起重≥5t 桥式、门式、梁式、壁行及旋臂起重机及其轨道安装；运行速度 <1.5m/s 自动、半自动电梯；自动扶梯、自动步行道；一类以外其他输送设备安装工程 （3）容量 <1000kV·A 变配电装置；电压 <6kV 架空线路及电缆敷设工程；工业厂房及厂区电气工程 （4）各型快装（含整装燃油、气）、组装锅炉（蒸发量≥4t/h 蒸汽锅炉、供热量≥2.8MW 热水锅炉）及其配套设备安装工程 （5）各类常压容器及工艺金属结构制作、安装；台重 <40t 各类静置设备安装工程 （6）一类工程以外的工业锅炉设备安装工程 （7）一类工程以外金属贮罐、气柜、火炬塔架等制作安装工程 （8）一类工程以外制冷站、换热站安装工程 （9）没有探伤要求的工艺管网（线）；试验压力 <1.0MPa 的铸铁给水管网（线）；管径 <800mm 的排水管网（线）安装工程 （10）工业厂房除尘、排毒、排烟、通风和分散式（局部）空调系统；作用建筑面积 <10000m² 的民用工程集中空调（含防排烟）系统安装工程 （11）作用建筑面积 <5000m² 的自动灭火消防系统安装工程 （12）一般工业炉窑的砌筑工程；各型快装（含整装燃油、气）、组装锅炉（蒸发量≥4t/h 蒸汽锅炉、供热量≥2.8MW 热水锅炉）的炉体砌筑工程 （13）附属于上述工程的各种设备及其相关管道、电气、仪表、金属结构及其刷油、绝热、防腐蚀工程 （14）二类建筑工程的附属设备、电气、采暖、通风、给排水、消防及弱电等工程
三类工程	（1）除一类、二类工程以外者均为三类工程 （2）除一类、二类工程以外的炉体砌筑工程 （3）三类建筑工程的附属设备、电气、采暖、通风、给排水、消防及弱电等安装工程

2. 说明

1）以单位工程为类别划分单位，在同一类别工程中有几个特征时，凡符合其中之一者，即为该类工程。

2）安装工程类别的划分，是根据各专业安装工程的功能、规模、繁简、施工技术难易程度、结合各省安装工程实际情况制定的。

3）水塔、水池的安装工程及工程建筑中未设计工业设备的安装工程，其类别按相应建筑工程的类别等级标准确定安装工程类别等级。

4）弱电工程是指火灾自动报警、电视监控、安全防范、办公自动化、通信广播、电视共用天线等系统。

6.6.3 市政工程

1. 市政工程类别划分

市政工程类别划分标准见表6-16。

表6-16 市政工程类别划分标准

工程类别	分类指标	一类	二类	三类
市政道路工程	面积	>20000m²	>10000m²	≤10000m²
	面层种类及结构厚度	沥青混凝土路面>50cm,水泥混凝土路面>55cm	沥青混凝土路面>40cm,水泥混凝土路面>40cm	沥青混凝土路面≤40cm,水泥混凝土路面≤40cm,其他面层路面
桥涵工程	单跨跨距	>20m	>10m	≤10m
	桥长	>100m	>50m	≤50m
非金属给排水管道工程	管径	>1000mm	>500mm	≤500mm
	长度	>1000m	>500m	≤500m
金属给排水、燃气、供热管道工程（含塑料管）	管径	>300mm	>150mm	≤150mm
	长度	>1000m	>500m	≤500m

2. 说明

1）市政工程是指城镇管辖范围内，按规定执行市政工程预算定额计算工程造价的工程及其类似工程。执行市政定额的城市输水、输气管道工程，按市政工程计取各项费用。

2）市政道路工程的“面积”是指行车道路面面积，不包括人行道和绿化、隔离带的面积。

3）桥梁工程的长度指一座桥的主桥长，不包括引桥的长度。

4）涵洞工程的类别随所在路段的类别确定。

5）管道工程中的“管径”是指公称直径（混凝土和钢筋混凝土管、陶土管指内径）。“长度”是指本类别及其以上类别中所有管道的总长度（如：燃气、供热管道工程二类中的“长度” >500m，是指直径>*DN*150所有管道的合计长度>500m。不包括直径≤*DN*150的管道长度）；对于供热管道是指一根供水或回水管的长度，而不是供回水管的合计长度。

6）人行天桥、地下通道均按桥梁工程二类取费标准执行。

7）同一类别中有几个指标的，同时符合两个及其以上指标的执行本标准，只符合其中一个的，按低一类标准执行。

8）由多家施工单位分别施工的道路、管道工程，以各自承担部分为对象进行类别划分。

9）城市广场工程建设，不分面积、结构层厚度，一律按市政道路工程三类标准取费。

6.6.4 抗震加固及维修工程

抗震加固及维修工程类别的划分标准见表6-17。

表6-17 抗震加固及维修工程类别划分标准

一类工程	一类建筑安装工程的拆除、维修、抗震加固
二类工程	二类建筑安装工程的拆除、维修、抗震加固
三类工程	三类建筑安装工程的拆除、维修、抗震加固

6.6.5 园林工程

园林工程类别的划分见表6-18。

表6-18 园林工程类别划分表

一类工程	堆砌假山、塑假石山、园林小品工程
二类工程	园林绿化工程、园路及园桥等工程

6.6.6 仿古建筑工程

仿古建筑工程类别的划分标准见表6-19。

表6-19 仿古建筑工程类别划分标准

一类工程	建筑面积在400m² 以上的单位仿古建筑工程，官式两层或多层仿古建筑，官式重檐单层仿古建筑，官式带二踩以上半拱的单层仿古建筑，二步弓子的仿古亭子建筑（兰州做法），两柱或四柱三楼以上带三踩以上斗拱，有翼角的牌楼、砖雕分仿、檩、椽、瓦、花雕的砖砌影壁
二类工程	建筑面积在100m² 以上的单位仿古建筑工程，官式无斗拱的单层仿古建筑，垂花门仿古建筑，一步弓子的仿古亭子建筑（兰州做法），其他形式的牌楼、琉璃影壁，石雕分仿、檩、椽、瓦、花雕的石牌楼
三类工程	结构简易的其他仿古建筑，石雕栏板、望柱安装

6.6.7 单独装饰装修工程

单独装饰装修工程类别的划分标准见表6-20。

表6-20 单独装饰装修工程类别划分标准

一类工程	单位工程符合建筑与装饰工程类别划分一类的建筑整体装饰装修 单项建筑装饰装修工程造价1000万元以上 建筑装饰装修工程平方米造价2000元以上 幕墙高度 >60m 的工程
二类工程	单位工程符合建筑与装饰工程类别划分二类的建筑整体装饰装修 单项建筑装饰装修工程造价500万元以上，1000万元以下 建筑装饰装修工程平方米造价1000元以上，2000元以下 幕墙高度 >30m 的工程
三类工程	一、二类工程以外的工程

6.7 其他说明

1）房屋建筑与装饰、安装、市政、仿古建筑、园林绿化和抗震加固及维修工程的人工工日单价，应由发、承包双方参照各市、州建设行政主管部门发布的人工费指导价格，结合市场价格确定，并在签订工程发、承包合同时约定，其“人工单价”与各专业预算（消耗量）定额地区基价附表中“人工单价”的差价除计取税金外，不再计取其他任何费用。

各市、州建设行政主管部门应结合当地实际，及时测算、发布人工费指导价格。

2）安全文明设施费、规费、税金为不可竞争费，应在工程总价中单独列项。安全文明设施费、税金应按照本定额规定标准计取，规费应按照各建筑企业《甘肃省建筑工程费用标准证书》中核定的标准计取。

3）夜间施工费、二次搬运费、冬雨期施工费、生产工具用具使用费、工程定位复测费、已完工程及设备保护费、施工因素增加费、特殊地区增加费按费用定额的费率标准计取。

4）施工排水、施工降水发生的费用按照各专业工程预算（消耗量）定额有关项目计算。

5）地上及地下设施、建筑物的临时保护设施费的具体计算方法应在施工合同中约定。

6）本费用定额中未包括的措施费用按照各专业预算（消耗量）定额及有关规定计算。

7）预算（消耗量）定额中包括的预制混凝土构件、钢筋混凝土构件及金属构件等，均应执行相应预算（消耗量）定额子目基价。如承包人需外购上述构件时，应事先征得发包人同意，方可计算价差。其价差应以外购凭证结算价减预算制作价之差单独计算。该价差除计取税金外，不计取任何费用。

8）在有害气体环境中施工时，如在同一环境中建设单位职工享有特殊保健津贴时，建筑业企业进入现场施工的职工应与建设单位职工享受同等待遇。其费用按实际参加有害健康施工人数及规定标准由建设单位支付，并列入工程造价，作为计取税金的基础。

9）发包人若将承包主体承包人有资质承担的单位工程中的分项工程单独分包时，应对承包主体工程的承包人支付承包服务费。该费用除计取税金外，不再计取其他费用。

10）承包工程范围以内的签证用工，按照 70.00 元/工日的价格进行签证，该费用列入分部分项工程费。

11）企业管理费中的“检验试验费”，不包括新结构、新材料的试验费，对构件做破坏性试验及其他特殊要求检验的费用和发包人委托检验机构进行检测的费用，对此类检测发生的费用，由发包人在工程建设其他费用中列支。但对承包人提供的材料和工程设备经检测不符合合同约定的质量标准，发包人应立即要求承包人更换，由此增加的费用应由承包人承担。对发包人要求检测承包人已具有合格证明的材料、工程设备，但经检测证明该材料、工程设备符合合同约定的质量标准，发包人应承担由此增加的费用，并向承包人支付合理的利润。

注：《甘肃省建筑安装工程费用定额》自 2013 年 7 月 1 日起实施。

6.8 建筑安装工程费用计算实例

【例 6-1】 某建筑企业承建一幢 12 层框架结构住宅楼工程，经计算该工程的分部分项工程及定额措施费为780万元（其中：人工费235万元，材料费440万元，机械费105万元），工程在市区，请按甘肃省现行费用定额计算程序及取费标准，确定该工程工程造价，并编入表6-21。

【解】 计算结果见表6-21。

表6-21　建筑安装工程费用表

序号	费用项目名称	费率（%）	计　算　式	费用金额/万元
一	分部分项工程费及定额措施费		235+440+105	780
	其中：人工费		235	
	材料费		440	
	机械费		105	
二	措施项目费（费率措施费）	22.38	（235+105）×22.38%	76.09
三	企业管理费	26	（235+105）×26%	88.40
四	利润	15.62	（235+105）×15.62%	53.11
五	价差调整：人工费调整			
	价差调整：材料价差			
	价差调整：其中：一类材差			
	价差调整：二类材差			
	价差调整：机械费调整			
六	规费		42.30+16.45+0.49	59.24
	社会保险费	18	235×18%	42.30
	住房公积金	7	235×7%	16.45
	工程排污费	0.21	235×0.21%	0.49
七	税金	3.48	（780+76.09+88.40+53.11+59.24）×3.48%	36.78
八	工程造价		780+76.09+88.40+53.11+59.24+36.78	1093.62

思考与练习

某建筑企业承建一幢8层框架结构住宅楼工程，建筑面积为4000m^2，经计算该工程的分部分项工程及定额措施费为490万元（其中：人工费144万元，材料费294万元，机械费52万元），工程在市区，请按甘肃省现行费用定额计算程序及取费标准，确定该工程工程造价，并编入表6-22。

表6-22　建筑安装工程费用表

序号	费用项目名称	费率（%）	计　算　式	费用金额
一	分部分项工程费及定额措施费			
	其中：人工费			
	材料费			
	机械费			
二	措施项目费（费率措施费）			

（续）

序号	费用项目名称		费率（%）	计 算 式	费用金额
三	企业管理费				
四	利润				
五	价差调整	人工费调整			
		材料价差			
		其中：一类材差			
		二类材差			
		机械费调整			
六	规费				
	社会保险费				
	住房公积金				
	工程排污费				
七	税金				
八	工程造价				

第7章　建筑面积

【学习重点】

建筑面积的概念、作用；建筑面积计算规范中有关计算建筑面积的规定和不计算建筑面积的规定；学习建筑面积计算实例，掌握建筑面积计算方法。

【学习目标】

通过本章学习，了解与建筑面积计算有关的概念；熟悉建筑面积基本知识，建筑面积的作用；掌握建筑面积计算规范，并且能准确计算建筑面积。

7.1　建筑面积概述

建筑面积是以平方米为计量单位反映房屋建筑规模的实物量指标，它广泛应用于基本建设计划、统计、设计、施工和工程概预算等各个方面，在建筑工程造价管理中起着非常重要的作用，是房屋建筑计价的主要指标之一。

我国的《建筑面积计算规则》最初是在20世纪70年代制订的，之后根据需要进行了多次修订。1982年国家经委基本建设办公室（82）经基设字58号印发了《建筑面积计算规则》，对20世纪70年代制订的《建筑面积计算规则》进行了修订。1995年建设部发布《全国统一建筑工程预算工程量计算规则》（土建工程GJDGZ-101-95），其中含“建筑面积计算规则”，是对1982年的《建筑面积计算规则》进行的修订。2005年原建设部以国家标准发布了《建筑工程建筑面积计算规范》（GB/T 50353—2005）。2013年国家住房与城乡建设部为规范工业与民用建筑工程的建筑面积计算，统一建筑面积计算方法，在GB/T 50353—2005的基础上修订发布国家标准《建筑工程建筑面积计算规范》（GB/T 50353—2013），自2014年7月1日起实施。建筑面积计算规范适用于新建、扩建、改建的工业与民用建筑工程建设全过程的建筑面积计算。建筑面积计算除应遵循建筑面积计算规范，尚应符合国家现行的有关标准规范的规定。

7.1.1　建筑面积基本知识

1. 建筑面积的概念

建筑面积是指建筑物各层结构外围水平投影面积的总和。建筑面积是由使用面积、辅助面积和结构面积组成，其中使用面积与辅助面积之和称为有效面积。其表达式为：

$$建筑面积 = 使用面积 + 辅助面积 + 结构面积$$

2. 使用面积的概念

使用面积是指建筑物各层平面布置中可直接为生产或生活使用的净面积的总和，例如住宅建筑中的卧室、客厅、书房等。

3. 辅助面积的概念

辅助面积是指建筑物各层平面布置中为辅助生产或辅助生活所占的净面积的总和，如住宅建筑中的楼梯、走道等。

4. 结构面积的概念

结构面积是指建筑物各层平面布置中的墙体、柱等结构所占的面积的总和。

5. 首层建筑面积的概念

首层建筑面积也称为底层建筑面积，是指建筑物底层外墙勒脚以上结构外围水平面积。首层建筑面积作为“三线一面”中的一个重要指标，在工程量计算时将被反复使用。

7.1.2 建筑面积的作用

在工程项目建设中，建筑面积是一项重要的技术经济指标，在建筑工程造价管理方面起着非常重要的作用。其主要作用表现在以下几方面：

1）依据建筑面积可以计算出单方造价、单方资源消耗量、建筑设计中的有效面积率、平面系数等重要的技术经济指标。

2）建筑面积是计算某些分项工程量的基本数据，如计算平整场地、综合脚手架、超高增加费等。

3）建筑面积是计划、统计及工程概况的主要数量指标之一，如计划面积、竣工面积、在建面积等指标。

4）建筑面积可以确定拟建项目的规模，评价投资效益、设计方案的经济性和合理性，对单项工程进行技术经济分析。如有些地区以建筑面积的大小划分工程类别。

5）建筑面积是确定工程概预算指标的一个重要依据。

7.1.3 与建筑面积计算有关的概念

建筑面积：建筑物（包括墙体）所形成的楼地面面积。

自然层：按楼地面结构分层的楼层。

结构层高：楼面或地面结构层上表面至上部结构层上表面之间的垂直距离。

围护结构：围合建筑空间的墙体、门、窗。

建筑空间：以建筑界面限定的、供人们生活和活动的场所。

结构净高：楼面或地面结构层上表面至上部结构层下表面之间的垂直距离。

围护设施：为保障安全而设置的栏杆、栏板等围挡。

地下室：室内地平面低于室外地平面的高度超过室内净高的1/2的房间。

半地下室：室内地平面低于室外地平面的高度超过室内净高的1/3，且不超过1/2的房间。

架空层：仅有结构支撑而无外围护结构的开敞空间层。

走廊：建筑物中的水平交通空间。

架空走廊：专门设置在建筑物的二层或二层以上，作为不同建筑物之间水平交通的空间。

结构层：整体结构体系中承重的楼板层。

落地橱窗：突出外墙面且根基落地的橱窗。

凸窗（飘窗）：凸出建筑物外墙面的窗户。

檐廊：建筑物挑檐下的水平交通空间。

挑廊：挑出建筑物外墙的水平交通空间。

门斗：建筑物入口处两道门之间的空间。

雨篷：建筑出入口上方为遮挡雨水而设置的部件。

门廊：建筑物入口前有顶棚的半围合空间。

楼梯：由连续行走的梯级、休息平台和维护安全的栏杆（或栏板）、扶手以及相应的支托结构组成的作为楼层之间垂直交通使用的建筑部件。

阳台：附设于建筑物外墙，设有栏杆或栏板，可供人活动的室外空间。

主体结构：接受、承担和传递建设工程所有上部荷载，维持上部结构整体性、稳定性和安全性的有机联系的构造。

变形缝：防止建筑物在某些因素作用下引起开裂甚至破坏而预留的构造缝。

骑楼：建筑底层沿街面后退且留出公共人行空间的建筑物。

过街楼：跨越道路上空并与两边建筑相连接的建筑物。

建筑物通道：为穿过建筑物而设置的空间。

露台：设置在屋面、首层地面或雨篷上的供人室外活动的有围护设施的平台。

勒脚：在房屋外墙接近地面部位设置的饰面保护构造。

台阶：联系室内外地坪或同楼层不同标高而设置的阶梯形踏步。

7.2 建筑面积计算规范解读

7.2.1 计算建筑面积的规定

1）建筑物的建筑面积应按自然层外墙结构外围水平面积之和计算。结构层高在2.20m及以上的，应计算全面积；结构层高在2.20m以下的，应计算1/2面积。

注：建筑面积计算，在主体结构内形成的建筑空间，满足计算面积结构层高要求的均应按本条规定计算建筑面积。主体结构外的室外阳台、雨篷、檐廊、室外走廊、室外楼梯等按相应条款计算建筑面积。当外墙结构本身在一个层高范围内不等厚时，以楼地面结构标高处的外围水平面积计算。如图7-1所示为单层建筑物，其建筑面积为$S = ab$。如图7-2所示为某六层建筑物，其建筑面积为1～6层面积之和。

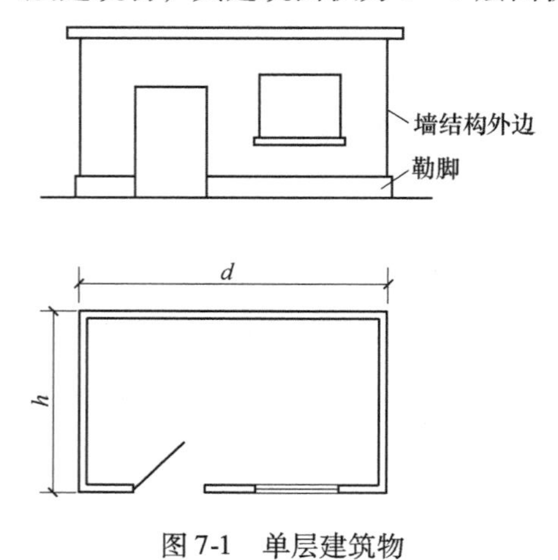

图7-1　单层建筑物

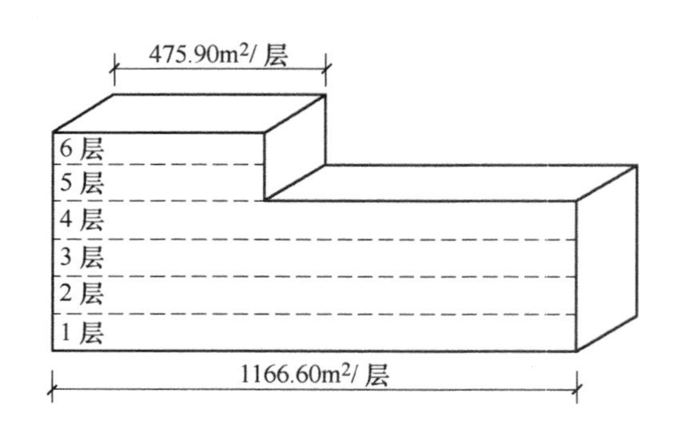

图7-2　多层建筑物建筑面积示意

2）建筑物内设有局部楼层时，对于局部楼层的二层及以上楼层，有围护结构的应按其围护结构外围水平面积计算，无围护结构的应按其结构底板水平面积计算。结构层高在2.20m及以上者应计算全面积；结构层高不足2.20m者应计算1/2面积。

注：建筑物应按不同的高度确定其面积的计算。其高度指室内地面标高至屋面板板面结构标高之间的垂直距离。遇有以屋面板找坡的平屋顶单层建筑物，其高度指室内地面标高至屋面板最低处板面结构标高之间的垂直距离，如图7-3所示。

①局部楼层有围护结构的应按其围护结构外围水平面积计算。

当层高≥2.20m时，计算全面积：$S = L \times B + l \times b$

当层高<2.20m时，计算1/2面积：$S = L \times B + 1/2 \times l \times b$

②局部楼层无围护结构的应按其结构底板水平面积计算。

当层高≥2.20m时，计算全面积：$S = L \times B + l \times b$

当层高<2.20m时，计算1/2面积：$S = L \times B + 1/2 \times l \times b$

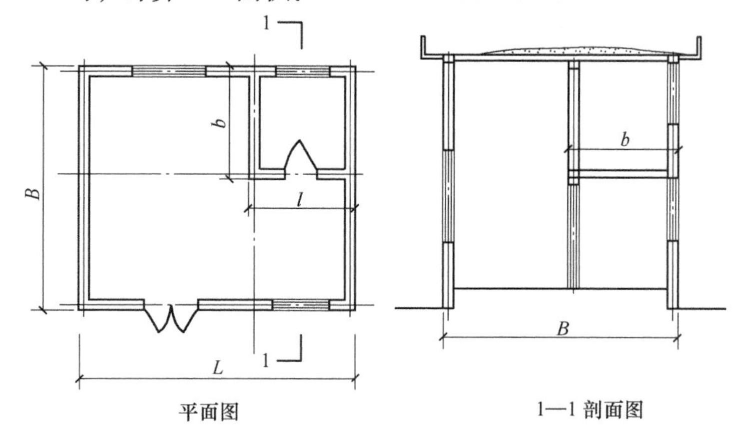

图7-3 建筑物内设有局部楼层的建筑面积计算示意图

3）对于形成建筑空间的坡屋顶，结构净高在2.10m及以上的部位应计算全面积；结构净高在1.20m及以上至2.10m以下的部位应计算1/2面积；结构净高在1.20m以下的部位不应计算建筑面积，如图7-4所示。

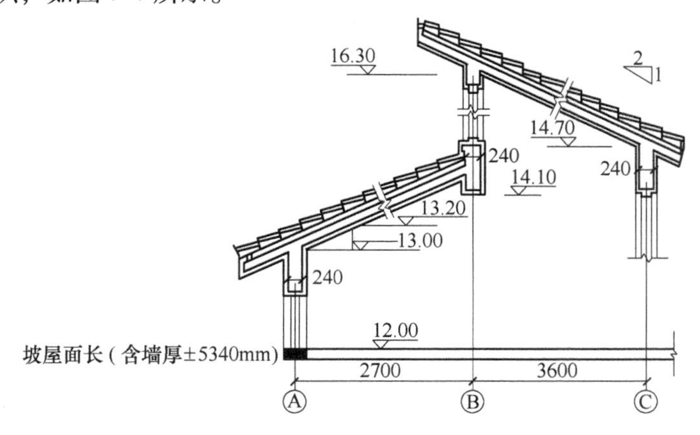

图7-4 利用坡屋顶空间净高计算建筑面积示意图

4）对于场馆看台下的建筑空间，结构净高在 2. 10m 及以上的部位应计算全面积；结构净高在 1. 20m 及以上至 2. 10m 以下的部位应计算 1/2 面积；结构净高在 1. 20m 以下的部位不应计算建筑面积。室内单独设置的有围护设施的悬挑看台，应按看台结构底板水平投影面积计算建筑面积。有顶盖无围护结构的场馆看台应按其顶盖水平投影面积的 1/2 计算面积。

注：场馆看台下的建筑空间因其上部结构多为斜板，所以采用净高的尺寸划定建筑面积的计算范围和对应规则。室内单独设置的有围护设施的悬挑看台，因其看台上部设有顶盖且可供人使用，所以按看台板的结构底板水平投影计算建筑面积，如图 7-5 所示。

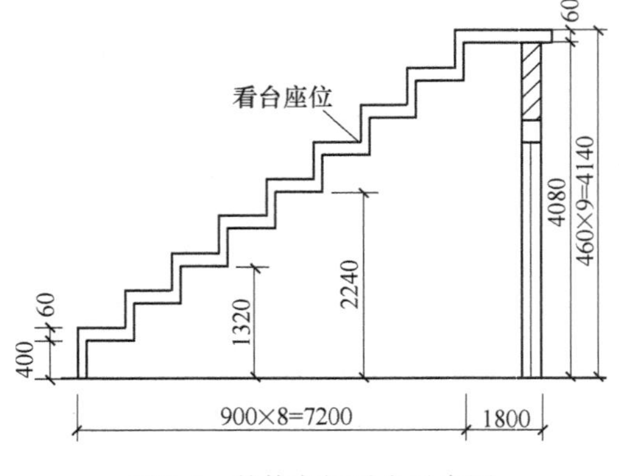

图 7-5 某体育场看台示意图

5）地下室、半地下室应按其结构外围水平面积计算。结构层高在 2. 20m 及以上者应计算全面积；结构层高不足 2. 20m 者应计算 1/2 面积，如图 7-6 所示。

6）出入口外墙外侧坡道有顶盖的部位，应按其外墙结构外围水平面积的 1/2 计算，如图 7-7 所示。

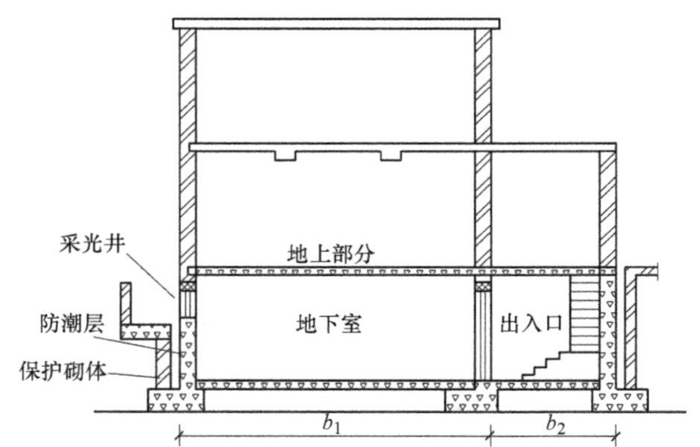

图 7-6 建筑物地上部分，地下部分，出入口示意图

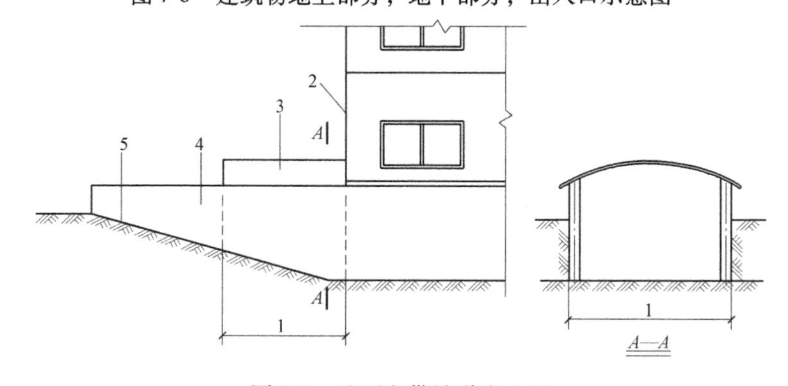

图 7-7 地下室带坡道出入口

1—计算 1/2 投影面积部位 2—主体建筑 3—出入口顶盖
4—封闭出入口侧墙 5—出入口坡道

7）坡地的建筑物吊脚架空层（图7-8）、深基础架空层（图7-9），应按其顶板水平投影面积计算建筑面积。结构层高在2.20m及以上的应计算全面积；结构层高不足2.20m的应计算1/2面积。

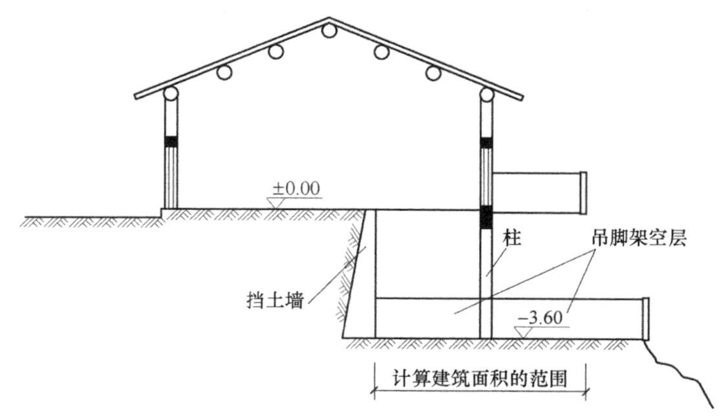

图7-8 坡地建筑物吊脚架空层示意图

8）建筑物的门厅、大厅按一层计算建筑面积。门厅、大厅内设有回廊时（图7-10），应按其结构底板水平投影面积计算。结构层高在2.20m及以上者应计算全面积；结构层高不足2.20m者应计算1/2面积。

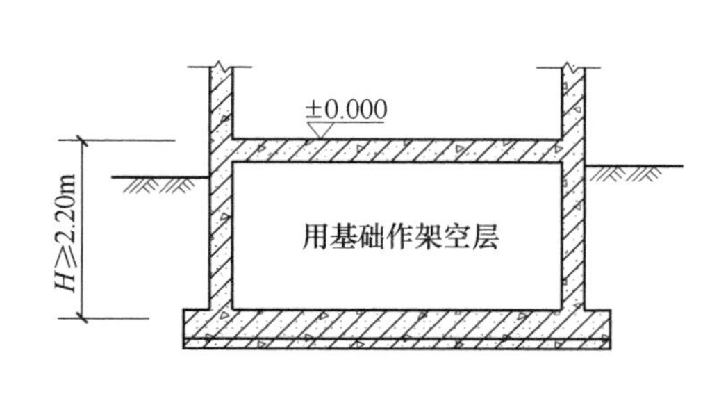

图7-9 深基础作地下架空层示意图

图7-10 门厅回廊示意图

9）建筑物间有围护结构的架空走廊，应按其围护结构外围水平面积计算。层高在2.20m及以上者应计算全面积；层高不足2.20m者应计算1/2面积。无围护结构、有围护设施的应按其结构底板水平投影面积的1/2计算，如图7-11、图7-12所示。

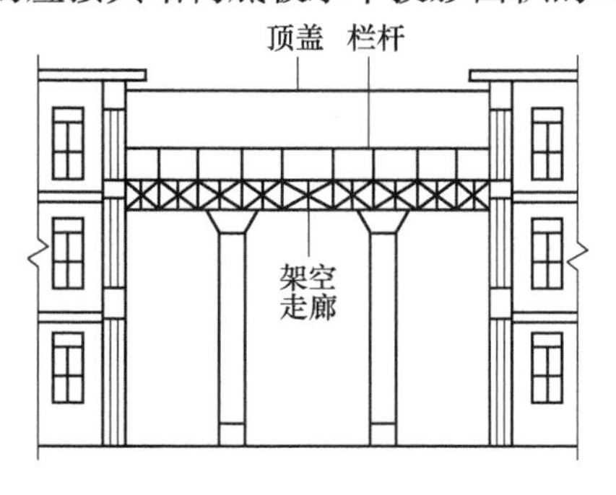

图7-11 有顶盖无围护结构架空走廊示意图

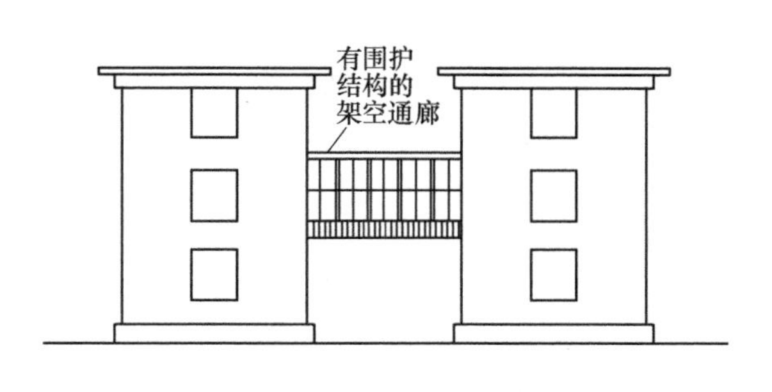

图7-12 有围护结构架空走廊示意图

10）立体书库（图7-13）、立体仓库、立体车库，有围护结构的按其围护结构外围水平面积计算建筑面积；无围护结构、有围护设施的应按其结构底板水平投影面积计算。无结构层的应按一层计算，有结构层的应按其结构层面积分别计算。层高在2.20m及以上者应计算全面积；层高不足2.20m者应计算1/2面积。

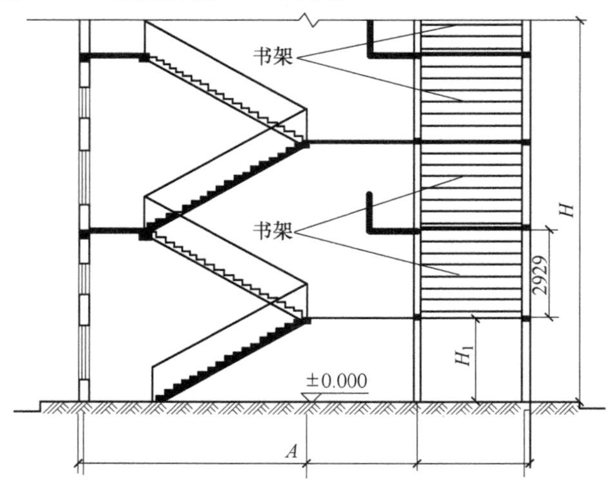

图7-13 立体书库建筑面积计算示意图

11）有围护结构的舞台灯光控制室（图7-14），应按其围护结构外围水平面积计算。层高在2.20m及以上者应计算全面积；层高不足2.20m者应计算1/2面积。

12）建筑物外有围护结构的落地橱窗、门斗，应按其围护结构外围水平面积计算。层高在2.20m及以上者应计算全面积；层高不足2.20m者应计算1/2面积。

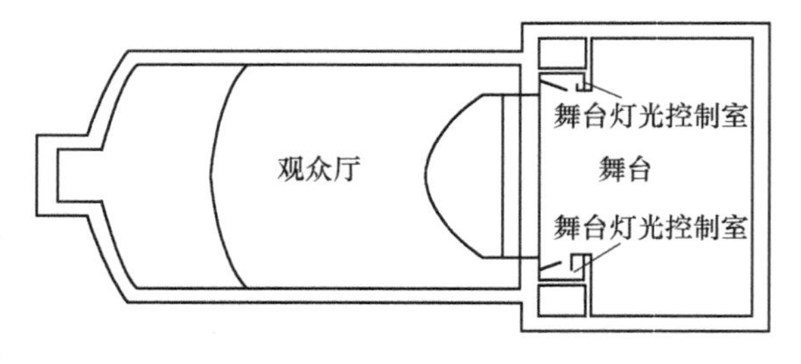

图7-14 有围护结构舞台灯光控制室示意图

13）窗台与室内楼地面高差在0.45m以下且结构净高在2.10m及以上的凸（飘）窗，应按其围护结构外围水平面积计算1/2面积。

14）有围护设施的室外走廊（挑廊），应按其结构底板水平投影面积的1/2计算。有围护设施（或柱）的檐廊，应按其围护设施（或柱）外围水平面积的1/2计算，如图7-15所示。

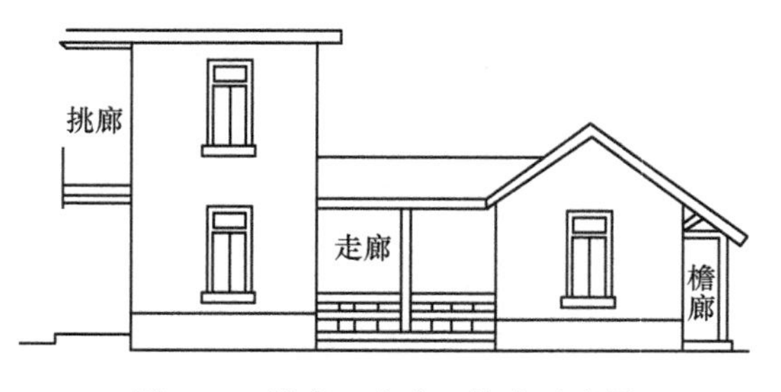

图7-15 挑廊、走廊、檐廊示意图

15）门斗应按其围护结构外围水平面积计算建筑面积。层高在2.20m及以上者应计算全面积；层高不足2.20m者应计算1/2面积，如图7-16所示。

16）建筑物顶部有围护结构的楼梯间、水箱间、电梯机房等，层高在2.20m及以上者应计算全面积；层高不足2.20m者应计算1/2面积，如图7-17所示。

17）门廊应按其顶板的水平投影面积的1/2计算建筑面积；有柱雨篷应按雨篷结构板水平投影面积的1/2计算建筑面积；无柱雨篷的结构外边线至外墙结构外边线的宽度在2.10m及以上者，应按雨篷结构板水平投影面积的1/2计算建筑面积，如图7-18所示。

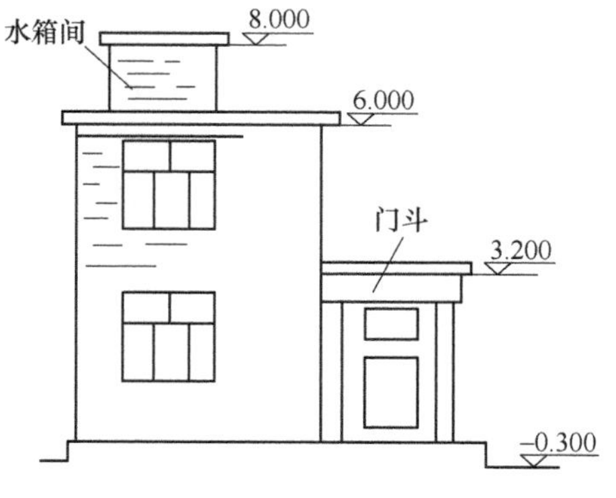

图7-16　有围护结构门斗示意图

18）设有围护结构不垂直于水平面而超出底板外沿的建筑物（图7-19），应按其底板面的外墙外围水平面积计算。结构净高在2.10m及以上部位应计算全面积；结构净高在1.20m以上至2.10m以下的部位应计算1/2面积，结构净高在1.20m以下的部位，不应计算建筑面积。

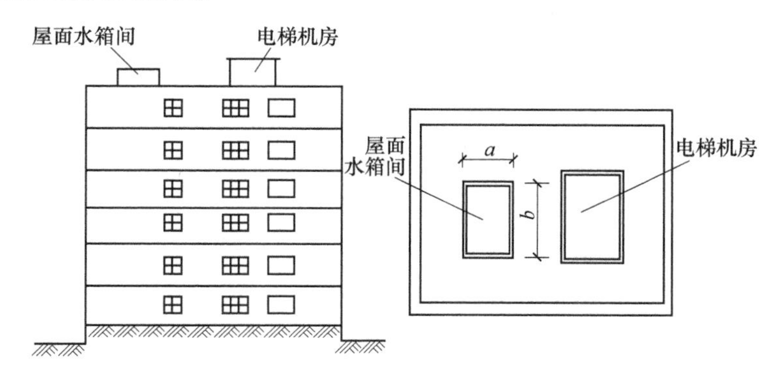

图7-17　建筑物顶部有围护结构的楼梯间、水箱间示意图

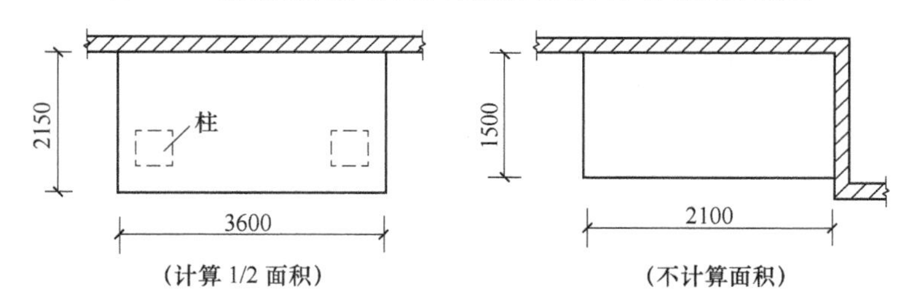

图7-18　雨篷结构的外边线至外墙结构外边线的宽度示意图

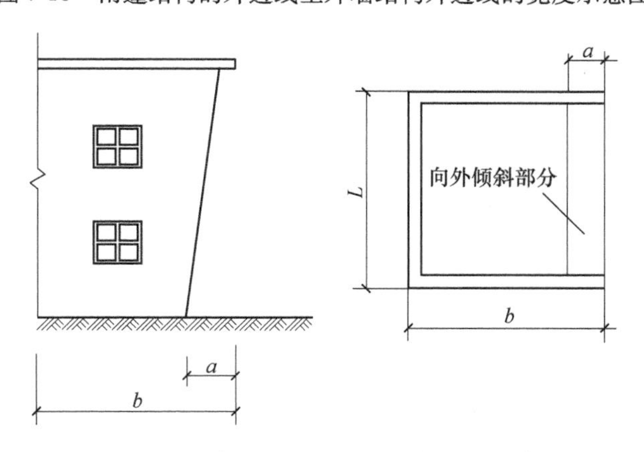

图7-19　不垂直于水平面超出地板外沿的建筑物

注：设有围护结构不垂直于水平面而超出底板外沿的建筑物是指向建筑物外倾斜的墙体。若遇有向建筑物内倾斜的墙体，应视为坡屋顶，应按坡屋顶有关条文计算面积。

19）建筑物内的室内楼梯间、电梯井、提物井、管道井、通风排气竖井、烟道，应并入建筑物的自然层计算建筑面积。有顶盖的采光井应按一层计算面积，且结构净高在 2. 10m 及以上的，应计算全面积；结构净高在 2. 10m 以下的，应计算 1/2 面积，如图 7-20 所示。

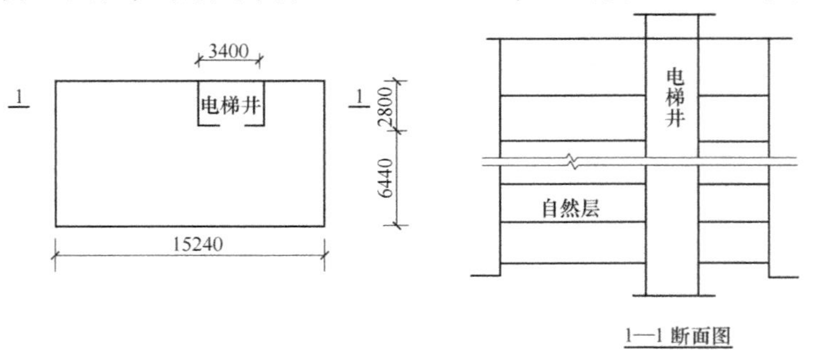

图 7-20　电梯井示意图

20）室外楼梯应并入所依附建筑物自然层，应按建筑物自然层的水平投影面积的 1/2 计算建筑面积，如图 7-21 所示。

21）在主体结构内的阳台，应按其结构外围水平面积计算全面积；在主体结构外的阳台，应按其结构底板水平投影面积计算 1/2 面积，如图 7-22 所示。

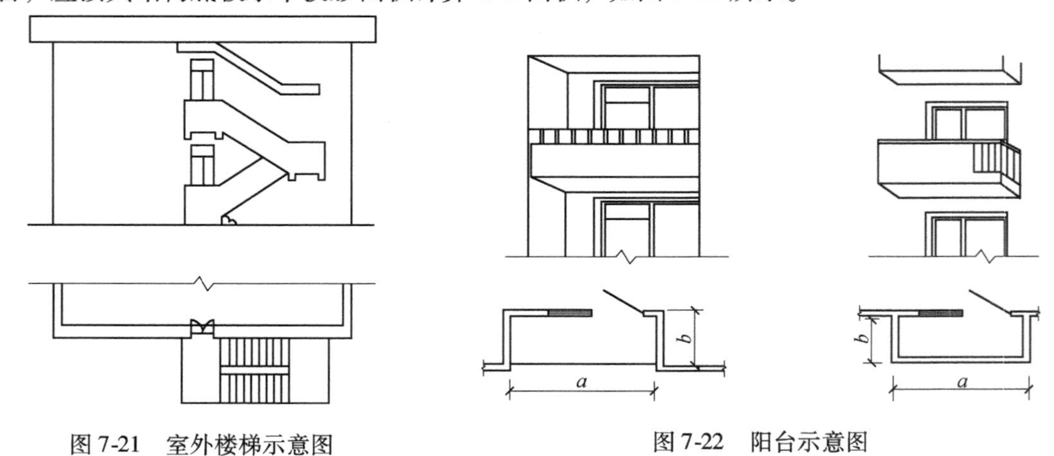

图 7-21　室外楼梯示意图　　图 7-22　阳台示意图

22）有顶盖无围护结构的车棚、货棚、站台、加油站、收费站等，应按其顶盖水平投影面积的 1/2 计算。在车棚、货棚、站台、加油站、收费站内设有有围护结构的管理室、休息室等，另按相关条款计算面积，如图 7-23 所示。

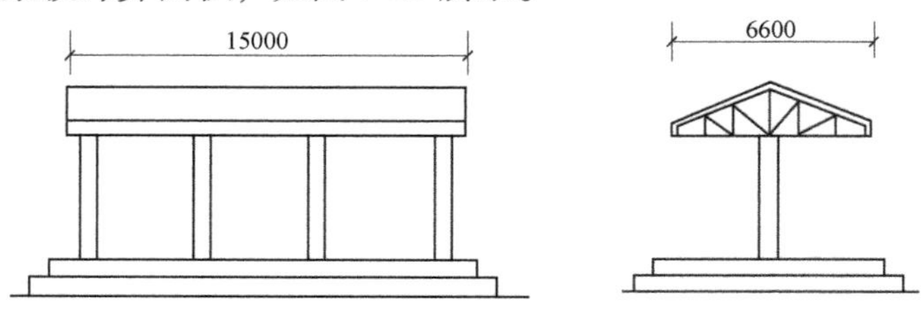

图 7-23　有永久性顶盖无围护结构的站台示意图

23）以幕墙作为围护结构的建筑物，应按幕墙外边线计算建筑面积。

24）建筑物的外墙外保温层，应按其保温材料的水平截面积计算，并计入自然层建筑面积。

25）与室内相通的变形缝，应按其自然层合并在建筑物建筑面积内计算。对于高低联跨的建筑物，当高低跨内部连通时，其变形缝应计算在低跨面积内。

26）对于建筑物内的设备层、管道层、避难层等有结构层的楼层，结构层高在2.20m及以上的，应计算全面积；结构层高在2.20m以下的，应计算1/2面积，如图7-24所示。

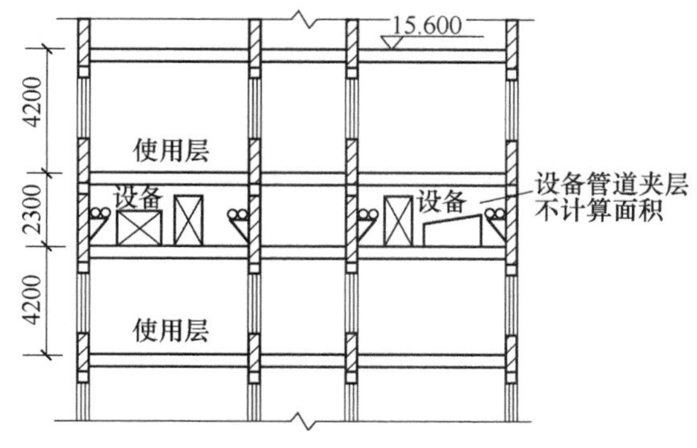

图7-24 设备管道层示意图

7.2.2 不计算建筑面积的规定

以下情况不计算建筑面积：

1）与建筑物内不相连通的建筑部件。

2）骑楼、过街楼底层的开放公共空间和建筑物通道，如图7-25所示。

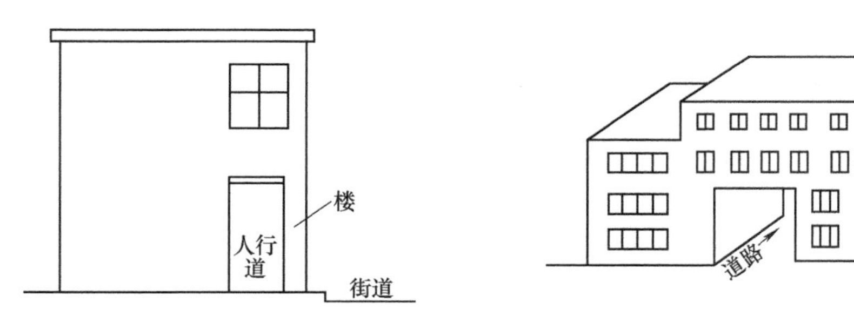

图7-25 骑楼和过街楼示意图

3）舞台及后台悬挂幕布、布景的天桥、挑台等。

4）露台、露天游泳池、花架、屋顶水箱及装饰性结构构件。

5）建筑物内的操作平台、上料平台、安装箱和罐体的平台，如图7-26所示。

6）勒脚、附墙柱垛、台阶、墙面抹灰、装饰面、镶贴块料面层、装饰性幕墙、主体结构外的空调室外机搁板（箱）、构件、配件，挑出宽度在2.10m以下的无柱雨篷和顶盖高度达到或超过两个楼层的无柱雨篷，如图7-27所示。

7）窗台与室内地面高差在0.45m以下且结构净高在2.10m以下的凸（飘）窗，窗台与室内地面高差在0.45m及以上的凸（飘）窗。

8）室外爬梯，室外专用消防钢楼梯。

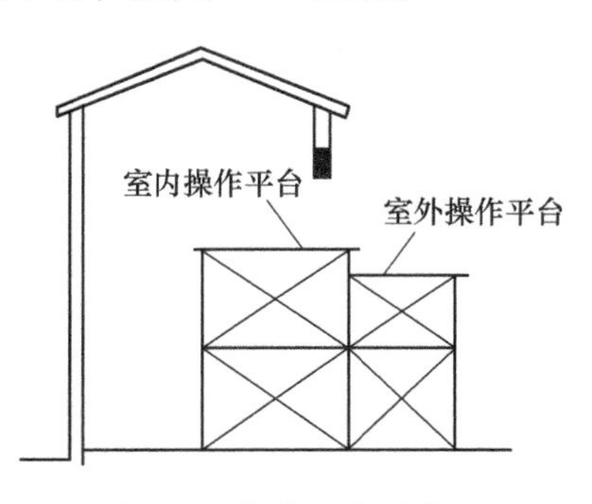

图7-26 操作平台示意图

9）无围护结构的观光电梯。

10）建筑物以外的地下人防通道，独立的烟囱、烟道、地沟、油（水）罐、气柜、水塔、贮油（水）池、贮仓、栈桥等构筑物。

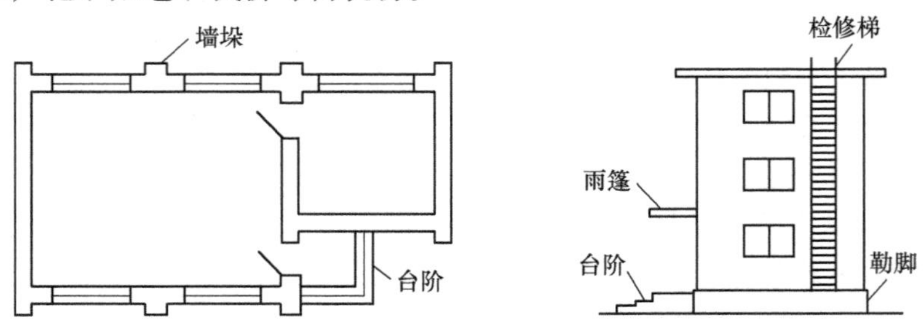

图 7-27　不计算建筑面积构件示意图

7.3　建筑面积计算实例

【例 7-1】　图 7-28 为某单层厂房的平面图和剖面图，计算该厂房的建筑面积。

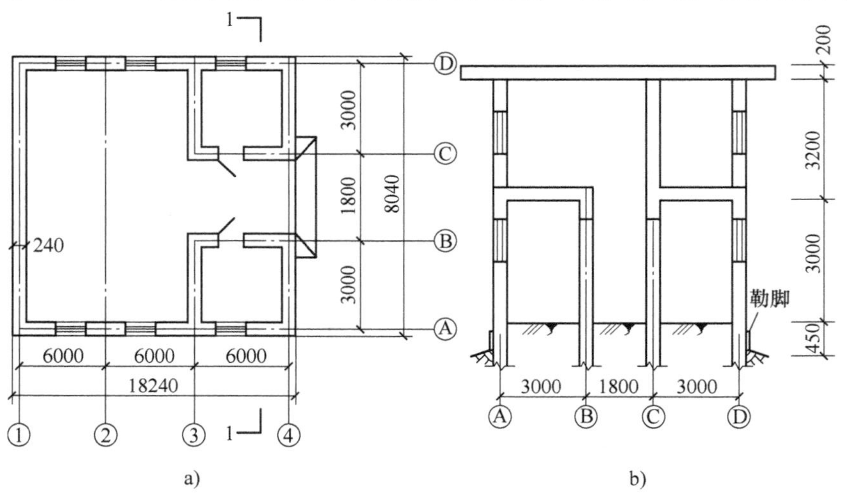

图 7-28　某单层厂房示意图

a）平面图　b）剖面图

【解】　该单层厂房建筑面积计算见表 7-1。

表　7-1

项目名称	计量单位	计　算　式	数　量
建筑面积	m^2	（1）底层建筑面积：$S_1=18.24\times8.04=146.65$ （2）二层建筑面积：$S_2=(6+0.24)\times(3+0.24)\times2=40.44$ （3）单层厂房建筑面积：$S=S_1+S_2=(146.65+40.44)=187.09$	187.09

【例 7-2】　如图 7-29 所示，求独立柱站台建筑面积。

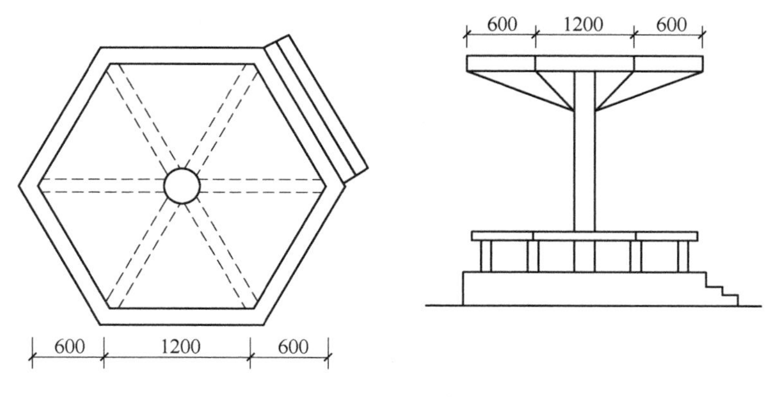

图 7-29　独立柱站台示意图

【解】　该独立柱站台建筑面积的计算见表 7-2。

表　7-2

项目名称	计量单位	计　算　式	数　量
建筑面积	m^2	$S=1.2\times1.2\times\sin60\times\frac{1}{2}\times6\times\frac{1}{2}=1.2\times1.2\times\frac{\sqrt{3}}{2}\times\frac{1}{2}\times6\times\frac{1}{2}=1.87$	1.87

【例 7-3】　如图 7-30 所示，某大厅回廊（高度为 3.2m），计算该回廊的建筑面积。

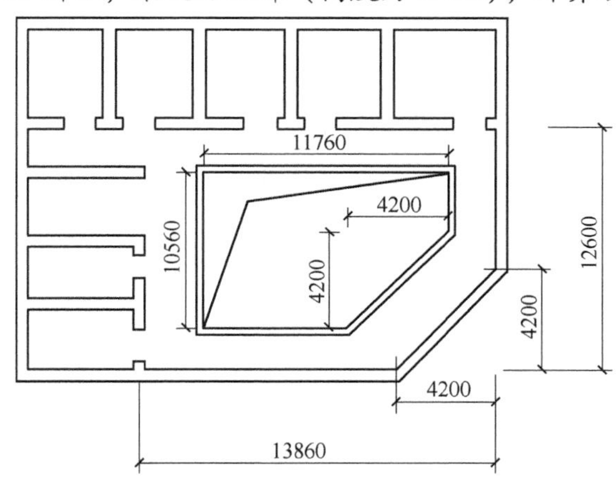

图 7-30　某大厅回廊示意图

【解】　该回廊建筑面积的计算见表 7-3。

表　7-3

项目名称	计量单位	计　算　式	数　量
建筑面积	m^2	回廊建筑面积 $S=13.86\times12.66-4.2\times4.2/2-(11.76\times10.56-4.2\times4.2/2)$ $=51.28$	51.28

【例 7-4】　图 7-31 为某三层建筑物的标准层平面图，已知墙厚 240mm，层高 3.0m，求该建筑物的建筑面积。

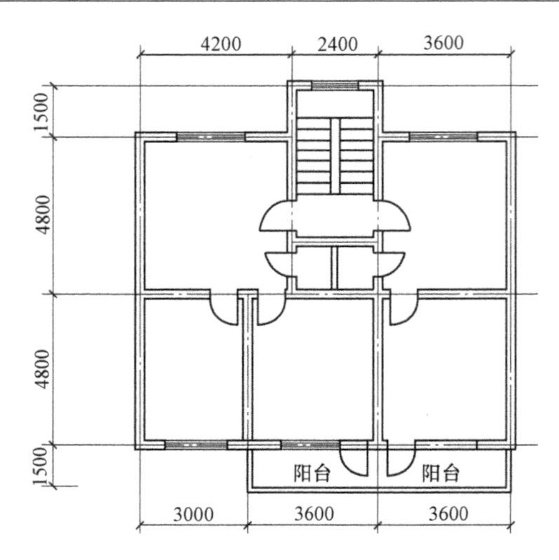

图 7-31　某建筑标准层平面图

【解】 该三层建筑物的建筑面积计算见表 7-4。

表 7-4

项目名称	计量单位	计算式	数量
建筑面积	m^2	$S_1=(3+3.6+3.6+0.12\times2)\times(4.8+4.8+0.12\times2)+(2.4+0.12\times2)\times(1.5-0.12+0.12)=102.73+3.96=106.69$ $S_{阳台}=\frac{1}{2}\times(3.6+3.6)\times1.5m^2=5.4$ $S_{标}=106.69+5.4=112.09$ $S_{总}=112.09\times3=336.27$	336.27

【例 7-5】 计算图 7-32 所示坡地建筑物的建筑面积。

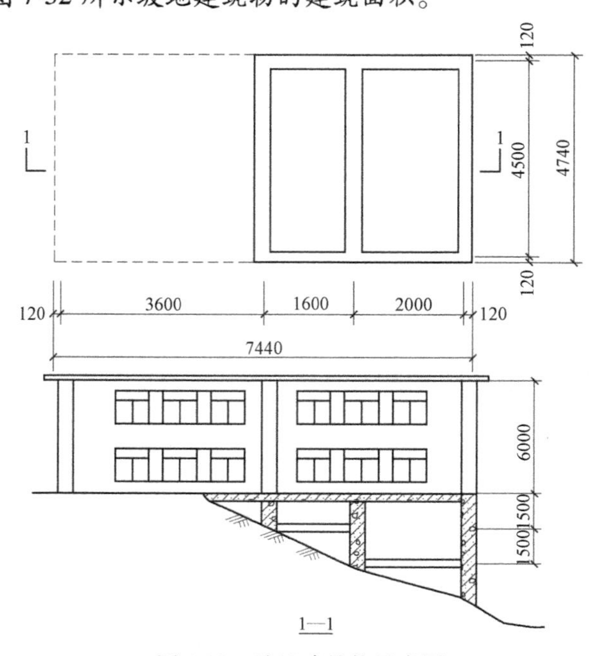

图 7-32　坡地建筑物示意图

【解】 该坡地建筑物的建筑面积计算见表7-5。

表 7-5

项目名称	计量单位	计算式	数量
建筑面积	m^2	一层面积 $S_1=7.44\times4.74=35.27$ 二层面积 $S_2=7.44\times4.74=35.27$ 坡地吊脚高大于2.2m面积 $=(2+0.24)\times4.74=10.61$ 坡地吊脚高小于2.2m面积 $=\frac{1}{2}\times1.6\times4.74=3.79$ $S_{总}=35.27+35.27+10.61+3.79=84.95$	84.95

【例7-6】 计算图7-33所示某有围护结构的舞台灯光控制室的建筑面积。

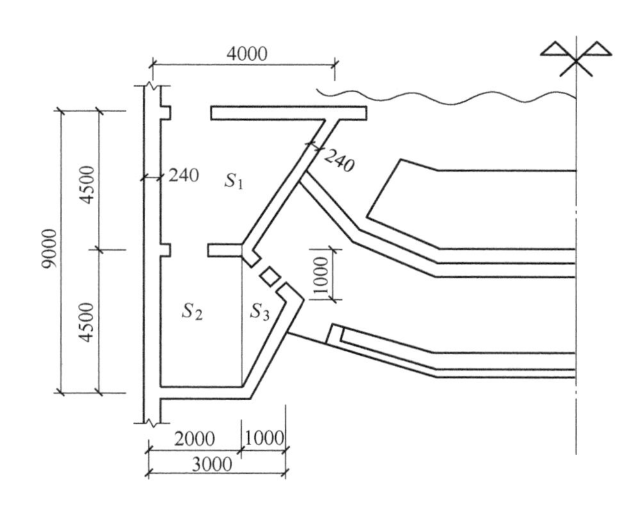

图7-33 某有围护结构的舞台灯光控制室

【解】 该有围护结构的舞台灯光控制室的建筑面积计算见表7-6。

表 7-6

项目名称	计量单位	计算式	数量
建筑面积	m^2	$S_1=(4+0.24+2+0.24)\times\frac{1}{2}\times(4.5+0.12)=14.94$ $S_2=(2+0.24)\times(4.5+0.12)=10.35$ $S_3=\frac{1}{2}\times1\times(4.5+0.12)=2.31$ $S_{总}=S_1+S_2+S_3=27.62$	27.62

【例7-7】 某三层办公楼如图7-34所示，层高均为3m，墙厚240mm，轴线居中，雨篷挑出宽度1.8m，计算三层办公楼的建筑面积。

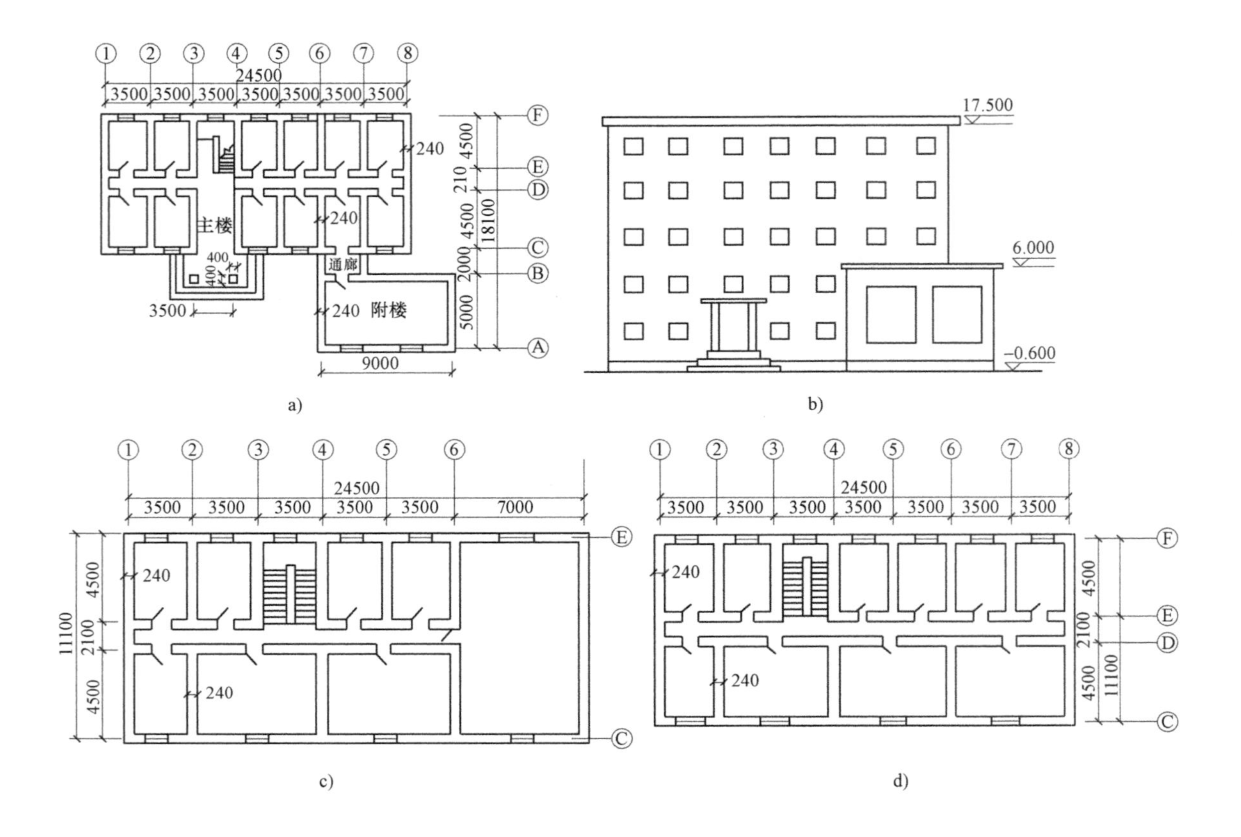

图 7-34 某三层办公楼施工图纸

a）正立面图 b）首层平面图 c）二层平面图 d）三层平面图

【解】 该三层办公楼建筑面积计算见表 7-7。

表 7-7

项目名称	计量单位	计 算 式	数 量
建筑面积	m^2	主楼一层建筑面积 = (24.5 + 0.24) × (11.1 + 0.24) = 280.55 辅楼面积 = (9 + 0.24) × (5 + 0.24) = 48.12 通廊面积 = (2 − 0.24) × (3.5 + 0.24) = 6.58 二层三层面积 = 2 × 280.55 = 561.1 三层办公楼建筑面积 = 896.35	896.35

【例 7-8】 某小高层住宅楼标准层平面如图 7-35 所示，层高 3m，共 12 层，各层均同标准层，墙体除注明者外均为 200mm，轴线居中，外墙采用 50mm 厚聚苯板保温。屋面上有楼梯间，层高 2.8m，电梯机房高 2m。计算该住宅楼的建筑面积。

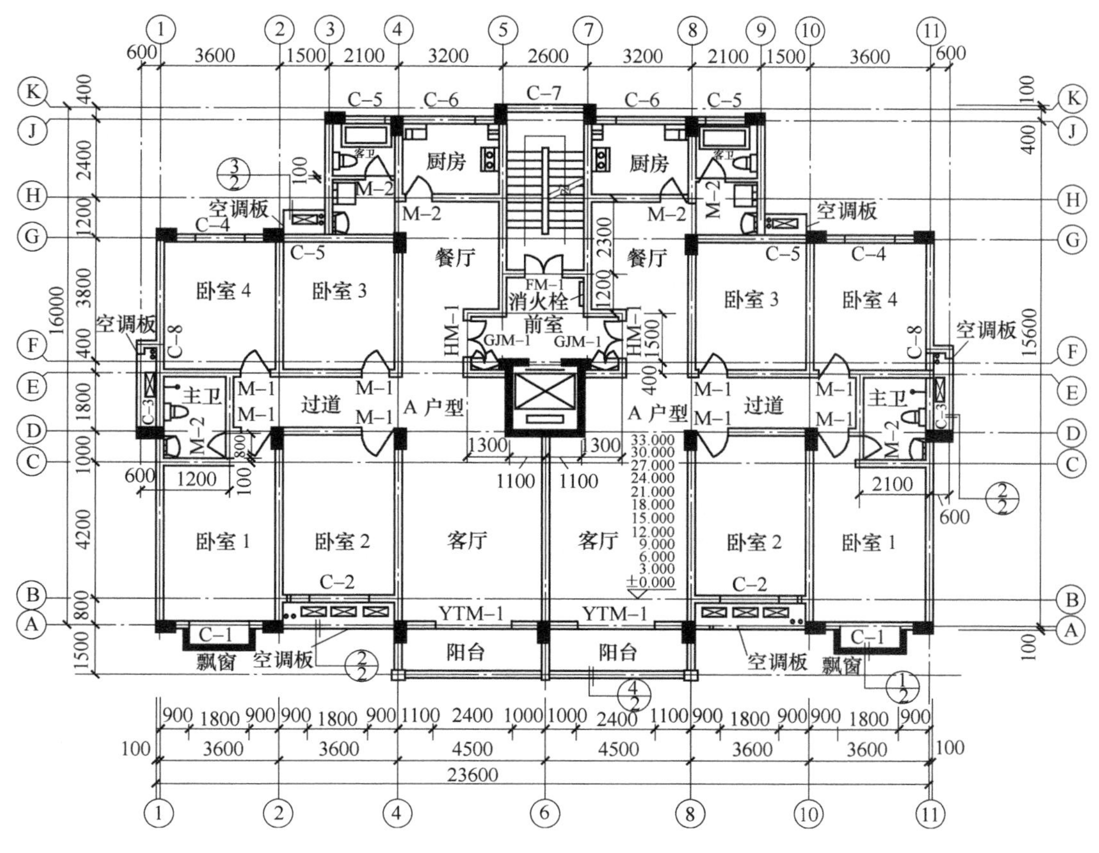

图7-35 某小高层住宅楼标准层平面示意图

【解】 该小高层建筑物的建筑面积计算见表7-8。

表 7-8

项目名称	计量单位	计 算 式	数 量
建筑面积	m^2	$S_1=(23.6+0.05\times2)\times(12+0.1\times2+0.05\times2)=291.51$ $S_2=3.6\times(13.2+0.1\times2+0.05\times2)=48.6$ $S_3=0.4\times(2.6+0.1\times2+0.05\times2)=1.16$ $S_{扣}=(3.6-0.1\times2-0.05\times2)\times0.8\times2=5.28$ $S_{阳台}=\frac{1}{2}\times(1.5-0.05)\times9.2=6.67$ $S_{标准层}=291.51+48.6+1.16+6.67-5.28=342.66$ $S_{电梯机房}=(2.2+0.1\times2+0.05\times2)\times2.2\times0.5=2.75$ $S_{屋顶楼梯间}=(2.8+0.05\times2)\times(7.8+0.1\times2+0.05\times2)=23.49$ $S_{总}=342.66\times12+2.75+23.49=4138.16$	4138.16

思考与练习

1. 简述建筑面积的概念。

2. 图7-36所示的为某拟建二层砖混结构工程，层高均为3.3m，墙厚240mm，轴线居中，外墙贴50mm聚苯板保温层，请计算该建筑物的建筑面积。

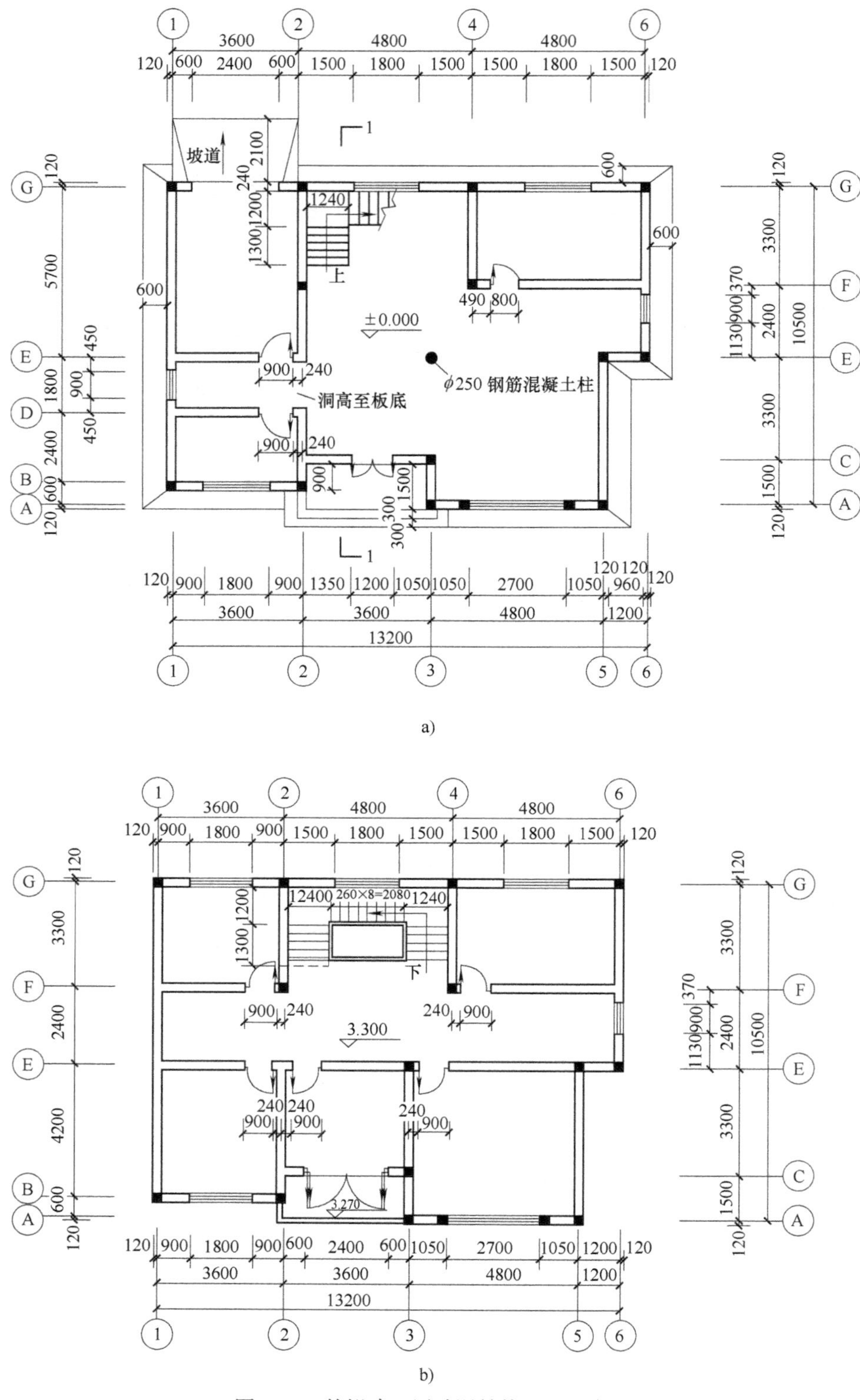

图 7-36 某拟建二层砖混结构工程示意图

a）首层平面图 b）二层平面图

第8章　工 程 计 量

【学习重点】

工程计量基本原理；建筑工程工程量计算方法；装饰工程工程量计算方法；措施项目工程量计算方法。

【学习目标】

通过本章学习，了解工程计量的基本原理；掌握建筑与装饰工程工程量计算规则，能够熟练进行建筑工程、装饰工程、措施项目工程量的计算。

8.1　工程计量概述

8.1.1　工程量及工程量计算概念

工程计量即为工程量计算。工程造价的确定，要以该工程图纸所示的工程实体数量为依据，对图纸所示数量做出正确的计算，并以一定的计量单位表述工程数量，是工程造价计算过程中的一个重要环节。

工程量是以自然计量单位或物理计量单位表示的各分项工程或结构构件的工程数量。以物理计量单位或自然计量单位表示各分项工程或结构构件数量的过程就是工程量的计算。

自然计量单位是以物体的自然属性来作为计量单位。如灯箱、镜箱、柜台以“个”为计量单位，晒衣架、帘子杆、毛巾架以“根”或“套”为计量单位等。

物理计量单位是以物体的某种物理属性来作为计量单位。如墙面抹灰以“m^2”为计量单位，混凝土梁“m^3”为计量单位，窗帘盒、窗帘轨道以“m”为计量单位等。

正确计算工程量，其意义主要表现在以下几个方面：

1）工程造价的确定以工程量为基本依据，因此，工程量计算的准确与否，直接影响工程造价的准确性，以及工程建设的投资控制。

2）工程量是施工企业编制施工作业计划，合理安排施工进度，组织现场劳动力、材料以及机械的重要依据。

3）工程量是施工企业编制工程形象进度统计报表，向工程建设投资方结算工程价款的重要依据。

因此，正确计算工程量，对建设单位、施工企业和管理部门加强管理，对合理正确确定工程造价，都具有重要的现实意义。

8.1.2　工程量计算规则

工程量计算规则是规定在计算分项工程数量时，从施工图纸中摘取数值的取定原则及计算方法。为统一工业与民用建筑工程预算工程量的计算，原建设部在1995年制定《全国统一建筑工程基础定额（土建工程）》的同时，发布了《全国统一建筑工程预算工程量计算规则（土建工程）》（GJD_{GZ}-101-95），作为指导预算工程量计算的依据。随着我国工程造价计价模式的不断改革，工程量计算规则也在做相应调整。2013 年国家住房和城乡建设部颁布了《房屋建筑与装饰工程工程量计算规范》（GB 50854—2013），作为现阶段我国建设工程工程量计算的主要依据。

各个省区在国家《房屋建筑与装饰工程工程量计算规范》的指导下，根据地区特性修订和编制各省的工程量计算规则，并附在现行预算定额中，作为本省建设工程工程量计算的依据。在计算工程量时，必须按照工程所在地现行预算定额及规定的计算规则进行计算。本书中所用房屋建筑与装饰工程量计算规则，均以现行 2013 版《甘肃省房屋建筑与装饰工程预算定额》的计算规则为准编制。

应该指出的是，为有利于打破行业垄断、地区封锁，有利于企业竞争、繁荣建筑市场，提高建筑业管理水平，在一定时期内统一全国工程量计算规则、定额的消耗量指标是非常必要的。从合理性出发，未来的发展趋势是统一全国工程量计算规则，定额消耗量由企业根据自身情况参考定额规定自主确定。

8.1.3 工程量计算的依据

1. 经审定的施工设计图纸及其设计说明

施工设计图纸是计算工程量的基础资料，因为施工图纸反映工程的结构和各部位尺寸，是计算工程量的基本依据。在取得施工图纸和设计说明等资料后，必须全面、细致地熟悉和核对有关图纸和资料，检查图纸是否齐全、正确，经过审核、修正后的施工图纸才能作为计算工程量的依据。

2. 建筑工程预算定额

在《全国统一建筑工程基础定额（土建工程）》、《全国统一建筑工程预算工程量计算规则》及省、市、自治区颁发的地区性工程定额中，比较详细地规定了各个分部分项工程量的计算规则和计算方法。计算工程量时，必须严格按照定额中规定的计量单位、计算规则和方法进行；否则，将可能出现计算结果的数据和单位的不一致。

3. 审定的施工组织设计、施工技术措施方案和施工现场情况

计算工程量时，还必须参照施工组织设计或施工技术措施方案进行。例如，计算土石方工程时，只依据施工图纸是不够的，因为施工图纸上并未标明实际施工场地土壤的类别，以及施工中是否采取放坡或用挡土板的方式进行。对这类问题，就需要借助于施工组织设计或者施工技术措施加以解决。计算工程量有时还要结合施工现场的实际情况进行，例如场地平整和余土外运工程量，一般在施工图纸上反映不出来，应根据建设基地的具体情况予以计算确定。

4. 经确定的其他有关技术经济文件

在设计文件中经常会引用一些标准设计图集节点内容，在工程量计算之前应根据图纸设计总说明，搜集和查阅计算工程所需的各种标准图集或规范，用于准确计算相关节点工程量。

8.1.4 计算工程量应遵循的原则

1. 原始数据必须与设计图纸相一致

工程量是按每一分项工程根据设计图纸进行计算的，计算时所采用的原始数据都必须以施工图纸所表示的尺寸或能读出的尺寸为准，不得任意加大或缩小各部位尺寸。特别对工程量有重大影响的尺寸（如建筑物的外包尺寸、轴线尺寸等），以及价值较大的分项工程（如钢筋混凝土工程等）的尺寸，其数据的取定，均以根据图纸所注尺寸线及其尺寸数字，通过计算确定。

2. 计算口径必须与预算定额相一致

计算工程量时，根据施工图纸列出的工程子目的口径（指工程子目所包含的工程内容），必须与预算定额中相应的工程子目的口径相一致，不能将定额子目中已包含的工作内容拿出来另列子目计算。

3. 计算单位必须与预算定额相一致

计算工程量时，所计算工程子目的工程量单位必须与预算定额中相应子目的单位相一致。例如，预算定额是 m^3 作单位的，所计算的工程量也必须以 m^3 作单位；定额中用扩大计量单位（如 10m，$100m^2$，$10m^3$ 等）来计量时，也应将计算工程量调整成扩大单位。

4. 工程量计算规则必须与定额相一致

工程量计算必须与定额中规定的工程量计算规则相一致，才符合定额的要求。预算定额中对分项工程的工程量计算规则和计算方法都做了具体规定，计算时必须严格按规定执行。

5. 工程量计算的准确度

工程量的数字计算要准确，一般应精确到小数点后三位。汇总时，其准确度取值要达到：

1）m^3、m^2 及 m 以下取两位小数。

2）t 以下取三位小数。

3）kg、件等取整数。

6. 按施工图纸，结合建筑物的具体情况进行计算

一般应做到主体结构分层计算；内装修按分层分房间计算，外装修按分立面计算，或按施工方案的要求分段计算。由几种结构类型组成的建筑，要按不同结构类型分别计算；比较大的由几段组成的组合体建筑，应分段进行计算。

8.2 工程量计算方法和顺序

8.2.1 工程量计算方法

1. 准确识读工程图纸

工程量计算之前，要先浏览整套施工图纸，待对其设计意图大概了解后，再选择重点详细看图。在看图过程中要着重弄清以下几个问题：

（1）建筑施工图部分

1）了解建筑物的层数和高度（包括层高和总高）、室内外高差、结构形式、纵向总长及跨度等。

2）了解工程的用料及作法，包括楼地面、屋面、门窗、墙柱面装饰的用料及法。

3）了解建筑物的墙厚、楼地面面层、门窗、天棚、内墙饰面等在不同的楼层上有无变化（包括材料做法、尺寸、数量等变化），以便采用不同的计算方法。

（2）结构施工图部分

1）了解基础形式、基础埋置深度、土壤类别、开挖方式（按施工方案确定）以及基础、墙体的材料及做法。

2）了解结构设计说明中涉及工程量计算的相关内容，包括砌筑砂浆类别、强度等级，现浇和预制构件的混凝土强度等级、钢筋的锚固和搭接规定等，以便全面领会图纸的设计意图，避免重算或漏算。

3）了解构件的平面布置及节点图的索引位置，以便在计算时能迅速找到图纸所示尺寸，提高计算效率。

2. 熟悉常用标准图集

在工程量计算过程中，时常需要查阅各种标准图集。建筑工程中常用标准图集分为国标和地方标准两种。常用国标图集有《混凝土结构施工图平面整体表示方法制图规则和构造详图》、《建筑物抗震构造详图》等。地方性标准为各省及地区编制的民用建筑及结构标准图集。在工程量计算之前，应对照图纸查找设计要求的相应标准图集节点做法，以便正确计算工程量。

3. 熟悉工程量计算规则及项目划分

工程量计算前，应按照工程项目计价方式，选择相应的工程量计算规则计算。定额计价编制施工图预算，应按预算定额中的工程量计算规则计算；编制工程量清单，应按《房屋建筑与装饰工程工程量计算规范》附录中的工程量计算规则计算；计算工程量，必须熟悉工程量计算规则及项目划分，要正确区分计价规范附录中的工程量计算规则与定额中的工程量计算规则，及二者在项目划分上的不同之处，对各分部分项工程量的计算规定、计量单位、计算范围、包括的工程内容要做到心中有数。

8.2.2 工程量计算顺序

在掌握了基础资料，熟悉了图纸之后，应先把在计算工程量中需要的数据统计和计算出来，其内容包括以下几个方面：

1. 计算出基数

基数是指在工程量计算中需要反复使用的基本数据，如在土建工程预算中主要项目的工程量计算，一般都与建筑物轴线内包面积有关。因此，基数是计算和描述许多分项工程量的基础，在计算中要反复多次地使用。为避免重复计算，一般都事先将其计算出来，随用随取。

2. 编制统计表

统计表包括土建工程中的门窗洞口面积统计表和墙体预埋件体积统计表。另外，还需统计好各种预制混凝土构件的数量、体积及所在的位置。

3. 编制预制构件加工委托计划

为了不影响正常的施工进度，一般都需要把预制构件加工或订购计划提前编制出来。这项工作多数由预算员来做，也可由施工技术员来做。需要注意的是，此项委托计划应把施工现场自己加工的、委托预制构件厂加工的或是去厂家订购的分开来编制，以满足施工实际的需要。

4. 计算工程量

计算工程量时，其计算顺序一般有以下三种基本方法。

1）按图纸顺序计算。按图纸的顺序由建施到结施，由前到后依次计算。用这种方法计算工程量的要求是，要熟悉预算定额的章节内容，否则容易出现项目间的混淆及漏项。

2）按预算定额的分部分项顺序计算。按预算定额的章节、子目次序，由前到后，逐项对照，定额项与图纸设计内容能对应上时就计算。这种方法要求首先熟悉图纸，要有很好的工程设计基础知识。使用这种方法要注意，工程图纸是按使用要求设计的，其平立面造型、内外装修、结构形式及内部设计千变万化，有些设计采用了新工艺、新材料，或有些零星项目，可能套不上定额项目，在计算工程量时应单列出来，待以后编制补充定额或补充单位估价表，不要因定额缺项而漏掉。

3）按施工顺序计算。由平整场地、基础挖土算起，直到装饰工程等全部施工内容结束为止。用这种方法计算工程量，要求具有一定的施工经验，能掌握组织施工的全过程，并且要求对定额及图纸内容十分熟悉，否则容易漏项。

此外，计算工程量也可按建筑设计对称规律及单元个数计算。因为单元组合住宅设计，一般是由一个或两个单元平面布置组合的，所以在这种情况下，只需计算一个或两个单元的工程量，最后乘以单元的个数，把各相同单元的工程量汇总，即得该栋住宅的工程量。这种算法，端头尾面的工程量需另行补加，并要注意公共轴线不要重复，端头轴线也不要漏掉，计算时可灵活处理。

在计算一张图纸的工程量时，为了防止重复计算或漏算，也应该遵循一定的顺序。通常采用以下四种不同的顺序。

1）按顺时针方向计算。先外后内从平面图左上角开始，按顺时针方向由左而右环绕一间房屋后再回到左上角为止。这种方法适用于：外墙挖地槽、外墙砖石基础、外墙砖石墙、外墙墙基垫层、楼地面、天棚、外墙粉饰、内墙粉饰等。

2）按横竖分割计算。以施工图上的轴线为准，先横后竖，从上而下，从左到右计算。这种方法适用于：内墙挖地槽、内墙砖石基础、内墙砖石墙、间壁墙、内墙墙基垫层等。

3）按构配件的编号顺序计算。按图纸上注明的分类编号，按号码次序由大到小进行计算。这种方法适用于：打桩工程、钢筋混凝土工程中的柱、梁、板等构件，金属构件及钢木门窗等。

4）按轴线编号计算。以平面图上的定位轴线编号顺序，从左到右，从上到下，依次进行计算。这种方法适用情况同第二种方法，尤其适用于造型或结构复杂的工程。

在计算工程量时，要参考建施及结施图纸的设计总说明、每张图纸的说明，以及选用标准图集的总说明和分项说明等，因为很多项目的做法及工程量都来自于此。另外，对于初学预算者来说，最好是在计算每项工程量的同时，立即采项，这样可以防止因不熟悉预算定额而造成的计算结果与定额规定的计算规则或计算单位不符而发生的返工。还要找出设计与定额不相符的部分，在采项的同时将定额基价换算过来，以防止漏换。

此外，在计算每项工程量的同时，要准确而详细地填列“工程量计算表”中的各项内容，尤其要准确填写各分项工程名称。如对于钢筋混凝土工程，要填写现浇、预制、断面形式和尺寸等字样；对于砌筑工程，要填写砌体类型、厚度和砂浆强度等级等字样；对于装饰工程，要填写装饰类型、材料种类和标号等字样，以此类推。这样做的目的是为选套定额项目提供方便，加快预算编制的速度。

8.3　建筑工程工程量计算

8.3.1　土石方工程

1. 土石方工程计算内容及定额列项

土石方工程根据施工机械的不同可分为人工土石方和机械土石方两部分，预算定额列项如图 8-1 所示。

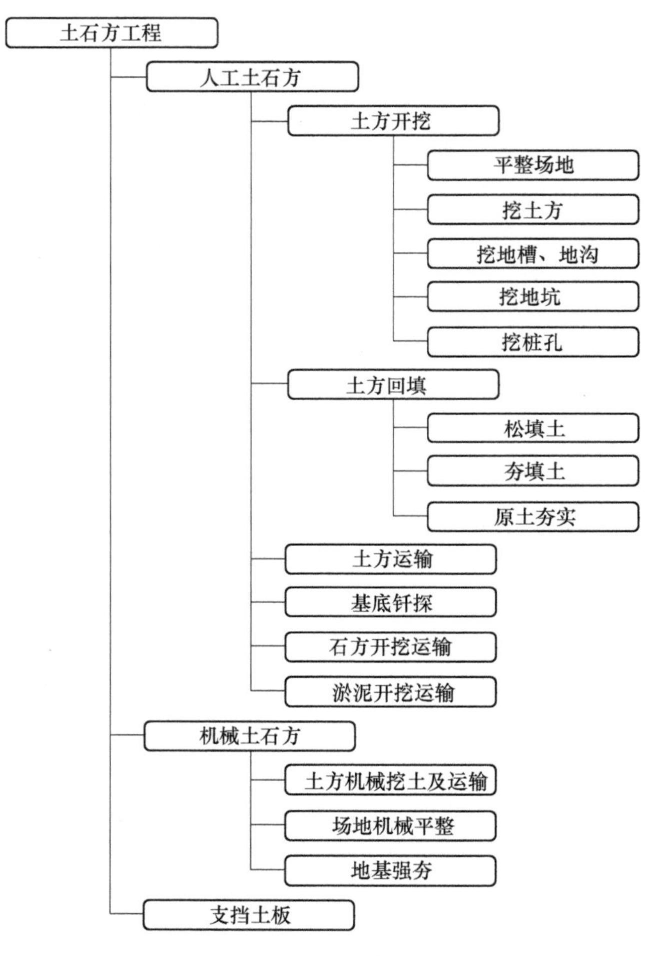

图 8-1　土石方工程预算定额列项示意图

根据预算定额列项，土石方工程主要计算内容包括平整场地、土（石）方开挖、土（石）方回填、土（石）方运输、基底钎探、地基强夯及挡土板支设等分项工程，下面将介绍主要计算项目内容。

（1）平整场地　平整场地是指建筑场地竖向挖填厚度在 0.30m 以内的挖、填、找平工作。

(2) 土(石)方开挖

1) 挖基槽：指凡地槽、地沟底宽在7m以内，且地槽、地沟长度大于地槽、地沟底宽3倍的挖土，应按挖地槽、地沟土方计算。

2) 挖土方：又称大开挖，指凡平整场地厚度在0.30m以上，地槽(沟)底宽度在7m以上及地坑底面积在150m^{2}以上的挖土，均按挖土方计算。

3) 挖基坑：指凡坑底面积在150m^{2}以内的挖土，按挖基坑计算。

(3) 土(石)方回填　土(石)方回填按回填方式分为原土夯实和填土夯实两种。原土夯实是指要在原来较松软的基底施工而进行夯实，不再竖向挖填的分项工程。填土夯实是指在基槽或基坑内及室外地坪以上，根据施工要求，边填土边夯实的分项工程。

土(石)方回填按回填部位不同可分为基础回填土、房心回填土、管沟回填土三部分。基础回填土是指设计室外地坪以下的坑、槽内回填土。房心回填是指设计室外地坪以上房间内土方回填。管沟回填土是指建筑场地有室内外管网土方时，管网敷设完成后的土方回填。具体回填土范围示意图如图8-2所示。

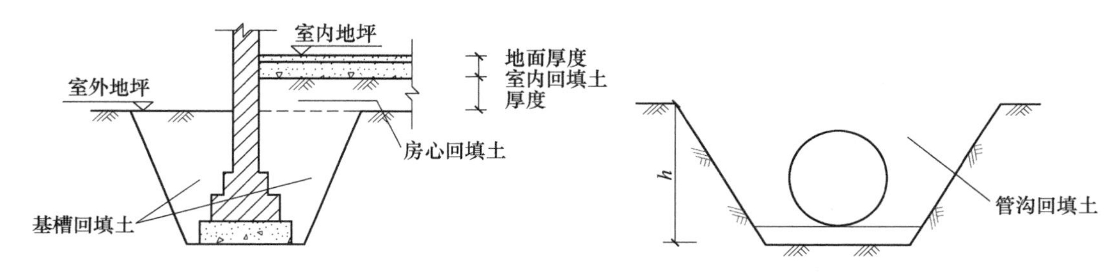

图8-2　各种回填土范围示意图

(4) 土(石)方运输　土(石)方运输根据建筑场地情况可分为余土外运和回填借土运输，施工时可具体根据施工组织设计要求进行项目确定。

(5) 基底钎探　基槽开挖至设计标高后，应组织勘察、设计、监理、施工方和业主代表共同进行基槽检查，即为工程验槽。基底钎探是工程验槽的直观手段，其目的一是检查勘察成果是否符合实际；二是解决遗留和新发现的问题，探明地基土质情况以及地下埋设物的位置、深度、性状等，为工程验槽提供数据。基底钎探方法通常有人工打钢管钎探、洛阳铲钎探等。

(6) 地基强夯　强夯法施工是一种较常采用的地基处理方法，它是用起重机械将大吨位夯锤起吊到高处后自由落下，对土体进行强力夯实。强夯可提高地基土的强度，降低土的压缩性，改善土的抗液化条件。

(7) 挡土板支设　在土方开挖时当开挖深度较大时，应考虑基坑边坡稳定性问题，常见的解决方法有放坡开挖和支设挡土板，当土质条件不好或场地情况不允许放坡时，则应支设挡土板支护，挡土板有横向支撑和纵向支撑两种。

2. 土石方工程计算前应准备的基础资料

(1) 土壤类别的划分　在预算定额中，土壤共划分为一类土、二类土，三类土，四类土，岩石划分为极软岩、软质岩、硬质岩。土石方工程定额中的土壤及岩石分类，依据勘察设计单位的勘察资料和表8-1、表8-2确定。

表 8-1 土壤类别划分表

土壤分类	土 壤 名 称	开 挖 方 法
一类土、二类土	粉土、砂土（粉砂、细砂、中砂、粗砂、砾砂）、粉质黏土、弱中盐渍土、软土（淤泥质土、泥炭、泥炭质土）、软塑红黏土、冲填土	用锹、少许用镐、条锄开挖。机械能全部直接铲挖满载者
三类土	黏土、碎石土（圆砾、角砾）混合土、可塑红黏土、硬塑红黏土、强盐渍土、素填土、压实填土	主要用镐、条锄、少许用锹开挖。机械需部分刨松方能铲挖满载者或可直接铲挖但不能满载者
四类土	碎石土（卵石、碎石、漂石、块石）、坚硬红黏土、超盐渍土、杂填土	全部用镐、条锄挖掘、少许用撬棍挖掘。机械须普遍刨松方能铲挖满载者

注：本表土的名称及其含义按国家标准《岩土工程勘察规范》（GB 50021—2001）（2009 年版）定义。

表 8-2 岩石类别划分表

岩石分类		代 表 性 岩 石	开 挖 方 法
极软岩		1. 全风化的各种岩石 2. 各种半成岩	部分用手凿工具、部分用爆破法开挖
软质岩	软岩	1. 强风化的坚硬岩或较硬岩 2. 中等风化—强风化的较软岩 3. 未风化—微风化的页岩、泥岩、泥质砂岩等	用风镐和爆破法开挖
	较软岩	1. 中等风化—强风化的坚硬岩或较硬岩 2. 未风化—微风化的凝灰岩、千枚岩、泥灰岩、砂质泥岩等	用爆破法开挖
硬质岩	较硬岩	1. 微风化的坚硬岩 2. 未风化—微风化的大理岩、板岩、石灰岩、白云岩、钙质砂岩等	用爆破法开挖
	坚硬岩	未风化—微风化的花岗岩、闪长岩、辉绿岩、玄武岩、安山岩、片麻岩、石英岩、石英砂岩、硅质砾岩、硅质石灰岩等	用爆破法开挖

注：本表依据国家标准《工程岩体分级标准》（GB 50218—1994）和《岩土工程勘察规范》（GB 50021—2001）（2009 年版）整理。

（2）确定地下水位标高　土石方工程计算前，应根据图纸及地质勘查资料，确定地下水位标高，从而确定挖土时是否考虑施工降水排水及施工降水排水措施。

（3）确定挖土形式及计算参数

1）采用放坡挖土。人工挖土时，如果土层深度较深，土质较差，为了防止坍塌和保证安全，需要将沟槽或基坑边侧修成一定的倾斜坡度，称为放坡。沟槽边坡坡度以挖土深度 H 与边坡底宽 B 的比值控制，即土方边坡坡度 $i=H/B$，令 $K=1/i$，K 为放坡系数。

为了统一计算和使用方便，《全国统一建筑工程预算工程量计算规则》对放坡系数做了规定，见表8-3。

表8-3　放坡坡度系数表（坡度比例高:宽）

土壤类别	放坡起点/m	人工挖土	机械挖土		
			在坑内作业	在坑上作业	顺沟槽在坑上作业
一类土、二类土	1.20	1:0.5	1:0.33	1:0.75	1:0.5
三类土	1.50	1:0.33	1:0.25	1:0.67	1:0.33
四类土	2.00	1:0.25	1:0.10	1:0.33	1:0.25

注：沟槽、基坑中土的类别不同时，分别按其放坡起点、放坡系数，依据不同图的厚度加权平均计算。

2）支挡土板。在土方施工中，由于客观因素或有原有建筑从而影响无法放坡挖土时，为避免侧壁坍塌，可采用支挡土板的方法进行支护。支挡土板时，挖沟槽、基坑的宽度按图示，单面支设增加100mm，双面支设增加200mm计算。支挡土板后，不得再计算放坡。

3）工作面宽度。工作面是指沟槽、基坑内施工时，需要增加的底面宽度。工作面宽度取值按表8-4规定计算，挖土参数示意如图8-3所示。

表8-4　基础施工所需工作面宽度计算表

基础材料	每边增加工作面宽度/mm	基础材料	每边增加工作面宽度/mm
砖基础	200	混凝土基础支模板	300
浆砌毛石、条石基础	150	基础垂直面做防水层	1000（防水层面）
混凝土基础垫层支模板	300		

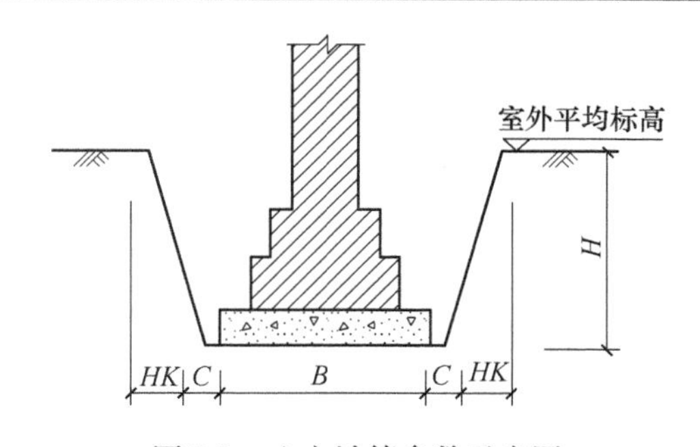

图8-3　土方计算参数示意图

注：*B*—垫层宽度　*H*—挖土深度　*C*—工作面宽度　*K*—放坡系数

3. 工程量计算规则

1）土方体积均以挖掘前的天然密实体积以m^3计算。

2）挖土应按设计室外地坪标高为准计算。设计标高与自然标高差所发生的挖土或填土应另行计算。

3）原土夯实、碾压按设计图示尺寸以m^2计算。

4）填土夯实、碾压按设计图示尺寸以m^3计算。

5）石方一般开挖及平整按设计图示尺寸以m^3计算。

4. 主要分项工程量计算

（1）平整场地

1）计算规则：建筑物或构筑物的平整场地工程量应按外墙外边线，每边各加2m，以m^2计算。

2）计算方法：计算示意如图8-4所示，根据建筑场地平面布置确定选用计算公式。

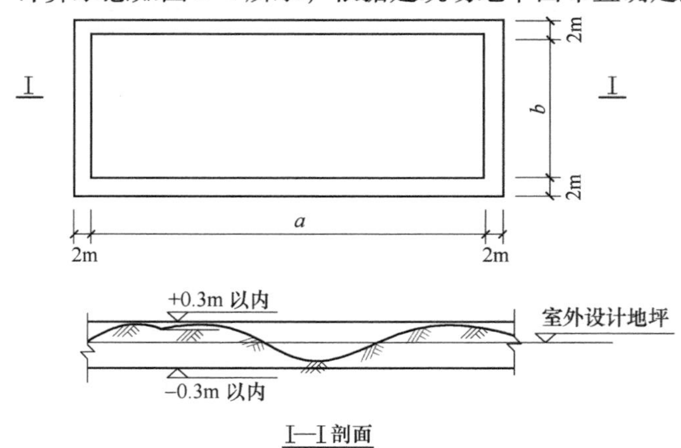

图8-4　平整场地计算示意图

根据工程量计算规则：$S_{平}=(a+4)\times(b+4)$，此计算公式延展后得$S_{平}=S_{底}+L_{外}\times2+16$，在工程实例计算时，当建筑形式为矩形时：常用$S_{平}=(a+4)\times(b+4)$。

当建筑形式不规则时：常用$S_{平}=S_{底}+L_{外}\times2+16$。

式中　$S_{底}$——建筑首层底面积；

$L_{外}$——外墙外边线总长。

（2）挖土工程量计算

1）挖基槽土方计算：挖基槽土方常见基础类型为墙下条形砖基础基槽、墙下钢筋混凝土带形基础基槽土方等。

计算规则挖基槽工程量按设计图示尺寸以体积计算。外墙的地槽按地槽中心线长度计算，内墙的地槽按地槽底部净长度计算，地槽边突出部分的体积应并入地槽内计算。

计算方法：挖基槽工程量＝基槽断面积×基槽长度L

①不留工作面、不放坡、不支挡土板时（图8-5a）：

$$V=B\times H\times L$$

②留工作面、不放坡、不支挡土板时（图8-5b）：

$$V=(B+2C)\times H\times L$$

③从垫层下表面放坡时（图8-5c）：

$$V=(B+2C+KH)\times H\times L$$

④从垫层顶面放坡（图8-5d）：

$$V=[BH_1+(B+KH_2)H_2]\times L$$

⑤双面支挡土板（图8-5e）：

$$V=(B+2C+0.2)H\times L$$

⑥一面放坡一面支挡土板（图8-5f）：

$$V=(B+2C+0.1+1/2\times KH)H\times L$$

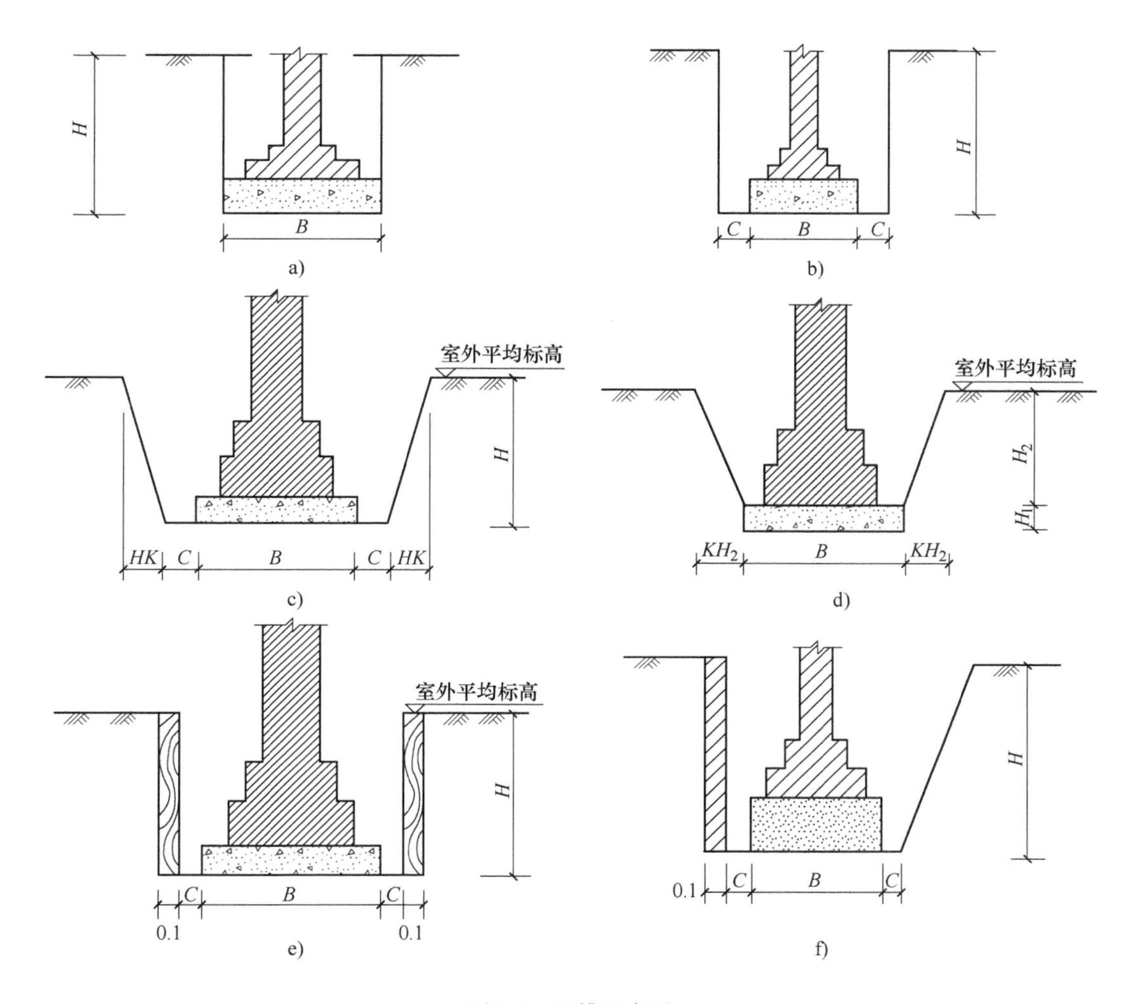

图 8-5 基槽示意图

2）挖基坑或挖土方计算：挖基坑或挖土方常见的基础类型为柱下独立基础基坑、筏板基础基坑、大开挖基坑土方、室外管网中挖各种检查井、阀门井土方等。

计算规则：挖基坑或挖土方工程量按设计图示尺寸以挖土体积计算。

计算方法：

①不放坡的矩形基坑计算原理同不放坡基槽，只需按坑形体计算立方体体积即可，在此不再赘述。

$$V=(a+2c)\times(b+2c)\times H$$

②放坡的矩形基坑：计算示意如图 8-6 所示。

$$V=(a+2c+KH)(b+2c+KH)H+1/3\times K^2\times H^3 \quad 或$$

$$V=\frac{1}{3}H\left(S_{上}+S_{下}+\sqrt{S_{上}S_{下}}\right)$$

式中 $S_{上}$——基坑下底面积；

$S_{下}$——基坑上底面积。

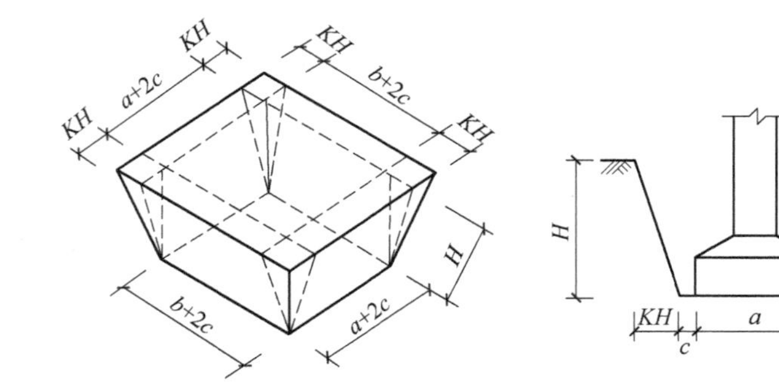

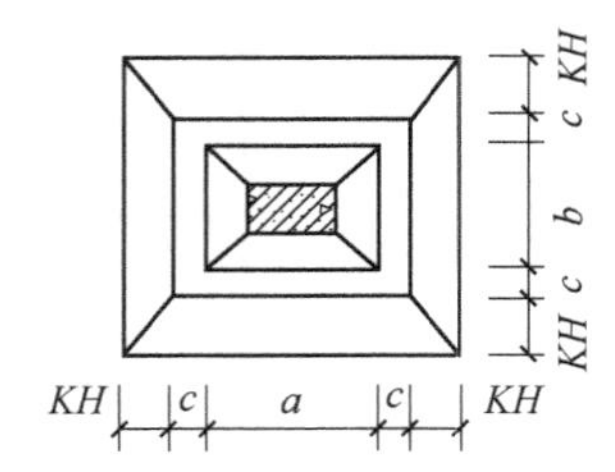

图 8-6　矩形基坑计算示意图

③放坡的圆形基坑（图 8-7）：

$$V=\frac{1}{3}\pi H(r^2+R^2+rR)$$

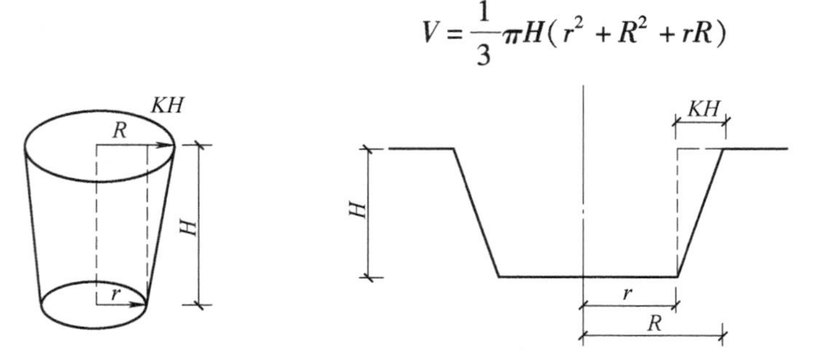

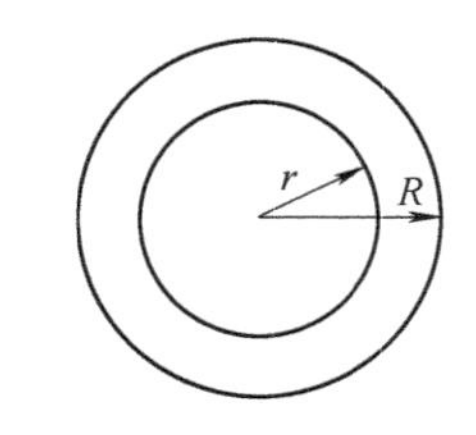

图 8-7　圆形基坑计算示意图

3）挖地沟、管道沟槽土方

①挖地沟槽土方：当各种室内外管道埋入地沟中时，按挖地槽土方计算。

计算规则：挖地沟土方按挖土断面积乘以地沟长度以体积计算，室外地沟长按地沟中心线长度计算。室内主地沟长按中心线长度计算，支地沟按净长度计算。地沟中各种井类及管道（不含铸铁管）接口等处需加宽增加的土方量，除底面积大于 $20m^2$ 的井类挖土可将增加工程量并入管沟内计算外，其他均不应增加计算。地沟中铺设铸铁管时，其管道接口处增加的挖土工程量，应按铸铁管道沟槽全部土方工程量增加 2.5% 计算。

②直埋管道管沟土方计算规则：在敷设建筑室外管网时，为直接埋设各类管道所需的挖土工程量计算方法与挖基槽相似，以体积计算，其沟槽长度按图示中心线长度计算，沟底宽度设计有规定的按设计规定计算，设计无规定的，按表 8-5 计算。

表 8-5　管道沟底宽度计算表

管径/mm	混凝土及钢筋混凝土管	其他材质管	管径/mm	混凝土及钢筋混凝土管	其他材质管
	管沟底宽度/m			管沟底宽度/m	
50 ~ 75	0.8	0.60	700 ~ 800	1.80	1.60
100 ~ 200	0.9	0.70	900 ~ 1000	2.00	1.80
250 ~ 350	1.00	0.80	1100 ~ 1200	2.30	2.00
400 ~ 450	1.30	1.00	1300 ~ 1400	2.60	2.20
500 ~ 600	1.50	1.30			

4）人工挖桩孔土方计算

①计算规则：人工挖桩孔土方工程量按设计图示桩孔中心线深度（至扩大头底）分段乘以不同断面积厚的体积计算。

②计算方法：

挖桩孔工程量 = 图示桩断面积 × 设计桩中心线长

（3）土方回填工程量计算

1）基础回填土工程量：

基础回填土体积 = 挖土体积 − 设计室外地坪以下埋设的砌（浇）筑物所占体积

$$V_{填} = V_{挖} - V_{埋}$$

2）房心回填土工程量：

房心回填土工程量 = 房间主墙间净面积 × 回填土厚度

式中，填土厚度 = 设计室内外高差 − 房间地面构造做法总厚度

3）管沟回填土工程量：计算管道沟的回填土时，应减去直径在500mm以上的管道所占的体积，直径在500m以下的管道所占体积可不扣除。每m长管道应减去土方的体积，按表8-6计算。

表8-6　管沟回填土方体积扣减表

项目	管道直径/mm					
	501～600	601～800	801～1000	1001～1200	1201～1400	1401～1600
	应减去土方体积/m^3					
钢管	0.21	0.44	0.71	—	—	—
铸铁管	0.24	0.49	0.77	—	—	—
混凝土及钢筋混凝土管	0.33	0.60	0.92	1.15	1.35	1.55

（4）土方运输工程量计算

土方运输体积 = 挖土体积 − （回填土体积 × 1.2）

计算结果是正值时为余土外运，计算结果是负值时为土方回运（回填土借土运输）。

（5）基底钎探　基底钎探定额以钢管钎探和洛阳铲探分别列项计算，计算规则为按钎探深度以m计算。

（6）地基强夯　地基强夯（包括低锤平拍）按设计图示的强夯有效面积、不同的夯击能和每点夯击数以m^2计算。需要分遍强夯时，按不同的夯击能和每点夯击数分遍计算。

（7）支挡土板　支设挡土板的工程量以挡土板垂直支撑面积以m^2计算。

5. 其他说明

1）定额中的爆破材料是按炮孔中无地下渗水、积水确定的，炮孔中若出现地下渗水、积水时，处理渗水、积水的费用另行计算。爆破需覆盖安全网、草袋及架设安全屏障等设施时，其费用另行计算。

2）已进行过竖向挖土或回填土的工程，不再计算平整场地。

3）原土翻夯可分别按相应的挖土项目和夯填土项目分别计算。

4）人工挖砂夹石按相应定额项目的四类计算。

5）井桩持力层扩大头部分四类土已综合在定额内，不再另行计算。

6）深基坑支护的放坡应按设计的有关规定计算。

7）淤泥指池塘、沼泽、水田及沟坑等排水后呈膏质状态的土壤，分黏性淤泥与不粘附工具的砂性淤泥。

8）流砂指含水饱和，因受地下水影响而呈流动状态的粉砂土、亚砂土。

9）定额内未包括打试夯，发生时应按实计算。

6. 调整系数

1）土壤含水率均以天然湿度为准，若挖土时含水率达到或超过 25% 时，应将定额相应项目的人工机械用量乘 1.18 系数进行换算。

2）单位工程的机械挖土方，工程量小于 $2000m^3$ 和地基强夯面积小于 $600m^2$ 时，将各自相应定额项目的人工、材料、机械用量乘 1.05 系数进行换算。

3）推土机推土和铲运机铲运土方，当上坡坡度大于 5% 时，其运距按斜坡长度乘以表 8-7 系数计算。

表 8-7

坡度（%）	5～10 以内	15 以内	20 以内	25 以内
系数	1.75	2.00	2.25	2.50

4）机械填土碾压的最佳压实系数为 0.93，如设计要求压实系数超过 0.93，定额人工、机械乘系数 1.10。

5）用抓铲挖掘机挖土时，将反铲挖掘机挖土定额项目内的单斗挖掘机用量乘系数 1.35，其他不再调整。

6）推土机、铲运机，推、铲未经压实的积土时，应将一类土、二类土定额项目内人工、机械、材料用量乘以系数 0.87。

7）挖掘机和强夯机在垫板（或垫木）上进行工作时，应分别将定额项目内的挖掘机和强夯机用量乘系数 1.25，其铺设垫板（或垫木）所用的材料、人工另行计算。

8）实际遇到红板岩土壤时可按极软岩、软岩定额项目人工、机械乘以系数 1.20。

7. 土石方工程量计算实例

【例 8-1】 如图 8-8 所示为某建筑底层平面图，墙厚 240mm，轴线居中，请根据《甘肃省建筑工程预算定额》计算其平整场地工程量，并填写工程量计算表。

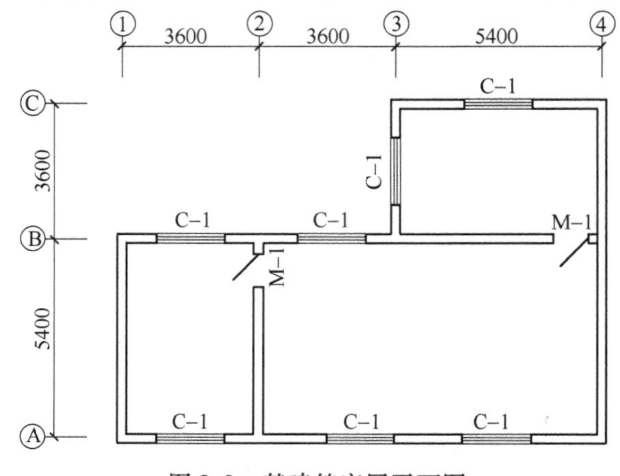

图 8-8　某建筑底层平面图

【解】 根据《甘肃省建筑工程预算定额》工程量计算规则，平整场地工程量按外墙外边线，每边各加2m，以平方米计算。该建筑平面布置为不规则形，应首先计算其底层面积：

$S_{底}=(3.6+3.6+5.4+0.24)\times(3.6+5.4+0.24)-(3.6+3.6)\times3.6=92.72(\mathrm{m}^2)$

然后套用计算公式 $S_{平}=S_{底}+L_{外}\times2+16$

$S_{平}=92.84+[(3.6+3.6+5.4+0.24)+(3.6+5.4+0.24)]\times2\times2+16=197.16(\mathrm{m}^2)$

工程量计算表见表8-8。

表8-8 工程量计算表

定额编号	项目名称	单位	工程量	计 算 式
1-84	平整场地	m^2	197.16	92.84+[(3.6+3.6+5.4+0.24)+(3.6+5.4+0.24)]×2×2+16

【例8-2】 某工程现浇混凝土带形基础平面图、剖面图如图8-9所示，建筑场地为二类土，设计室外地坪标高为-0.300m，外墙墙厚300mm，内墙墙厚200mm，轴线居中，带形基础混凝土强度等级为C25、垫层为C10。该工程设计室外地坪以下埋设的砌筑物体积为：垫层3.90m³，带形基础14.63m³，砖基础12.80m³。地面构造做法所占厚度为140mm，运输距离为800m。

请根据《甘肃省建筑工程预算定额》工程量计算规则计算人工挖基槽土方、土方回填、土方运输的工程量，并填写工程量计算表。

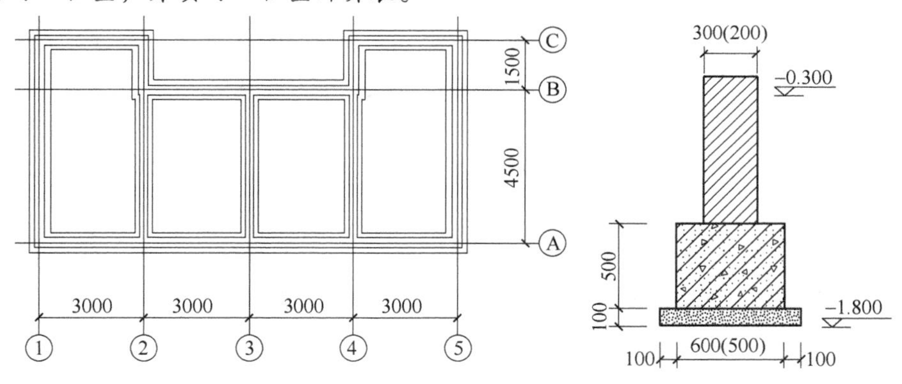

图8-9 某工程基础平面图、剖面图

【解】 挖土深度 $H=1.8-0.3=1.5$（m），二类土的放坡起点高度为1.2m，1.5m>1.2m，所以需放坡。放坡系数 $K=0.5$，工作面为 $C=300\mathrm{mm}$

$S_{外}=(B+2C+KH)\times H=(0.6+0.1\times2+0.3\times2+0.5\times1.5)\times1.5=3.225\mathrm{m}^2$

$S_{内}=(B+2C+KH)\times H=(0.5+0.1\times2+0.3\times2+0.5\times1.5)\times1.5=3.075\mathrm{m}^2$

外墙基槽中心线 $L_{外中}=(3\times4+4.5+1.5)\times2+1.5\times2=39\mathrm{m}$

内墙基槽净长线 $L_{净内}=\left(4.5-\dfrac{0.8}{2}\times2-0.3\times2\right)\times3=9.3\mathrm{m}$

人工挖基槽 $V=S_{断}\times L=3.225\times39+3.075\times9.3=154.37\mathrm{m}^3$

基础回填 $=V_{挖}-V_{设计室外地坪以下砌筑物所占体积}=154.37-3.9-14.63-12.8=123.04(\mathrm{m}^3)$

房心回填＝房间主墙间净面积×回填土厚度

回填土厚度＝设计室内外高差－房间地面构造做法总厚度 $=0.3-0.14=0.16(\mathrm{m})$

房心回填 = [(3 − 0.15 − 0.1) × (6 − 0.15 × 2) × 2 + (3 − 0.1 × 2) × (4.5 − 0.15 × 2) × 2] × 0.16 = 8.78(m^3)

土方回填 = 基础回填 + 房心回填 = 123.04 + 8.78 = 131.82(m^3)

土方运输 = $V_{挖} - V_{填}$ = 154.37 − 131.82 = 22.55(m^3)

工程量计算表见表 8-9。

表 8-9 工程量计算表

定额编号	项目名称	单位	工程量	计 算 式
1-13	人工挖地槽	m^3	154.37	(0.6 + 0.1 × 2 + 0.3 × 2 + 0.5 × 1.5) × 1.5 × 39 + (0.5 + 0.1 × 2 + 0.3 × 2 + 0.5 × 1.5) × 1.5 × 9.3
1-79	夯填土	m^3	131.82	基础回填 = 154.37 − 3.9 − 14.63 − 12.8 = 123.04m^3 房心回填 = [(3 − 0.15 − 0.1) × (6 − 0.15 × 2) × 2 + (3 − 0.1 × 2) × (4.5 − 0.15 × 2) × 2] × 0.16 = 8.78m^3 土方回填 = 123.04 + 8.78
1 − 87 +1 − 88 × 3	土方运输	m^3	22.55	154.37 − 131.82

【例 8-3】 某二层办公楼基础平面图及剖面图如图 8-10 所示，建筑场地为二类土，设计室外地坪 −0.450m，外墙厚 370mm，内墙厚 240mm。请按照《甘肃省建筑工程预算定额》计算该工程基础挖土、基础土方回填定额工程量，并填写工程量计算表。

【解】 该基础平面有两种基础类型，ZJ-1 为柱下独基，挖土工程为人工挖地坑；墙下为砖砌条形基础，挖土工程为人工挖基槽，分别根据《甘肃省建筑工程预算定额》计算其挖土体积及回填土体积。

挖土深度 $H = 1.5 - 0.45 = 1.05$ (m)，查表 8-3 得二类土的放坡起点高度为 1.2m，1.05 < 1.2，所以无需放坡或支挡土板。工作面为 $C = 300$mm

挖基坑土方：$V = S_{底} \times H = (0.6 \times 2 + 0.1 \times 2 + 0.3 \times 2)^2 \times 1.05 = 2.1$($m^3$)

挖基槽土方：

$S_{外} = (B + 2C) \times H = (0.53 + 0.4 \times 2 + 0.3 \times 2) \times 1.05 = 1.607$($m^2$)

$S_{内} = (B + 2C) \times H = (0.4 \times 2 + 0.3 \times 2) \times 1.05 = 1.47$($m^2$)

外墙基槽中心线 $L_{外中} = (12.6 + 0.065 \times 2 + 9 + 0.065 \times 2) \times 2 = 43.72$(m)

内墙基槽净长线 $L_{净内} = \left(9 - \frac{0.8}{2} \times 2 - 0.3 \times 2\right) + \left(4.2 - \frac{0.8}{2} \times 2 - 0.3 \times 2\right) \times 2 = 13.2$(m)

人工挖基槽 $V = S_{断} \times L = 1.607 \times 43.72 + 1.47 \times 13.2 = 89.66$($m^3$)

设计室外地坪以下砌筑物所占的体积如下：

$V_{独基} = 1.2 \times 1.2 \times 0.5 = 0.72$($m^3$)

$V_{-0.450m以下柱} = \pi(0.5/2)^2 \times (1.4 - 0.5 - 0.45) = 0.09$($m^3$)

$V_{构造柱} = [(0.37 + 0.03) \times (0.37 + 0.03) \times 4 + (0.37 + 0.03 \times 2) \times 0.37 \times 2] \times (1.5 - 0.3 - 0.45)$
$= 0.72$(m^3)

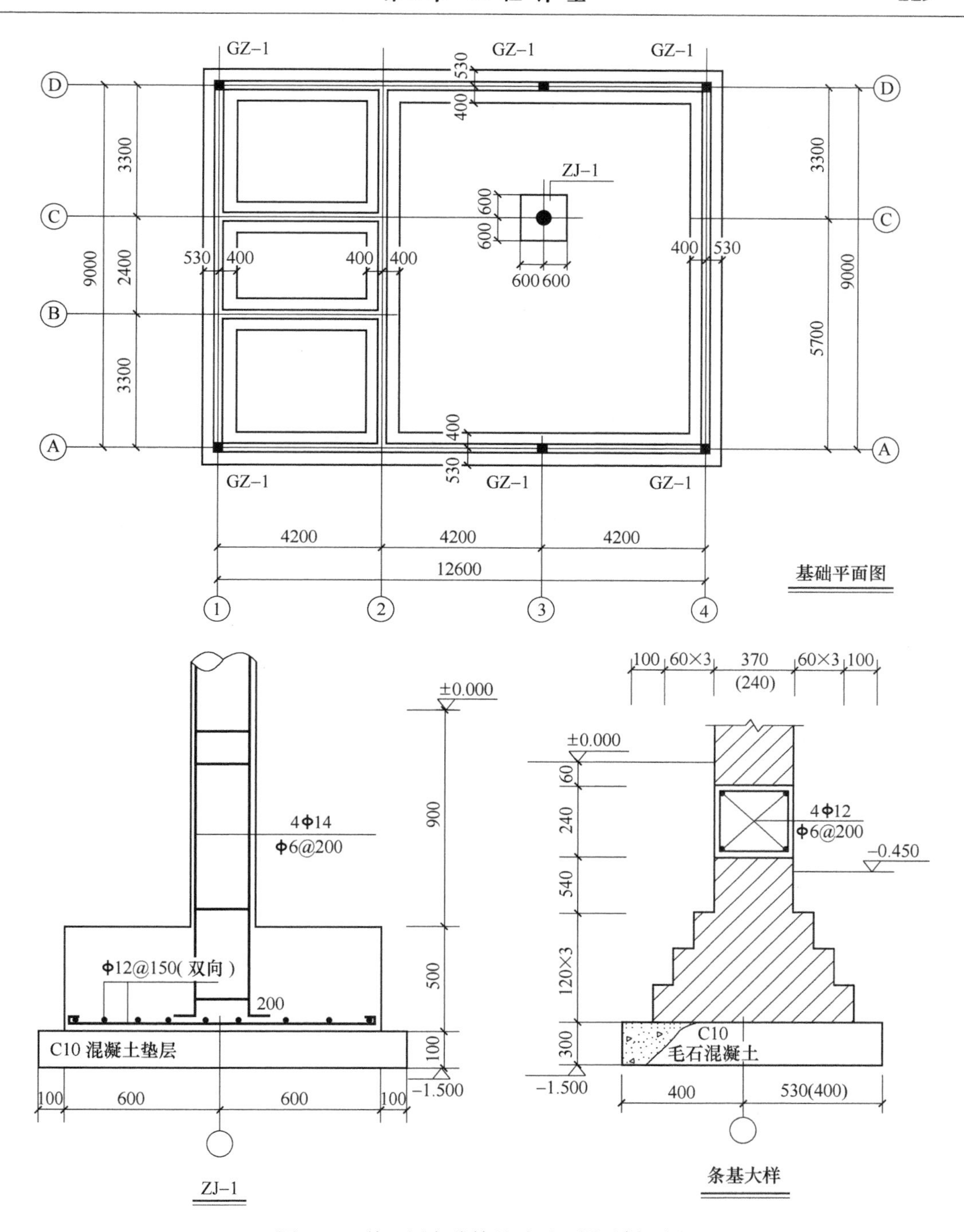

图8-10　某二层办公楼基础平面图及剖面图

$$V_{垫层}=V_{独基}+V_{砖基}$$
$$=1.4\times1.4\times0.1+0.93\times0.3\times43.72+0.8\times0.3\times[9-0.4\times2+(4.2-0.4\times2)\times2]$$
$$=15.99(\mathrm{m}^3)$$

$$V_{-0.450m以下砖基础}=15.37+4.45=19.96(\mathrm{m}^3)$$

式中：$S_{断}$=基础墙墙厚×(基础高度+折加高度)

$S_{外}=0.365\times(1.5-0.3-0.45+0.259)=0.368(m^2)$

$S_{内}=0.24\times(1.5-0.3-0.45+0.394)=0.275(m^2)$

$L_{外}=(12.6+0.065\times2-0.12\times2-0.37)\times2+(9-0.12\times2)\times2=41.76(m)$

$L_{内}=9-0.12\times2+(4.2-0.12\times2)\times2=16.68(m)$

$V_{外}=S_{断}\times L=0.368\times41.76=15.37(m^3)$

$V_{内}=S_{断}\times L=0.275\times16.68=4.59(m^3)$

基础回填 $=V_{挖}-V_{设计室外地坪以下砌筑物所占体积}=93.86-0.72-0.09-0.72-15.99-19.96=56.38(m^3)$

工程量计算表见表8-10。

表8-10　工程量计算表

定额编号	项目名称	单位	工程量	计算式
1-25	人工挖地坑	m^3	2.1	$(0.6\times2+0.1\times2+0.3\times2)^2\times1.05$
1-13	人工挖地槽	m^3	89.66	$(0.53+0.4\times2+0.3\times2)\times1.05\times43.72+(0.4\times2+0.3\times2)\times1.05\times13.2$
1-79	夯填土	m^3	56.38	$(4.2+89.66)-1.2\times1.2\times0.5-\pi(0.5/2)^2\times(1.4-0.5-0.45)-[(0.37+0.03)\times(0.37+0.03)\times4+(0.37+0.03\times2)\times0.37\times2]\times(1.5-0.3-0.45)-0.368\times41.76-0.275\times16.68-1.4\times1.4\times0.1-0.93\times0.3\times43.72+0.8\times0.3\times15$

【例8-4】 某建筑物基础为人工成孔灌注桩，建筑场地为三类土，桩体相关数据如图8-11所示，请按照《甘肃省建筑工程预算定额》计算该工程人工挖桩孔定额工程量，并填写工程量计算表。

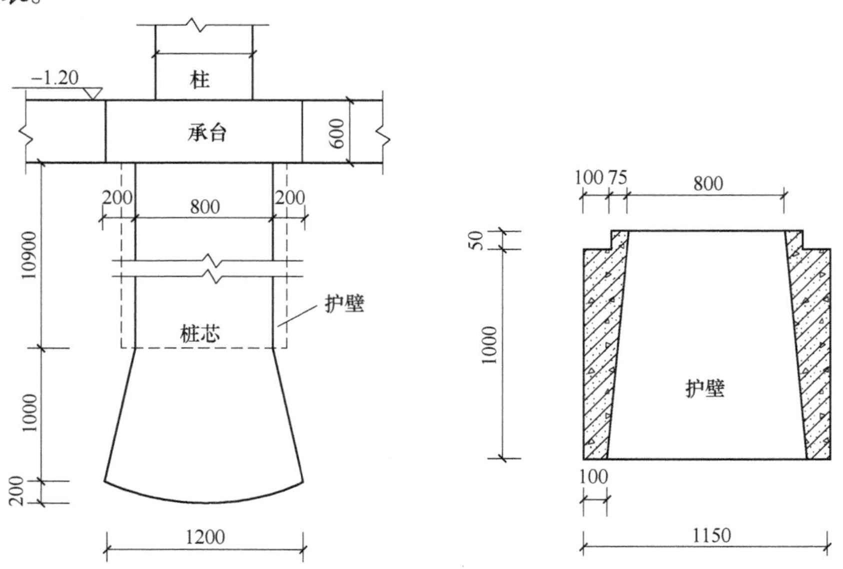

图8-11　某灌注桩基础示意图

【解】 该灌注桩由桩身、扩大头、球冠部分组成，根据《甘肃省建筑工程预算定额》工程量计算规则，应分别计算三部分体积，合计为人工挖桩孔工程量，计算过程如下。

桩身部分：　$V=\pi\times R^2\times H=3.14\times\left(\frac{1.15}{2}\right)^2\times10.9=11.32\ (m^3)$

圆台部分：

$$V=\frac{1}{3}\pi h(r^2+R^2+rR)$$
$$=\frac{1}{3}\times3.14\times1.0\times\left[\left(\frac{0.8}{2}\right)^2+\left(\frac{1.20}{2}\right)+\frac{0.80}{2}\times\frac{1.20}{2}\right]$$
$$=1.047\times(0.16+0.36+0.24)$$
$$=0.80(m^3)$$

球冠部分：

$$V=\frac{\pi h}{6}\times(3a^2+h^2)=\frac{1}{6}\times3.14\times0.2\times(3\times0.6^2+0.2^2)$$
$$=0.12(m^3)$$

人工挖桩孔体积：桩孔体积 $=11.32+0.8+0.12=12.24\ (m^3)$

工程量计算表见表8-11。

表8-11　工程量计算表

定额编号	项目名称	单位	工程量	计　算　式
1-46	人工挖桩孔 三类土15m以内	m^3	12.24	11.32+0.8+0.12=12.24

【例8-5】 某工程地基处理采用强夯地基处理，夯点布置如图8-12所示，夯击能200t·m，每坑击数5击，设计要求第一、第二遍为隔点夯击，第三遍为低锤满夯。土质为二类土，请按照《甘肃省建筑工程预算定额》计算强夯地基定额工程量，并填写工程量计算表。

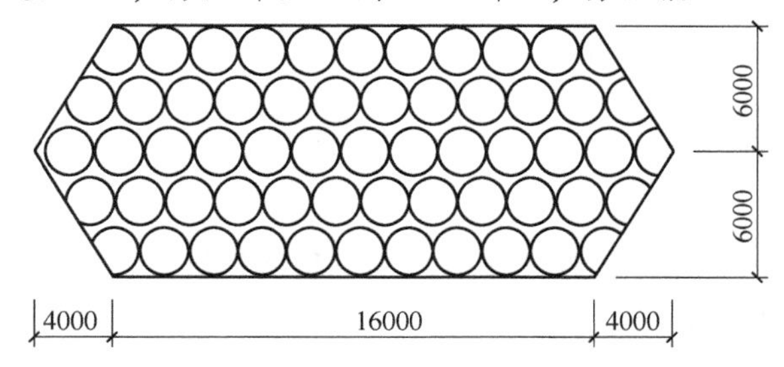

图8-12　强夯地基平面图

【解】 根据《甘肃省建筑工程预算定额》工程量计算规则，地基强夯（包括低锤平拍）按设计图示的强夯有效面积、不同的夯击能和每点夯击数以 m^2 计算。需要分遍强夯时，按不同的夯击能和每点夯击数分遍计算。

地基强夯工程量：$16\times(6+6)+1/2\times12\times4\times2=240(m^2)$

工程量计算表见表8-12。

表8-12　工程量计算表

定额编号	项目名称	单位	工程量	计　算　式
1-153	夯击能200t·m以内 强夯打击第一遍5击	m^3	240	16×(6+6)+1/2×12×4×2

（续）

定额编号	项目名称	单位	工程量	计 算 式
1-153	夯击能200t·m以内 强夯打击第二遍5击	m^3	240	16×(6+6)+1/2×12×4×2
(1-151)+ (1-152)×2	夯击能200t·m以内 低锤满夯第三遍5击	m^3	240	16×(6+6)+1/2×12×4×2

8.3.2 桩基础工程

1. 桩基础工程计算内容及定额列项

在软弱土层上修造建筑物，当天然地基承载能力不能满足要求时，采用桩基础可以取得良好的经济技术效果。桩基础按照施工方法的不同分为预制桩和灌注桩，灌注桩又分为人工成孔灌注桩和机械成孔灌注桩。预算定额列项示意图如图8-13所示。

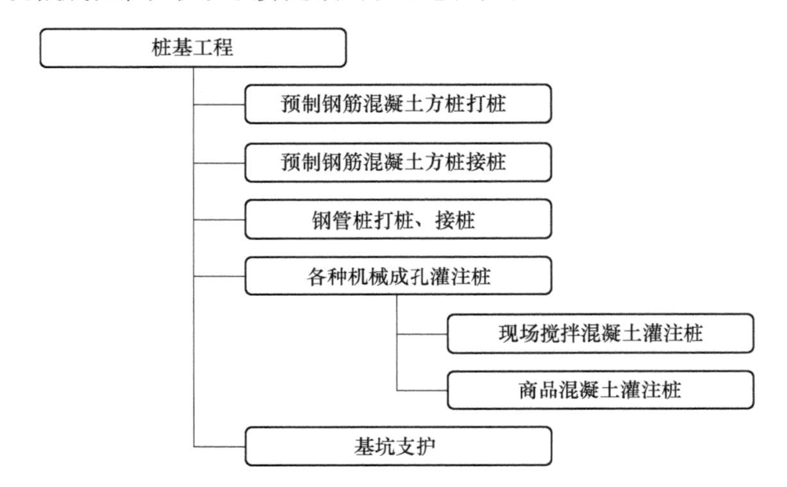

图8-13　桩基工程预算定额列项示意图

本分部工程计算各种预制桩的打桩、接桩、送桩工程量和机械成孔灌注桩的工程量，人工成孔灌注桩分别在土石方、混凝土工程和钢筋工程中列项计算，下面就分别介绍桩基工程计算内容。

（1）各种钢筋混凝土预制桩的打桩、接桩、送桩工程量

1）打桩：预制钢筋混凝土桩是先在加工厂或施工现场预制成形，然后再用打桩机将其打入土中，这一过程称为打桩。

2）接桩：当设计基础需要30m以上的桩时，就要分段预制，打桩时先把第一节桩打到地面附近，然后接下节桩继续打，这种过程叫接桩。接桩的方法一般有焊接接桩和硫磺胶泥锚接接桩，接桩如图8-14示意。

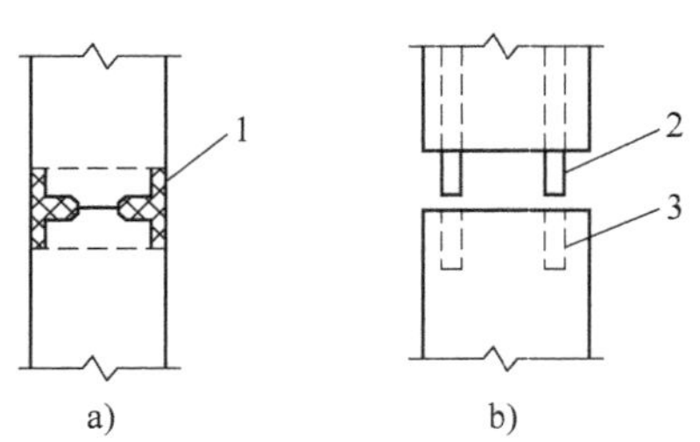

图8-14　预制桩接桩示意图
a）焊接接合　b）硫磺胶泥接合
1—预埋铁件（角钢）　2—预埋钢筋
3—预留孔洞

3）送桩：送桩是指利用打桩机械和送桩器，将预

制桩送至地下设计标高要求的位置，送桩如图8-15所示。

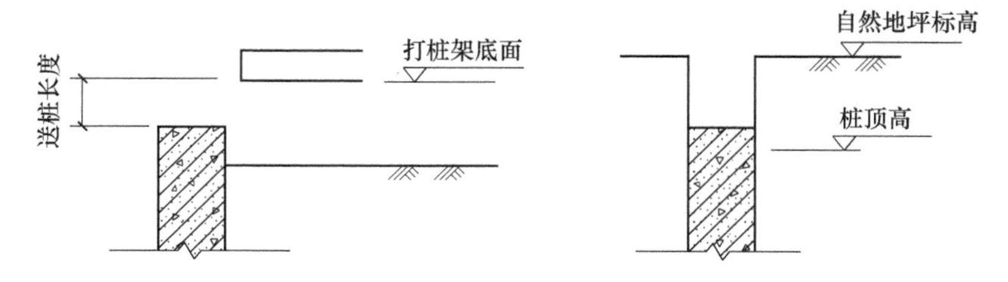

图8-15　预制桩送桩示意图

（2）各种机械成孔灌注桩工程量　机械成孔灌注桩按照施工机械的不同，又分为机械打孔灌注桩、机械钻孔灌注桩、冲击成孔灌注桩等，将在本节逐一进行其工程量计算。

（3）基坑支护工程量　我国行业标准《建筑基坑支护技术规程》（JGJ120—2012）对基坑支护的定义是，基坑支护指为保证地下结构施工及基坑周边环境的安全，对基坑侧壁及周边环境采用的支挡基坑支护、加固与保护措施。预算定额按土钉支护、锚杆支护、喷射混凝土分别列项计算。

2. 工程量计算规则

1）桩基定额中的土壤类别划分应按第一章㊀土石方工程中的土壤类别划分表确定。

2）打预制钢筋混凝土方桩的工程量，应按设计桩长（包括桩尖长度，不扣除桩尖虚体积）乘桩身断面积以m^3计算，如图8-16所示。

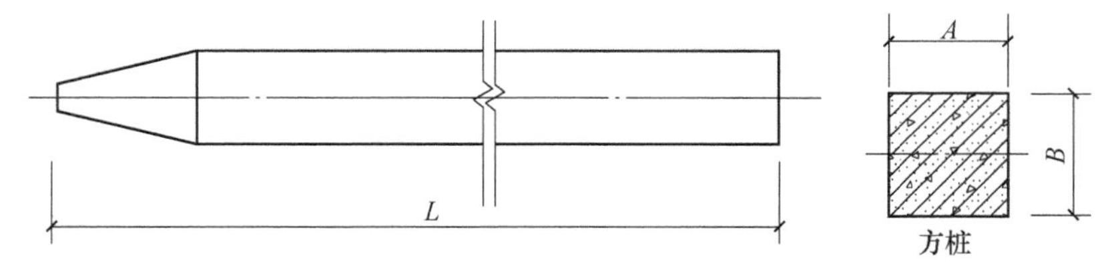

图8-16　混凝土预制桩示意图

计算公式：

$$V = FLn$$

式中　V——预制钢筋混凝土桩工程量（m^3）；

F——桩截面积（m^2）；

L——设计长度（m）；

n——桩根数。

3）打桩定额中除静力压桩外，均不包括接桩，接桩应按不同接桩方法分别计算。

4）灰土桩和钢筋混凝土桩凿、截桩头均按根数计算。预制钢筋混凝土接桩、电焊接桩按设计接头个数计算，硫磺胶泥接桩断面积乘接头个数以m^2计算。

5）打钢管桩工程量应按重量以t计算。

6）机械打孔的灌注混凝土桩、灌注砂桩及碎石桩的工程量，应按设计桩长（包括桩尖）增加0.5m乘钢管外径截面面积以m^3计算。

7）机械钻孔灌注混凝土桩的工程量，应按设计桩长（包括桩尖）增加0.50m乘钻头外

㊀ 本书中关于工程量计算规则提及的第×章×××工程，是指《甘肃省建筑工程预算定额》的章节号。

径截面面积以 m^3 计算。

8）冲击成孔灌注混凝土桩的钢筋混凝土桩的工程量，按设计图示尺寸的孔深乘以孔截面积以 m^3 计算。

9）打灰土挤密桩的工程量，应按设计规定的桩长（包括桩尖）增加0.5m乘钢管外径截面面积以 m^3 计算。

10）高压旋喷桩钻孔按原地面至设计桩底底面的高度以m计算。喷浆按设计加固桩的截面面积乘以设计桩长以 m^3 计算。

11）夯压成型灌注混凝土桩（夯扩桩）按设计桩长乘桩径以 m^3 计算。

12）土钉支护工程量按图示尺寸以t计算，面层喷射混凝土按图示尺寸展开面积以 m^2 计算。

13）锚杆支护中钻孔、压浆按图示尺寸以m计算。锚杆制作、安装按图示尺寸主材重量以t计算。

14）泥浆运输工程量按钻孔体积以 m^3 计算。

15）旋挖桩成孔工程量按成孔长度乘以设计桩径截面积以 m^3 计算。成孔长度为打桩前的自然地坪标高至设计桩底的长度。

16）深孔强夯挤密桩和深孔强夯夯扩桩的工程量，应按设计规定的桩长乘以扩孔后孔径截面积以 m^3 计算。

17）深层搅拌水泥桩按设计图示尺寸以桩长（包括桩尖）计算。

3. 调整系数

1）定额项目内均不包括机械行驶道路的铺设，场地的平整压实和施工后的隆起土方处理，发生时应另行计算。

2）接桩定额内的型钢与电焊条用量与设计规定用量不同时，应进行调整。

3）走管式柴油打桩机和履带式柴油打桩机打预制钢筋混凝土方桩定额是按不用辅助起重机械确定的，如需用辅助起重机械时，可另行计算。

4）打试验桩按相应定额项目的人工、机械用量乘系数2计算。

5）打桩、打孔，桩间净距小于4倍桩径（桩边长）的，按相应定额项目的人工、机械用量乘系数1.13计算。

6）单位工程的打（灌注）桩工程量在表8-13规定数量以内时，按相应定额项目的人工、机械用量乘系数1.25计算。

表8-13 打（灌注）桩工程量规定数量表

项　目	单位工程的工程量	项　目	单位工程的工程量
钢筋混凝土方桩	$150m^3$	钻孔灌注混凝土桩	$100m^3$
钢管桩	50t	潜水钻孔灌注混凝土桩	$100m^3$
打孔灌注混凝土桩、碎石桩	$60m^3$	冲击成孔灌注混凝土桩、夯扩桩	$100m^3$
打孔灌注砂桩	$60m^3$	灰土挤密桩	$60m^3$

7）定额以打直桩为准，如打斜桩斜度在1:6以内者，将相应定额项目的人工，机械用量乘系数1.25，如斜度大于1:6者，将相应定额项目的人工、机械用量乘系数1.43。

8）定额以平地（坡度小于15°）打桩为准，如在堤坡上（坡度大于15°）打桩时，将相应定额项目的人工、机械用量乘系数1.15。如在基坑内（基坑深度大于1.5m）打桩或在地坪上打坑槽内（地槽深度大于1m）桩时，将相应定额项目的人工、机械用量乘系数1.11。

9）在桩间补桩或强夯后的地基打桩时，将相应定额项目的人工、机械用量乘系数1.15。

4. 其他说明

1）打桩定额适用于方桩桩长25m以内。

2）打桩定额是按只打不送（不包括送桩）和既打又送（包括送桩）两种情况分别制定的。打桩不送入地面以下时应执行不包括送桩的定额；打桩要送入地面以下时应执行包括送桩的定额。

3）复合土钉支护的腰梁以及其他各种桩，应另行计算。

4）各种机型成孔灌注混凝土桩，定额中混凝土消耗量是包括充盈系数在内的总消耗量，包括商品混凝土搅拌、场外运输损耗及浇筑损耗。

5）混凝土桩身防腐应按第十章防腐及防水涂料工程中的防腐翻身项目计算。

6）灌注桩定额内不包括混凝土预制桩尖的制作工料。采用预制混凝土桩尖时，应按第四章混凝土工程相应定额项目计算。

7）混凝土灌注桩钢筋笼制作安装按第五章钢筋工程中的相应定额项目计算。

8）机械成孔灌注桩定额项目混凝土充盈系数与实际不同时，可进行调整。

5. 桩基础工程量计算实例

【例8-6】 某建筑物基础采用预制钢筋混凝土方桩，场地为二类土，打桩机械为走管式柴油打桩机，预制钢筋混凝土桩数量为135根，桩体如图8-17所示，桩身截面尺寸250mm×250mm，单桩设计全长（包括桩尖）为9.5m。请根据《甘肃省建筑工程预算定额》计算打桩定额工程量，并填写工程量计算表。

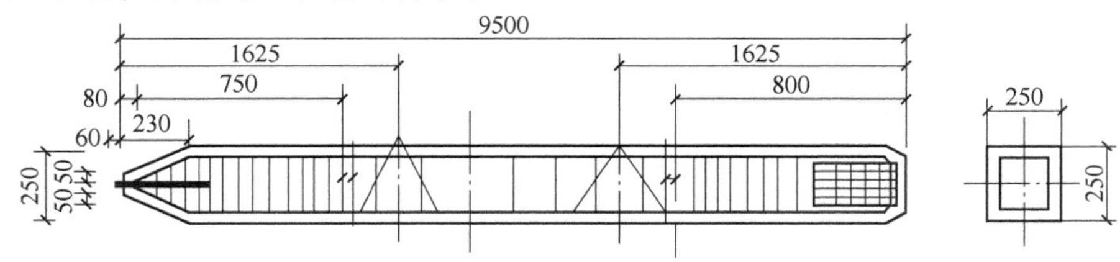

图8-17 预制钢筋混凝土方桩

【解】 根据《甘肃省建筑工程预算定额》工程量计算规则，打钢筋混凝土方桩工程量按应按设计桩长（包括桩尖长度，不扣除桩尖虚体积）乘桩身断面积以m^3计算。

打桩的工程量 $V=0.25\times0.25\times9.5\times135=80.16$（$m^3$）

工程量计算表见表8-14。

表8-14 工程量计算表

定额编号	项目名称	单位	工程量	计 算 式
2-3	走管式柴油打桩机打预制钢筋混凝土方桩	m^3	80.16	$0.25\times0.25\times9.5\times135$

【例8-7】 某边坡工程采用土钉支护，坡体立面及剖面如图8-18所示，坡长11m。施工

做法为采用洛阳铲成孔，成孔直径 110mm，成孔深度均为 10.0m，水平夹角 10°，直径 22mm 的 HRB335 钢筋作为杆筋，杆筋送入钻孔后，灌注水泥砂浆，挂钢筋网Φ6.5@200×200，混凝土保护层厚度喷射 C20 细石混凝土，厚度为 100mm，请根据《甘肃省建筑工程预算定额》计算该边坡支护定额工程量，并填写工程量计算表。

【解】 根据《甘肃省建筑工程预算定额》工程量计算规则，土钉支护边坡应计算土钉工程量、挂钢筋网工程量、喷射混凝土工程量。土钉支护及挂钢筋网工程量按图示尺寸以 t 计算，面层喷射混凝土按图示尺寸展开面积以 m^2 计算。土钉数量如图 8-18 所示。

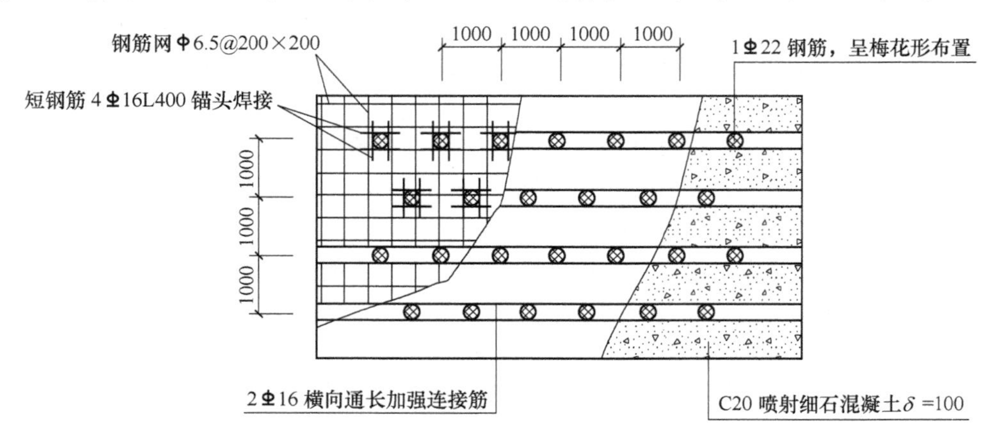

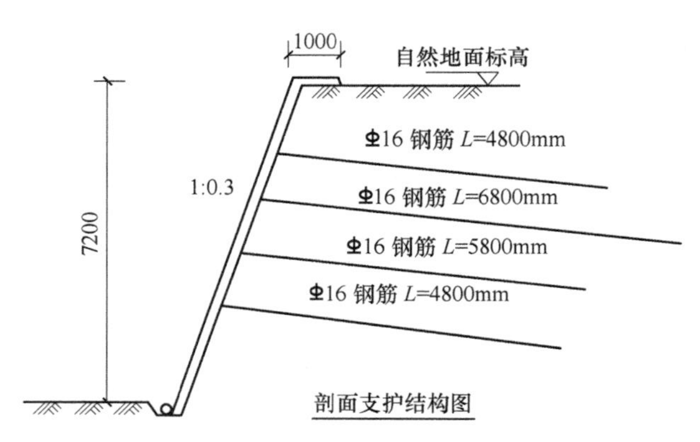

图 8-18　边坡支护立面及剖面图

土钉：　　$(4.8\times6+5.8\times7+6.8\times6+4.8\times7)\times1.58=227.2$(kg)

面层喷射混凝土：坡体垂直投影高度 7.2m，坡度系数为 1:0.3。

$$坡斜高=\sqrt{[7.2^2+(7.2\times0.3)^2]}=7.5\ (m)$$

$$坡体面积\ S=7.5\times11=82.5\ (m^2)$$

钢筋网：

$$水平\ 11\times\left(\frac{7.5}{0.2}-1\right)\times0.26=105.82\ (kg)$$

$$垂直\ 7.5\times\left(\frac{11}{0.2}-1\right)\times0.26=105.30\ (kg)$$

工程量计算表见表 8-15。

表8-15　工程量计算表

定额编号	项目名称	单位	工程量	计算式
2-202	砂浆土钉	t	0.227	$[(4.8\times6+5.8\times7+6.8\times6+4.8\times7)\times1.58]\div1000$
2-203	挂钢筋网	t	0.211	$\left[11\times\left(\frac{7.5}{0.2}-1\right)\times0.26+7.5\times\left(\frac{11}{0.2}-1\right)\times0.26\right]\div1000$
2-214	喷射混凝土初喷5cm	m^2	82.5	$\sqrt{[7.2^2+(7.2\times0.3)^2]}\times11$
2-215 * 5	喷射混凝土每增加1cm	m^2	82.5	同上

8.3.3　砌筑工程

1. 砌筑工程计算内容及定额列项

砌筑工程计算各种类型的砖砌体工程量、加气混凝土及各种砌块砌体工程量、石砌体工程量，具体预算定额列项如图8-19所示。

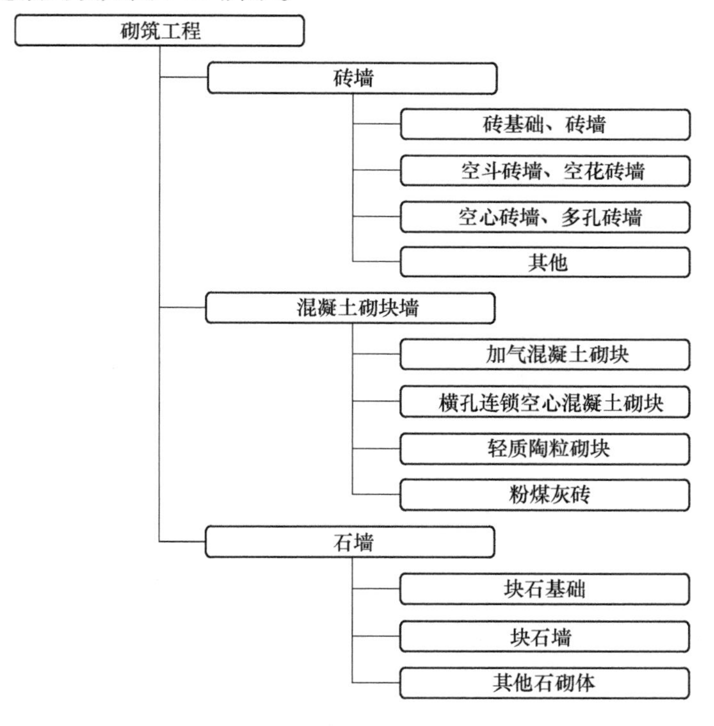

图8-19　砌筑工程预算定额列项

2. 基础与墙身（柱身、筒身）的划分

1）房屋基础与墙（柱）身采用同一种材料时，以设计室内地坪为分界线（有地下室者，以地下室室内设计地坪为界），以下为基础，以上为墙（柱）身。

2）房屋基础与墙（柱）身采用不同材料时，不同材料的接合面和设计室内地坪的高差在±0.3m以内时，以不同材料为分界线，超过±0.3m时，以设计室内地坪为分界线，如图8-20所示。

3）砖石围墙，以设计室外地坪为分界线，以下为基础，以上为墙身。

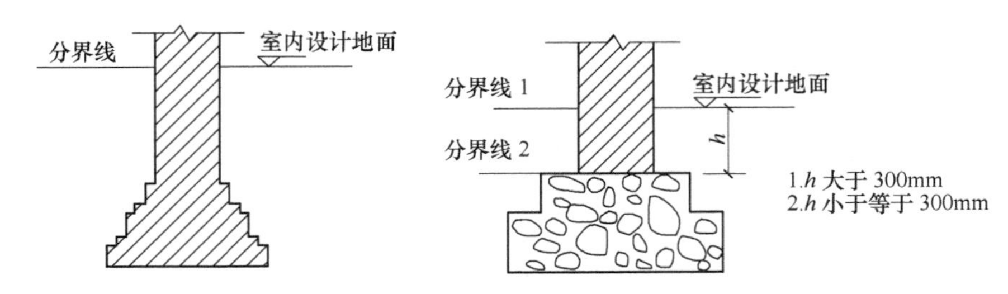

图 8-20　基础与墙身划分示意

4）烟囱、水塔基础与筒身采用砖砌时，以砖砌体扩大部分顶面为分界线，以下为基础，以上为筒身。基础与筒身采用不同材料时，以不同材料的接合面为分界线。

3. 工程量计算规则

（1）砖（石）基础计算

1）计算规则：砖、石基础工程量以 m^3 计算。基础大放脚 T 形接头处的重叠部分以及嵌入基础的钢筋、铁件、管道、基础防潮层及单个面积在 $0.30m^2$ 以内孔洞所占体积不扣除，靠墙暖气沟的挑砖也不增加。附墙柱基础宽出部分的体积应并入其工程量内。

2）计算方法：

砖基础体积 = 基础长度 × 基础断面积 + 应并入（扣除）体积

基础的长度：外墙基础按外墙中心线长度计算；内墙基础按内墙大放脚基础以上净长度计算，如图 8-21 所示。

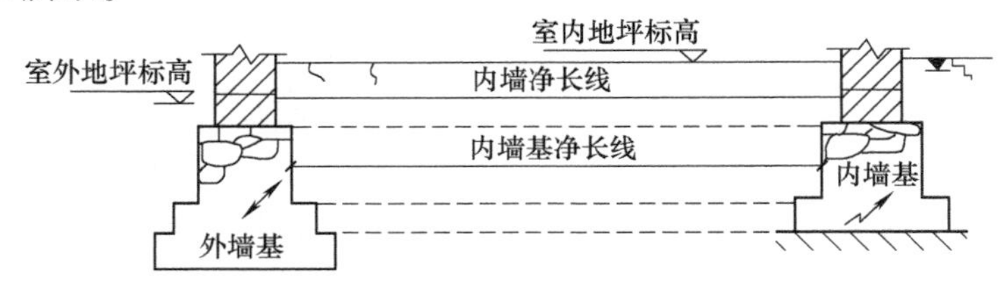

图 8-21　墙及墙基净长线示意图

基础断面积 = 基础墙宽度 × 基础深度 + 大放脚增加面积

砖基础断面面积 = 基础墙墙厚 ×（基础高度 + 折加高度）

折加高度 = 大放脚增加面积/基础墙厚度

等高式和不等高式砖墙基础大放脚（图 8-22）的折加高度和增加断面积见表 8-16、表 8-17，供计算基础体积时查用。

（2）实砌砖墙工程量计算

1）计算规则：砖墙、空心砖墙、多孔砖墙工程量以 m^3 计算。应扣除门、窗洞口（门、窗框外围面积）、过人洞、空圈的体积，以及嵌入墙身的钢筋混凝土梁（包括过梁、圈梁、挑梁）、柱、砖平碹、钢筋砖过梁和暖气包壁龛的体积。不扣除梁头、板头、檩头、垫木、木楞头、沿椽木、木砖、门窗走头、墙体内的加固钢筋、木筋、铁件、钢管及每个面积在 $0.30m^2$ 以内孔洞所占体积。突出墙面窗台虎头砖、压顶线、山墙泛水、烟囱根、门窗套及三皮砖以内的腰线和挑檐体积亦不增加。砖垛、砖压顶及三皮砖以上的腰线和挑檐等体积，应并入所依附墙身体积内计算。

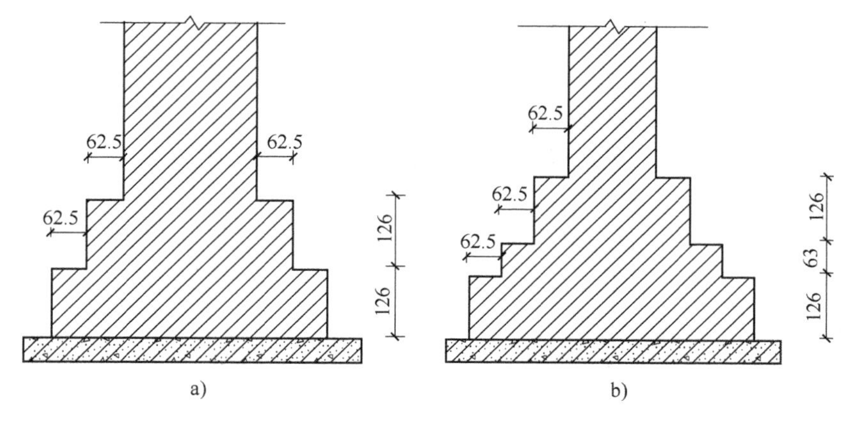

图 8-22 砖基础大放脚示意图

a）等高式 b）不等高式

表 8-16 等高式砖墙基大放脚折加高度表

墙厚	大放脚错台层数									
	一	二	三	四	五	六	七	八	九	十
	折加高度/m									
1/2 砖	0. 137	0. 411	0. 822	1. 370	2. 055	2. 877	—	—	—	—
1 砖	0. 066	0. 197	0. 394	0. 656	0. 985	1. 378	1. 838	2. 363	2. 953	3. 610
1-1/2 砖	0. 043	0. 129	0. 259	0. 432	0. 647	0. 906	1. 208	1. 533	1. 942	2. 373
2 砖	0. 032	0. 096	0. 193	0. 321	0. 482	0. 675	0. 900	1. 157	1. 447	1. 768
2-1/2 砖	0. 026	0. 077	0. 154	0. 256	0. 384	0. 538	0. 717	0. 922	1. 153	1. 409
3 砖	0. 021	0. 064	0. 128	0. 213	0. 319	0. 447	0. 596	0. 766	0. 958	1. 171
增加断面/m	0. 0158	0. 0473	0. 0945	0. 1575	0. 2363	0. 3308	0. 441	0. 567	0. 7088	0. 866

表 8-17 不等高式砖墙基大放脚折加高度表

墙厚	大放脚错台层数									
	一	二	三	四	五	六	七	八	九	十
	折加高度/m									
1/2 砖	0. 137	0. 342	0. 685	1. 096	1. 643	2. 260	—	—	—	—
1 砖	0. 066	0. 164	0. 328	0. 525	0. 787	1. 083	1. 444	1. 838	2. 297	2. 789
1-1/2 砖	0. 043	0. 108	0. 216	0. 345	0. 518	0. 712	0. 949	1. 208	1. 510	1. 834
2 砖	0. 032	0. 08	0. 161	0. 257	0. 386	0. 530	0. 707	0. 900	1. 125	1. 365
2-1/2 砖	0. 026	0. 064	0. 128	0. 205	0. 307	0. 423	0. 563	0. 717	0. 896	1. 088
3 砖	0. 021	0. 053	0. 106	0. 170	0. 255	0. 351	0. 468	0. 596	0. 745	0. 905
增加断面/m	0. 0158	0. 0394	0. 0788	0. 126	0. 189	0. 2599	0. 3465	0. 441	0. 5513	0. 6694

2）计算方法：

砖墙体积 = 墙体长度 × 墙体高度 × 墙体厚度 + 应并入（扣除）体积

墙体的长度：外墙长度按外墙中心线长计算，内墙长度按内墙净长度计算。

墙体高度：应按设计的高度计算，高度示意如图 8-23 所示。

①外墙：斜（坡）屋面无檐口天棚者算至屋面板底（图 8-23a）；有屋架且室内外均有天棚者算至屋架下弦底另加 200mm（图 8-23b）；无天棚者算至下弦底另加 300mm（图 8-23c）；出檐宽度超过 600mm 时按实砌高度计算；与钢筋混凝土楼板隔层者算至板底；平屋顶算至钢筋混凝土板底（图 8-23d）。

②内墙：位于屋架下弦者，算至屋架下弦底（图 8-23e）；无屋架者算至天棚底另加 100mm（图 8-23f）；有钢筋混凝土楼板隔层者算至楼板顶（图 8-23g）；有框架梁时算至梁底（图 8-23h）。

③女儿墙：从屋面板上表面算至女儿墙顶面（如有混凝土压顶时算至压顶下表面）。

④内外山墙：按其平均高度计算（图 8-23i）。

⑤围墙：高度算至压顶上表面（如有混凝土压顶时算至压顶下表面）。

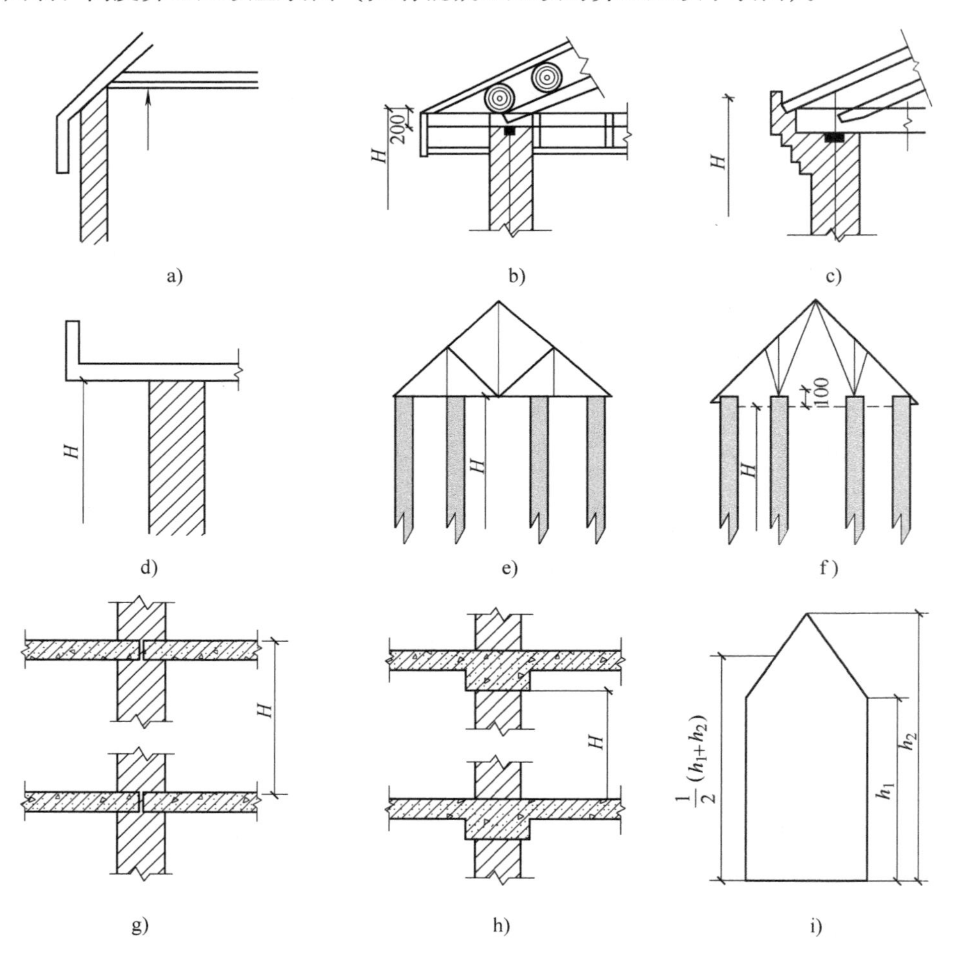

图 8-23 墙体高度示意图

墙体的厚度应按下列规定计算：

标准砖（240mm ×115mm ×53mm）计算厚度见表 8-18。

表 8-18

墙厚砖数	1/4	1/2	3/4	1	1.5	2	2.5	3
计算厚度/mm	53	115	180	240	365	490	615	740

空心砖、多孔砖均按设计图示厚度计算。

(3) 空斗墙、空花墙、贴砌砖墙计算

1) 空花砖墙工程量按设计图示尺寸的空花部分外形体积以 m^3 计算，非空花部分的墙体（实体积），应按不同墙厚以 m^3 另行计算，如图 8-24 所示。

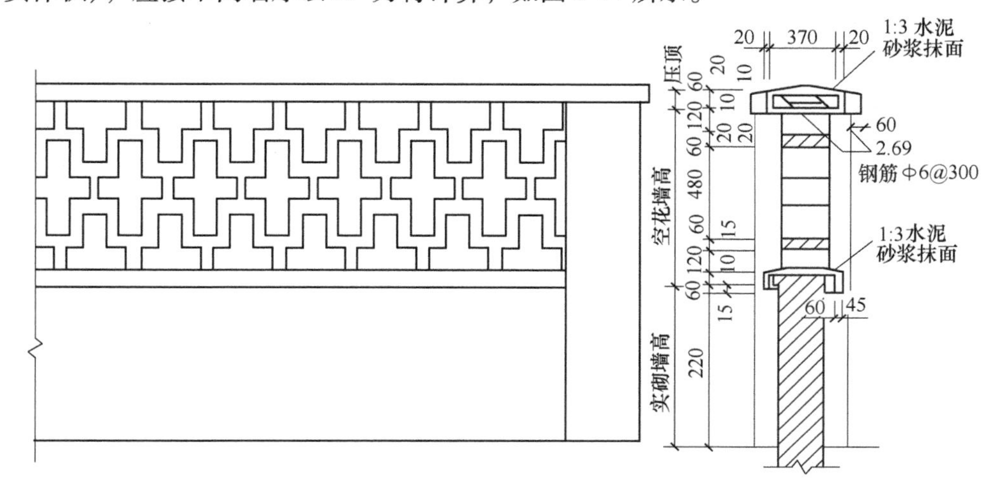

图 8-24 空花砖墙

2) 空斗砖墙工程量按图示尺寸的空斗墙外形体积以 m^3 计算，墙角及内外墙交接处，门窗洞口立边、窗台砖及屋檐外的实砌部分已包括在定额项目内，不应另行计算，窗间墙、窗台下、楼板下、梁头下等实砌部分，应另按零星砌体定额计算。

3) 贴砌砖墙工程量应按贴砌厚度以 m^3 计算，贴砖面用的砂浆已包括在定额内。

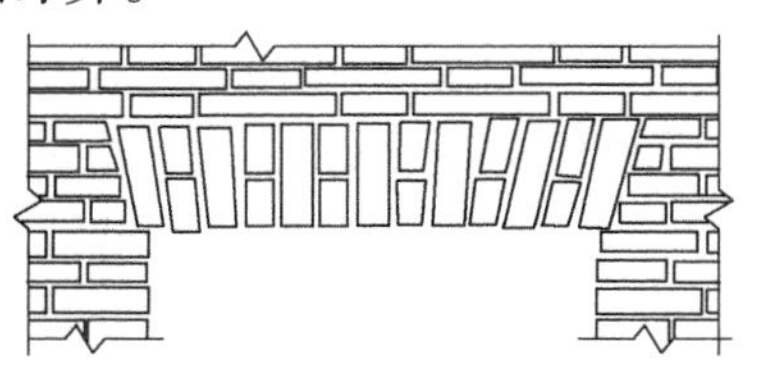

图 8-25 砖平碹

(4) 砖砌过梁计算 砖平碹（图 8-25）、砖过梁工程量按图示尺寸以 m^3 计算，如设计无规定时，砖平碹按门窗洞口宽度两端共加 0.10m 乘高度（门窗洞口宽小于 1.50m 时，高度为 0.24m，大于 1.50m 时，高度为 0.365m）计算；砖过梁按门窗洞口宽度两端共加 0.50m，高度按 0.44m 计算。

(5) 砖砌台阶计算 砖砌台阶应按水平投影面积以 m^2 计算。不包括翼墙、花池。台阶与平台连接处以最上层踏步外沿加 0.30m 为界线，如图 8-26 所示。

(6) 砌块墙计算 空心砖、多孔砖加气混凝土砌块墙工程量按砌块墙的实体积以 m^3 计算，应扣除门窗洞口（门窗洞口面积）、钢筋混凝土过梁、圈梁等所占体积。砌块墙中嵌砌的砖砌体应另按零星砖砌体计算。

(7) 其他砖石砌体

1) 附墙烟囱、通风道、垃圾道按其外形体积计算，并入所依附的墙体积内，不扣除每一个孔洞横截面在 0.10m² 以下的体积，孔洞内的抹灰工程量亦不增加，每一孔洞横截面大于 0.10m² 时，应扣除孔洞所占体积，孔洞内抹灰另列项目计算。

2）砖柱工程量按柱高乘柱断面以 m³ 计算。柱断面的长宽尺寸按相应墙体厚度的标准砖计算厚度确定。

3）砖检查井、砖化粪池及砖水池不分壁厚均以井池壁 m³ 计算，洞口上的砖平拱、砖等并入砌体体积内计算。

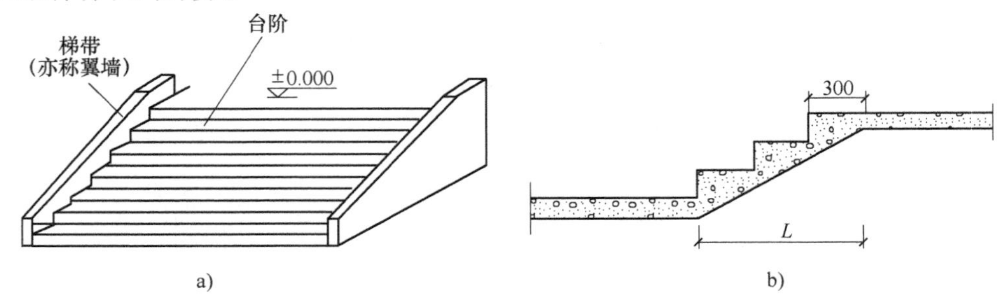

图 8-26
a）台阶 b）台阶和平台相连

4）砖烟囱筒身不分圆形、方形均按图示筒壁平均中心线周长乘厚度，并扣除筒身各种孔洞、钢筋混凝土圈梁、过梁等体积以 m³ 计算。其筒壁周长不同时可按下式分段计算：

$$V = \sum H \times C \times \pi D$$

式中 V——筒身体积；

H——每段筒身垂直高度；

C——每段筒壁厚度；

D——每段筒壁中心线的平均直径。

5）烟囱及烟道内衬工程量按不同内衬材料扣除孔洞后，以图示尺寸的实体积计算。

6）砖烟道工程量以图示尺寸的实体积计算。烟道与炉体的划分以第一道闸门为分界线，在炉体内的烟道应列入炉体工程量内计算。

7）砖水塔工程量以砖塔身和砖水箱壁的实砌体积合并计算，应扣除门、窗洞口（门、窗洞口面积）和混凝土构件所占体积，砖平及砖出檐等并入砖水塔体积内。

8）块石墙、方整石墙、柱工程量均应按外形体积以 m³ 计算，应扣除门窗洞口立边，窗台虎头砖等实砌砖体积，将实砌砖体积按零星砖砌体计算。块石墙身背面镶砖的工料已包括在定额项目内，其镶砖体积应并入块石墙身内计算。

9）块石台阶工程量按实砌体积以 m³ 计算。

4. 调整系数

1）圆形烟囱的砖基础及水塔的砖基础应按砖基础定额计算，人工乘以系数 1.20。

2）块石护坡高度超过 4m 时，定额人工乘以系数 1.15。

3）砌筑圆弧形块石基础、墙（含砖、石混合砌体）时，定额人工乘以系数 1.10。

4）横孔连锁混凝土空心砌块墙，使用 125mm 长的各种规格砌块，执行同厚度 250mm 长的定额子目，人工乘系数 1.2；125mm 长的砌块数量，按定额中 250mm 长的砌块数乘以系数 2，配砖、堵块及砂浆等不再调整。

5. 其他说明

1）实砌砖围墙、室内外地沟及女儿墙按不同厚度的砖墙定额项目计算。

2）砖砌挡土墙厚度在二砖以上按砖基础定额项目计算，二砖以内按不同厚度的砖墙定额项目计算。

3）框架间砌砖墙按砖墙定额项目以 m^3 计算。

4）砖砌锅台、炉灶、台阶挡墙、梯带、厕所蹲台、小便槽、水槽腿、煤箱、垃圾箱、灯箱、花台、花池、地垄墙、支撑地楞的砖墩、房上烟囱、屋面架空隔热层砖墩、块石墙的门窗立边及窗台虎头砖等，均以实砌体积按零星砖砌体定额计算。

5）墙体内放置的拉接钢筋及砖过梁钢筋，按第五章钢筋工程中的钢筋定额项目计算。砖平碹、砖过梁的模板，按第二十章措施项目中的现浇混凝土小型构件模板定额项目计算。

6）砖烟囱、砖水塔支筒、砖水池中的圈梁、过梁、雨篷、门框等钢筋混凝土构件，按第四章混凝土工程中的相应定额项目计算。

7）填充墙面积在 $0.6m^2$ 以内时，按零星砌体计算。

8）块石护坡排水另行计算。

9）安放木砖按第七章木结构工程中相应定额项目计算。

10）横孔连锁混凝土空心砌块墙：

①使用 K1 砌块，可调换 K 砌块与 K1 砌块的数量，其他不再调整。

②混凝土带依据设计要求按第四章混凝土工程相应定额项目计算。

③拉结钢筋依据设计要求按第五章钢筋工程相应定额项目计算。

④保温隔热层及网格布依据设计要求按第九章保温隔热工程相应定额项目计算。

⑤抹灰依据设计要求按第十二章普通抹灰工程相应定额项目计算。

6. 砌体工程量计算实例

【例 8-8】 某砖混结构办公楼首层平面图如图 8-27 所示，层高 3m，构造柱同墙厚，圈梁宽同墙厚，高度均为 400mm，M－1（1800×2400），M－2（900×2100），M－3（1500×2400），C－1（1500×1800），请根据《甘肃省建筑工程预算定额》计算该首层平面图墙体定额工程量，并填写工程量计算表。

【解】 根据《甘肃省建筑工程预算定额》工程量计算规则，实心砖墙按体积计算，应扣除嵌入墙内的钢筋混凝土构造柱及圈梁工程量，应扣除门窗工程量。

$$V_{墙}=(墙长\times 墙高-S_{门窗})\times 墙厚$$

外墙砌体工程量：

外墙长度：$L=(15.7-0.37\times2-0.24\times4+12.5-0.37\times2-0.24\times2)\times2=50.56(m)$

外墙高度：$H=3-0.4=2.6$（m）

门窗面积：$S=1.8\times2.4\times2+1.5\times2.4\times4+1.5\times1.8\times4=33.84$（$m^2$）

外墙体积：$V_{外}=(50.56\times2.6-33.84)\times0.365=35.63(m^3)$

内墙砌体工程量：

内墙长度：$L=(3.3+3-0.12\times2-0.24)\times2+(3.3-0.12-0.12)\times2+2.6-0.12\times2+(12.5-0.37\times2-0.24\times2)\times4=65.24(m)$

内墙高度：$H=3-0.4=2.6$（m）

门窗面积：$0.9\times2.1\times6=11.34$（$m^2$）

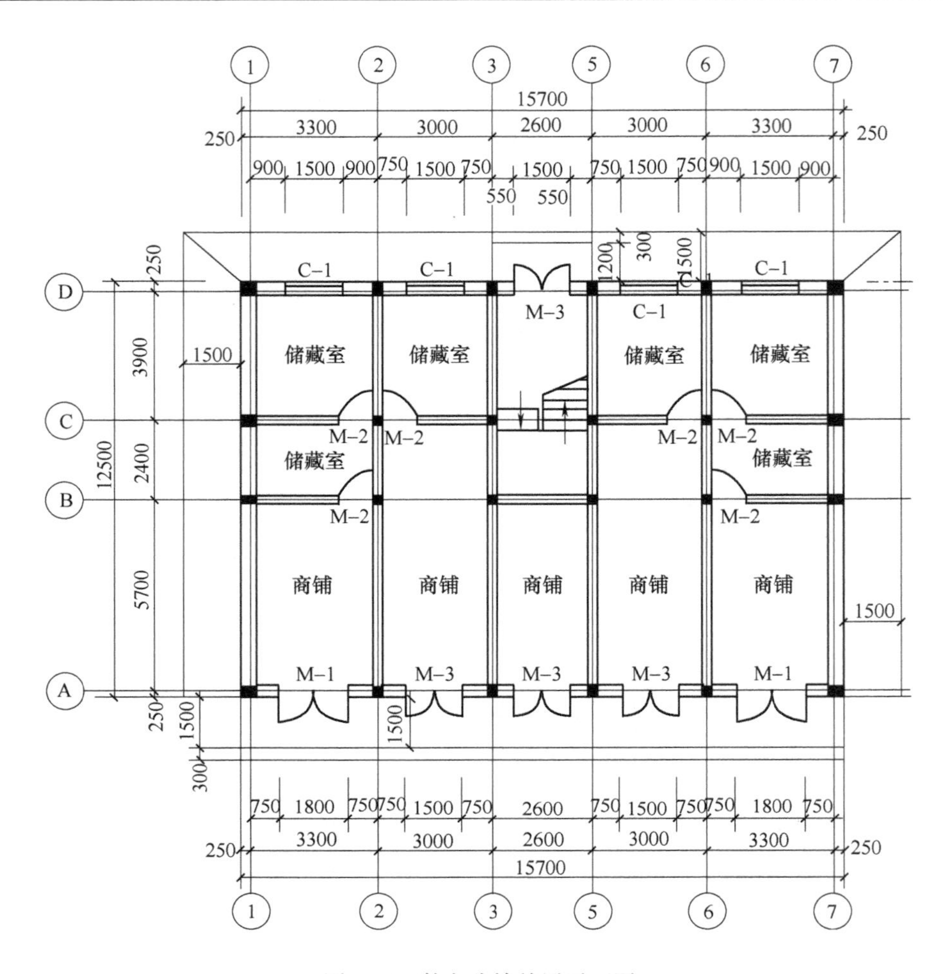

图 8-27　某办公楼首层平面图

内墙体积：$V_{内} = (65.24 \times 2.6 - 11.34) \times 0.24 = 37.99(\mathrm{m}^2)$

工程量计算表见表 8-19。

表 8-19　工程量计算表

定额编号	项目名称	单位	工程量	计　算　式
3-5	砌筑 1.5 砖墙	m^3	35.63	$[50.56 \times (3-0.4) - (1.8 \times 2.4 \times 2 + 1.5 \times 2.4 \times 4 + 1.5 \times 1.8 \times 4)] \times 0.365$
3-4	砌筑 1 砖墙	m^3	37.99	$[65.24 \times (3-0.4) - 0.9 \times 2.1 \times 6] \times 0.24$

【例 8-9】 某基础平面图如图 8-28 所示，计算该砖基础工程量，并根据《甘肃省建筑工程预算定额》填写工程量计算表。

【解】 该工程基础和墙身采用同一种材质，应该以室内设计地坪为界，以下为基础，以上为墙身。砖基础为三层等高大放脚，大放脚折加高度查表为：一砖半墙折加高度 0.259m，一砖墙折加高度为 0.394m。

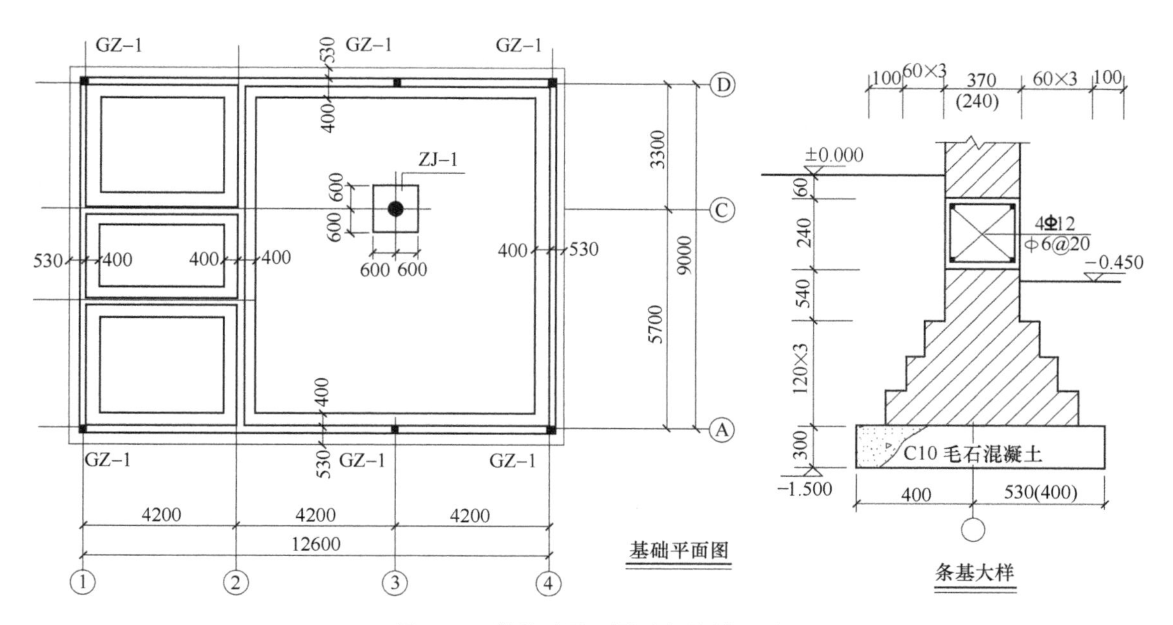

图 8-28 某基础平面图及条基剖面图

S 外 $=0.365\times(1.5-0.3-0.24+0.259)=0.445(\mathrm{m}^2)$

S 内 $=0.24\times(1.5-0.3-0.24+0.394)=0.325(\mathrm{m}^2)$

L 外 $=(12.6+0.065\times2-0.12\times2-0.37)\times2+(9-0.12\times2)\times2=41.76(\mathrm{m})$

L 内 $=9-0.12\times2+(4.2-0.12\times2)\times2=16.68(\mathrm{m})$

$V=S_{断}\times L=0.445\times41.76+0.325\times16.68=24(\mathrm{m}^3)$

工程量计算表见表 8-20。

表 8-20 工程量计算表

定额编号	项目名称	单位	工程量	计算式
3-1	砖基础	m^3	24	$0.365\times(1.5-0.3-0.24+0.259)\times41.76+0.24\times(1.5-0.3-0.24+0.394)\times16.68$

8.3.4 混凝土工程

1. 混凝土工程计算内容及定额列项

混凝土工程计算各类现浇构件的混凝土工程量、商品混凝土工程量、预制构件的制作、运输和安装工程量，预算定额列项如图 8-29 所示。下面将分别介绍其计算内容。

2. 现浇和预制构件混凝土工程量计算

计算规则：各类现浇和预制构件混凝土工程量（包括商品混凝土现浇构件、现场搅拌混凝土现浇构件），除注明者外，其他均按设计图示尺寸以 m^3 计算，不扣除钢筋、铁件所占体积。商品混凝土还应计算泵送工程量。

（1）基础混凝土计算　现浇带形基础及独立基础等均按构件的几何形体计算其体积，套用相应基础类型定额子目，如带形基础、独立基础、桩承台基础等。

1）混凝土独立基础，如图 8-30a、b 所示。

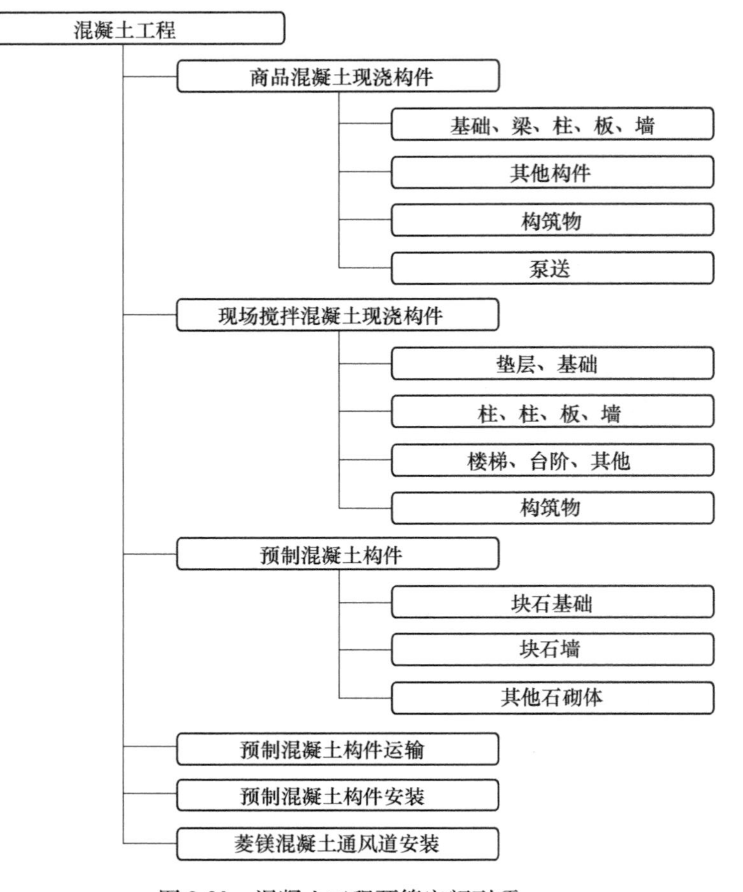

图 8-29　混凝土工程预算定额列项

台阶式独立基础：　　$V = a \times b \times h_1 + a_1 \times b_1 \times h_2$

锥台式独立基础：

$$V = abh + \frac{h_1}{3}\left[S_1 + S_2 + \sqrt{S_1 S_2}\right]$$

2）混凝土条形基础如图 8-30c 所示。

混凝土条形基础体积：

$$V = S \times L + VT$$

式中　V——条形基础体积；

S——条形基础断面面积；

L——条形基础长度；

VT——T 形接头的搭接部分体积，如图 8-31 所示。

$VT = V_1 + V_2$（V_1——T 形接头搭接部分梁的体积；V_2——T 形接头搭接部分楔形体的体积）

$V_1 = L_{搭} \times b \times H$，$L_{搭} = \dfrac{B - b}{2}$

$V_2 = L_{搭} \times h_1 \times \dfrac{(2b + B)}{6} = \dfrac{B - b}{2} \times h_1 \times \dfrac{(2b + B)}{6}$

或 $VT = L \times b \times H + \frac{(2b + B)}{6} \times L \times h_1$

3）筏板基础（满堂基础）如图8-30d、e所示

无梁式筏板基础体积：V = 底板体积 + 单个柱帽体积 × 柱帽个数

有梁式筏板基础体积：V = 底板体积 + 梁体积

4）现浇箱式满堂基础如图8-30f所示。

现浇箱式满堂基础应分别按无梁式满堂基础、柱、墙、梁及板计算工程量。

5）现浇混凝土框架式设备基础应分别按基础、柱、梁及板计算工程量，套取定额子目时，基础按设计基础类型套取，柱、梁、板套用相应定额子目。

6）预制混凝土桩基础应按桩长（包括桩尖的全长）乘桩身横断面计算，桩尖的虚体积不扣除。

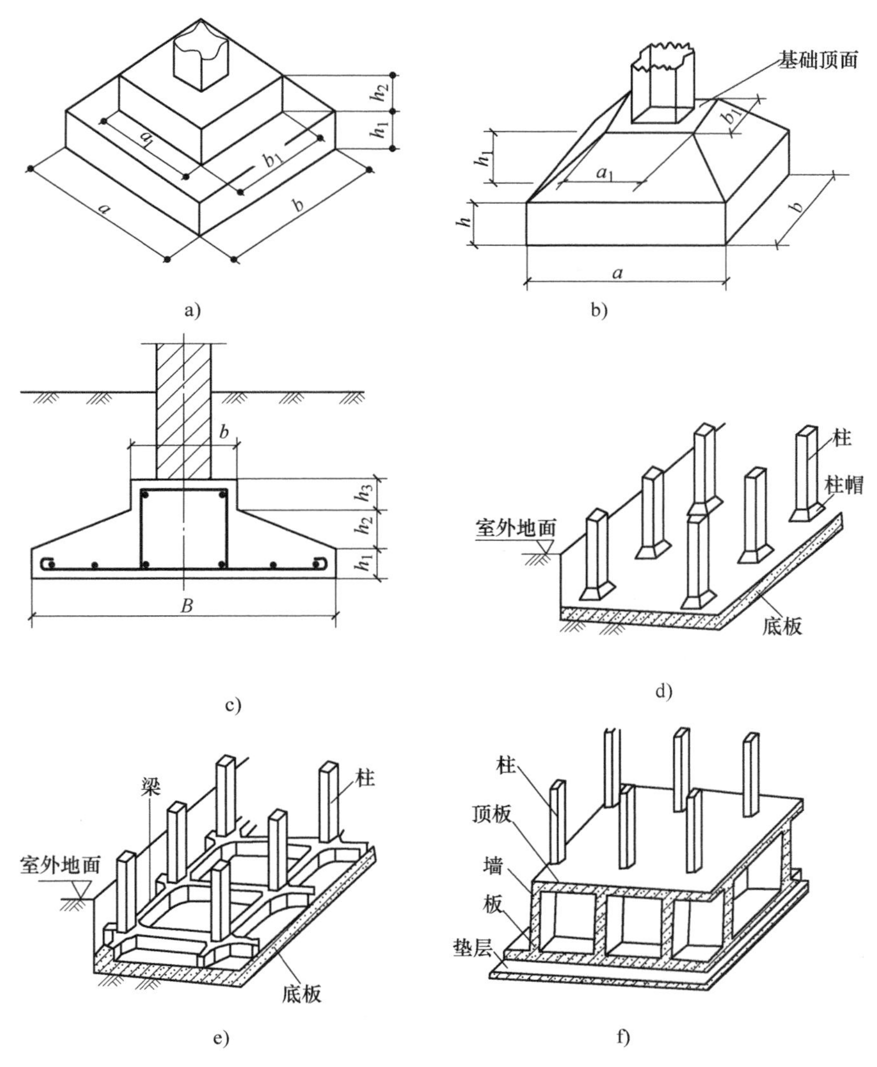

图8-30 各种基础示意图

a）台阶独立基础 b）锥台独立基础 c）混凝土条形基础 d）无梁式筏板基础

e）有梁式筏板基础 f）箱式满堂基础

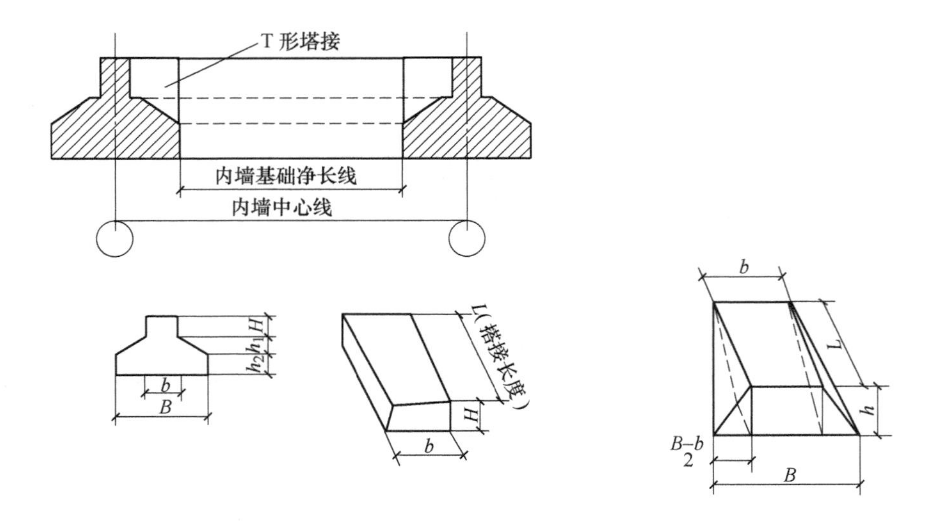

图 8-31　条形基础 T 形接头搭接计算示意图

（2）柱混凝土计算　现浇混凝土柱的体积应按柱高乘柱的断面积计算，依附于柱上的牛腿应合并在柱的工程量内。柱高按下列规定计算：

1）有梁板的柱高应自柱基上表面或楼板上表面算至上一层的楼板上面，如图 8-32a 所示。

2）无梁板的柱高应自柱基上表面或楼板上表面算至柱帽的下表面，如图 8-32b 所示。

3）框架柱的高度，有楼隔层时，自柱基上表面或楼板上表面算至上一层的楼板上表面，无楼隔层时应自柱基上表面算至柱顶面，如图 8-32c 所示。

4）空心板楼盖的柱高应自柱基上表面（或楼板上表面）算至托板或柱帽的下表面。

5）构造柱按全高计算，与砖墙嵌接部分（马牙槎）的体积并入柱身体积内。构造柱在平面图中因所处位置不同，马牙槎的数量也就不相同，如图 8-33 所示，应根据具体工程平面布置分别计算。

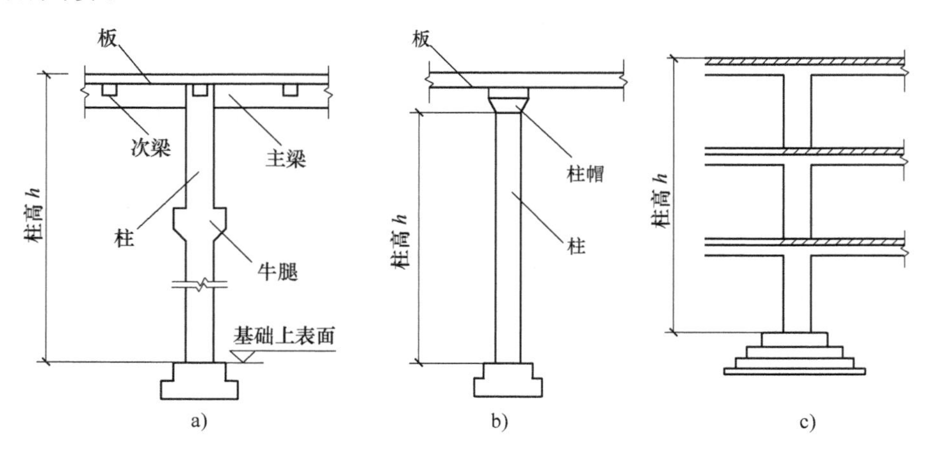

图 8-32　柱高确定示意图

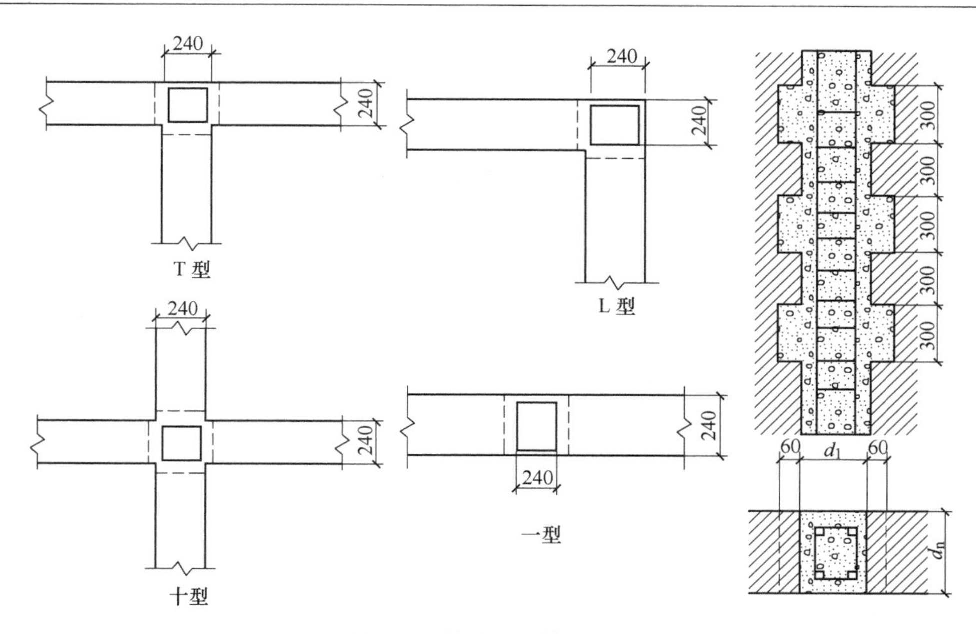

图 8-33 构造柱计算示意图

（3）梁混凝土计算 现浇混凝土梁的体积应按梁长乘梁的断面积计算。梁长按下列规定计算：

1）与柱连接的梁应从柱侧面算起，如图 8-34a 所示。

2）次梁与主梁连接时，次梁应从主梁的侧面算起，如图 8-34b 所示。

3）伸入墙内的梁头、梁垫，其体积并入梁体积内。

4）凡加固墙身浇捣在砖墙上的梁和圈梁应合并计算，砖基础上的圈梁或地梁均按圈梁计算。

5）直接以独立基础或桩为支点并承受墙身荷载的梁按基础梁计算。

6）混凝土压顶应以长度乘压顶的断面积计算。

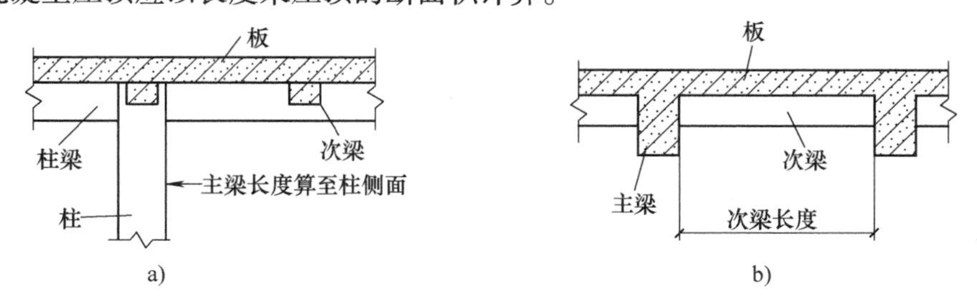

图 8-34 梁长的确定

（4）板混凝土计算 现浇混凝土板应按下列规定分别以实体积计算：

1）有梁板是指梁（包括主、次梁）与板构成一体的板，其工程量按板和梁的体积之和计算，并应扣除柱身在板内所占体积，如图 8-35a 所示。

2）无梁板是指不带梁直接用柱支承的板，其工程量按板与柱帽体积之和计算，如图 8-35b所示。

3）空心板楼盖是指在现浇混凝土板中预埋空心芯筒或空心芯盒，形成单向或双向工字形（或T形）肋传力的箱形空心楼板，其工程量按扣除芯筒或芯盒的外形体积后的板混凝土实体积与托板或柱帽体积之和以 m^3 计算。

4）平板是指无柱、梁，直接由墙承重的板，按实体积计算，如图8-35c所示。

5）阳台板、雨篷板以及伸出墙外部分的牛腿均以实体积计算，并入与阳台板和雨篷板相连接的板体积内计算。

6）有多种板连接时以墙的中心线为分界线。

7）伸入墙内的板头并入板体积内计算。

8）挑檐、天沟与屋面板或楼板连接时，应以外墙皮为分界线，与圈梁或其他梁连接时，应以梁侧面为分界线，如图8-35d所示。

9）混凝土栏板、扶手均按实体积计算。

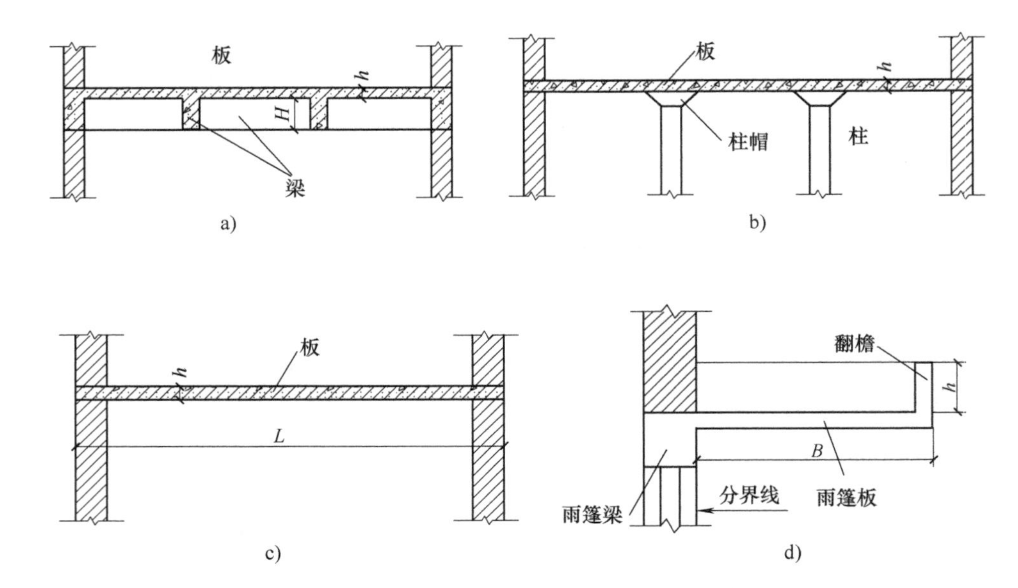

图8-35　各种混凝土板计算示意图

a）有梁板　b）无梁板　c）平板　d）雨篷板

（5）墙体混凝土计算　现浇直、圆形墙及挡土墙，应将墙上的圈梁、过梁、暗梁、暗柱和突出墙外的垛并入墙体积内计算。应扣除门窗洞口（按门窗框外围面积计算）及 $0.30m^2$ 以外孔洞的体积，$0.30m^2$ 以内的孔洞体积可不扣除。

（6）构筑物混凝土计算

1）现浇混凝土烟囱的基础与筒身应分别计算工程量。基础包括底板和筒座，筒座以上为筒身，依附于筒身的牛腿，烟道口等工程量并入筒身计算。

2）现浇混凝土水塔的基础、塔身、水箱应分别计算工程量。筒式塔身与基础，以筒座上表面或基础底板上表面为分界线；柱式塔身与基础以柱脚与基础底板或梁交接处为分界线。筒式塔身应扣除门窗洞口体积（按门窗框外围面积计算）。依附混凝土筒身的平台，雨篷、门框等工程量并入筒壁体积内计算；柱式塔身的梁、柱、平台等工程量合并计算。塔身以上为水箱，水箱包括塔顶、箱底、箱壁、环梁及平台等，塔身与水箱以箱底环梁底为分界线，环梁底以上为水箱、以下为塔身。塔顶、箱底、箱壁、环梁及平台等工程量合并计算。

3）现浇混凝土贮水（油）池的池底、池壁、池盖、池柱、壁基础梁、水槽等工程量合并计算。

4）现浇混凝土贮仓的立壁、漏斗、底板、支柱、顶板应分别计算工程量。立壁上的圈梁并入漏斗体积内计算。顶板的梁和顶板工程量合并计算。

5）现浇混凝土化粪池的池底、池壁、池盖等工程量合并计算。

（7）型钢混凝土组合结构混凝土计算　型钢混凝土组合结构混凝土工程量应按设计图示尺寸以 m^3 计算，应扣除型钢所占的体积，不扣除钢筋、铁件所占体积。

（8）其他构件混凝土计算

1）现浇地沟的沟底、沟边、沟顶工程量合并计算。

2）现浇台阶工程量按台阶的水平投影面积以 m^2 计算。台阶与平台连接时其投影面积应以最上层踏步外沿加 0.30m 计算。

3）现浇楼梯工程量（包括楼梯踏步，楼梯休息平台及楼梯与楼层连接梁。不包括楼梯井）按水平投影面积以 m^2 计算，如图 8-36 所示。

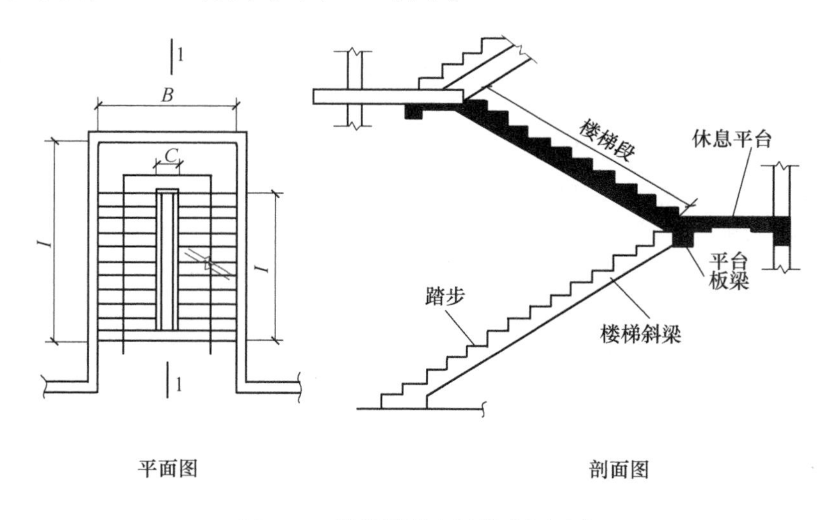

图 8-36　楼梯混凝土计算范围示意

3. 预制构件运输工程量计算

预制构件运输工程量按构件实体积以 m^3 计算，各种构件按表 8-21 规定分类。

表 8-21　预制构件运输分类表

构件类别	构 件 名 称
Ⅰ类	各类屋架、桁架、托架，8m 以上的梁、柱、桩、薄腹梁
Ⅱ类	8m 以下的梁、柱、桩及支架、大型屋面板、槽型板、肋形板、天沟板、空心板、平板、檩条、楼梯、阳台板、挑檐、垃圾道、通风道、小型配套构件
Ⅲ类	天窗架、侧板、端壁板、上下挡、各种支撑、门窗框
Ⅳ类	大型墙板、薄壳板

4. 预制构件安装工程量计算

1）预制构件安装工程量除倒锥壳水塔水箱按不同容量以座计算外，其他均按构件实体积以 m^3 计算。

2）组合屋架安装以混凝土部分的实体积计算，钢杆件部分不另计算。

3）预制构件接头灌缝包括构件座浆、灌浆、堵板孔、塞板梁缝等，均按预制构件实体积以 m^3 计算。

4）预制柱与柱基的灌缝，按首层柱的体积计算；首层以上柱灌缝按各层柱体积计算。

5. 调整系数

1）单层房屋屋盖系统构件必须在跨外采用汽车式起重机安装时，将相应构件安装定额的人工、机械用量乘系数1.18，采用塔式起重机和卷扬机安装时不再调整。

2）空心板堵孔的人工、材料、已包括在空心板灌缝定额内，如不堵孔时每 $10m^3$ 空心板体积应扣除 $0.23m^3$ 混凝土和2.2工日。

3）混凝土斜板按板定额项目的人工、机械乘系数1.15。

4）型钢混凝土组合结构定额项目的人工乘系数2.0，材料乘系数1.02。

6. 其他说明

1）井桩混凝土的充盈系数与实际不同时，可进行调整。

2）现浇混凝土柱、墙定额中，均按规范规定列入了底部灌1:2水泥砂浆的用量。

3）构件单件体积在 $0.15m^3$ 以内，定额中未列出的构件，按小型构件计算。

4）现浇混凝土烟道、通风道按地沟定额项目计算。

5）现浇混凝土外加剂与定额不同时可按设计要求，调整计算。

6）水塔水箱及贮水池定额中不包括试水费用，发生时应另行计算。

7）商品混凝土定额中弧内混凝土量为总消耗量，包括商品混凝土搅拌、场外运输、泵送及浇筑损耗。泵送高度以建筑物室外地坪至檐口高度按相应定额项目计算。混凝土泵送工程量按图纸计算量×（1+损耗量1%）计算。

8）在预制混凝土板安装后，需补浇板缝带的混凝土按现浇平板安装计算。

9）预制圈梁、压顶按预制过梁定额计算。

10）预制构件安装定额是按汽车式起重机、塔式起重机分别制定的。

11）现浇和预制混凝土定额项目中，均不包括铁件制作、安装，其构件制作、安装应按第六章金属结构工程相应项目计算。

12）轻骨料混凝土包括炉渣混凝土、矿渣混凝土、陶粒混凝土等。

13）带肋底板：

①安装套用平板（不焊接）定额项目计算。

②模板按措施项目模板相应定额项目计算。

③钢筋按钢筋工程相应定额项目计算。

14）横孔连锁混凝土空心砌块墙中的混凝土带，按无梁板定额项目计算。

7. 混凝土工程量计算实例

【例8-10】 某带形基础平面图及剖面图如图8-37示，基础墙厚240mm，轴线居中。$a=500mm$，$b=500mm$，混凝土采用现场搅拌浇筑，请根据《甘肃省建筑工程预算定额》计算混凝土带形基础定额工程量，并填写工程量计算表。

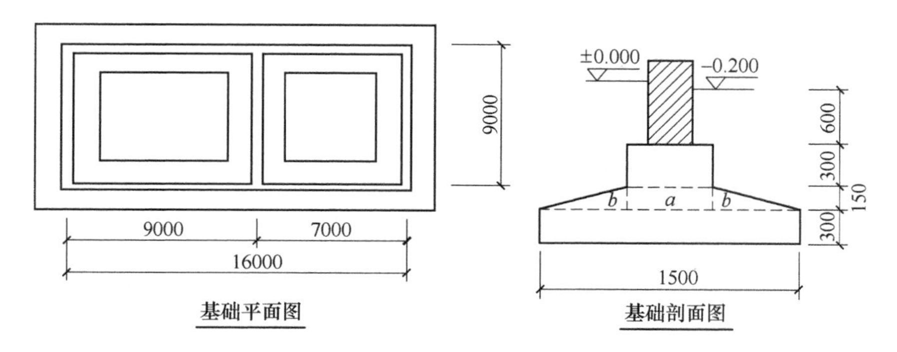

图 8-37　某基础平面及剖面图

【解】　本例为锥台式带形基础，其体积应由形体断面体积 V_1 加 T 形搭接部分体积计算。

带型基础长度：$L=(16+9)\times2+9-1.5=57.5(\text{m})$

带型基础断面积：$S_{断}=1.5\times0.3+(0.5+1.5)\times0.15/2+0.5\times0.3=0.75(\text{m}^2)$

$$V=0.75\times57.5=43.125\ (\text{m}^3)$$

T 形搭接部分体积（梁）：

$$V_1=\frac{B-b}{2}\times b\times H=\frac{1.5-0.5}{2}\times0.5\times0.3=0.075\ (\text{m}^3)$$

T 形搭接部分体积（楔形体）：

$$V_2=\frac{B-b}{2}\times h_1\times\frac{(2b+B)}{6}=\frac{1.5-0.5}{2}\times0.15\times\frac{2\times0.5+1.5}{6}=0.031(\text{m}^3)$$

$$V_{总}=V+2(V_1+V_2)=43.125+2\times(0.075+0.031)=43.34(\text{m}^3)$$

工程量计算表见表 8-22。

表 8-22　工程量计算表

定额编号	项目名称	单位	工程量	计　算　式
4-57	混凝土带形基础	m^3	43.34	$1.5\times0.3+(0.5+1.5)\times0.15/2+0.5\times0.3\times57.5+\frac{1.5-0.5}{2}\times0.5\times0.3+\frac{1.5-0.5}{2}\times0.15\times\frac{2\times0.5+1.5}{6}$

【例 8-11】　有一筏形基础如图 8-38 所示，底板尺寸 39m×17m，板厚 300mn，凸梁断面 400mm×400mm，纵横间距均为 2000mm，边端各距板边 500m，采用商品混凝土浇筑，请根据《甘肃省建筑工程预算定额》计算该基础的混凝土定额工程量，并填写工程量计算表。

【解】　该筏板基础为有梁式筏板基础，其工程量应按基础底板体积与凸梁体积之和以 m^3 计算，混凝土为商品混凝土，还应计算其泵送工程量，混凝土泵送工程量按图纸计算量×（1+损耗量 1%）计算。

基础底板混凝土体积：$V_b=39\times17\times0.3=198.9\ (\text{m}^3)$

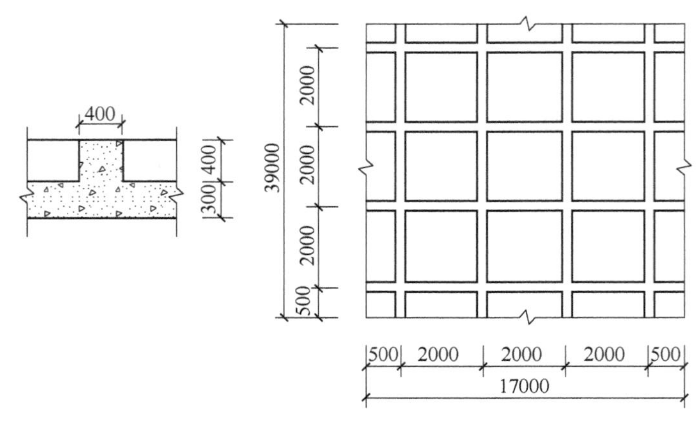

图　8-38

凸梁混凝土体积：纵梁根数 $n_1=(17-1)/2+1=9$(根)

横梁根数 $n_2=(39-1)/2+1=20$(根)

梁长 $L=39\times9+17\times20-9\times20\times0.4=619$ (m)

凸梁体积 $V=0.4\times0.4\times619=99.04$ (m^3)

筏形基础混凝土体积：$V_{总}=198.9+99.04=297.94$ (m^3)

混凝土泵送：$297.94\times(1+1\%)=300.92$($m^3$)

工程量计算表见表 8-23。

表 8-23　工程量计算表

定额编号	项目名称	单位	工程量	计　算　式
4-3	满堂基础混凝土	m^3	297.94	$(39\times17\times0.3)+(39\times9+17\times20—9\times20\times0.4)\times0.4\times0.4$
4-37	商品混凝土泵送	m^3	300.92	$297.94\times(1+1\%)$

【例 8-12】 某办公楼 7.2m 标高现浇有梁板平面如图 8-39 所示，柱、梁、板混凝土强度等级均为 C25。框架柱截面尺寸为 KZ_1：500mm×500mm，KZ_2：400mm×500mm，KZ_3：400mm×400mm。层高 3.6m，KL 尺寸如图 8-39 所示，其梁高均包括板厚，板厚为 100mm。混凝土采用现场搅拌浇筑。请根据《甘肃省建筑工程预算定额》计算本层柱和有梁板的混凝土工程量，并填写工程量计算表。

【解】 根据《甘肃省建筑工程预算定额》计算规则，梁、柱均按构件实体积以 m^3 计算；框架柱的高度，自楼板上表面算至上一层的楼板上表面；有梁板工程量按板和梁的体积之和计算，并应扣除柱身在板内所占体积。

KZ 混凝土体积：　$V_{KZ_1}=0.5\times0.5\times3.6\times4=3.6$ (m^3)

$V_{KZ_2}=0.4\times0.5\times3.6\times4=2.88$ (m^3)

$V_{KZ_3}=0.4\times0.4\times3.6\times2=1.152$ (m^3)

$V_{柱总}=3.6+2.88+1.152=7.63$ (m^3)

有梁板混凝土体积：

板：$V_{板}=[(11.1+0.25\times2)\times(6+0.25\times2)-0.5\times0.5\times4-0.5\times0.4\times4-0.4\times0.4\times2]\times0.1=7.328$($m^3$)

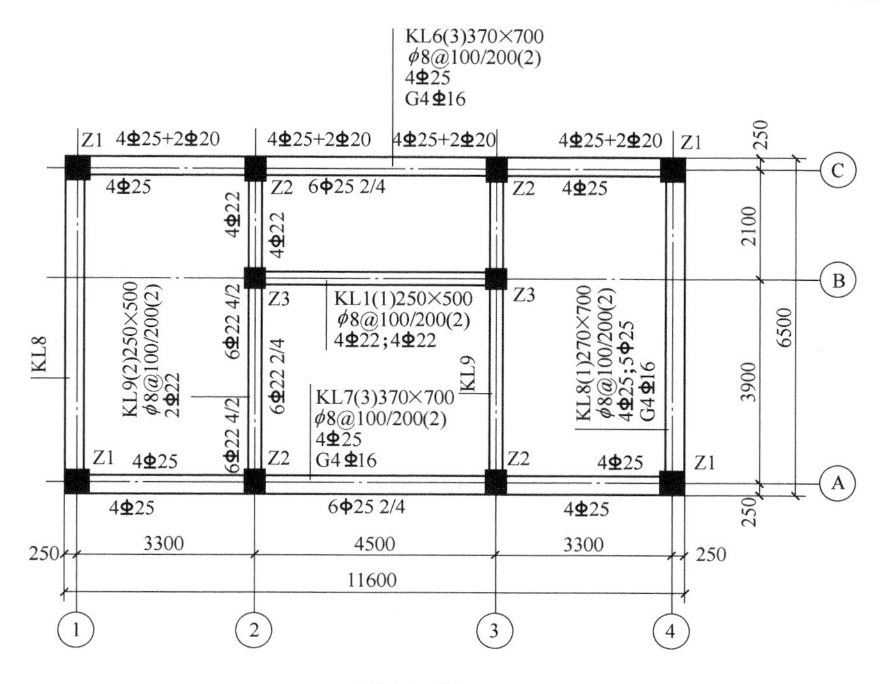

图 8-39 某办公楼 7.2m 现浇板结构

梁：

$$V_{KL_1}=0.25\times(0.5-0.1)\times(4.5-0.2\times2)=0.41(m^3)$$

$$V_{KL_6}=0.37\times(0.7-0.1)\times(11.1-0.25\times2-0.4\times2)=2.176(m^3)$$

$$V_{KL_7}=2.176(m^3)$$

$$V_{KL_8}=0.37\times(0.7-0.1)\times(6-0.25\times2)\times2=2.442(m^3)$$

$$V_{KL_9}=0.25\times(0.5-0.1)\times(6-0.25\times2-0.4)\times2=1.02(m^3)$$

$$V_{梁总}=0.41+2.176+2.176+2.442+1.02=8.224\ (m^3)$$

$$V_{有梁板}=V_{板}+V_{梁}=7.328+8.224=15.55\ (m^3)$$

工程量计算表见表 8-24。

表 8-24 工程量计算表

定额编号	项目名称	单位	工程量	计算式
4-65	现浇矩形柱	m^3	7.63	0.5×0.5×3.6×4+0.4×0.5×3.6×4+0.4×0.4×3.6×2
4-79	现浇有梁板	m^3	15.55	[(11.1+0.25×2)×(6+0.25×2)−0.5×0.5×4−0.5×0.4×4−0.4×0.4×2]×0.1+0.25×(0.5−0.1)×(4.5−0.2×2)+0.37×(0.7−0.1)×(11.1−0.25×2−0.4×2)×2+0.37×(0.7−0.1)×(6−0.25×2)×2+0.25×(0.5−0.1)×(6−0.25×2−0.4)×2

8.3.5 钢筋工程

1. 钢筋工程计算内容及定额列项

在建筑工程量计算中，钢筋工程量计算是一个非常重要的环节。随着我国城镇化建设步伐的加快，土地日趋紧张，房屋建设规模朝高、大方向发展，多层及高层建筑如雨后春笋般地拔地而起，其中多为钢筋混凝土结构或钢结构，钢筋的用量大幅增加，因此，能否正确的计算一个工程的钢筋工程量，直接影响到能不能正确地确定一个建筑工程的工程造价。

钢筋工程计算各类现浇和预制构件的非预应力钢筋工程量和预制构件预应力钢筋工程量。预算定额列项如图 8-40 所示。

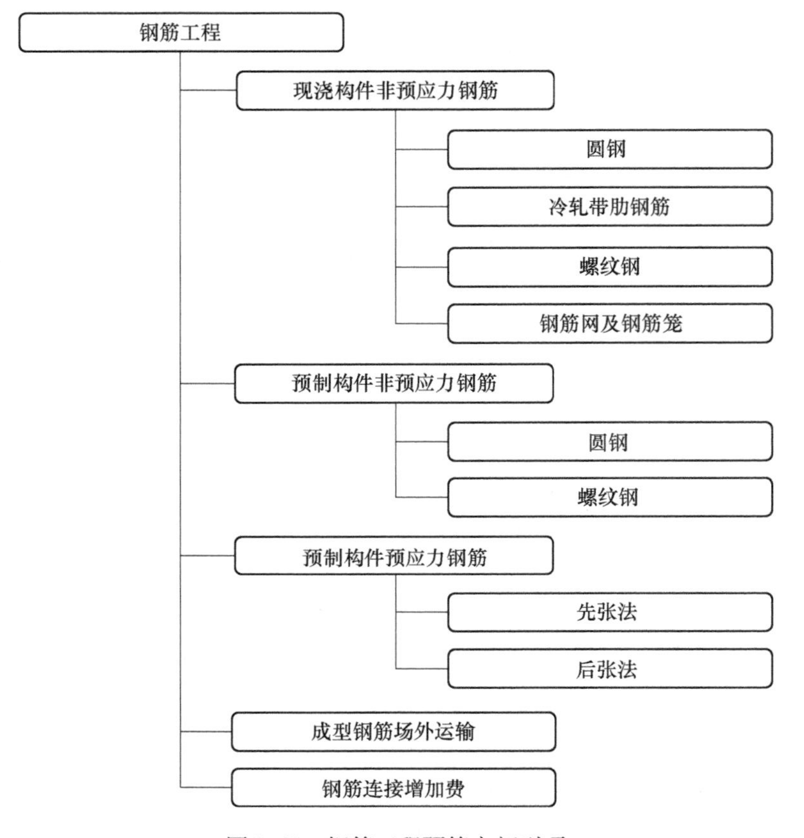

图 8-40　钢筋工程预算定额列项

2. 钢筋工程量计算依据——《混凝土结构施工图平面整体表示方法制图规则和构造详图》

“平法”将结构设计分为“创造性设计”内容与“重复性”（非创造性）设计内容两部分，两部分为对应互补关系，合并构成完整的结构设计；设计工程师以数字化、符号化的平面整体设计制图规则完成其创造性设计内容部分；重复性设计内容部分主要是节点构造和杆件构造以“广义标准化”方式编制成国家建筑标准构造设计。正是由于“平法”设计的图纸拥有这样的特性，因此我们在计算钢筋工程量时首先结合“平法”的基本原理准确理解数字化、符号化的内容，才能正确的计算钢筋工程量。

《混凝土结构施工图平面整体表示方法制图规则和构造详图》，简称“平法图集”，自 1996 年出版的 96G101 开始，先后出版了 00G101 系列、03G101 系列、11G101 系列，共进行了 3 次大的修编和调整。现行的 11G101 系列包括三本标准图集：

《混凝土结构施工图平面整体表示方法制图规则和构造详图》（11G101-1）（现浇混凝土

框架、剪力墙、梁、板)。

《混凝土结构施工图平面整体表示方法制图规则和构造详图》(11G101-2)(现浇混凝土板式楼梯)。

《混凝土结构施工图平面整体表示方法制图规则和构造详图(11G101-3)(独立基础、条形基础、筏形基础及桩基承台)。

本节内容将根据现行的11G101系列标准图集进行钢筋工程量计算讲解。

3. 工程量计算规则

1)钢筋工程量应按设计长度乘以单位长度的理论重量以t计算。

2)各构件设计(包括标准设计)已规定的连接,应按规定连接长度计算,设计未规定的连接已包括在定额损耗量,不再计算。

3)先张法预应力钢筋的长度应按设计图规定的预应力钢筋设计长度计算。

4)后张法预应力钢筋钢丝束、钢绞线的长度,应按设计图规定的预留孔道长度和锚具种类,增加或减少下列长度:

①螺纹钢筋两端采用螺纹端杆锚具时,预应力钢筋长度应按孔道长度减少减少0.35m计算。

②螺纹钢筋一端采用镦头插片,另一端采用帮条锚具时,预应力钢筋长度应增加0.15m计算。

③螺纹钢筋一端采用镦头插片,另一端采用螺纹端杆时,钢筋长度应按预留孔道长度计算。

④螺纹钢筋一端采用镦粗头,另一端采用JM12锚具时,钢筋长度应增加0.95m计算。

⑤螺纹钢筋采用后张自锚法混凝土自锚头时,钢筋长度应增加0.35m。

⑥螺纹钢筋或钢绞线采用JM12锚具,孔道长度在20m以内时,钢筋或铜绞线长度应增加1.00m。

⑦螺纹钢筋或钢绞线采用JM12锚具,孔道长度在20m以外或曲线孔道时,钢筋或钢绞线长度应增加1.80m。

⑧碳素钢丝采用锥形锚具,孔道长度在20m以内时,钢丝长度应增加1.00m。

⑨碳素钢丝采用锥形锚具,孔道长度在20m以外或曲线孔道时,钢丝长度应增加1.80m。

⑩碳素钢丝两端采用镦粗头时,钢丝长度应增加0.35m。

5)设计规定钢筋接头采用电渣压力焊、直螺纹、锥螺纹和套筒挤压连接等接头时按个计算。

6)灌注混凝土桩的钢筋笼制作、安装按质量以t计算。

4. 非预应力钢筋工程量计算

(1)影响钢筋设计长度的因素

1)混凝土保护层厚度。根据《混凝土结构耐久性设计规范》(GB/T 50476—2008)以及国际相应规范、标准的有关规定,从混凝土碳化、脱钝和钢筋锈蚀的耐久性角度考虑,应以最外层钢筋(包括箍筋、构造筋、分布筋等)的外缘计算混凝土保护层厚度。11G101平法图集中对保护层厚度有明确规定,对结构所处耐久性环境类别进行了划分,混凝土结构环境类别见表8-25,对应环境等级的修改,混凝土保护层的最小厚度c(mm)取值见表8-26。

表 8-25　混凝土结构的环境类别

环境类别	条　件
一	室内干燥环境 无侵蚀性静水浸没环境
二 a	室内潮湿环境 非严寒和非寒冷地区的露天环境 非严寒和非寒冷地区与无侵蚀性的水或土壤直接接触的环境 严寒和寒冷地区的冰冻线以下与无侵蚀性的水或土壤直接接触的环境
二 b	干湿交替环境 水位频繁变动环境 严寒和寒冷地区的露天环境 严寒和寒冷地区冰冻线以上与无侵蚀性的水或土壤直接接触的环境
三 a	严寒和寒冷地区冬季水位变动区环境 受除冰盐影响环境 海风环境
三 b	盐渍土环境 受除冰盐作用环境 海岸环境
四	海水环境
五	受人为或自然的侵蚀性物质影响的环境

表 8-26　混凝土保护层最小厚度　　（单位：mm）

环境类别	板、墙	梁、柱	环境类别	板、墙	梁、柱
一	15	20	三 a	30	40
二 a	20	25	三 b	40	50
二 b	25	35			

注：1. 混凝土强度等级不大于 C25 时，表中保护层厚度数值应增加 5mm。

2. 钢筋混凝土基础宜设置混凝土垫层，其受力钢筋的混凝土保护层厚度应从垫层顶面算起，且不应小于 40mm。

2）锚固及搭接长度。钢筋混凝土结构中钢筋能够受力，主要是依靠钢筋和混凝土之间的粘结锚固作用，因此锚固是混凝土结构受力的基础。我国钢筋强度不断提高，结构形式的多样性也使锚固条件有了很大的变化，根据近年来系统试验研究及可靠度分析的结构并参考国际标准，11G101 平法图集给出了以简单计算确定受拉钢筋锚固长度的方法。基本锚固长度 l_{ab}取决于钢筋强度 f_y 及混凝土抗拉强度 f_t，并与锚固钢筋直径及外形有关。设计锚固长度 l_a 为基本锚固长度 l_{ab}乘锚固长度修正系数 ζ_a 的数值，以反映锚固条件的影响：$la=\zeta_a l_{ab}$。

受拉钢筋基本锚固长度 l_{ab}、l_{abE}见表 8-27；受拉钢筋锚固长度 l_a、抗震锚固长度 l_{aE}见表 8-28；锚固长度修正系数 ζ_a 见表 8-29；纵向受拉钢筋绑扎搭接长度 l_1、l_{1E}见表 8-30，锚固剂搭接具体数值根据工程抗震等级及构件混凝土强度等级查表。

表 8-27 受拉钢筋基本锚固长度 l_{ab}、l_{abE}

钢筋种类	抗震等级	混凝土强度等级								
		C20	C25	C30	C35	C40	C45	C50	C55	≥C60
HPB300	一、二级（l_{abE}）	45d	39d	35d	32d	29d	28d	26d	25d	24d
	三级（l_{abE}）	41d	36d	32d	29d	26d	25d	24d	23d	22d
	四级（l_{abE}） 非抗震（l_{ab}）	39d	34d	30d	28d	25d	24d	23d	22d	21d
HRB335 HRBF335	一、二级（l_{abE}）	44d	38d	33d	31d	29d	26d	25d	24d	24d
	三级（l_{abE}）	40d	35d	31d	28d	26d	24d	23d	22d	22d
	四级（l_{abE}） 非抗震（l_{ab}）	38d	33d	29d	27d	25d	23d	22d	21d	21d
HRB400 HRBF400 RRB400	一、二级（l_{abE}）	—	46d	40d	37d	33d	32d	31d	30d	29d
	三级（l_{abE}）	—	42d	37d	34d	30d	29d	28d	27d	26d
	四级（l_{abE}） 非抗震（l_{ab}）	—	40d	35d	32d	29d	28d	27d	26d	25d
HRB500 HRBF500	一、二级（l_{abE}）	—	55d	49d	45d	41d	39d	37d	36d	35d
	三级（l_{abE}）	—	50d	45d	41d	38d	36d	34d	33d	32d
	四级（l_{abE}） 非抗震（l_{ab}）	—	48d	43d	39d	36d	34d	32d	31d	30d

表 8-28 受拉钢筋锚固长度 l_a、抗震锚固长度 l_{aE}

非抗震	抗震	注：
$l_a=\zeta_a l_{ab}$	$l_{aE}=\zeta_{aE} l_a$	1. l_a 不应小于200。 2. 锚固长度修正系数 ζ_a 按表 8-29 取用，当多于一项时，可按连乘计算，但不应小于 0.6 3. ζ_{aE} 为抗震锚固长度修正系数，对一、二级抗震等级取 1.15，对三级抗震等级取 1.05，对四级抗震等级取 1.00

表 8-29 受拉钢筋锚固长度修正系数 ζ_a

锚 固 条 件		ζ_a	
带肋钢筋的公称直径大于25mm		1.10	—
环氧树脂涂层带肋钢筋		1.25	
施工过程中易受扰动的钢筋		1.10	
锚固区保护层厚度	3d	0.80	注：中间时按内插值。d 为锚固钢筋直径。
	5d	0.70	

表 8-30 纵向受拉钢筋绑扎搭接长度 l_1、l_{1E}

纵向受拉钢筋绑扎搭接长度 l_1、l_{1E}				注：
抗震	非抗震			1. 当直径不同的钢筋搭接时，l_1、l_{1E}按直径较小的钢筋计算 2. 任何情况下不应小于300mm 3. 式中 ζ_1 为纵向受拉钢筋搭接长度修正系数。当纵向钢筋搭接接头百分率为表的中间值时，可按内插取值
$l_{1E}=\zeta_1 l_{aE}$	$l_1=\zeta_1 l_a$			
纵向受拉钢筋搭接长度修正系数 ζ_1				
纵向钢筋搭接接头面积百分率(%)	≤25	50	100	
ζ_1	1.2	1.4	1.6	

3）弯钩增加长度。钢筋弯钩通常分为半圆弯钩、斜弯钩和直弯钩三种类型，如图 8-41 所示。弯钩增加长度由弯曲部分长度和平直段长度组成，其中平直段 x 的取值为普通钢筋 $3d$，箍筋非抗震结构取 $5d$，箍筋抗震结构取 $10d$ 且大于 75mm，弯钩增加长度具体取值见表 8-31。

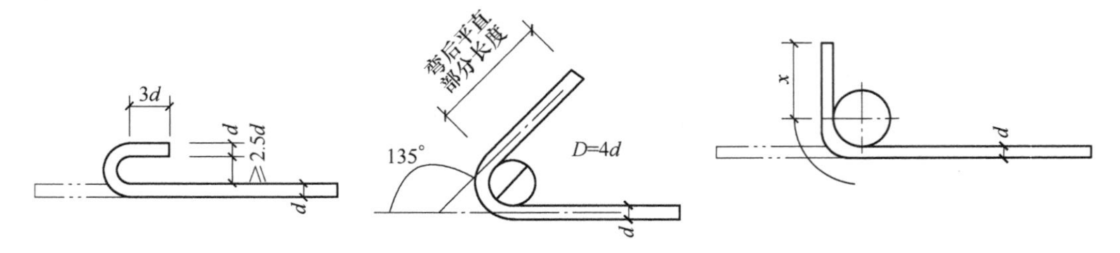

图 8-41　钢筋弯钩示意图

表 8-31　钢筋弯钩增加长度计算表

弯钩类型	弯曲部分长度	弯钩总增加长度		
		普通钢筋	箍筋	
			抗震结构	非抗震结构
半圆弯钩 180°	$3.25d$	$3.25d+3d=6.25d$	$3.25d+\max(10d, 75\text{mm})$	$3.25d+5d=8.25d$
斜弯勾 135°	$1.9d$	$1.9d+3d=4.9d$	$1.9d+\max(10d, 75\text{mm})$	$1.9d+5d=6.9d$
直弯勾 90°	$0.5d$	$0.5d+3d=3.5d$	$0.5d+\max(10d, 75\text{mm})$	$0.5d+5d=5.5d$

（2）钢筋长度计算方法

1）普通钢筋长度计算

①普通钢筋不带弯钩时：

钢筋长度 = 构件长度 − 端头保护层厚度 + 锚固长度

②普通钢筋带弯钩时：

钢筋长度 = 构件长度 − 端头保护层厚度 + 锚固长度 + 弯钩增加长度

③弯起钢筋：弯起钢筋主要用于梁、板支座附近的负弯矩区域中，弯起角度有 30°、45°、60°三种，梁中弯起角度一般为 45°，当梁高大于 800mm 时，宜采用 60°。

弯起钢筋长度 = 构件长度 − 保护层 + 弯起部分增加长度 + 弯钩长度，弯起部分增加长度即为 $S-L$，取值见表 8-32。

表 8-32　弯起钢筋计算表

弯起钢筋示意图	α/(°)	S	L	$S-L$
S, α, H, L	30	$2.0H$	$1.73H$	$0.27H$
	45	$1.41H$	$1.0H$	$0.41H$
	60	$1.15H$	$0.58H$	0.57

2）构件箍筋长度的计算：构件箍筋长度 = 每根箍筋长度 × 箍筋根数，如图 8-42a 所示。

①每根箍筋长度的确定：每根箍筋长度的确定方法可按箍筋中心线长度计算，也可按箍

筋外皮长度计算，如双肢箍长度计算按中心线长度计算公式为：

$$L = 构件截面周长 - 8 \times 保护层厚 - 4d + 2 \times 弯钩长度$$

按外皮长度计算公式为：

$$L = 构件截面周长 - 8 \times 保护层厚 + 2 \times 弯钩长度$$

弯钩长度如图8-42b所示。

②箍筋根数的确定：箍筋根数与钢筋混凝土构件的长度有关，若箍筋为等间距配置，间距为@，则每一构件箍筋根数 N 为：

两端均设箍筋时　　　$N = 配置范围 \div @ + 1$

两端中只有一端设箍筋时　　　$N = 配置范围 \div @$

两端均不设箍筋时　　　$N = 配置范围 \div @ - 1$

注：在实际工作中，箍筋长度可以采用简化计算方法计算，当箍筋直径在10mm以下时，按混凝土构件外围周长计算，不扣除保护层，也不增加弯钩长度，即箍筋长度 $=2(b+h)$；当箍筋直径在10mm以上时，即箍筋长度 $=2(b+h)+25$mm。

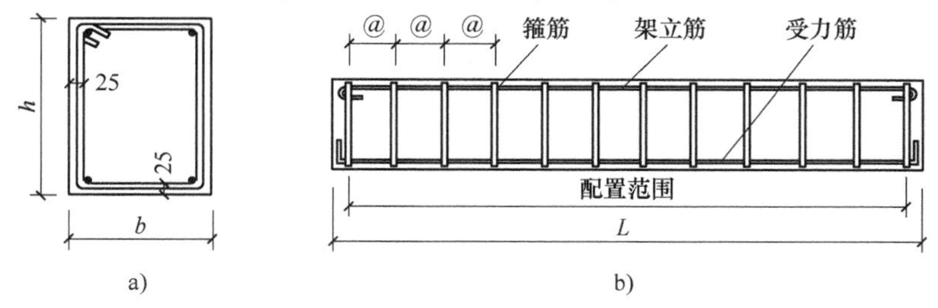

图8-42　箍筋配置示意图

3）螺旋箍筋计算：当圆形构件（柱、桩）的箍筋设置为螺旋箍筋时，如图8-43所示，箍筋长度的计算方法为：

螺旋筋长度 = 螺旋筋每圈长度 $L \times$ 圈数 N

$$L = \sqrt{[\pi(D-\delta)]^2 + S^2} \cdot N$$

式中　D——圆柱直径；

δ——钢筋保护层厚度；

S——箍筋螺距；

N——螺旋箍筋圈数[（柱高－保护层厚度）÷螺距]。

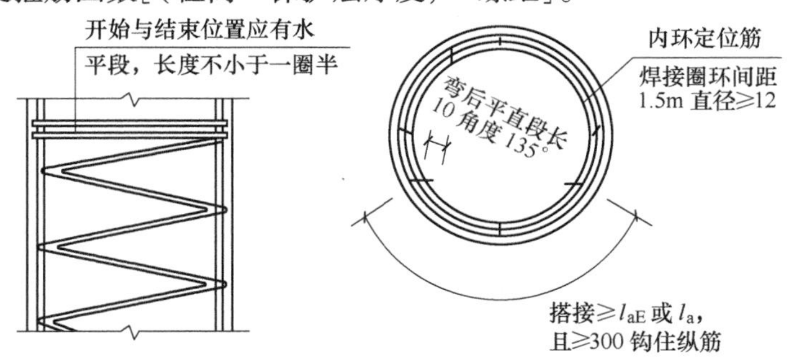

图8-43　螺旋箍筋配置及端部构造

(3) 常用钢筋理论重量（表 8-33）

表 8-33　常用钢筋理论重量表

ϕ (mm)	6	6.5	8	10	12	14	16	18	20	22	25
kg/m	0.222	0.26	0.395	0.617	0.888	1.208	1.578	1.998	2.466	2.984	3.853

下面以框架结构为例，重点介绍框架结构主要构件钢筋的工程量计算方法，主要从框架柱、框架梁、现浇楼板、板式楼梯四个方面展开学习。

5. 框架柱钢筋工程量计算

框架柱钢筋计算范围如图 8-44 所示，下面将依据 11G101 平法图集对框架柱钢筋从基础插筋、中间层纵筋、顶层纵筋、变截面构造及箍筋计算进行分析讲解。

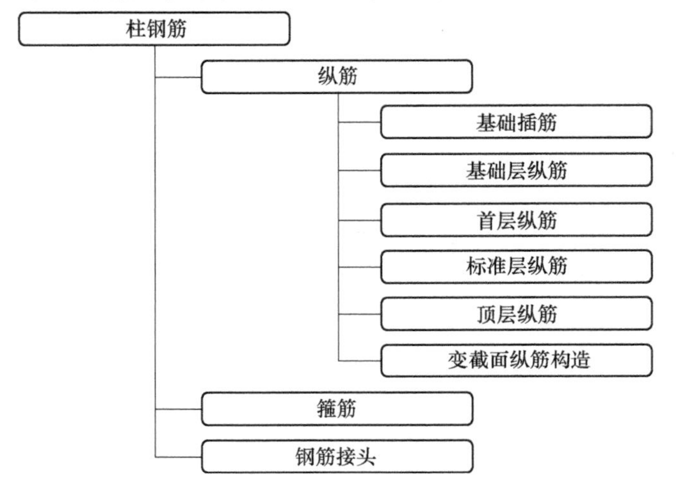

图 8-44　框架柱钢筋计算范围示意

(1) 基础插筋的计算　基础插筋计算示意图如图 8-45 所示，基础插筋长度应由弯折长度 a、竖直长度 h_1、非连接区长度和绑扎搭接长度 l_{1E} 四部分组成。

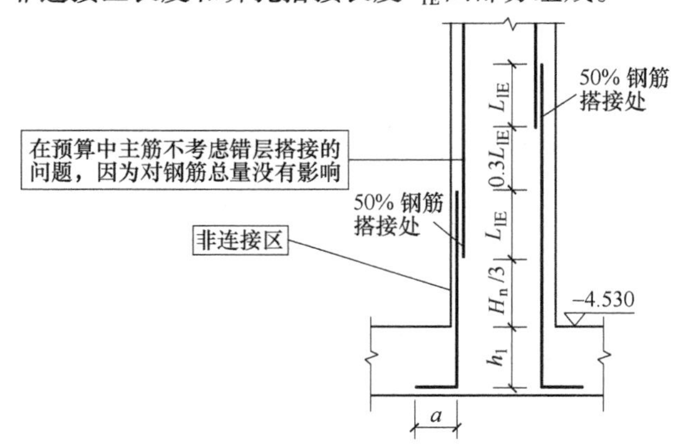

图 8-45　基础插筋计算示意图

非连接区长度由嵌固部位决定，如结构嵌固部位在基础上表面，则非连接区取 $H_n/3$，如有地下室，嵌固部位在地下室顶面，则非连接区取 max（$H_n/6$，h_c，500）。

弯折长度即为柱插筋在基础中锚固，11G101-3 给出了四种锚固构造，如图 8-46 所示。

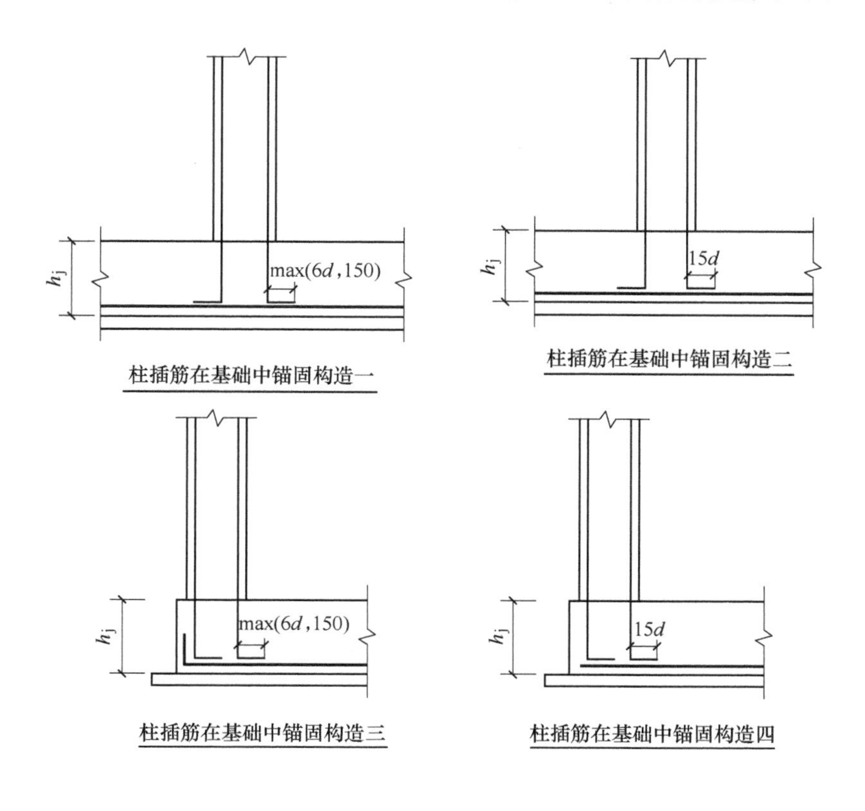

图 8-46　柱插筋在基础中的锚固

在 11G101-3 的构造中，柱纵筋插至基础底板支在底板钢筋网上，图中 h_j 为基础底面至基础顶面的高度，对于带基础梁的基础为基础梁顶面至基础梁底面的高度。当柱两侧基础梁标高不同时取较低标高。根据图 8-46 节点锚固规定，弯折长度 a 取值见表 8-34。

表 8-34　基础厚度 h_j 与弯折长度 a 对照表

基础厚度 h_j	弯折长度 a
$h_j > l_{ae}$	$6d$ 且≥150
$h_j \leqslant l_{ae}$	$15d$

根据以上图解，基础插筋计算长度为：

L = 伸出基础顶面非连接区长度 + h_j（基础厚度）− bh_c（基底保护层）+ 弯折 + 绑扎搭接长度 L_{le}

（2）柱纵筋的计算

在 11G101-1 分别介绍了抗震柱 KZ 的纵筋构造，抗震柱 KZ、QZ、LZ 的箍筋构造，非抗震柱 KZ 的纵筋和箍筋构造。下面以抗震柱为例讲解。

1）首层及中间层纵筋。11G101 中规定抗震柱嵌固部位纵筋露出长度为 $H_n/3$，为非连接区，其余非嵌固部位纵筋露出长度均为 max（$H_n/6$，h_c，500），节点区上下的 max（$H_n/6$，h_c，500）为非连接区，如图 8-47 所示。

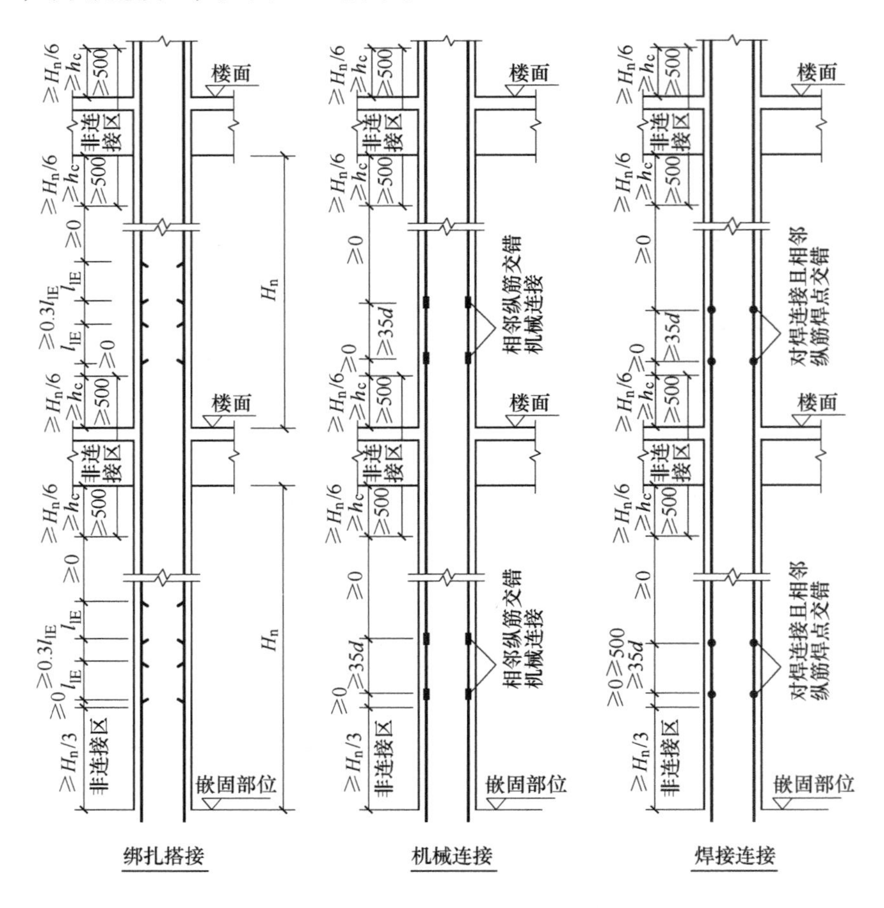

图 8-47　抗震 KZ 纵向钢筋连接构造

对于地下室抗震柱 KZ，嵌固部位为地下室顶面；所以地下室顶面处柱纵筋露出长度为 $H_n/3$，为非连接区，其余位置非连接区按 max（$H_n/6$，h_c，500）计算（包括基础顶面）。

根据以上图解，柱首层及中间层每层纵筋计算长度为：

L = 当前层层高 − 当前层非连接区 + 上一层非连接区 + 绑扎搭接长度，依次计算，如图 8-48 所示。

2）顶层柱纵筋计算。顶层柱纵筋长度和柱平面所处位置有关，边角柱与中柱内外侧钢筋构造不同，柱内外侧钢筋示意如图 8-49 所示，图 8-49a 为角柱示意，图 8-49b 为边柱示意，图 8-49c 为中柱示意。

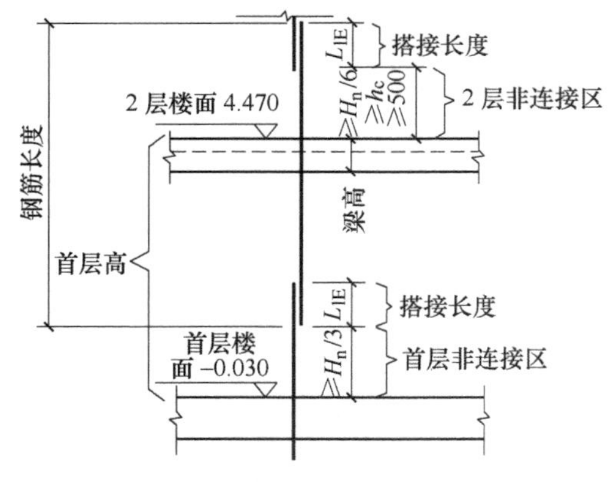

图 8-48　柱纵筋计算示意图

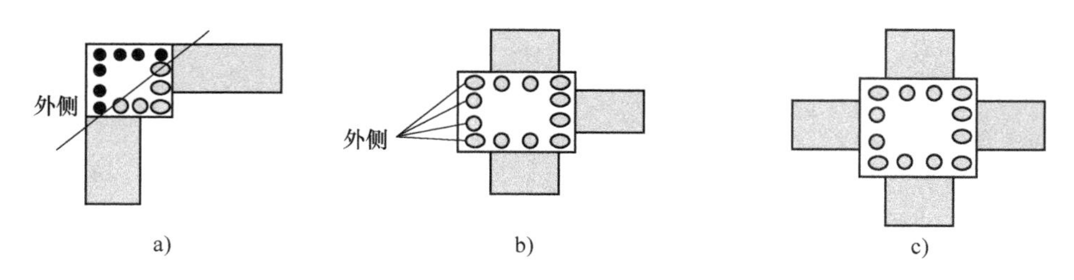

图 8-49 柱内外侧纵筋示意图

①边角柱纵筋构造节点：11G101-1 介绍了 5 个边角柱的节点构造，如图 8-50 所示。

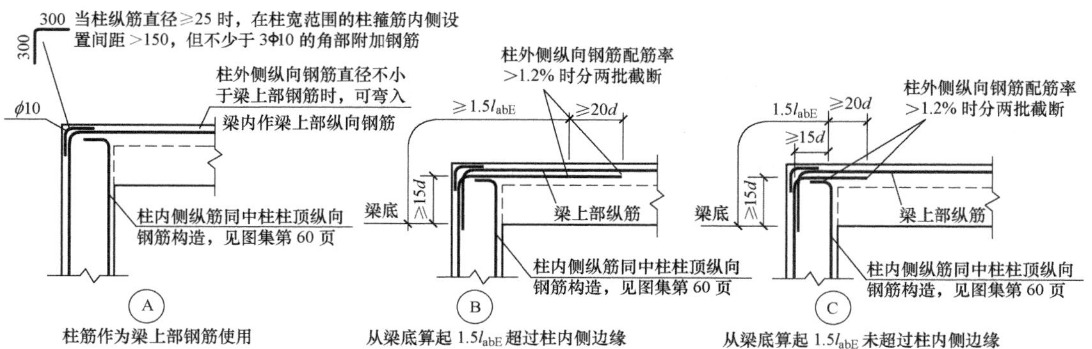

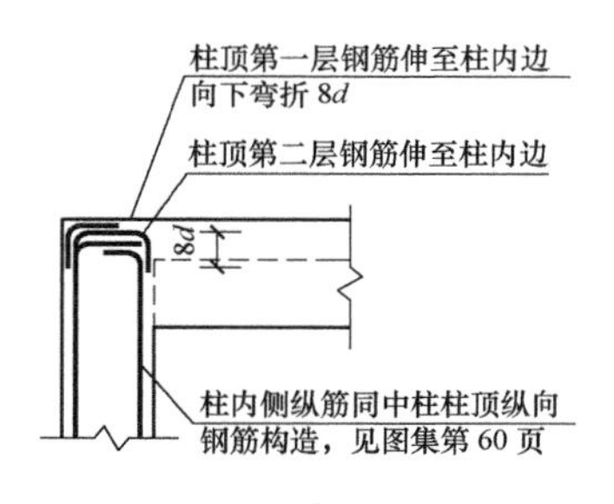

当现浇板厚度不小于 100 时，也可按Ⓑ节点方式伸入板内锚固，且伸入板内长度不宜小于 15d

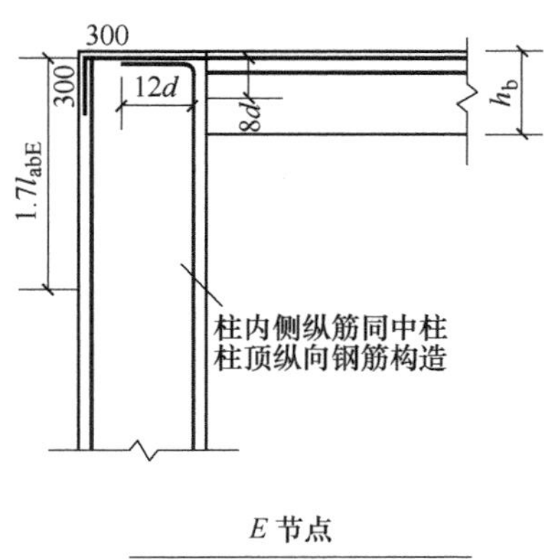

E 节点

梁上部纵筋配筋率≤1.2%

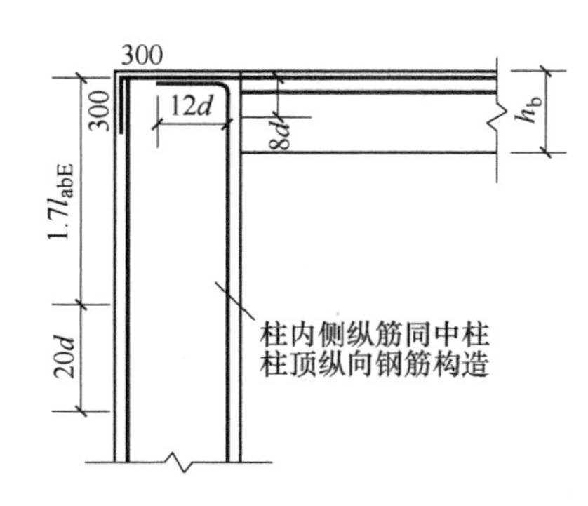

E 节点

梁上部纵筋配筋率＞1.2%

图 8-50 边角柱纵筋构造节点

节点 A、B、C、D 应配合使用，节点 D 不应单独使用（仅用于未伸入梁内的柱外侧纵筋锚固），伸入梁内的柱外侧纵筋不宜少于柱外侧全部纵筋面积的65%。可以选择 $B+D$ 或 $C+D$ 或 $A+B+D$ 或 $A+C+D$ 的做法。

在承受以静力荷载为主的框架中，顶层端节点处的梁、柱端均主要承受负弯矩作用，相当于90°的折梁。当梁上部钢筋和柱外侧钢筋数量匹配时，可将柱外侧处于梁截面宽度内的纵向钢筋直接弯入梁上部，作梁的负弯矩钢筋使用，如 A 节点。也可使梁上部钢筋与柱外侧钢筋在顶层端节点区域搭接，如 B、C 节点。

B、C 节点采用了从梁底算起 $1.5l_{abE}$ 是否超过柱内侧的判断条件。

节点 E 用于梁、柱纵向钢筋接头沿节点柱顶外侧直线布置的情况，可与节点 A 组合使用；当梁纵筋与柱外出钢筋竖向搭接 $1.7l_a$ 时，将柱外侧纵筋伸至柱顶截断即可；当梁上部柱外侧钢筋数量较多时，该方案将造成节点顶部钢筋拥挤，不利于自上而下的浇筑混凝土。此时，宜改用梁、柱钢筋直线搭接，接头位于柱顶部外侧。

KZ 顶层纵筋具体采用哪种构造方案由设计人员选定，计算钢筋工程量是根据图纸所选节点计算即可。如设计采用节点B，则边角柱顶层柱纵筋计算方法为：

柱外侧纵向钢筋配筋率 >1.2% 时：

50%外侧纵筋长度：L = 顶层层高 - 顶层非连接区 - 顶层梁高 + $1.5l_{aE}$

其余50%外侧纵筋长度：L = 顶层层高 - 顶层非连接区 - 顶层梁高 + $1.5l_{aE}+20d$

柱外侧纵向钢筋配筋率 <1.2% 时：

50%外侧纵筋长度：L = 顶层层高 - 顶层非连接区 - 顶层梁高 + $1.5l_{aE}$

柱内层纵筋长度：L = 顶层层高 - 顶层非连接区 - 柱顶保护层 + $12d$

②中柱纵筋构造节点：11G101-1 介绍了4个中柱节点的构造，如图8-51所示。

当顶层节点高度不足以容纳柱筋的直线锚固长度时，柱筋可在柱顶向节点内弯折，或在有现浇板且板厚大于100mm时可向节点外弯折，锚固于板内。实验研究表明，当充分利用柱筋的受拉强度时，其锚固条件不如水平钢筋，因此在柱筋弯折前的竖向锚固长度不应小于 $0.5l_{abE}$，弯折后的水平投影长度不宜小于 $12d$，以保证可靠受力。

D 节点，伸入顶层中间节点的全部柱筋及伸入顶层端节点的内侧柱筋应可靠锚固在节点内。规范强调柱筋应伸至柱顶。

C 节点，11G101 增加了采用机械锚固锚头的方法，以提高锚固效果，减少锚固长度。但要求柱纵向钢筋应伸到柱顶以增大锚固力。有关的实验研究表明，这种做法有效，而且方便施工。

如设计采用节点 B，则中柱顶层柱纵筋计算方法为：

内外侧纵筋长度：L = 顶层层高 - 顶层非连接区 - 柱顶保护层 + $12d$

3）柱变截面纵筋计算 11G101-1 介绍了柱变截面的节点，如图8-52所示。

变截面一侧有梁时，下柱钢筋若弯折，则弯折长度为 $12d$；上柱纵筋下插长度为 $1.2l_{ae}$。一侧无梁的变截面构造，下柱钢筋若弯折，则弯折长度 = 变截面差值 $-bh_c+l_{ae}$。

（3）柱箍筋根数的计算　11G101 规定，柱箍筋加密范围为：柱根（嵌固部位）$H_n/3$、柱框架节点范围内、节点上下 max（$H_n/6$，h_c，500），其余为非加密范围，如图8-53所示。

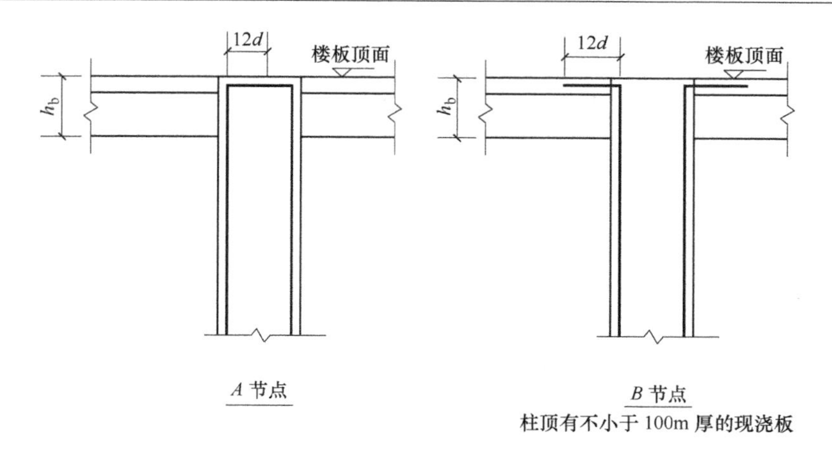

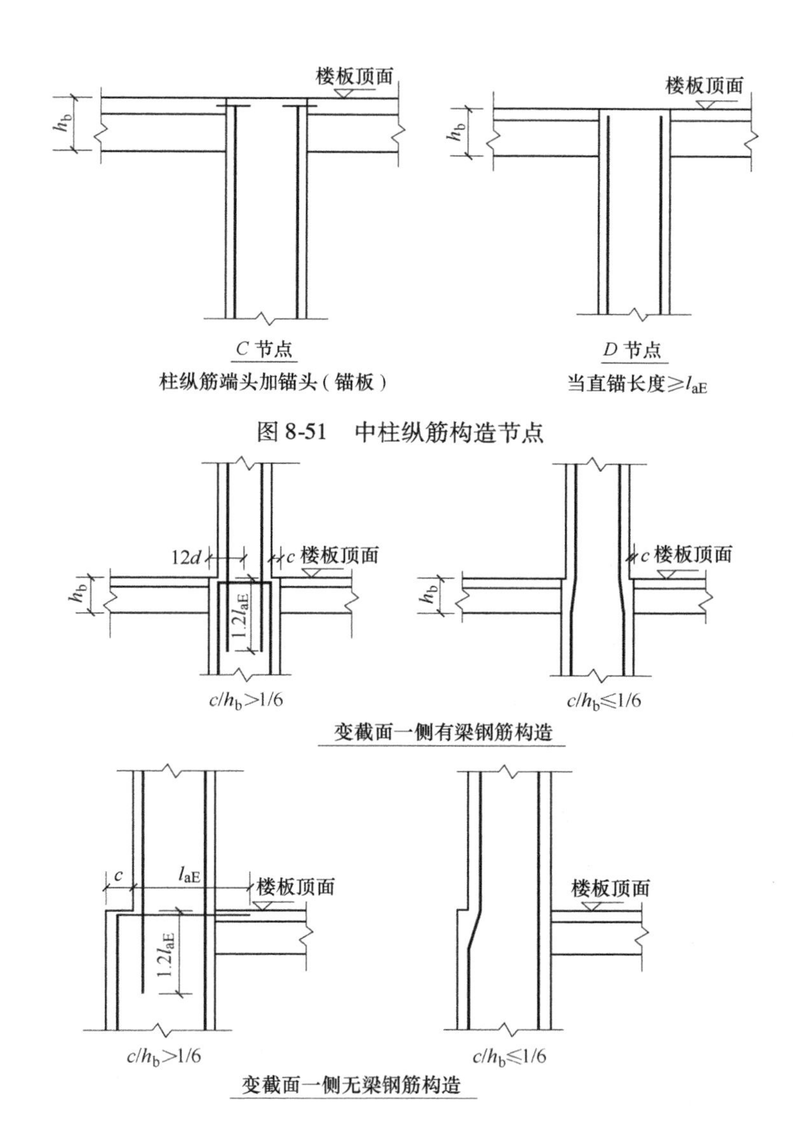

图 8-51　中柱纵筋构造节点

图 8-52　柱变截面纵筋示意图

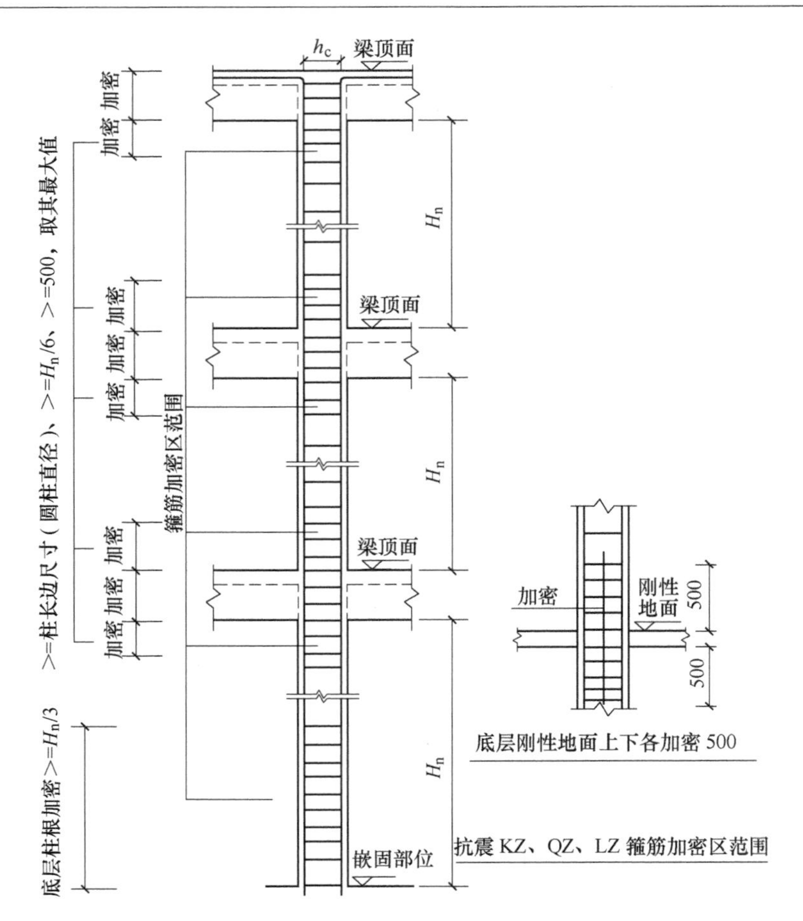

图 8-53　抗震 KZ、QZ、LZ 箍筋加密区范围

箍筋根数 = 加密区根数 + 非加密区根数

加密区根数 = 加密区高度/加密间距 + 1

非加密区根数 = 非加密区高度/非加密间距 − 1

1）地下室柱箍筋：对于地下室柱来说，地下室顶面为嵌固部位，因此地下室顶面以上的 $H_n/3$ 为加密范围，基础顶面不是嵌固部位，基础顶面以上 max（$H_n/6$，h_c，500）为加密范围。

2）柱在基础内箍筋：柱在基础内的箍筋是非复合箍筋。其根数计算，需要根据柱插筋保护层厚度与 $5d$ 大小比较。其中柱插筋保护层厚度是指纵筋（竖直段）外侧距基础边缘的厚度。当插筋保护层厚度 $>5d$，则箍筋在基础高度范围的间距≤500，且不少于 2 道。当插筋保护层厚度≤$5d$，需要在基础锚固区设置横向箍筋。箍筋间距为 min（$10d$，100）（d 为插筋的最小直径）。

6. 框架梁钢筋工程量计算

框架梁钢筋计算范围如图 8-54 所示，下面将依据 11G101 平法图集对框架梁钢筋纵筋、箍筋、其他钢筋计算进行分析讲解。

（1）楼层框架梁纵筋计算　11G101 对抗震楼层框架梁纵向钢筋构造做了详细说明，如

图 8-55 所示。当框架梁端支座宽度 h_c - 保护层 > l_{ae}时，纵筋可直锚。锚固长度取 max（l_{ae}，$0.5h_c + 5d$），如图 8-55 所示。当框架梁端支座宽度 h_c - 保护层 ≤ l_{ae}时，纵筋必须弯锚。如图 8-56 所示，锚入端支座长度通常计算方法为：

端支座锚入长度 = max（支座宽 - 保护层 + $15d$，$0.4l_{abE} + 15d$）。

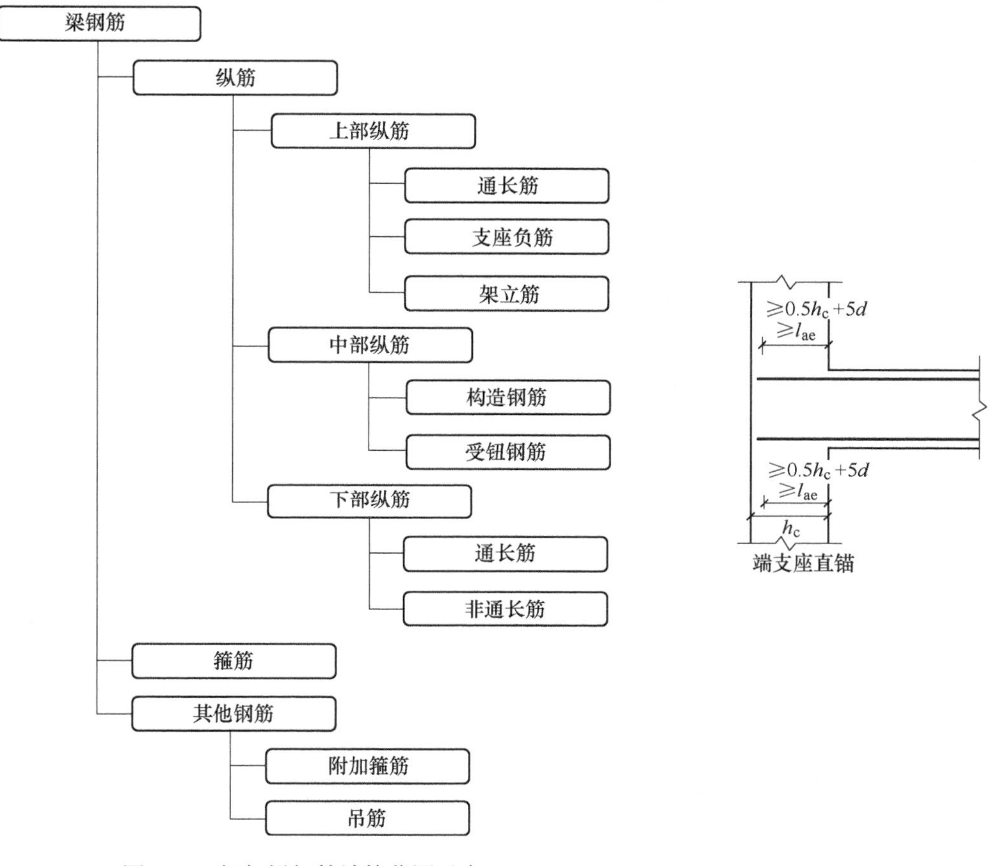

图 8-54 框架梁钢筋计算范围示意

图 8-55

1）梁上部钢筋计算

①上部通长筋长度：

$$L = \text{通跨净长} + \text{左右端支座锚入长度}$$

②支座负筋：

端支座第一排：L = 端支座锚入长度 + $l_n/3$

端支座第二排：L = 端支座锚入长度 + $l_n/4$

中间支座第一排：$L = l_n/3$ + 支座宽 + $l_n/3$（l_n 取左右两跨净跨较大值）

中间支座第二排：$L = l_n/4$ + 支座宽 + $l_n/4$

③架立筋：架立筋与负筋搭接长度按 150mm 计算。

2）梁下部钢筋计算

①下部通长筋计算方法同梁上部通长筋。

②下部非贯通钢筋计算：

下部非贯通钢筋伸入支座计算见图 8-56 所示，端支座锚固计算同通长筋，中间支座伸入支座锚固取 max（l_{ae}，$0.5h_c+5d$）。

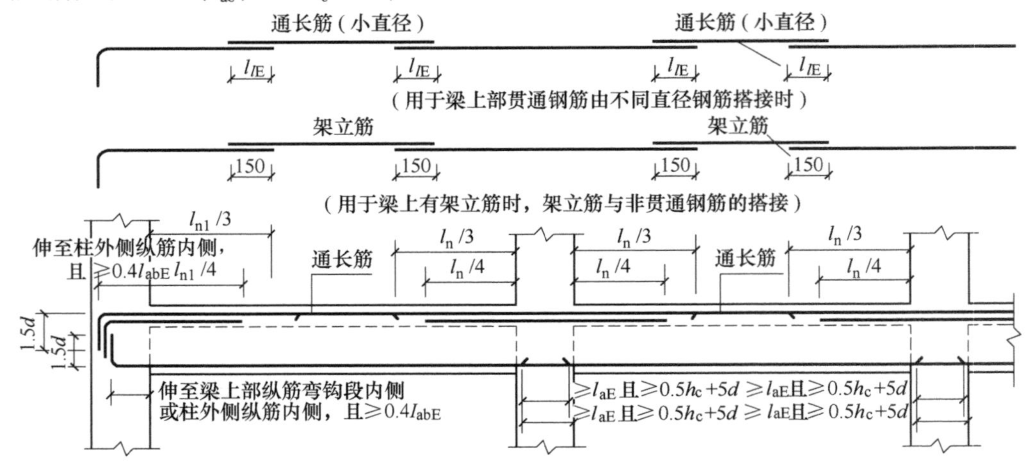

图 8-56　楼层框架梁纵筋计算

1. 梁通长筋与支座负筋直径不同时，通长筋与支座负筋搭接 L_{1E}。
2. 当梁上部既有通长筋又有架立时筋，架立筋与支座负筋搭接 150mm。
3. 当梁上部全部为架立筋时，角部二根架立筋按通长筋考虑，与支座负筋搭接 L_{1E}，中间架立筋与支座负筋搭接 150mm。

下部非贯通钢筋不伸入支座计算如图 8-57 所示，不伸入支座钢筋长度为每跨净长 $l_n-2\times0.1l_n$

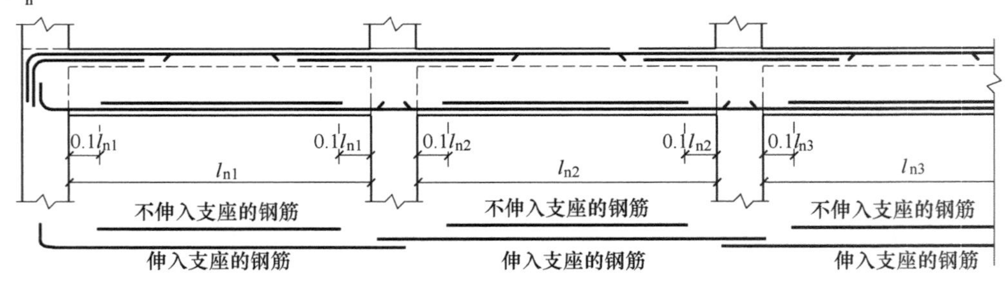

图 8-57　不伸入支座的梁下部钢筋断点位置

3）梁侧面中部纵筋计算。

①当梁腹板高度 $h_w\geqslant450$mm 时，在梁的两个侧面沿高度对称配置纵向构造钢筋，纵向构造间距 $a\leqslant200$mm。

②当梁侧面配有直径不小于构造钢筋的受扭钢筋时，受扭钢筋可代替构造钢筋。

③梁侧面纵筋的搭接与锚固可取 15d，梁侧面受扭纵筋的锚固长度为 l_{ae}或 l_a，锚固方式同框架梁下部纵筋。

④梁侧面纵筋需配置拉筋，拉筋计算方法及规定见后“梁拉筋计算”。

（2）屋面框架梁纵筋计算　如图 8-58 所示为抗震屋面框架梁纵向钢筋构造，屋面框架梁纵筋计算时，上部纵筋在端支座的锚固弯至梁底，其余纵筋计算方法同楼层框架梁，在此不再赘述。

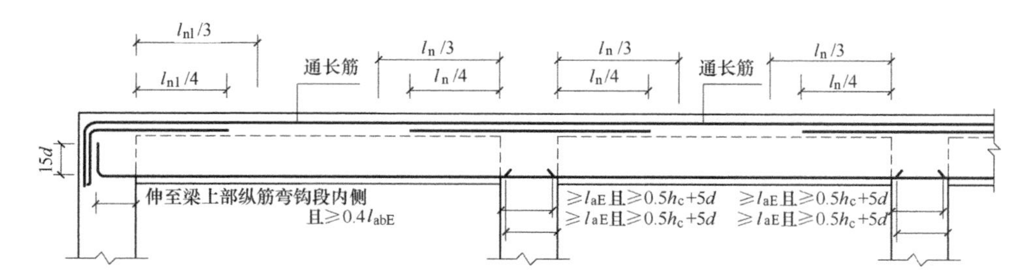

图 8-58　抗震屋面框架梁纵向钢筋构造

(3) 梁变截面处钢筋计算　11G101-1 对框架梁变截面构造做了详细规定，在梁纵筋时根据图纸设计选用相应节点计算即可。如当梁变截面高差 $\Delta h/(h_c-50)\leqslant 1/6$ 时，纵筋可连续布置，如图 8-59a 所示；当梁变截面高差 $\Delta h/(h_c-50)>1/6$ 时，参照图 8-59b、c 计算。

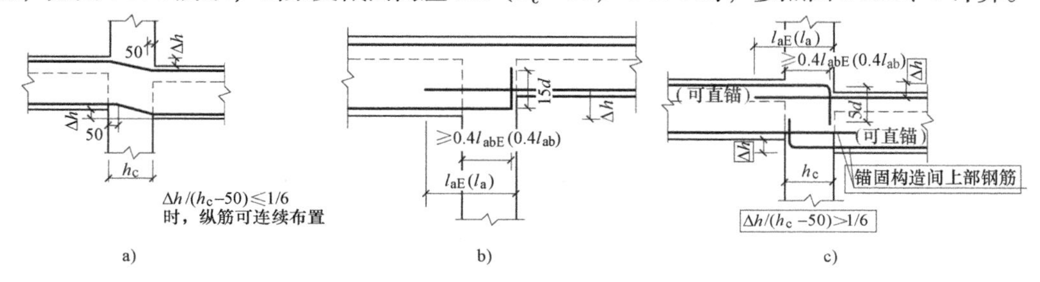

图 8-59　框架梁变截面纵筋构造

(4) 悬挑梁钢筋计算　11G101-1 对各类悬挑梁钢筋构造做了详细规定，在悬挑梁纵筋计算时根据图纸设计选用相应节点计算即可。如纯悬挑梁如图 8-60a 所示，普通框架梁带悬挑端如图 8-60b、c 所示。

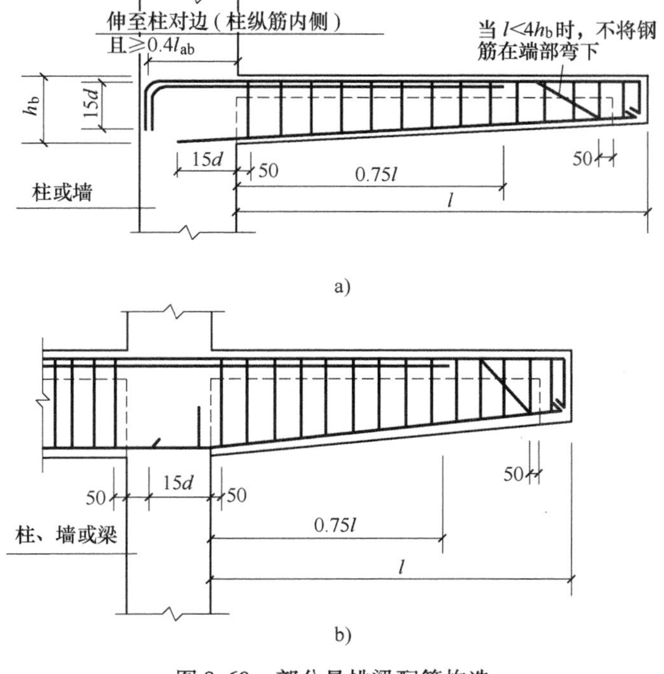

图 8-60　部分悬挑梁配筋构造

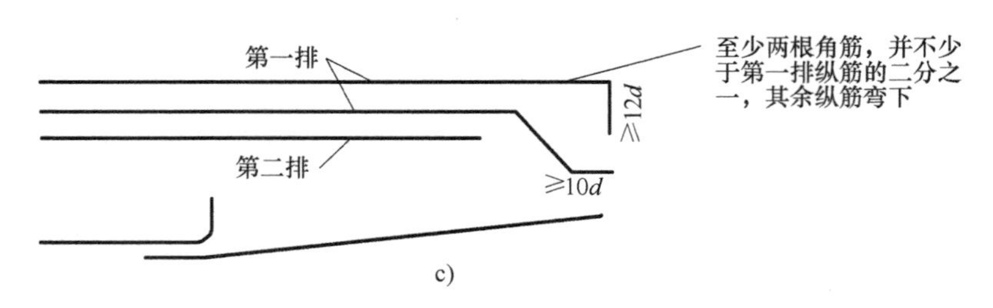

图 8-60　部分悬挑梁配筋构造（续）

（5）梁箍筋根数的计算　梁箍筋配置及加密区范围如图 8-61 所示，根数计算分加密区和非加密区分别计算。

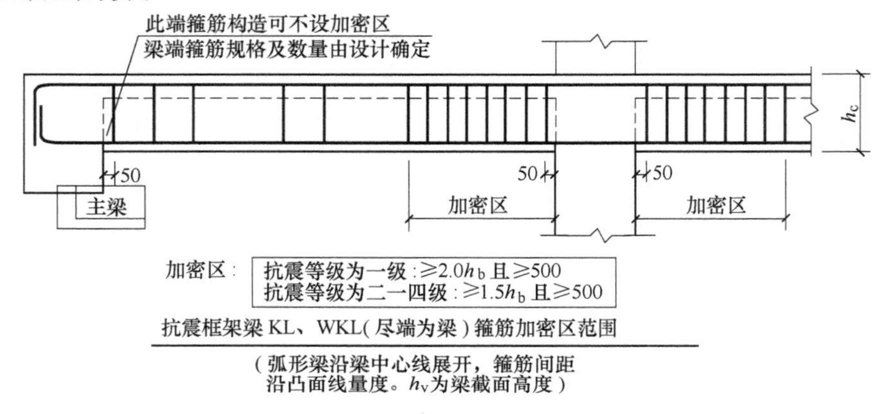

图 8-61　抗震框架梁箍筋加密范围

（6）梁附加箍筋和吊筋的计算

1）梁的附加箍筋计算方法同箍筋，配置原则如图 8-62a 所示。

2）梁吊筋长度的计算如图 8-62b 所示，弯起部分按弯起钢筋的增加长度计算，根数见图纸标注。

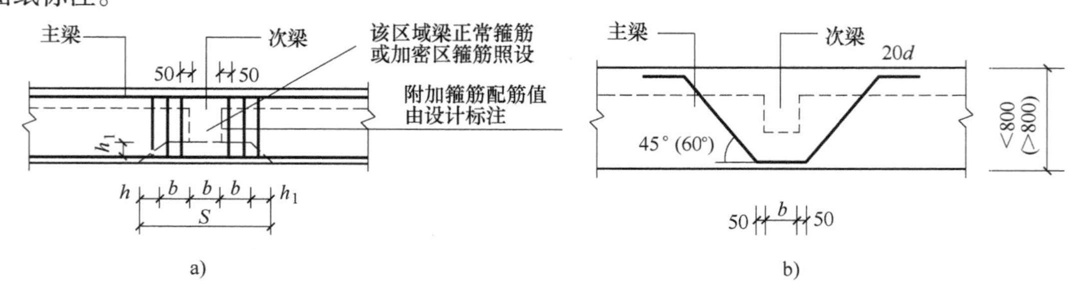

图 8-62　梁附加箍筋和吊筋的计算详图

a）附加箍筋构造　b）吊筋构造

（7）梁拉筋的计算　11G101-1 对梁拉筋构造做了详细规定，如图 8-63 所示。当梁宽≤350mm 时，拉筋直径为 6mm，当梁宽 >350mm 时，拉筋直径为 8mm。拉筋间距为非加密区箍筋间距的两倍。当设有多排拉筋时，上下两排拉筋竖向错开设置。拉筋长度的计算方法同箍筋。

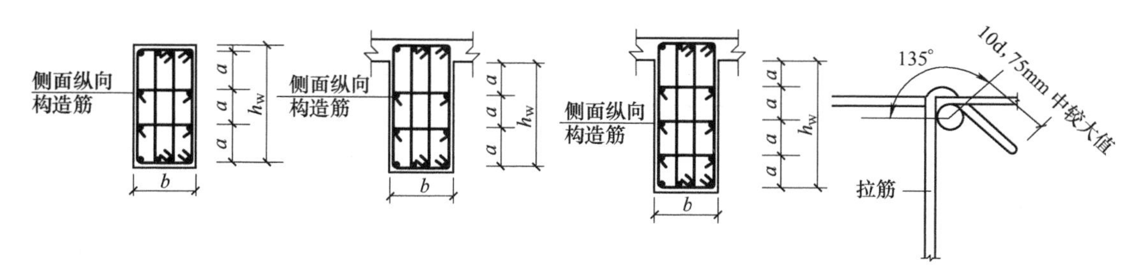

图 8-63　梁拉筋及弯钩构造

7. 楼板钢筋工程量计算

楼板钢筋计算范围如图 8-64 所示，建筑结构图纸板钢筋的标注有传统标注和平法标注两种方式，如图 8-65 所示，下面将依据 11G101 平法图集对楼板底部钢筋、楼板上部钢筋计算进行分析讲解。

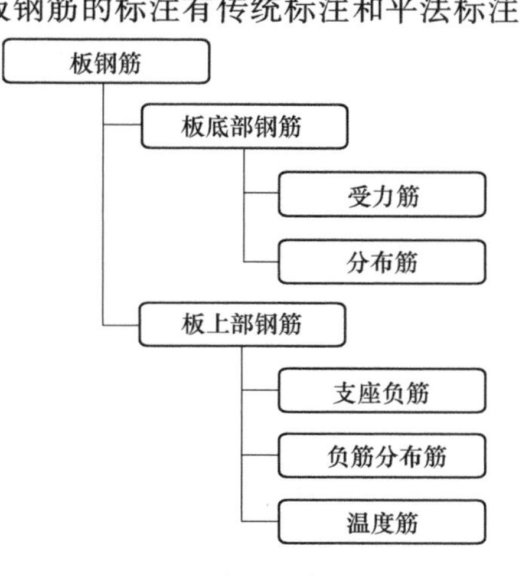

图 8-64　楼板钢筋计算范围示意

(1) 板底部钢筋的计算　在板底钢筋配置时，当为单向板时，短向配筋为受力筋，反向则为分布筋，当为双向板时，长短向配筋均为受力筋，则板底无分布筋。板底部钢筋计算示意及各种端支座锚固情况如图 8-66 所示。

底筋单根长度：L = 板净跨长 + 左右伸入支座长度，如板底钢筋为光圆钢筋还应考虑弯钩增加长度。

左右伸入支座长度：当支座为梁或圈梁时取 max (5d，支座宽/2)

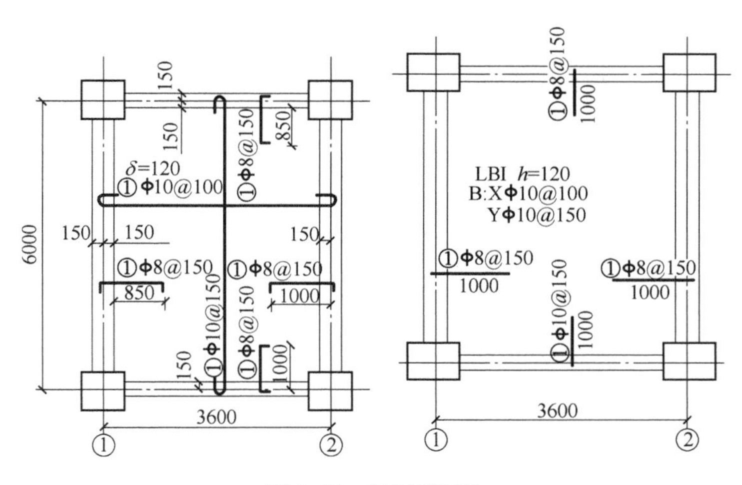

图 8-65　板钢筋标注
a) 传统标注　b) 平法标注

当支座为砌体墙时取 max (120mm，板厚 h，1/2 墙厚)

底筋根数：N = 布筋范围 ÷ 板筋间距 + 1

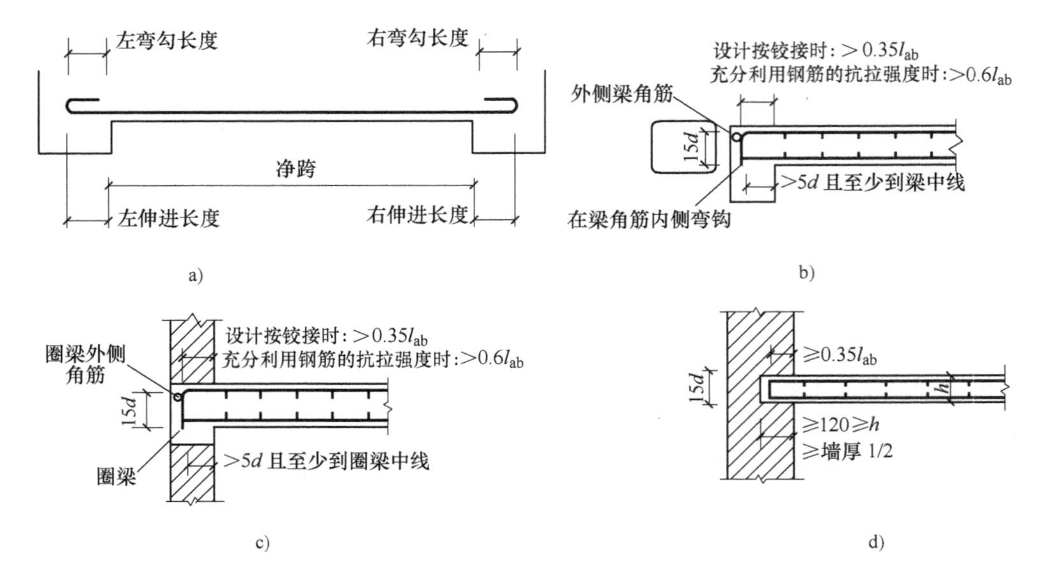

图 8-66　板底钢筋计算及支座锚固构造

a）板底筋长度示意　b）板端支座为梁　c）板支座为砌体墙的圈梁　d）板支座为砌体墙

11G101-1 规定：确定布筋范围时第一根钢筋距离梁边为 1/2 板筋间距，如图 8-67 所示。

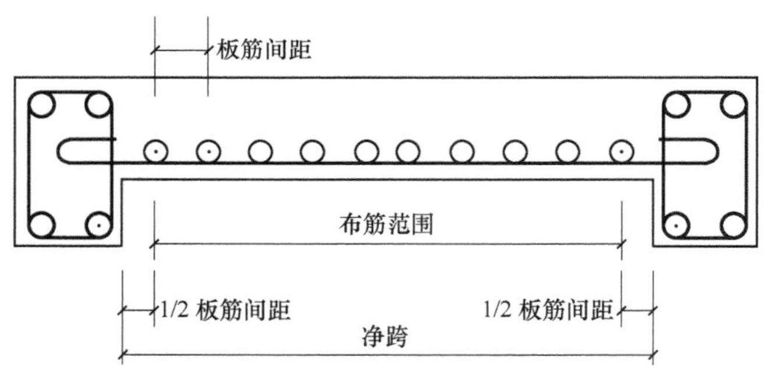

图 8-67　底筋根数计算图

（2）板支座负筋的计算　板支座负筋分端支座和中间支座，端支座锚固按图 8-66 所示构造计算，板支座负筋计算简图如图 8-68 所示。

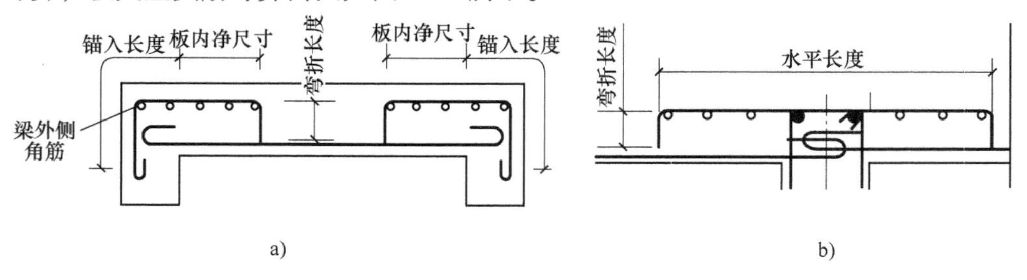

图 8-68　板支座负筋长度计算简图

a）端支座负筋　b）中间支座负筋

端支座负筋长度：L = 板内净长 + 锚入支座长度 + 弯折长度，如钢筋为光圆钢筋还应考虑弯钩增加长度。

中间支座负筋长度：L = 水平长度 + 弯折长度 ×2

支座负筋根数计算同底筋根数计算。

（3）板负筋分布筋的计算　11G101-1 规定：板负筋分布筋自身及其与受力主筋、构造钢筋的搭接长度为 150mm，当分布筋兼做温度钢筋时，应按温度筋计算。计算简图如图 8-69、图 8-70 所示。

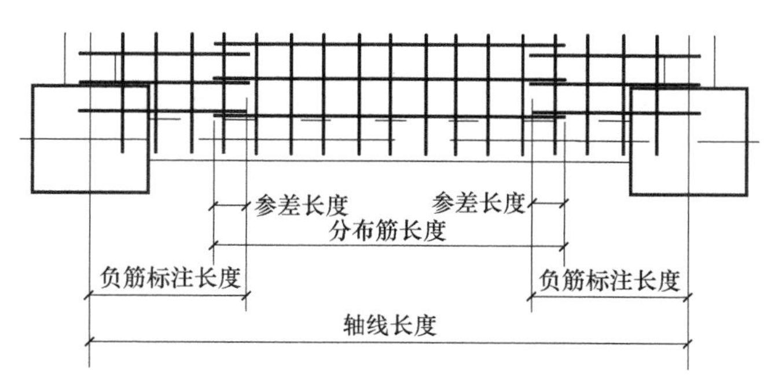

图 8-69　负筋分布筋长度

（4）板温度筋计算　11G101-1 规定：板抗温度筋自身及其与板受力主筋的搭接长度为 l_l，计算示意如图 8-71 所示。

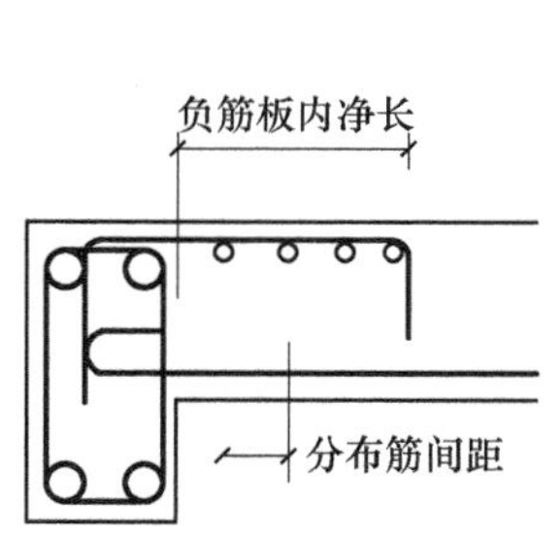

图 8-70　负筋分布筋根数计算图

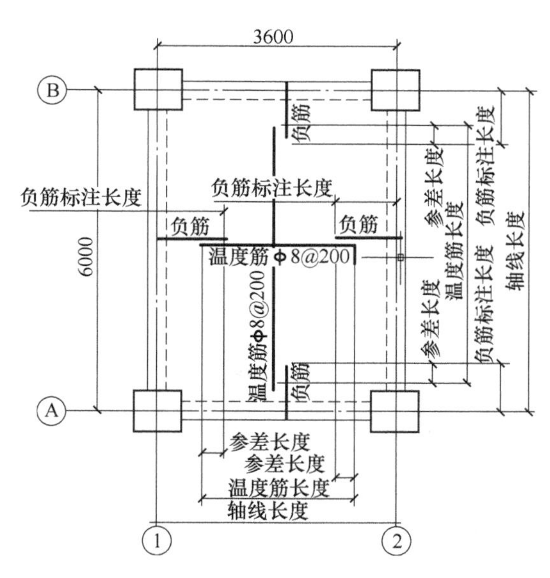

图 8-71　板温度筋计算示意图

8. 楼梯钢筋工程量计算

楼梯钢筋计算原理同其他构件，计算详图见 11G101-2 现浇板式楼梯标准图集所示。在此只节选常用的 AT 型、BT 型、CT 型楼梯详图。楼梯钢筋计算内容为楼梯踏步板底受力筋和分布筋、踏步板面支座负筋及负筋分布筋，详细节点锚固构造如图 8-72 所示。

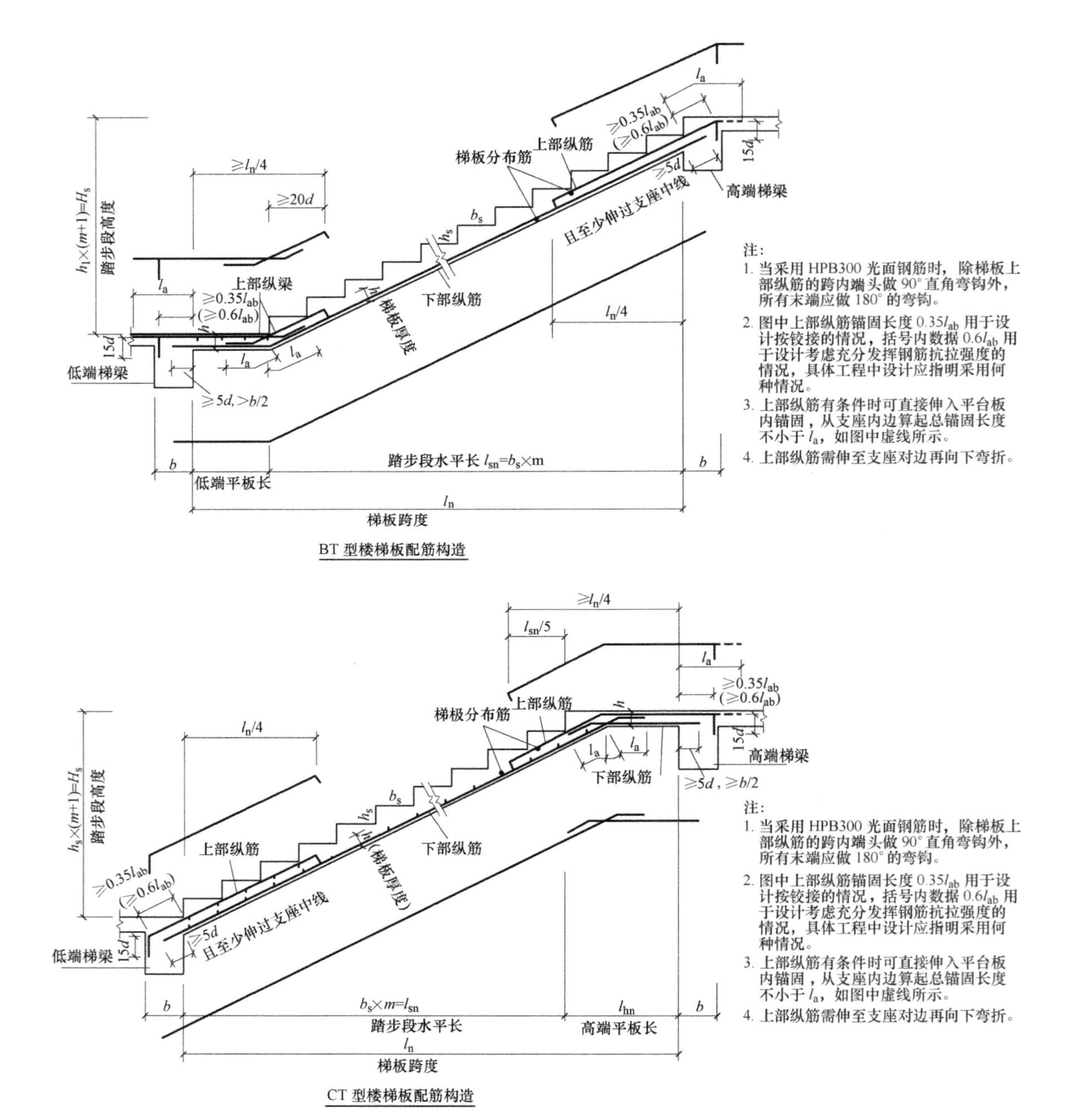

图 8-72 现浇混凝土板式楼梯构造

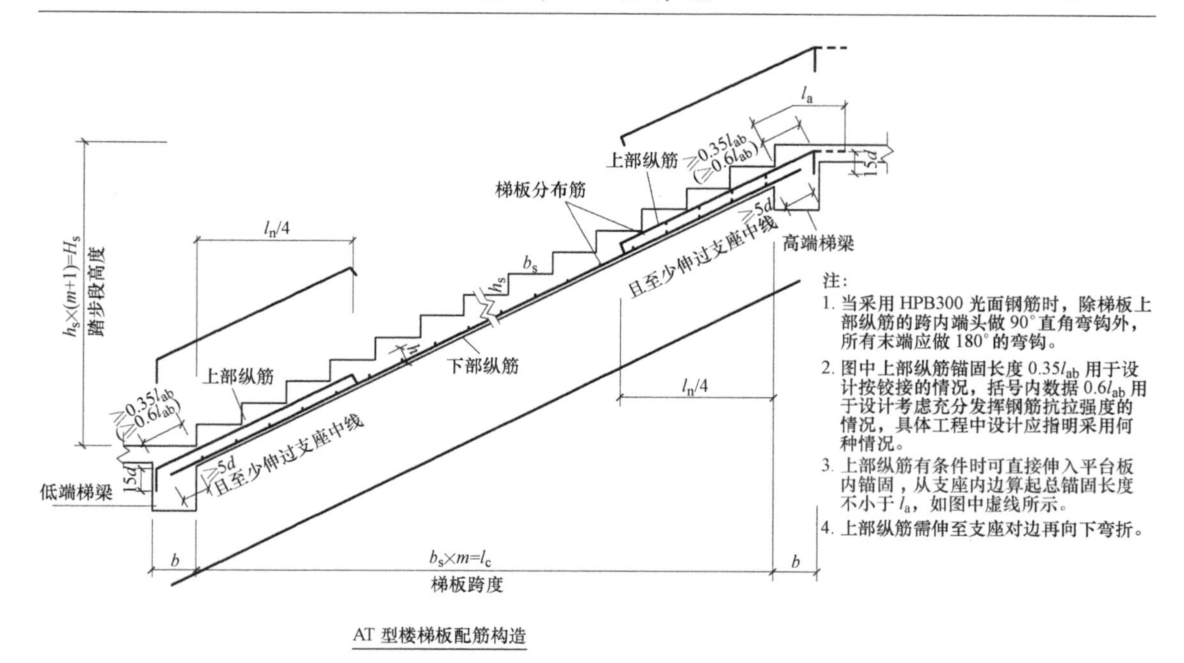

图 8-72 现浇混凝土板式楼梯构造（续）

9. 剪力墙结构钢筋

剪力墙结构钢筋计算原理同框架结构，计算内容如图 8-73 所示。剪力墙构件钢筋计算重点同样为钢筋长度的计算。钢筋长度 = 钢筋在构件内的净长度 + 各种锚固搭接长度，详细构造在 11G101-1 相关节点有具体规定，在此不再展开逐一讲解。

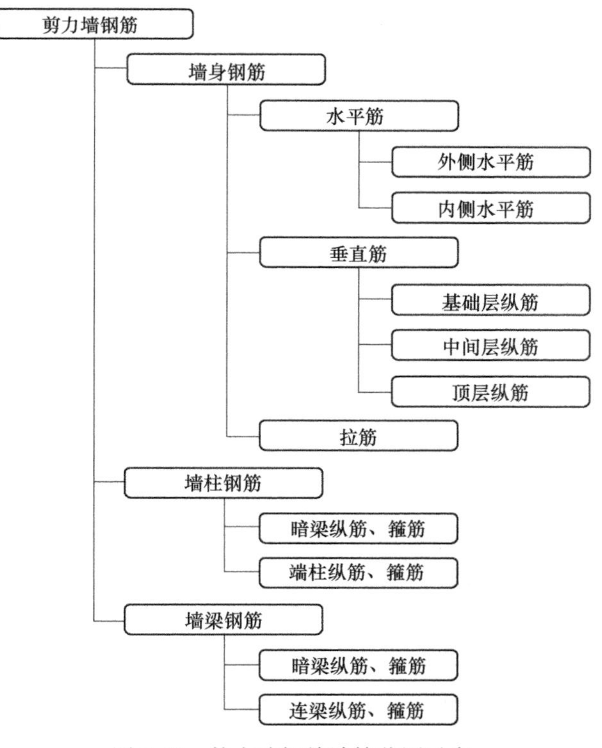

图 8-73 剪力墙钢筋计算范围示意

10. 钢筋工程量计算实例

【例 8-13】 某宾馆门厅施工，圆形钢筋混凝土柱 6 根，其尺寸为直径 $D=400\text{mm}$，高度 $H=4100\text{mm}$，保护层 25mm，螺旋箍筋Φ10 间距 150mm，计算该柱的螺旋箍筋工程量。

【解】 根据前面所学基础知识，螺旋箍筋长度计算公式为 $L=\sqrt{[\pi(D-\delta)]^2+S^2}\cdot N$，将已知数值代入计算式：

$$L=\sqrt{\pi^2(0.4-0.025)^2+0.15^2}=1.187(\text{m})$$

$$N=(4.1-0.025\times2)/0.15=27(\text{圈})$$

$$L_{总}=L\cdot N\cdot 6=1.187\times27\times6=192.29(\text{m})$$

螺旋箍筋工程量：192.29 × 0.617 = 118.64（kg）

【例 8-14】 某四层建筑物，层高均为 3.0m。该工程抗震等级为二级，基础为 C20 钢筋混凝土带形基础，基础长度为 50m，基础断面如图 8-74 所示。基础上柱为 C30 混凝土框架柱，KZ_1 配筋见表 8-35，KL 截面均为 300mm × 500mm。试计算其基础底钢筋板和角柱 KZ_1 的钢筋工程量。

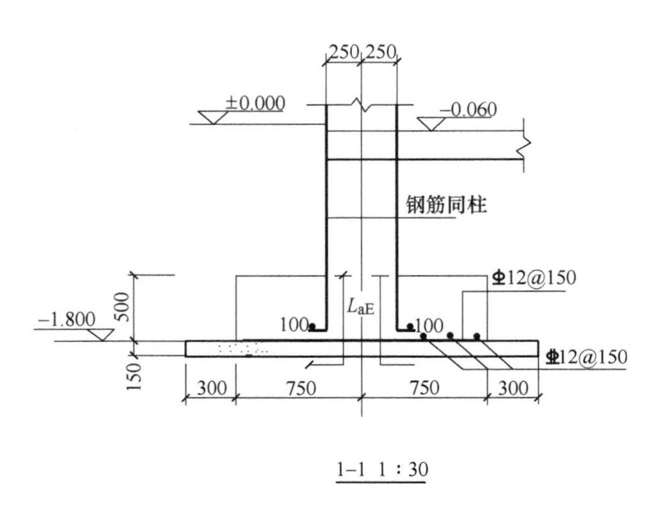

图 8-74 某建筑基础剖面配筋图

表 8-35 KZ_1 配筋表

构件	截面	角筋	b 边纵筋	h 边纵筋	箍筋
KZ_1	500 × 500	4Φ25	2Φ20	2Φ20	φ8@150/200

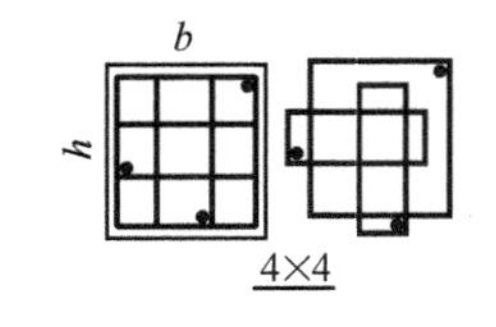

【解】 混凝土保护层厚度条形基础 C20，基础保护层取值 $c=45\text{mm}$；柱 C30，柱保护层取 $c=20\text{mm}$。锚固长度：HRB335$l_{abE}=33d$，$\zeta_a=1$，所以 $l_{aE}=33\text{d}$，Φ25$l_{abE}=l_{aE}=0.825\text{mm}$；

$\Phi 20 l_{abE} = l_{aE} = 0.66mm$。

柱顶锚固 $H_c - c = 0.5 - 0.02 = 0.48 < l_{aE}$，因此采用弯锚。

列式计算基础钢筋工程量、KZ_1 钢筋工程量计算见表8-36。

表8-36 工程量计算表

定额编号	项目名称	单位	工程量	计 算 式
5-4	条形基础钢筋 X方向底板受力筋 Φ12@150	t	0.418	$L = 0.75 \times 2 - 0.045 \times 2 = 1.41$ (m) $N = 50 - 0.045 \times 2/0.15 + 1 = 334$ (根) $M = 1.41 \times 334 \times 0.888 = 418.19$ (kg)
	Y方向底板分布筋 Φ12@150	t	0.488	$L = 50 - 0.045 \times 2 = 49.91$ (m) $N = 0.75 \times 2 - 0.045 \times 2/0.15 + 1 = 11$ (根) $M = 49.91 \times 11 \times 0.888 = 487.52$ (kg)
	柱外侧纵筋 3Φ25+4Φ20	t	0.311	3Φ25 $L = \max(H_j - c, 0.6 l_{abE}) + 0.1 + 1.8 - 0.5 + 3 \times 4 - 0.5 + 1.5 l_{abE} = \max(0.5 - 0.045, 0.6 \times 0.825) + 0.1 + 1.3 + 12 - 0.5 + 1.5 \times 0.825 = 14.64$ (m) $M = 14.64 \times 3 \times 3.86 = 169.53$ (kg) 4Φ20 $L = \max(H_j - c, 0.6 l_{abE}) + 0.1 + 1.8 - 0.5 + 3 \times 4 - 0.5 + 1.5 l_{abE} = \max(0.5 - 0.045, 0.6 \times 0.66) + 0.1 + 1.3 + 12 - 0.5 + 1.5 \times 0.66 = 14.35$ (m) $M = 14.35 \times 4 \times 2.47 = 141.78$ (kg) $M_{总} = 169.53 + 141.78 = 311.31$ (kg)
	内侧纵筋 1Φ25+4Φ20	t	0.194	1Φ25 $L = \max(H_j - c, 0.6 l_{abE}) + 0.1 + 1.8 - 0.5 + 3 \times 4 - 0.02 + 12d = \max(0.5 - 0.045, 0.6 \times 0.825) + 0.1 + 1.3 + 12 - 0.02 + 12 \times 0.825 = 14.18$ (m) $M = 14.18 \times 1 \times 3.86 = 54.73$ (kg) 4Φ20 $L = \max(H_j - c, 0.6 l_{abE}) + 0.1 + 1.8 - 0.5 + 3 \times 4 - 0.02 + 12d = \max(0.5 - 0.045, 0.6 \times 0.66) + 0.1 + 1.3 + 12 - 0.02 + 12 \times 0.66 = 14.08$ (m) $M = 14.08 \times 4 \times 2.47 = 139.11$ (kg) $M_{总} = 54.73 + 139.11 = 193.84$ (kg)

（续）

定额编号	项目名称	单位	工程量	计　算　式
5-2	箍筋Φ8@150/200	t	0.174	①$L=0.5\times4-8\times0.02-4\times0.008+2\times11.9\times0.008=1.998$（m） ②$L=\left[\frac{0.5-0.02\times2-2\times0.008-0.025}{4-1}\times1+0.02/2\times2+0.008/2\times2\right]\times2+(0.5-0.02\times2-0.008)\times2+2\times11.9\times0.008=1.43$（m） ③同②，$L=1.43$（m） $L_{总}=1.998+1.43\times2=4.86$（m） 加密区 $N_{加}$：$\left(\frac{1.3+3-0.5}{3}-0.05\right)/0.15+1=10$（根） $\left[\max\left(\frac{1.3+3-0.5}{6},0.5,0.5\right)+0.5+\max\left(\frac{3-0.5}{6},0.5,0.5\right)\right]/0.15+1=12$（根） $\left\{\left[\max\left(\frac{3-0.5}{6},0.5,0.5\right)+0.5+\max\left(\frac{3-0.5}{6},0.5,0.5\right)\right]/0.15+1\right\}\times2=22$（根） $\left[\max\left(\frac{3-0.5}{6},0.5,0.5\right)+0.5-0.02\right]/0.15+1=8$（根） 非加密 $N_{非}$：$\left[1.3+3-\frac{1.3+3-0.5}{3}-\max\left(\frac{1.3+3-0.5}{6},0.5,0.5\right)\right]/0.2-1=11$（根） $\left\{\left[3-\max\left(\frac{3-0.5}{6},0.5,0.5\right)\times2\right]/0.2-1\right\}\times3=27$（根） $N_{总}=N_{加}+N_{非}=10+12+22+8+11+27=90$（根） $M=4.86\times90\times0.395=172.77$（kg） 基础插筋中的非复合箍筋，不少于2根： $0.5/0.5=1$，N应取2根 $L=0.5\times2\times2-8\times0.02-4\times0.008+2\times11.9\times0.008=1.998$（m） $M=1.998\times2\times0.395=1.58$；$M_{总}=172.77+1.58=174.35$（kg）

【例8-15】 某框架结构办公楼的7.2m层梁配筋图如图8-75所示，抗震等级二级，现浇有梁板混凝土强度为C30，KZ截面为KZ_1：500mm×500mm，KZ_2：400mm×500mm，KZ_3：400mm×400mm。请计算KL_6的钢筋工程量。

【解】 混凝土保护层有梁板C30，梁保护层$c=20$mm

锚固长度：抗震等级为二级，其锚固长度HRB335：$l_{abE}=33d$，$\zeta_a=1$，所以$l_{aE}=33d$

$\Phi25 l_{abE}=l_{aE}=0.825$mm；$\Phi20 l_{abE}=l_{aE}=0.66$mm。

梁端支座锚固：$H_c-c=0.5-0.025=0.475<\max(0.5h_c+5d,\ l_{aE})$，因此采用弯锚。

列式计算基础钢筋工程量、KZ_1钢筋工程量见表8-37。

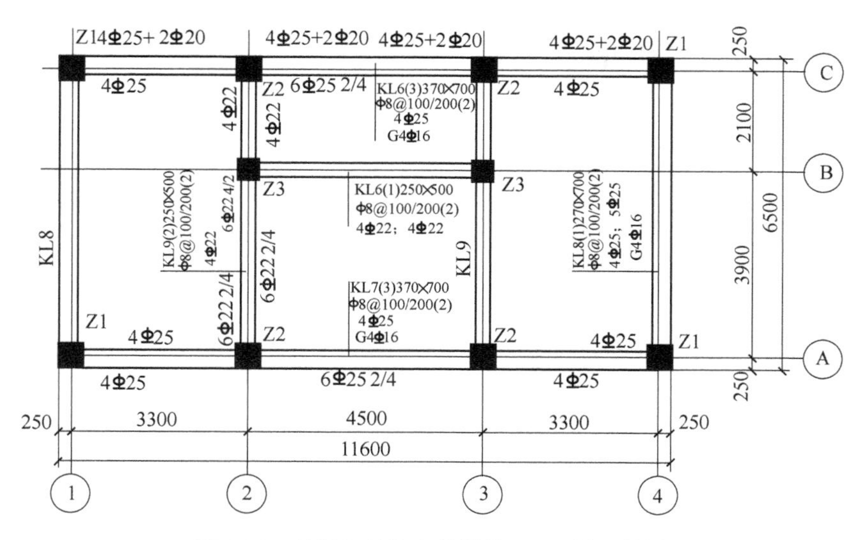

图 8-75 某框架结构办公楼的 7.2m 梁配筋图

表 8-37 工程量计算表

定额编号	项目名称	单位	工程量	计 算 式
5-4	上部通长筋 4Φ25	t	0.19	$L = 11.1 - 0.25\times2 + \max(l_{aE}, 0.4L_{abE}+15d, H_c - c + 15d)\times2\times4 = 11.1 - 0.25\times2 + \max(0.825, 0.4\times0.825+15\times0.025, 0.5-0.02+15\times0.025)\times2\times4 = 49.24(m)$ $M = 49.24\times3.86 = 190.07(kg)$
5-4	支座负筋Φ20	t	0.048	第一、三跨： $L_1 = \left[\frac{l_{n1}}{3} + \max(l_{aE}, 0.4L_{abE}+15d, H_c - c + 15d)\right]\times2 = \left[\left(\frac{3.3-0.25-0.2}{3}+0.78\right)\right]\times2\times2 = 6.92(m)$ 第二跨：$L_2 = \left[\frac{l_{ni}}{3}\times2+H_c\right]\times2\times2 = \left[\frac{4.5-0.2\times2}{3}\times2+0.4\right]\times2\times2 = 12.53(m)$ $L_{总} = 6.92+12.53 = 19.45(m)$ $M = 19.45\times2.47 = 48.04(kg)$
5-4	下部非贯通筋 Φ25	t	0.273	第一、三跨： $L_1 = [3.3-0.25-0.2+\max(l_{aE}, 0.4L_{abE}+15d, H_c - c+15d)+\max(l_{aE}, 0.5H_c+5d)]\times4\times2 = 36.24(m)$ 第二跨：$L_2 = [4.5-0.2\times2+\max(l_{aE}, 0.5H_c+5d)\times2]\times6 = 34.5(m)$ $L_{总} = 36.24+34.5 = 70.74(m)$ $M = 70.74\times3.86 = 273.06(kg)$
5-4	构造筋 G4Φ16	t	0.07	$L = (11.1-0.25\times2+15d\times2)\times4 = 44.32(m)$ $M = 44.32\times1.58 = 70.03(kg)$

（续）

定额编号	项目名称	单位	工程量	计 算 式
5-2	拉筋Φ8@400	t	0.029	即勾住纵筋又勾住箍筋 $L=0.37-0.02\times2+0.008+2\times11.9\times0.008=0.528(\text{m})$ $N=2\times\left[\left(\frac{3.3-0.25-0.2-0.05\times2}{0.4}+1\right)\times2+\frac{4.5-0.2\times2-0.05\times2}{0.4}+1\right]=54$(根) $L_{总}=L\times N=28.51(\text{kg})$
5-2	箍筋 Φ8@100/200	t	0.068	$L=(0.37+0.7)\times2-8\times0.02-4\times0.008+2\times11.9\times0.008=2.138(\text{m})$ $N_{加}=\left[\frac{\max(1.5\text{Hb},500)-0.05}{0.1}+1\right]\times6=66$(根) $N_{非}=\left[\frac{3.3-0.25-0.2-1.05\times2}{0.2}-1\right]\times2+\frac{4.5-0.2\times2-1.05\times2}{0.2}-1=15$(根) $N_{总}=66+15=81$(根) $M=2.138\times81\times0.395=68.41(\text{kg})$

【例 8-16】 某框架结构办公楼的标准层板配筋图如图 8-76 所示，抗震等级为二级，现浇有梁板混凝土强度等级为 C25，KL 截面均为 300mm×500mm，KZ 均为 500mm×500mm，轴线居梁中，分布筋均为Φ6@200，设计要求板筋应充分利用钢筋的抗拉强度，负筋分布筋长度按轴线尺寸计算，请计算现浇有梁板钢筋。

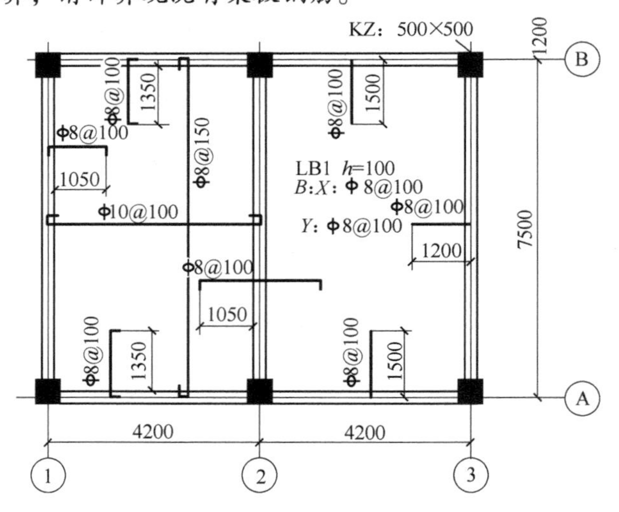

图 8-76　某框架结构办公楼的标准层板配筋图

【解】 混凝土保护层厚度：有梁板 C25，板保护层 $c=20\text{mm}$

锚固长度：HPB300$l_{ab}=l_a=39d$，Φ8$l_{ab}=l_a=0.312\text{mm}$。

板端支座锚固：$H_c-c=0.3-0.02=0.28<l_a$，因此采用弯锚。

工程量计算表见表 8-38。

表8-38 工程量计算表

定额编号	项目名称	单位	工程量	计 算 式
5-2	*X*方向受力筋 Φ10@100	t	0.384	$L=4.2-0.15\times2+\max(H_c/2,5d)\times2+2\times6.25d=4.2-0.15\times2+\max(0.3/2,5\times0.01)\times2+2\times6.25\times0.01=4.325(\text{m})$ $N=\frac{7.5-0.15\times2-\frac{0.1}{2}\times2}{0.1}+1=72$(根) $M=4.325\times72\times0.617\times2=384.26(\text{kg})$
5-2	*Y*方向分布筋 Φ8@150	t	0.168	$L=7.5-0.15\times2+\max(H_c/2,5d)\times2+2\times6.25d=4.2-0.15\times2+\max(0.3/2,5\times0.008)\times2+2\times6.25\times0.008=7.6(\text{m})$ $N=\frac{4.5-0.15\times2-\frac{0.15}{2}\times2}{0.15}+1=28$(根) $M=7.6\times28\times0.395\times2=168.12(\text{kg})$
5-2	支座负筋 Φ8@100 分布筋 Φ6@200	t	0.328	左、右端支座负筋： $L=1.05+0.1-0.02\times2+\max(l_a,0.6l_{ab}+15d)=1.422\text{m}$ $N=\left(\frac{7.5-0.15\times2-\frac{0.1}{2}\times2}{0.1}+1\right)\times2=144$(根) 分布筋：$L=7.5(\text{m}),N=\left(\frac{1.05-\frac{0.2}{2}}{0.2}+1\right)\times2=12$(根) 上、下端支座： $L=1.35+0.1-0.02\times2+\max(l_a,0.6l_{ab}+15d)=1.722(\text{m})$ $N=\left(\frac{4.2-0.15\times2-\frac{0.1}{2}\times2}{0.1}+1\right)\times4=156$(根) 分布筋：$L=4.2(\text{m}),N=\left(\frac{1.35-\frac{0.2}{2}}{0.2}+1\right)\times2\times2=32$(根) 中间支座负筋： $L=1.2\times2+(0.1-0.02\times2)\times2=2.52(\text{m}),N=72$(根) 分布筋：$L=7.5(\text{m}),N=\left[\frac{1.05-\frac{0.2}{2}}{0.2}+1\right]\times2=12$ Φ8：$M=(1.422\times144+1.722\times156+2.52\times72)\times0.395=258.66(\text{kg})$ Φ6：$M=(7.5\times12+4.2\times32+7.5\times12)\times0.222=69.8(\text{kg})$ $M_{总}=258.66+69.8=328.46(\text{kg})$

8.3.6 金属结构工程

1. 金属结构工程计算内容及定额列项

金属结构工程计算各种金属构件（柱、屋架、吊车梁、制动梁）的制作、运输、安装工程量，预算定额列项如图 8-77 所示。

2. 工程量计算规则

金属结构构件制作包括工厂化制作和现场制作两部分，工程量应分别计算。

1）金属结构构件制作、运输、安装工程量按图示尺寸以 t 计算，不扣除孔眼、切角重量。所需焊条、螺栓等重量，已包括在定额内不另计算。在计算不规则或多边形钢板质量时均以其最大对角线乘以最大宽度的矩形面积计算，型钢则以最大长度计算。

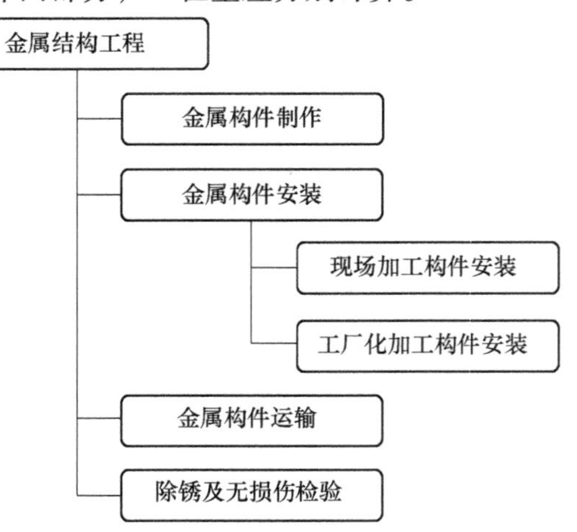

图 8-77　金属结构工程预算定额列项

2）柱上的牛腿及悬臂梁应计入柱身主材质量内。

3）制动梁的制作、运输、安装工程量包括制动梁、制动桁架、制动板质量。

4）墙架制作运输、安装工程量包括墙架柱、墙架梁及连接杆质量。

5）金属结构工程，设计要求进行无损探伤检验者，按设计要求检验项目计算。

6）金属结构构件运输按表 8-39 分类。

表 8-39　金属结构构件运输分类表

构件类别	构件名称
Ⅰ类	钢柱、屋架、托架梁、防风桁架
Ⅱ类	梁、钢天沟、型钢檩条、钢支撑、爬梯、平台、操作台、走道休息台、扶梯、钢吊车梯台、零星构件、集中加工的铁件
Ⅲ类	墙架、挡风架、天窗架、檩条、轻型屋架、管道架、网架

3. 调整系数

1）金属结构制作定额是按普通碳钢焊接制定的，如用 16 锰钢主材，用 506、507 型焊条焊接时，其制作人工量乘系数 1.10。

2）钢柱安装在混凝土柱上时，定额项目的人工、机械用量乘系数 1.43。

3）单层房屋屋盖系统构件必须在跨外安装时，将相应构件安装定额的人工、机械用量乘系数 1.18；采用塔式起重机和卷扬机安装时不再调整。

4. 定额说明

1）工厂化制作金属构件的制作费用，应以工程造价管理机构适时发布的指导价格计算。

2）金属结构构件制作项目中已包括清除微锈、轻锈的工料，若设计要求必须除中锈及重锈者，方可计算除锈费用，其工程量按除锈部位的制作工程量计算。

3）金属结构构件安装定额是按汽车式起重机、塔式起重机分别编制的。

4）金属结构构件安装是按机械起吊点中心回转半径 15m 以内的距离制定的，如超出 15m 时，应另按构件运输定额计算。

5）金属结构构件安装的安装螺栓定额中为普通螺栓，若使用高强螺栓时，化学及其他螺栓时，应换算材料费、人工费和机械费不变。拼装定额内未包括拼装所需的连接螺栓。

6）屋架单榀重量在1t以下者，按轻型屋架定额计算。

7）屋架、天窗架安装定额中，不包括拼装工序，如需拼装时，应再计算拼装项目。

8）弧型单轨吊车梁项目亦适用于环形单轨吊车梁。

9）定额中缺项的金属结构构件，除另有规定者外，单件质量在20kg以上的小型构件，按零星构件定额计算，单件质量在20kg以内的小型构件，按铁件定额计算。

10）金属结构构件运输定额适用于由构件堆放场地或构件加工厂至施工现场50km以内的运输，超过50km的另行计算。

11）定额中已包括起重机械、运输机械行驶道路的修整铺垫工作的人工，如采用材料铺筑时，另按有关规定计算。

12）金属结构工程，设计要求必须采用喷砂除锈者，方可计算喷砂除锈费用，其工程量按除锈部位的制作工程量计算。

13）型钢混凝土组合结构中的梁、柱安装按本章相应定额项目计算。

5. 金属结构工程量计算实例

【例8-17】 某工程钢屋架如图8-78所示，请根据《甘肃省建筑工程预算定额》计算该钢屋架拼装及安装工程量，并填写工程量计算表。

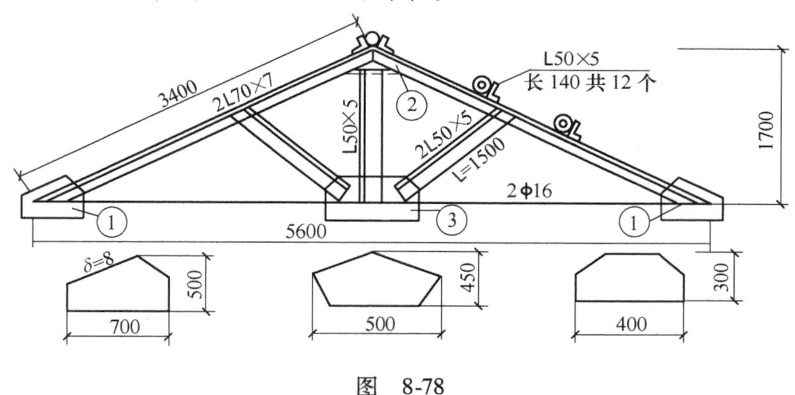

图 8-78

【解】 本钢屋架由弦杆、立杆、斜撑、连接板组成，其安装工程量应为各部分铁件质量之和，计算如下：杆件质量 = 杆件设计图示长度 × 单位理论质量

多边形钢板质量 = 最大对角线长度 × 最大宽度 × 面密度

上弦质量 = 3.40 × 2 × 2 × 7.398 = 100.61（kg）

下弦质量 = 5.60 × 2 × 1.58 = 17.70（kg）

立杆质量 = 1.70 × 3.77 = 6.41（kg）

斜撑质量 = 1.50 × 2 × 2 × 3.77 = 22.62（kg）

①号连接板质量 = 0.7 × 0.5 × 2 × 62.80 = 43.96（kg）

②号连接板质量 = 0.5 × 0.45 × 62.80 = 14.13（kg）

③号连接板质量 = 0.4 × 0.3 × 62.80 = 7.54（kg）

檩托质量 = 0.14 × 12 × 3.77 = 6.33（kg）

钢屋架 =（100.61 +17.70 +6.41 +22.62 +43.96 +14.13 +7.54 +6.33）=219.30（kg）=0.219（t）

工程量计算表见表8-40。

表8-40　工程量计算表

定额编号	项目名称	单位	工程量	计　算　式
6-26	轻型屋架拼装	t	0.219	100.61 +17.70 +6.41 +22.62 +43.96 +14.13 +7.54 +6.33 =219.30（kg）
6-29	轻型屋架安装	t	0.219	同上

8.3.7　木结构工程

1. 木结构工程计算内容及定额列项

木结构工程主要计算木屋架、屋面木基层、木楼梯等木构件制作工程量，预算定额列项如图8-79所示。

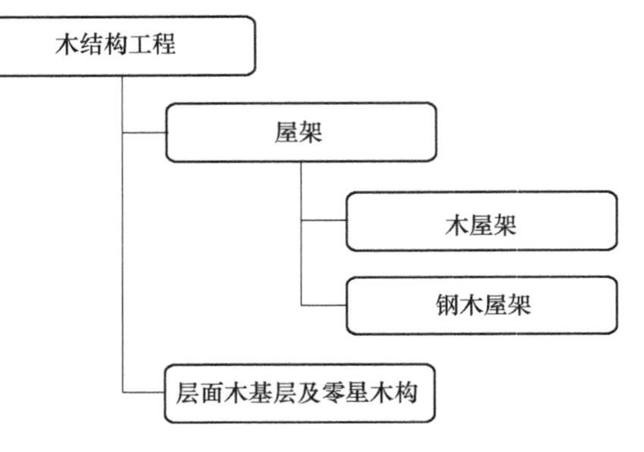

图8-79　木结构工程预算定额列项

2. 工程量计算规则

1）木屋架和檩条的工程量按竣工木料体积以 m^3 计算，附属于其上的木夹板、垫木、风撑、挑檐木、檩条三角条均按竣工木料体积并入屋架、檩条工程量内。单独挑檐木并入檩条工程量内。檩托木、檩垫木已包括在定额项目内，不另计算。

2）圆木屋架上的挑檐木、风撑等设计规定为方木时，应将方木竣工木料体积乘以系数1.7折合成圆木并入圆木屋架工程量内。

3）简支檩木长度设计无规定时，按相邻屋架或山墙中距增加0.20m接头计算，两端出山檩条算至搏风板；连续檩的长度按设计长度增加5%的接头长度计算。

4）需要刨光的屋架、檩条、屋面板等在计算竣工木料体积时，应加刨光损耗，方木按一面刨光加3mm计算，两面刨光加5mm计算，圆木刨光按每 m^3 竣工木料体积增加0.05 m^3 计算，板按一面刨光加2mm计算，两面刨光加3.5mm计算。

5）椽子、屋面板、挂瓦条、竹帘子工程量按屋面斜面积以 m^2 计算，屋面烟囱、人孔及斜沟所占面积不扣除。

6）封檐板工程量按图示檐口外围长度以m计算。搏风板按斜长度计算，每个大刀头增加长度0.50m。

7）带气楼的屋架，其气楼屋架并入所依附屋架工作量内计算。

8）屋架的马尾、折角和正交部分半屋架，并入相连屋架工程量内计算。

9）钢木屋架工程量按屋架的竣工木料体积以 m^3 计算，定额内已包括钢构件的用量，不再另外计算。

3. 定额说明

1）定额中木材木种是综合取定的，木种不同时，不再调整。

2）屋架的跨度是指屋架两端上、下弦中心线交点之间的长度。

3）支撑屋架的混凝土垫块，应按第四章混凝土工程中相应定额项目计算。

4）木屋架、钢木屋架定额项目中的钢板、型钢、圆钢用量与设计不同时，按设计数量另加6%损耗进行换算，其他不再调整。

8.3.8 屋面与防水工程

1. 屋面与防水工程计算内容及定额列项

屋面工程计算各种材料的屋面工程量及屋面排水构件工程量、建筑物各部位防水防潮工程量及变形缝的处理。预算定额列项如图8-80所示。

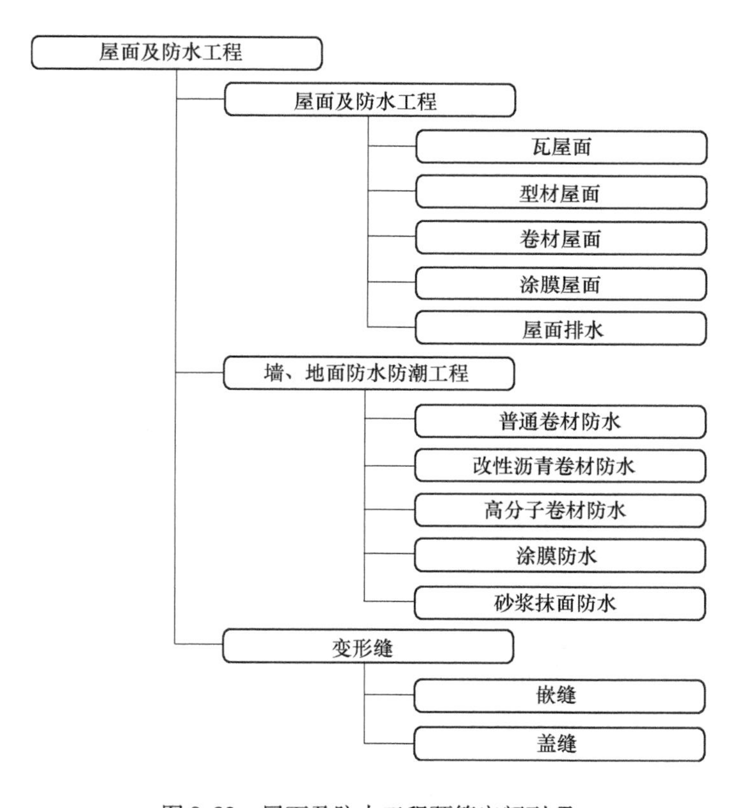

图8-80 屋面及防水工程预算定额列项

2. 屋面工程量计算规则

1）瓦屋面、波纹瓦屋面、型材屋面、玻璃钢瓦屋面、卷材屋面、涂膜屋面（包括挑檐部分）工程量按设计图示尺寸的水平投影面积乘以表8-41屋面延尺系数以m^2计算，不扣除屋面上烟囱、风帽底座、屋面小气窗、斜沟及0.3m^2以内孔洞所所占面积，屋面小气窗出檐与屋面重叠部分的面积也不增加。延尺系数计算示例如图8-81所示。

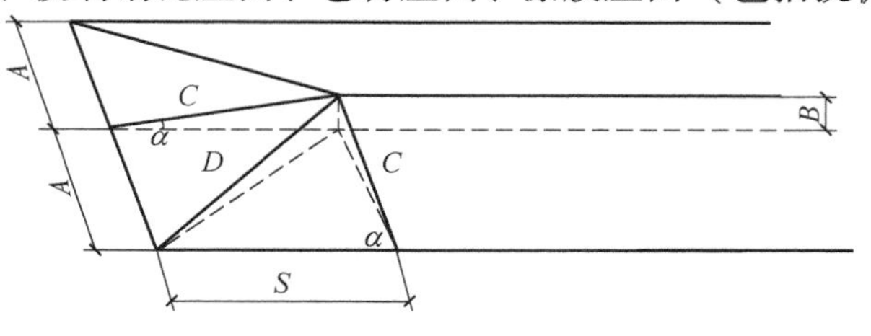

图8-81 屋面延尺系数计算示例

表 8-41　屋面坡度系数表

序号	坡　度			延尺系数 C	偶延尺系数 D
	$B(A=1)$	$B/2A$	角度(θ)	($A=1$)	($A=1$)
1	1	1/2	45°	1.4142	1.7321
2	0.75		36°52′	1.2500	1.6008
3	0.7		35°	1.2207	1.5779
4	0.666	1/3	33°40′	1.2015	1.5620
5	0.65		33°01′	1.1926	1.5564
6	0.6		30°58′	1.1662	1.5362
7	0.577		30°	1.1547	1.5270
8	0.55		28°49′	1.1413	1.5170
9	0.5	1/4	26°34′	1.1180	1.5000
10	0.45		24°14′	1.0966	1.4839
11	0.4	1/5	21°48′	1.0770	1.4697
12	0.35		19°17′	1.0594	1.4569
13	0.3		16°42′	1.0440	1.4457
14	0.25		14°02′	1.0308	1.4362
15	0.2	1/10	11°19′	1.0198	1.4283

注：1. 两坡水屋面的实际面积为屋面水平面积乘以延迟系数 C。
2. 四坡水屋面的斜脊长度 $=A\times D$（当 $S=A$ 时）。
3. 沿山墙泛水长度 $=A\times C$。

2）天窗出檐与屋面重叠部分的面积，并入相应屋面工程量内计算。瓦屋面出檐口的尺寸应按设计规定计算，如设计无规定时，除小青瓦按 5cm 计算外，其他瓦应按 7cm 计算。

3）卷材、涂膜屋面中弯起部分按设计规定计算（图 8-82）；如设计无规定时，变形缝、女儿墙应按弯起 30cm 计算；天窗部分应按弯起 50cm 计算，并入相应屋面工程量内。

4）涂膜屋面的油膏嵌缝、玻璃布盖缝、屋面分格缝以延长米计算。

5）铁皮水落管、檐沟、泛水、水斗、水口等排水构件以图示尺寸按展开面积计算。如设计图无尺寸时，可按表 8-42 铁皮排水单体零件工程量折算表计算。落水管的长度应按水斗下口以下的长度计算。

6）铸铁水落管应区别不同管径按设计尺寸以延长 m 计算。雨水口、水斗、弯头所占位置不扣除，另按个计算。

7）塑料落水管（PVC）应区别不同管径按设计尺寸以延长米计算。塑料雨水口、弯头（PVC）所占位置不扣除，应另按个计算。

8）不锈钢落水管按设计尺寸以延长米计算。

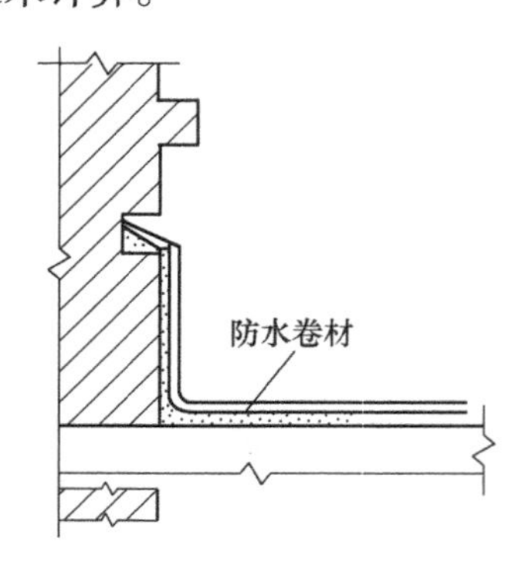

图 8-82　屋面卷材卷起示意

表 8-42 屋面铁皮排水构件单体面积折算表

<table>
<tr><th colspan="2">名 称</th><th>单位</th><th>水落管
/m</th><th>檐沟
/m</th><th>水斗
/个</th><th>漏斗
/个</th><th>下水中
/个</th><th></th><th></th></tr>
<tr><td rowspan="3">铁皮排水</td><td>水落管、檐沟、水斗、漏斗、下水口</td><td>m²</td><td>0.32</td><td>0.30</td><td>0.40</td><td>0.16</td><td>0.45</td><td></td><td></td></tr>
<tr><td rowspan="2">天沟、斜沟、天窗窗台泛水、天窗侧面泛水、烟囱泛水、滴水檐头泛水、滴水</td><td rowspan="2">m²</td><td>天沟
/m</td><td>斜沟、天窗窗台泛水
/m</td><td>无窗台测面
/m</td><td>烟囱泛水
/m</td><td>通气管泛水
/m</td><td>滴水檐头泛水
/m</td><td>滴水
/m</td></tr>
<tr><td>1.30</td><td>0.50</td><td>0.70</td><td>0.80</td><td>0.22</td><td>0.24</td><td>0.11</td></tr>
</table>

3. 防水防潮工程工程量计算规则

防水防潮层工程量均按设计图示尺寸以 m^2 计算。应扣除凸出地面的构筑物，设备基础等所占的面积，不扣除附墙柱、垛、附墙烟囱及单个面积在 0.3m^2 以内的孔洞所占面积。平面与立面连接处高在 30cm 以内者按其展开面积计算，并入相应平面定额项目工程量内，超过 30cm 时，按相应立面定额项目计算。

4. 变形缝工程量计算规则

1）嵌缝工程量按不同材料的嵌缝体积以 m^3 计算。

2）卷材、油毡、胶合板、铁皮、木板、橡胶板等盖缝均按设计的展开面积以 m^2 计算。彩钢板、铝塑板盖缝按长度以延长米计算。变形缝木压条、止水带以缝的中心线长度以延长米计算。钢板盖缝按第六章金属结构工程铁件安装项目计算。

5. 调整系数

1）小青瓦的规格与定额不同时，除瓦的数量可以换算外，其他工料不再调整。

2）小青瓦屋面是按搭接三分之二计算的，搭接不同时，可调整瓦的数量，其他工料不再调整。

3）波纹瓦屋面板是按 75cm 宽度考虑的，如宽度不同时，波纹瓦可以换算，人工、机械及其他材料不变。

6. 定额说明

1）各种瓦屋面的脊瓦出线（抹捎头灰）的工料已包括在定额内不再另行计算。

2）粘土瓦、水泥瓦屋面的屋脊以脊瓦作法为准，其他作法不再调整。

3）卷材屋面及卷材防水的附加层、收头、接缝等工料均已包括在定额内，不再另外计算。

4）普通卷材屋面及卷材防水均包括刷冷底子油一遍的工料，不再另行计算。

5）铁皮水落管、檐沟及泛水定额项目内均已包括铁皮咬口和搭接的工料，不再另行计算。

6）本章中的“一布二涂”或“二布三涂”项目，其“二涂”、“三涂”是指涂料构成防水层的层数，不是指涂刷的遍数。

7）变形缝和止水带材料与设计不同时可进行换算。

8）挑檐、檐口、雨篷、阳台等埋设的排水钢管按第六章金属结构工程中的铁件安装定额项目计算。

9）改性沥青屋面和墙、地面防水 6mm、7mm、8mm 厚双层铺贴时，按基层处理子目扣减一遍基础处理工料。

7. 屋面及防水工程量计算实例

【例 8-18】 某工程屋面为坡屋面，屋面平面图及工程做法如图 8-83 所示，请根据《甘肃省建筑工程预算定额》计算该计算该瓦屋面相关工程量，并填写工程量计算表。

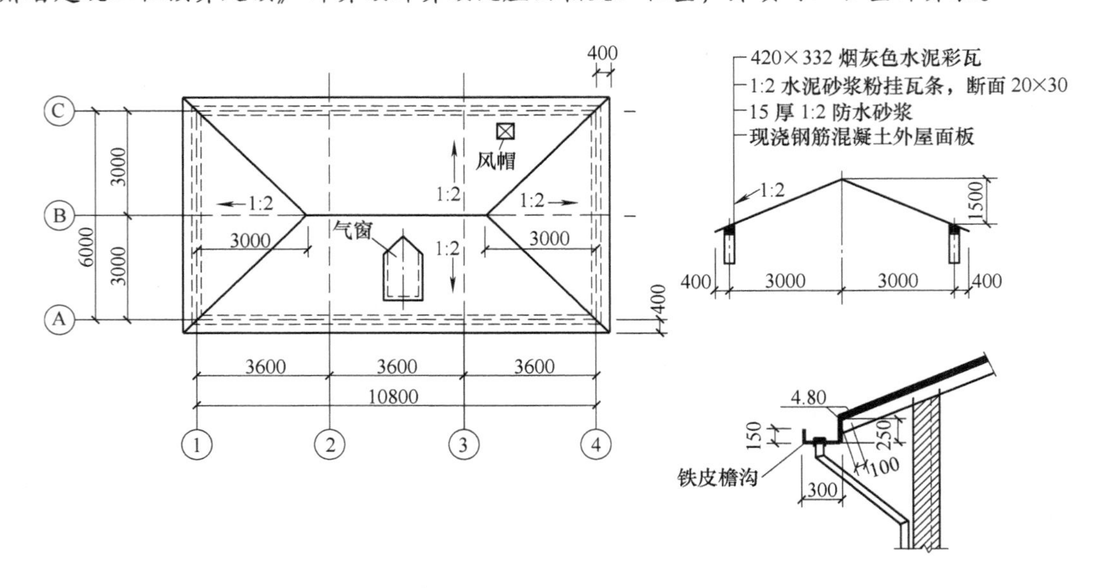

图 8-83　某屋面平面及剖面图

【解】 根据图 8-83，该屋面工程应计算水泥瓦屋面工程量、防水砂浆工程量和铁皮檐沟工程量。瓦屋面工程量应按设计图示尺寸的水平投影面积乘以屋面延尺系数以 m^2 计算；铁皮檐沟以图示尺寸按展开面积计算。

1）计算瓦屋面工程量：该工程为坡屋面，屋面坡度 1∶2，查表 8-43 得延尺系数为 1.118。

$$S=(10.80+0.40\times2)\times(6.00+0.40\times2)\times1.118=88.19(m^2)$$

《甘肃省建筑工程预算定额》中“水泥瓦铺设”分项工程已包括了脊瓦工程量，所以不再另行计算。在施工过程中如需统计脊瓦工程量，应按延长米计算，如为斜脊，则按斜长计算。本例屋面坡度为 1∶2，查表 8-43 得延尺系数为 1.500。

正脊：$10.80-3.00\times2=4.80$（m）

斜脊：$(3.00+0.40)\times1.500\times4=20.40$(m)

总长：$L=4.80+20.40=25.20$（m）

2）计算防水砂浆工程量同瓦屋面工程量。

3）计算铁皮檐沟工程量：

铁皮檐沟长度 $L=(10.80+0.40\times2)\times2+(6.00+0.40\times2)\times2=36.80$（m）

查表 8-26 得铁皮檐沟的单体面积折算为 $0.3m^2/m$。

铁皮檐沟工程量 $S=36.8\times0.3=11.04$（m^2）

工程量计算表见表 8-43。

表 8-43 工程量计算表

定额编号	项目名称	单位	工程量	计 算 式
8-3	水泥瓦铺设	m^2	88.19	$(10.80+0.40\times2)\times(6.00+0.40\times2)\times1.118$
8-212	防水砂浆	m^2	88.19	$(10.80+0.40\times2)\times(6.00+0.40\times2)\times1.118$
8-110	铁皮檐沟	m	11.04	$[(10.80+0.40\times2)\times2+(6.00+0.40\times2)\times2]\times0.3$

8.3.9 保温隔热工程

1. 保温、隔热工程量计算内容及定额列项

保温隔热工程计算建筑物各部位保温隔热工程量，预算定额列项如图 8-84 所示。

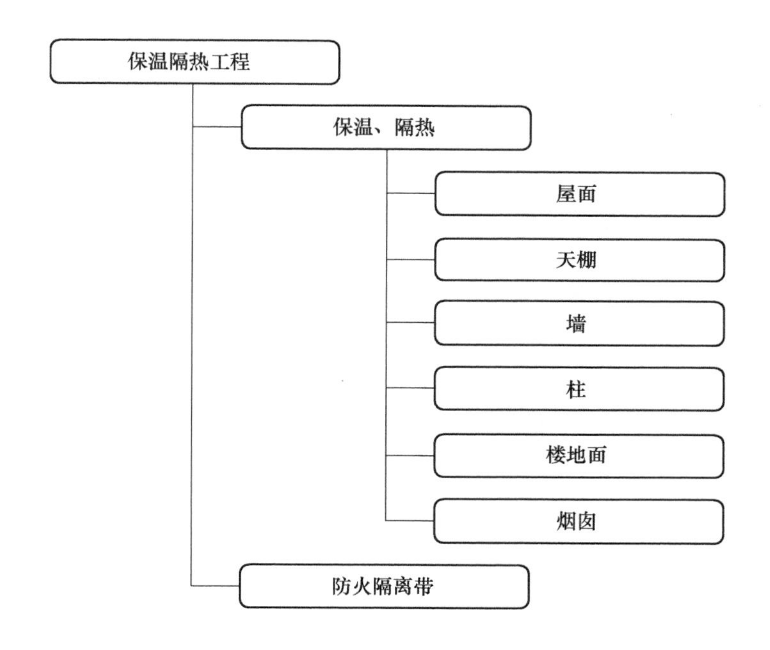

图 8-84 保温隔热工程预算定额列项

2. 工程量计算规则

1）保温隔热层工程量除岩棉板保温、金属波纹拱形屋盖聚氨酯喷涂保温、石膏板保温、保温彩钢板、单面钢丝网聚苯乙烯保温板、聚苯颗粒保温砂浆、泡沫玻璃、酚醛保温板、膨胀硅酸盐水泥保温板、保温装饰一体板、耐碱玻璃纤维网格布、外墙水平防火隔离带按设计图示尺寸的不同厚度以 m^2 计算外，其他均按设计图示尺寸以 m^3 计算。

2）保温隔热层的厚度按隔热材料（不包括胶结材料）净厚度计算。

3）地坪隔热层工程量按围护结构墙体间净面积乘设计厚度以 m^3 计算，不扣除柱、垛及单个面积在 $0.30m^2$ 以内孔洞所占体积。

4）墙面隔热层工程量依据设计图示尺寸，外墙按隔热层中心线长度，内墙按隔热层净长度乘高度及厚度以 m^3 计算。应扣除门窗洞口和管道穿墙洞口及单个面积在 $0.30m^2$ 以内孔洞所占体积。

5）柱保温隔热层工程量，按设计图示柱的隔热层中心线的展开长度乘以设计图示尺寸高度及厚度以 m^3 计算。

6）池槽隔热层工程量按池槽保温隔热层的实体积以 m^3 计算。池壁按墙面定额项目计算，池底按地面定额项目计算。

7）门洞口侧壁周围的保温隔热层工程量，并入墙面的保温隔热工程量内。

8）梁头、连系梁等其他零星工程隔热工程量，并入墙面的保温隔热工程量内。

9）柱帽保温隔热层工程量，并入天棚保温隔热层工程量内。

3. 调整系数

弧形墙保温隔热墙面按直形墙定额项目人工乘系数 1. 10。

4. 定额说明

1）保温工程中若采用轻骨料混凝土，按第四章混凝土工程中相应定额项目计算。

2）石灰矿渣、石灰炉渣、水泥石灰矿渣、水泥石灰炉渣等平面保温，按第十一章普通楼地面相应定额项目计算。

3）保温层的保温配合比、材质、厚度与设计不同时，可进行换算。

4）抗裂保护层工程要求增加用塑料膨胀螺栓固定的，定额项目每 m^2 增加：塑料膨胀螺栓 6. 12 套，人工 0. 03 工日，其他机械费 0. 05 元。

5）墙面岩棉板保温及聚苯乙烯保温项目如使用钢托架，钢托架按第六章金属结构工程相应定额项目计算。

6）零星保温执行本章定额中的线条保温项目。

5. 保温隔热工程工程量计算实例

【例 8-19】 某建筑屋面平面图如图 8-85 所示，屋面做法为：①4mm 厚 SBS 屋面（条铺）；②60mm 厚聚苯乙烯泡沫塑料板；③20mm 厚 1:2 水泥砂浆找平，请根据《甘肃省建筑工程预算定额》计算该工程屋面及保温工程量，并填写工程量计算表。

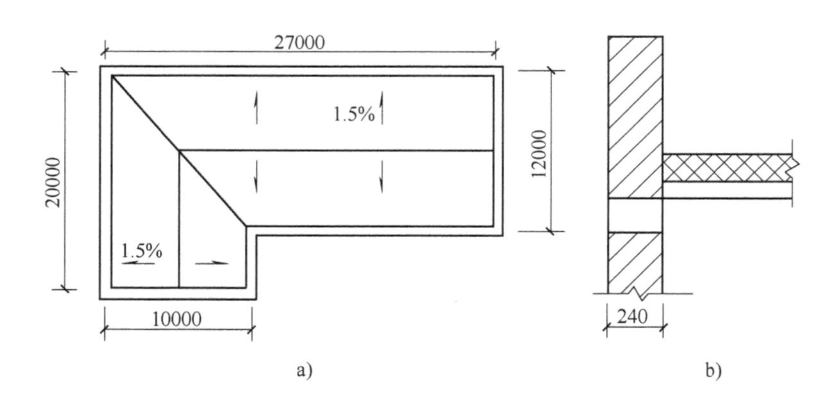

图 8-85　某屋面平面及剖面图

【解】 根据工程量计算规则，SBS 屋面工程应按水平投影面积计算，屋面卷材遇挑檐部分卷起 300mm；聚苯乙烯泡沫塑料板按设计图示尺寸的不同厚度以 m^2 计算。列式计算填入表 8-44。

表 8-44 工程量计算表

定额编号	项目名称	单位	工程量	计 算 式
9-19	干铺聚苯乙烯板	m^3	23.57	[(10 - 0.24) × (20 - 0.24) + (27 - 10) × (12 - 0.24)] × 0.06 = 392.78 × 0.06
8-40	条铺 SBS 屋面	m^2	418.89	392.78 + 0.3 × (20 - 0.24 + 27 - 0.24) × 2

8.3.10 防腐及防火涂料工程

1. 防腐及防火涂料工程计算内容及定额列项

防腐及防火涂料工程计算建筑物各部位各种材料的防腐及防火工程量，预算定额列项如图 8-86 所示。

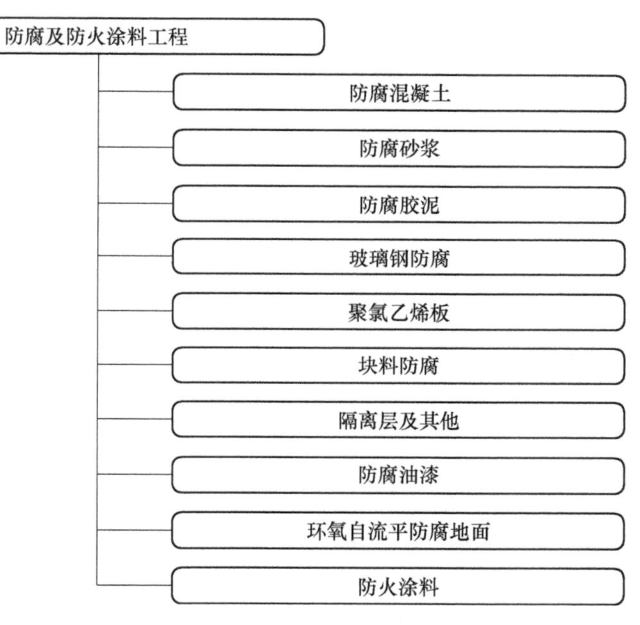

图 8-86 防腐及防火涂料工程预算定额列项

2. 工程量计算规则

1）防腐工程面层工程量均按设计图示尺寸以 m^2 计算，平面防腐：扣除凸出地面的构筑物、设备基础以及单个面积在 0.30m^2 以外的孔洞、柱、垛等所占的面积，门洞、空圈、暖气包槽、壁龛的开口部分不增加；立面防腐：扣除门、窗、洞口以及单个面积在 0.30m^2 以外的孔洞、梁所占面积，门、窗洞口侧壁、垛突出部分按展开面积并入墙面面积内。

2）踢脚板工程量按设计图示尺寸的长度乘高度以 m^2 计算，应扣除门洞所占面积，并相应增加侧壁展开面积。

3）防腐卷材接缝、附加层、收头工料，已包括在定额中，不再另行计算。

4）环氧自流平洁净地面工程量按设计图示尺寸面积以 m^2 计算，应扣除凸出地面的构筑物、设备基础的面积。

5）金属结构油漆防腐，其重量换算面积按构件实际展开面积进行计算或参考表 8-45 计算；混凝土面及抹灰油漆防腐按设计图示尺寸以 m^2 计算。

6）金属结构涂刷防火涂料工程量按质量以 t 计算。

表 8-45　金属结构油漆防腐重量面积换算表

序号	金属制品名称	展开面积/（m^2/t）	序号	金属制品名称	展开面积/（m^2/t）
1	半截百叶钢窗	150	16	钢梁	27
2	钢折叠门	138	17	车挡	24
3	平开门、推拉门钢骨架	52	18	钢屋架、钢桁架（型钢为主）	30
4	间壁	37	19	钢屋架、钢桁架（圆钢为主）	42
5	钢柱	24	20	钢屋架、钢桁架（钢管为主）	38
6	吊车梁	24	21	天窗架、挡风架	35
7	花式梁柱	24	22	墙架（实腹式）	19
8	空花构件	24	23	墙架（格板式）	31
9	操作台、走台、制动梁	27	24	屋架梁	27
10	支撑、拉杆	40	25	轻型屋架	54
11	型钢檩条	39	26	踏步式钢扶梯	40
12	轻钢檩条	86	27	金属脚手架	46
13	钢爬梯	45	28	H 型钢	22
14	钢栅栏门	65	29	零星铁件	50
15	钢栏杆窗栅	65			

3. 调整系数

1）各种胶泥、砂浆、混凝土配合比以及各种整体面层的厚度，如与设计不符时，可以换算。各种块料面层的结合层、胶结料厚度及灰缝宽度不得调整。

2）耐酸胶泥、砂浆、混凝土的粉料，如与设计不同时，可进行换算。

3）花岗岩面层以六面剁斧的块料为准，结合层厚度为 15mm。如板底为毛面时，其结合层胶结料用量可按设计厚度进行调整。

4）整体面层踢脚板按整体面层相应定额项目计算；块料面层踢脚板按立面砌块料面层相应定额项目计算，其人工乘系数 1.20。

5）环氧自流平洁净地面中间层（刮腻子）按每层 1mm 厚度考虑，如设计要求施工厚度不同时，可按相应遍数进行调整。

6）金属结构的防火涂料的厚度不同，可进行换算。

7）金属结构涂料防腐定额按刷涂考虑，如设计要求为喷涂时，按相应定额项目人工乘系数 0.50；材料乘系数 1.07；机械乘系数 2.20。

4. 定额说明

1）钢屑砂浆整体面层不包括水泥砂浆找平层，如设计要求有找平层者，按第十一章普通楼地面工程相应项目另行计算。

2）防火涂料执行本定额相应定额项目，防火漆执行第十九章油漆涂料裱糊工程相应定额项目。

5. 防腐工程量计算实例

【例8-20】 某具有耐酸要求的生产车间及仓库平面如图8-87所示，墙厚240mm，轴线居中，车间地面为环氧树脂胶泥铺耐酸瓷砖，仓库地面抹20mm厚水玻璃耐酸砂浆，请根据《甘肃省建筑工程预算定额》计算该工程车间及仓库的防腐工程量，并填写工程量计算表。

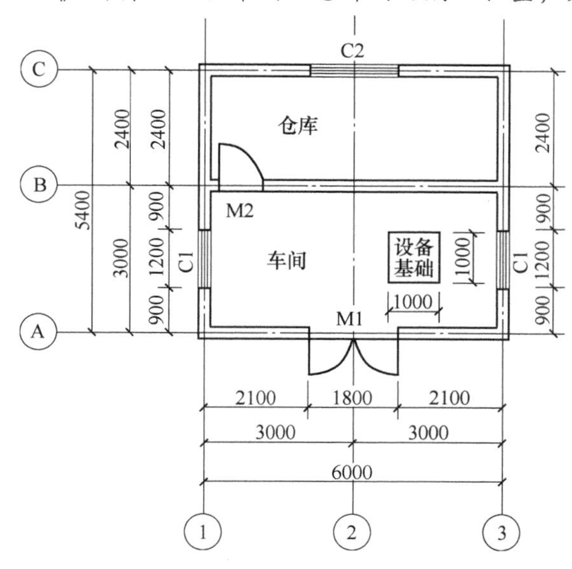

图8-87 某生产厂房平面图

【解】 根据工程量计算规则，防腐工程面层工程量均按设计图示尺寸以m^2计算，平面防腐扣除凸出地面的构筑物、设备基础所占的面积，门洞、空圈的开口部分不增加。本工程车间地面和仓库地面均采用防腐面层，列式计算填入表8-46。

表8-46 工程量计算表

定额编号	项目名称	单位	工程量	计算式
10-44	环氧树脂胶泥铺耐酸瓷砖	m^2	14.90	(6.00 − 0.24) × (3.00 − 0.24) − 1.00 × 1.00
10-5	水玻璃耐酸砂浆	m^2	12.44	(6.00 − 0.24) × (2.40 − 0.24)

8.3.11 普通楼地面工程

1. 普通楼地面工程计算内容及定额列项

楼地面工程的计算内容和地面构造有关，计算时根据设计注明的楼地面构造做法，确定计算内容及定额列项，在普通楼地面工程中计算分为垫层、找平层和整体面层，预算定额列项如图8-88所示。

2. 工程量计算规则

1）地面垫层工程量除原土夯卵石按主墙间图示尺寸的面积以m^2计算外，其他均按主墙间图示尺寸的面积乘设计厚度以m^3计算，相应扣除凸出地面的构筑物、设备基础、室内铁道、地沟等所占体积，不扣除柱、墙垛、间壁墙，附墙烟囱及面积在0.30m^2以内孔洞所占面积或体积。

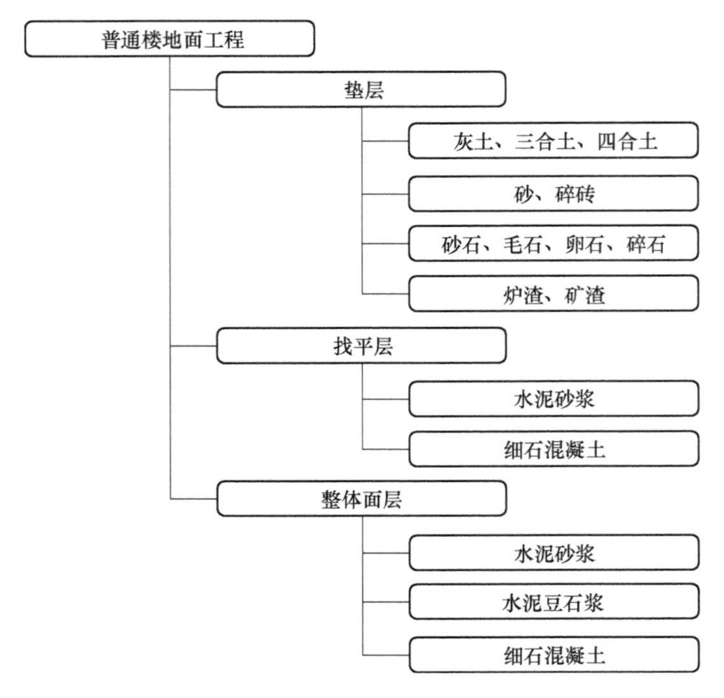

图 8-88　普通楼地面工程预算定额列项

2）基础、地沟垫层按设计规定放坡后的断面积乘长度以 m^3 计算；不放坡按设计断面尺寸乘长度以 m^3 计算。混凝土垫层按设计图示尺寸以 m^3 计算。

3）地面整体面层、找平层工程量按主墙间图示尺寸的面积以 m^2 计算，应扣除凸出地面的构筑物、设备基础、室内铁道、地沟等所占面积，不扣除柱、墙垛、间壁墙、附墙烟囱及面积在 0.30m^2 以内孔洞所占面积，门洞、空圈、暖气包槽、壁龛开口部分的面积也不增加。

4）楼梯面层工程量按水平投影面积以 m^2 计算，包括踏步、平台及楼层连接梁及宽带 500mm 以内的楼梯井。

5）台阶、防滑坡道面层工程量（不包括翼墙、花池和侧面）按最上层踏步外沿加 0.30m 水平投影面积计算。

6）踢脚板工程量按延长米计算，洞口、空圈长度不予扣除，洞口、空圈、墙垛、附墙烟囱等侧壁长度亦不增加。

7）阳台地面的面层并入相应楼地面工程量内计算。

3. 调整系数

1）采用螺旋形楼梯时，应将相应面层的楼梯定额人工用量乘系数 1.20，整体面层材料用量乘系数 1.05 计算；采用剪刀楼梯时，应将相应面层的楼梯定额人工用量乘系数 1.15，整体面层材料用量乘系数 1.15；楼梯踏步带三角形的按相应定额项目人工、材料、机械用量乘系数 1.50。

2）踢脚线定额内，踢脚板的高度是按 15cm 计算的，设计规定高度与定额计算高度不同时，定额内的材料用量可进行换算，人工和机械用量不再调整。

4. 定额说明

1）整体面层的楼地面定额项目及楼梯定额项目内，均不包括踢脚板工料。

2）楼地面定额项目内不包括楼梯板底抹灰，应按第十二章天棚抹灰项目另行计算。

3）楼梯踏步、台阶设计有防滑条时，应按第十四章装饰楼地面工程相应项目计算。

5. 普通楼地面工程量计算实例

【例8-21】 某商店平面图如图8-89所示，墙厚240mm，轴线居中。设计地面做法为：①20mm厚1:2水泥砂浆面层；②60mm厚C20细石混凝土找平层；③150mm厚3:7灰土垫层。请根据《甘肃省建筑工程预算定额》计算该工程地面工程量，并填写工程量计算表。

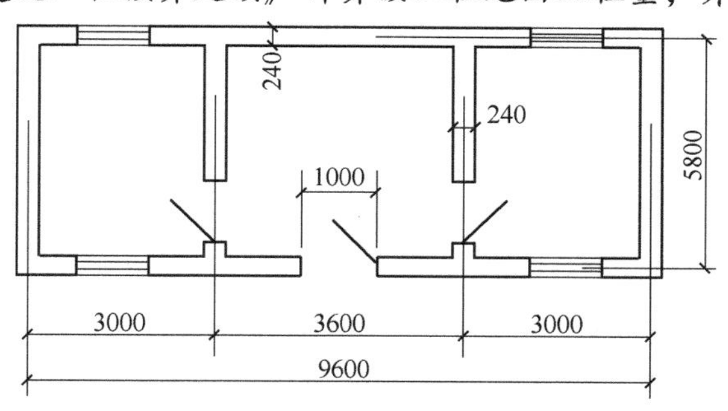

图8-89 某商店平面图

【解】 根据已知条件，该地面应计算水磨石面层、细石混凝土找平层、灰土垫层三个分项工程，根据工程量计算规则整体面层及找平层工程量按主墙间图示尺寸的面积以m^2计算；灰土垫层工程量按主墙间图示尺寸的面积乘设计厚度以m^3计算，列式计算填入表8-47。

表8-47 工程量计算表

定额编号	项目名称	单位	工程量	计 算 式
11-1	3:7灰土垫层	m^3	7.41	[(3－0.24)×(5.8－0.24)×2＋(3.6－0.24)×(5.8－0.24)]×0.15
11-30 ＋11－31×6	细石混凝土找平	m^3	49.37	(3－0.24)×(5.8－0.24)×2＋(3.6－0.24)×(5.8－0.24)
11-32	水磨石面层	m^2	49.37	(3－0.24)×(5.8－0.24)×2＋(3.6－0.24)×(5.8－0.24)

8.3.12 普通抹灰工程

1. 普通抹灰工程计算内容及定额列项

普通抹灰工程计算建筑物内墙、外墙及天棚的水泥砂浆抹灰、石灰砂浆抹灰和混合砂浆等抹灰工程量，预算定额列项如图8-90所示。

2. 工程量计算规则

（1）内墙、柱抹灰

1）内墙面抹灰工程量按内墙图示结构尺寸的抹灰面积以m^2计算。应扣除门窗洞口和空圈所占的面积，不扣除踢脚板、挂镜线、0.30m^2以内的孔洞和墙与构件交接处的面积，洞口侧壁、顶面、墙垛和附墙烟囱侧壁的面积应并入相应墙面抹灰工程量内。

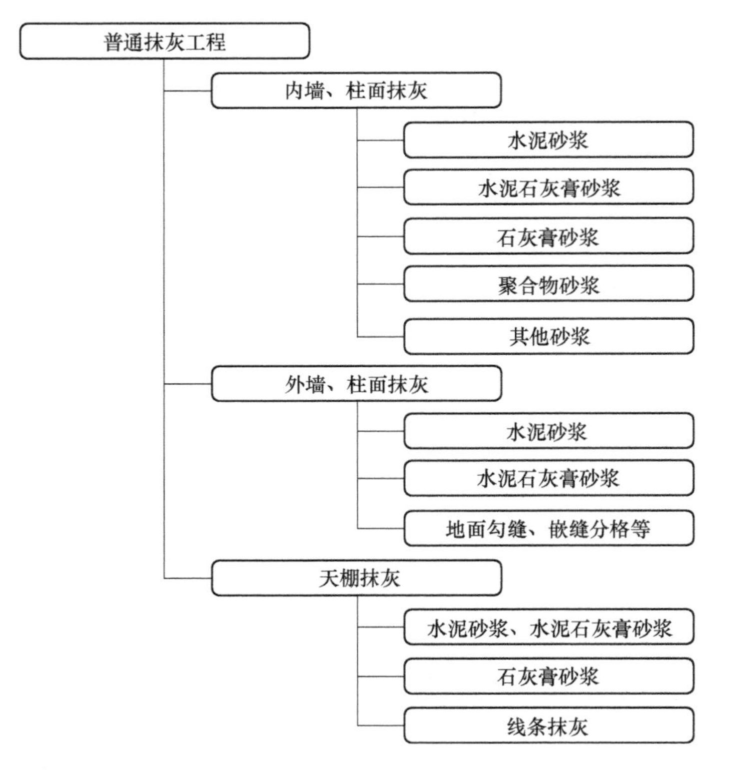

图 8-90　普通抹灰工程预算定额列项

2）内墙面和内墙裙抹灰长度以墙体间结构尺寸长度计算。

3）内墙面抹灰高度无墙裙时，其高度按室内地面或楼面至天棚底面的高度计算；有墙裙时，其高度按墙裙顶面至天棚底面的高度计算；有钉板天棚时，按室内地面或楼面至天棚底面另加 0.10m 计算。内墙裙的高度以室内地面或楼面至墙裙顶面计算。

4）砖墙中嵌入的混凝土梁、柱面抹灰，并入砖墙面抹灰工程量内计算。

5）独立柱和单梁抹灰工程量按图示结构尺寸的展开面积以 m^2 计算。

6）零星项目抹灰工程量按结构尺寸的展开面积以 m^2 计算。

7）线条展开宽度在 0.30m 以内者按设计结构尺寸以延长米计算，展开宽度在 0.30m 以外按设计结构尺寸的展开面积以 m^2 计算。

（2）外墙、柱抹灰

1）外墙面抹灰工程量按外墙设计结构尺寸的抹灰面积以 m^2 计算。如图 8-91 所示，应扣除门窗洞口、外墙裙和大于 0.30m^2 孔洞所占面积，洞口侧壁、顶面面积、附墙垛、梁、柱侧面抹灰面积并入外墙面抹灰工程量内计算。

2）外墙裙抹灰工程量按其长度乘高度以 m^2 计算。扣除门窗洞口和大于 0.30m^2 孔洞所占面积，门窗洞口及孔洞的侧壁并入外墙抹灰面积。

3）零星抹灰定额项目按设计结构尺寸的展开面积以 m^2 计算。

4）柱脚、柱帽抹线脚者，柱帽以设计结构尺寸的展开面积按天棚装饰线定额项目以 m^2 计算；柱脚以设计结构尺寸的展开面积按墙柱抹灰的装饰线条定额以 m^2 计算。其长度均以柱脚、柱帽最外层的线脚长度计算。

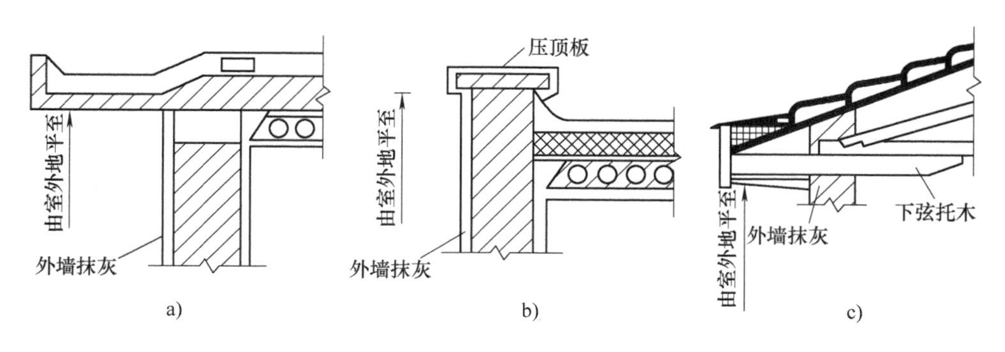

图 8-91 外墙抹灰示意图

5）勾缝工程量按墙面垂直投影面积以 m^2 计算，应扣除墙裙、墙面抹灰的面积，不扣除门窗洞口、门窗套及腰线等零星抹灰所占的面积，附墙柱和门窗洞口侧壁的勾缝面积也不增加。独立柱、房上烟筒勾缝，按图示尺寸以 m^2 计算。

6）墙面分格按分格范围的墙面垂直投影面积以 m^2 计算。

7）线条展开宽度在 0.3m 以内按设计结构尺寸以延长米计算，展开宽度在 0.3m 以外按设计结构尺寸的展开面积以 m^2 计算。

（3）天棚抹灰

1）天棚抹灰工程量按设计结构尺寸的抹灰面积以 m^2 计算，应扣除独立柱及与天棚相连窗帘盒的面积，不扣除间壁墙、墙垛、附墙烟囱、检查口和管道所占的面积。带梁天棚的梁两侧抹灰面积并入天棚抹灰工程量内计算。斜天棚按斜长乘宽度以 m^2 计算。

2）天棚抹灰如带有装饰线时，按延长米计算，线数以阳角的道数计算。

3）檐口、阳台及雨篷的天棚抹灰并入相应的天棚抹灰工程量内计算。

4）天棚中的折线、灯槽线、圆弧形线、拱形线等艺术形式的抹灰，按展开面积以 m^2 计算。

3. 调整系数

1）抹灰定额是按手工操作和机械喷涂综合制定的，操作方法不同时不再另调整。

2）计算圆形、锯齿形、不规则形的墙面抹灰，应将相应定额项目的人工乘系数 1.15。

3）横孔连锁混凝土空心砌块墙，墙面抹灰按不同砂浆的混凝土墙面定额项目乘系数 1.15。

4）洞口侧壁、顶面的抹灰工程量按设计结构尺寸的抹灰面积乘系数 0.7。

4. 定额说明

1）墙柱面抹灰定额中包括护角线工料用量。

2）一般抹灰项目中的“零星项目”适用于屋面构架、栏板、空调板、飘窗板、装饰性阳台、挑檐、天沟、通风道口、窗台线、门窗套、压顶、栏板、扶手、遮阳板、雨篷周边、楼梯边梁、各种壁柜、碗柜、过人洞、暖气壁、池槽、花台、展开宽度 0.30m 以外的线条等以及 $1m^2$ 以内的零星抹灰。

3）线条抹灰适用于内外墙抹灰面展开宽度 0.3m 以内的竖、横线条抹灰及腰线、宣传板边框等。

4）抹灰厚度增加 10mm 定额项目，是适用于设计梁宽与空心砖、多孔砖砌体规格不一致时，如设计要求梁、墙面抹灰为同一平面，除按各抹灰定额项目计算外，另按抹灰厚度增加 10mm 定额项目计算。

5. 普通抹灰工程量计算实例

【例 8-22】 某现浇有梁板天棚如图 8-92 所示，天棚做法为水泥石灰砂浆抹灰，麻刀灰浆面，请根据《甘肃省建筑工程预算定额》计算该工程天棚工程量，并填写工程量计算表。

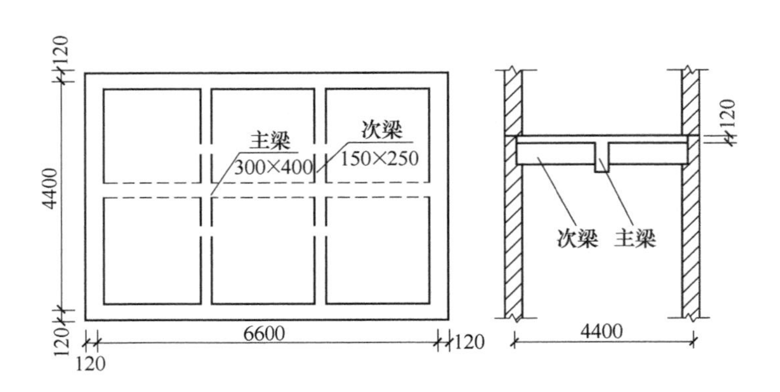

图 8-92　某现浇有梁板天棚平面图

【解】 根据工程量计算规则，天棚抹灰工程量按设计结构尺寸的抹灰面积以 m^2 计算，带梁天棚的梁两侧抹灰面积，并入天棚抹灰工程量内计算，填表 8-48。

表 8-48　工程量计算表

定额编号	项目名称	单位	工程量	计　算　式
12-101	水泥石灰膏砂浆抹灰麻刀灰浆面	m^2	31.86	$(6.6-0.12\times2)\times(4.4-0.12\times2)+(0.4-0.12)\times(6.6-0.12\times2-0.15\times2)\times2+(0.25-0.12)\times(4.4-0.12\times2-0.3)\times4$

【例 8-23】 某建筑平面图、剖面图如图 8-93 所示，门窗居中布置，门窗框为 60mm。外墙面为水泥砂浆抹灰，内墙面做法为：①1∶1∶6 混合砂浆抹面；②1∶1∶4 混合砂浆打底扫毛；③素水泥浆一道，首层、二层层高为 3m，顶层层高 3.2m，板厚 100mm，请根据《甘肃省建筑工程预算定额》计算该工程外墙抹灰和内墙抹灰工程量，并填写工程量计算表。

【解】 根据工程量计算规则，外墙抹灰和内墙面抹灰工程量均按图示结构尺寸的抹灰面积以 m^2 计算，应扣除门窗洞口和空圈所占的面积，洞口侧壁、顶面、墙垛和附墙烟囱侧壁的面积应并入相应墙面抹灰工程量内，填表 8-49。

表 8-49　工程量计算表

定额编号	项目名称	单位	工程量	计　算　式
12-66	外墙水泥砂浆抹灰	m^2	347.87	$(3.4+8.4+0.12\times2+4.5+0.12+4.506+0.12\times2)\times2\times(9.2+0.2)-2.7\times1.8\times3-2.2\times2.4\times3\times3-1.2\times2.4+(1.2+2.4\times2)\times[(0.24-0.06)\div2]+[(2.7+1.8)\times2+(2.2+2.4)\times2\times3]\times\left(\frac{0.24-0.06}{2}\right)\times3$

（续）

定额编号	项目名称	单位	工程量	计算式
12-12	内墙水泥石灰膏砂浆抹灰	m^2	753.56	$[(3.4-0.12\times2+4.5-0.12\times2)\times2+(8.4-0.12\times2+4.5-0.12\times2)\times2+(4.45-0.12\times2+4.506-0.12\times2)\times2+(4.45-0.12\times2+4.506-0.12\times2)\times2+(2.75-0.12\times2+4.506\times2-2.75-0.12\times2)]\times(9.2-0.1\times3)+(1.2+2.4\times2)\left(\frac{0.24-0.06}{2}\right)+[(2.7+1.8)\times2+(2.2+2.4)\times2\times3]\times\left(\frac{0.24-0.06}{2}\right)\times3+(0.9+2.4\times2)\times3\times0.24\times3$

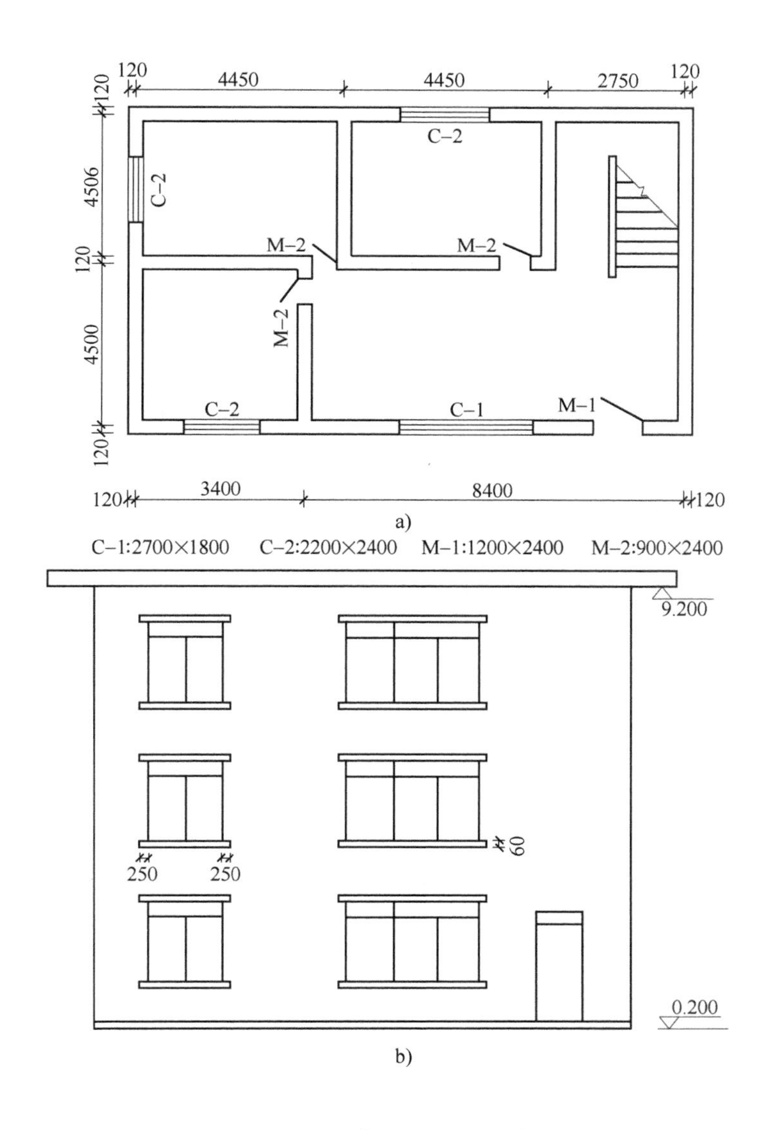

图8-93 某建筑平面及立面图

a）平面图 b）立面图

8.3.13　门窗工程

1. 门窗工程计算内容及定额列项

门窗工程计算各种材料的门窗制作安装工程量，预算定额列项如图 8-94 所示。

图 8-94　门窗工程预算定额列项

2. 工程量计算规则

1）各类门窗工程量按设计洞口尺寸以 m^2 计算，无框者按扇外围尺寸计算。

2）纱窗扇安装工程量按扇外围尺寸以 m^2 计算。

3）防火卷帘门工程量按楼面或地面距端板顶点的高度乘门的宽度以 m^2 计算。

4）卷帘门安装工程量按门洞口高度增加 0.60m 乘以门洞宽度以 m^2 计算。电动装置安装以套计算，活动小门以个计算。

5）电子感应门、旋转门、电子刷卡智能门的安装按樘计算，电动伸缩门按 m 计算，电动装置安装以套计算。

6）门连窗应分别计算工程量。窗的宽度应算至门框外边，如图 8-95 所示。

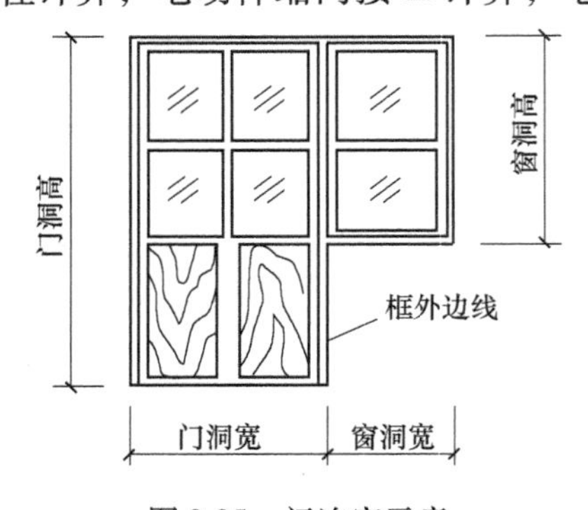

图 8-95　门连窗示意

7）不锈钢格栅门、防盗门窗工程量按设计洞口尺寸以 m^2 计算。

8）防盗栅栏按展开面积以 m^2 计算。

9）飘窗按外边框展开面积以 m^2 计算。

10）钢木大门安装工程量按扇外围面积以 m^2 计算。

11）钢板大门、铁栅门安装工程量按质量以 t 计算。

3. 定额说明

1）门窗安装所用的一般小五金（普通合页、螺钉）费用已包括在相应定额项目内，不再另行计算。其他五金配件按第十七章门窗配套装饰及其他相应定额项目计算。

2）顶橱门、壁橱门定额项目中已包括橱内的隔断、格板、地板、挂衣架等工料，不再另外计算。

3）木门窗中的玻璃门适用于木框玻璃门，全玻璃门窗中的有框全玻门适用于钢框、不锈钢框玻璃门。

4）无框、有框全玻门包括不锈钢门夹、拉手、地弹簧等。

5）附框的材质、规格实际使用与定额不同时，可进行换算。

4. 门窗工程量计算实例

【例 8-24】 在例 8-23 建筑平面图中，若窗为单玻铝合金推拉窗，M－1 为钢防盗门，M－2为木镶板门（不带亮子），请根据《甘肃省建筑工程预算定额》计算该工程门窗工程量，并填写工程量计算表。

【解】 根据工程量计算规则，各类门窗工程量按设计洞口尺寸以 m^2 计算，按照图 8-93 门窗布置，计算工程量见表 8-50。

表 8-50 工程量计算表

定额编号	项目名称	单位	工程量	计 算 式
13-6	木镶板门（不带亮子）	m^2	19.44	$0.9\times2.4\times9$
13-99	钢防盗门	m^2	8.64	$1.2\times2.4\times3$
13-62	单玻铝合金推拉窗	m^2	46.26	$2.7\times1.8\times3+2.2\times2.4\times6$

8.4 装饰工程工程量计算

8.4.1 装饰楼地面工程

1. 计算内容及范围

装饰装修工程的楼地面部分计算各品种、规格的块材面层、木地板、地毯等的工程量，预算定额列项如图 8-96 所示。

2. 工程量计算规则

1）楼地面块料面层、橡胶板、塑胶板、聚氨酯弹性安全地砖及球场面层、木地板（龙骨、基层、面层）、防静电地板、地毯工程量按设计图示尺寸的实铺面积以 m^2 计算。

2）楼地面水磨石、浇筑式塑胶、水泥复合浆工程量按设计图示尺寸的面积以 m^2 计算。应扣除凸出地面的构筑物、设备基础、室内铁道、地沟等所占面积，不扣除柱、墙垛、间壁墙、附墙烟囱及面积在 0.30m^2 内的孔洞所占面积，门洞、空圈、暖气包槽、壁龛开口部分的面积亦不增加。

3）楼梯面层工程量（包括踏步、休息平台、宽度 500mm 以内楼梯井）按楼梯最上一层踏步外沿 300mm 以水平投影面积计算。

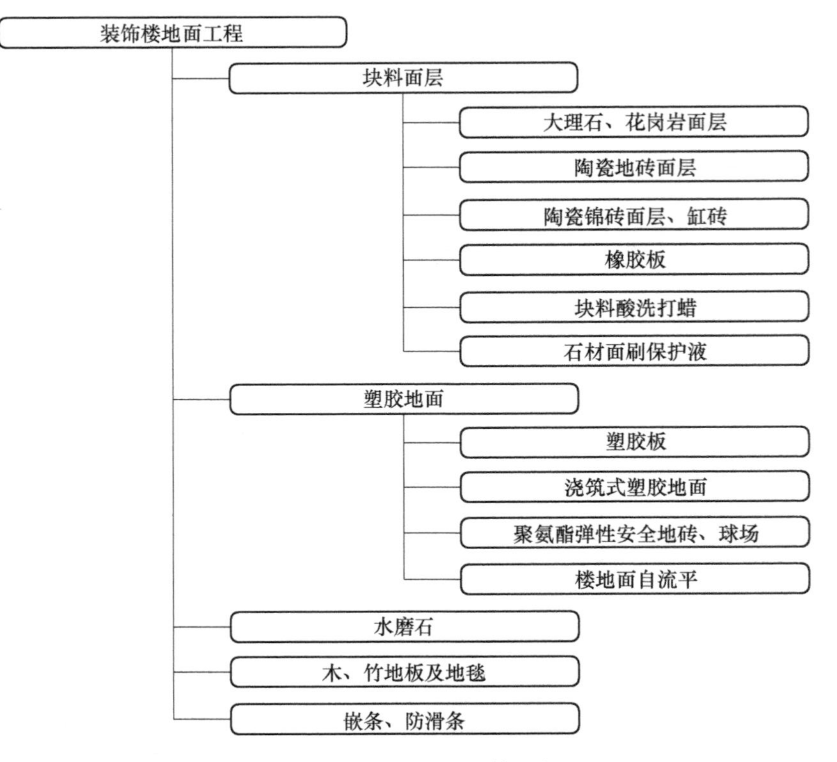

图 8-96　装饰楼地面工程预算定额列项

4）台阶面层工程量按最上层踏步外沿加 300mm 以水平投影面积计算（不包括翼墙、花池和侧面），如图 8-97 所示。

5）踢脚板

①块料面层踢脚板工程量按设计图示实贴面积以 m^2 计算。

②橡胶板、塑胶板、成品踢脚板工程量按设计图示实贴延长米计算。

③水磨石踢脚板工程量按延长米计算，洞口、空圈长度不予扣除，洞口、空圈、墙垛、附墙烟囱等侧壁长度亦不增加。

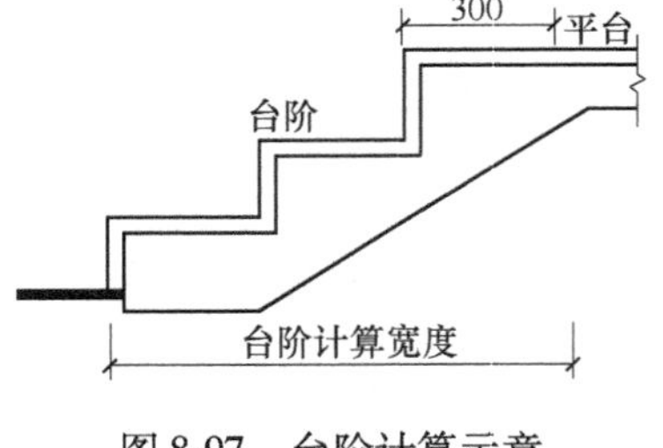

图 8-97　台阶计算示意

6）点缀块料面层按个计算，楼地面块料面层计算工程量时不扣除点缀所占的面积。

7）防滑条、嵌条工程量按设计长度以 m 计算；楼梯、台阶踏步及坡道防滑条长度设计未注明时，按楼梯、台阶踏步及坡道两端距离减 300mm 以延长米计算。

8）梯级拦水线按设计图示长度以 m 计算。

9）楼梯踏步地毯配件，按设计图示数量以长度或套计算。

3. 调整系数

1）地面块料斜拼，人工、块料消耗量乘系数 1.15。

2）楼梯、台阶大理石、花岗岩刷养护液、保护液时，按相应定额子目乘如下系数：楼梯 1.36，台阶 1.48。

3）使用螺旋楼梯时，应将相应面层的楼梯定额人工消耗量乘系数1.20。

4）阶梯教室、体育看台等装饰，梯级平面部分套相应楼地面定额子目，人工、材料消耗量乘系数1.05；立面部分按高度划分，300mm以内的套踢脚板定额子目，300mm以上的套墙面定额子目。

5）楼梯踢脚板按相应定额项目乘系数1.25计算。

6）拼花地毯，人工、材料消耗量乘系数1.20。

4. 定额说明

1）定额中的水泥砂浆、普通水泥白石子浆、白水泥石子浆等配合比，如设计规定与定额不同时，可进行换算。

2）大理石、花岗岩楼地面拼花按成品考虑。

3）水磨石面层包括找平层；其余楼地面定额项目不包括找平层，设计有找平层时按找平层相应项目计算。

4）现浇水磨石定额项目已包括楼地面酸洗打蜡，其余项目不包括。

5）楼梯面层不包括踢脚板、楼梯侧面及底板，应另行计算。

6）铺贴面积在0.015m^{2}以内的块料面层执行点缀定额。

7）定额中零星项目适用于楼梯侧面、台阶的牵边、小便池、蹲台、池槽以及单个面积在1m^{2}以内的装饰项目。

8）铜条厚度不同时可以换算。

9）白水泥彩色石子水磨石项目中，无加颜料内容，设计要求加颜料者，颜料费用应另行计算，定额中人工、机械消耗量不变。

10）面层材料的规格、材质与定额不同时，可以换算。

8.4.2　装饰墙、柱面工程量计算

1. 计算内容及范围

装饰装修工程的墙、柱面分部计算建筑物内、外墙及柱面的装饰抹灰、镶贴块料面层及其他饰面工程量。预算定额列项如图8-98所示。

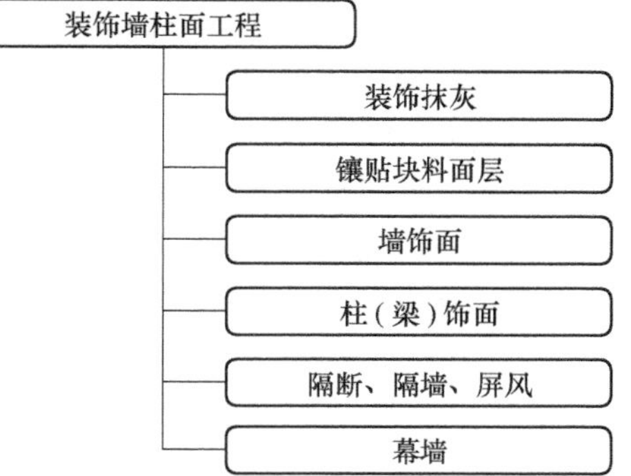

图8-98　装饰墙、柱面预算定额列项

2. 工程量计算规则

1）墙、柱面块料面层工程量按设计图示的实贴面积以m^{2}计算。带龙骨的墙、柱面块料面层按饰面外围尺寸的实贴面积以m^{2}计算。

2）干挂石材钢骨架按设计图示尺寸乘以单位理论质量以t计算。

3）后置预埋件按数量以个计算。

4）墙、柱（梁）龙骨、基层、面层均按设计图示尺寸的面层外围展开面积以m^{2}计算。

5）零星项目块料面层工程量按设计图示的实贴面积以m^{2}计算。

6）花岗岩、大理石柱墩、柱帽工程量按最大外围周长以m计算。

7）隔断、隔墙、屏风工程量按设计图示尺寸以m^{2}计算，应扣除门窗洞口和大于0.30m^{2}的孔洞所占面积。

8）墙面灯槽按设计图示尺寸以 m 计算。

9）幕墙工程量按设计图示尺寸的外围面积以 m^2 计算。

①幕墙上悬窗增加费，按窗扇设计图示尺寸的外围面积以 m^2 计算。

②幕墙防火层按设计图示尺寸以幕墙镀锌铁皮的展开面积以 m^2 计算。

③通风器按设计图示尺寸以 m^2 计算。

3. 调整系数

1）计算圆弧形、锯齿形等不规则形的墙、柱面装饰抹灰及镶贴块料项目时，应将相应定额项目的人工乘以系数 1.15。

2）弧形幕墙人工消耗量乘系数 1.10，材料弯弧费另行计算。

4. 定额说明

1）装饰抹灰工程量应按第十二章普通抹灰工程规定的工程量计算规则进行计算。

2）饰面材料的规格、材质与定额不同时，可以换算。

3）零星项目适用于挑檐、天沟、腰线、窗台线、门窗套、压顶、扶手、遮阳板、雨篷周边及面积 $0.5m^2$ 以内的项目。

4）石材幕墙定额消耗量内已综合考虑了骨架制作安装，不再另行计算。

5）干挂石材的钢骨架制作安装，另按本章相应定额项目计算。

6）主龙骨为 50mm×100mm 及以上规格的钢方管时，按石材幕墙定额项目计算；主龙骨为其他型材时，按干挂石材定额项目计算。

7）墙面石材设计要求刷石材保护液的，按第十四章装饰楼地面工程相应定额项目计算。

8.4.3 装饰天棚工程量计算

1. 计算内容及定额列项

装饰装修工程天棚分部计算各种类型的平面天棚及造型天棚的龙骨、基层、面层工程量，预算定额列项如图 8-99 所示。

2. 工程量计算规则

1）天棚龙骨工程量按主墙间设计图示尺寸以 m^2 计算，不扣除隔断、墙垛、附墙烟囱、检查口和管道所占的面积。

2）天棚面层和基层工程量按主墙间设计图示尺寸的实铺展开面积以 m^2 计算，不扣除隔断、墙垛、附墙烟囱、检查口和管道所占的面积，扣除独立柱、灯槽、和天棚相连的窗帘盒及大于 $0.30m^2$ 的孔洞所占的面积。

3）其他天棚按设计图示尺寸水平投影面积以 m^2 计算。

4）采光棚、雨篷工程量按设计图示尺寸以 m^2 计算。

5）灯槽按延长米计算。

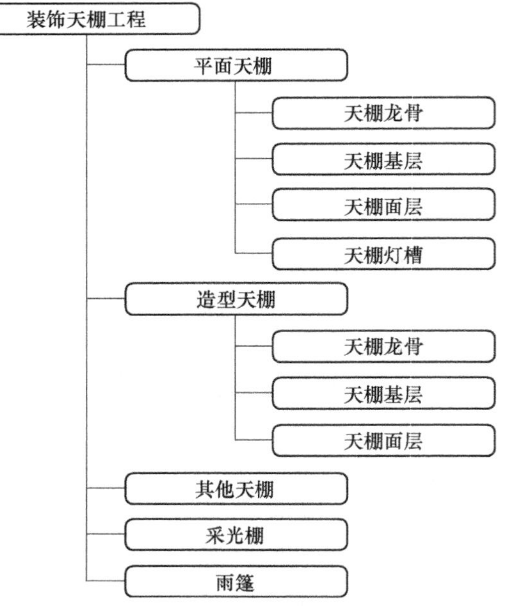

图 8-99 装饰天棚工程预算定额列项

6）天棚铺设的保温吸声层分不同厚度按实铺面积以 m^2 计算。

7）送（回）风口安装按设计图示数量以个计算。

8）灯具开孔按个计算。

9）雨篷拉杆按设计图示长度以 m 计算。

3. 调整系数

1）跌级天棚基层、面层人工消耗量乘以系数 1.1。

2）天棚基层为两层时，应分别计算工程量，并套用相应基层定额项目，第二基层的人工消耗量乘系数 0.8。

4. 定额说明

1）平面天棚、造型天棚按龙骨、基层、面层分别编制，其他天棚综合考虑。

2）天棚龙骨的种类、间距、规格及基层、面层的材料品种、规格与设计要求不同时可进行调整。

3）平面天棚不包括灯槽制作安装，造型天棚已包括灯槽制作安装。

4）天棚龙骨、基层、面层均不包括防火处理，如果设计要求时，另按本定额第十九章油漆、涂料、裱糊工程相应定额项目计算。

5）天棚检查口已包括在相应定额项目内，不再另行计算。

6）天棚木龙骨按单层双向考虑，设计规格与定额规定不同时，可以进行换算。

7）天棚中吊杆长度是按 800mm 以内综合考虑的，若设计长度与定额规定不同时，可进行换算。

8）天棚面层在同一标高者为平面天棚；天棚面层不在同一标高但在同一空间者为跌级天棚。

8.4.4　门窗配套装饰及其他工程量计算

1. 计算内容及预算定额列项

门窗配套装饰及其他工程预算定额列项如图 8-100 所示。

2. 工程量计算规则

1）门饰面工程量按设计图示尺寸的贴面面积以 m^2 计算。

2）门窗钉橡胶密封条工程量按门窗扇外围尺寸以 m 计算。

3）木作门窗套、不锈钢门窗套及石材门窗套工程量按设计图示尺寸的展开面积以 m^2 计算；成品门窗套按设计图示尺寸以 m 计算。

4）窗台板工程量按设计图示尺寸的实铺面积以 m^2 计算。

5）门窗贴脸、窗帘盒、窗帘轨道工程量按设计图示尺寸以 m 计算。

6）门窗五金按设计图示数量计算。

7）钢栏杆按设计理论质量以 t 计算；其他各类栏杆、栏板及扶手工程量均按设计图示尺寸的长度以 m 计算，不扣除弯头所占的长度；弯头数量以个计算。

8）各类装饰线条、石材磨边及开槽工程量按设计图示长度以 m 计算。

9）暖气罩工程量按垂直投影面积以 m^2 计算，扣除暖气百叶所占的面积；暖气百叶工程量按边框外围面积以 m^2 计算。

10）广告牌、灯箱

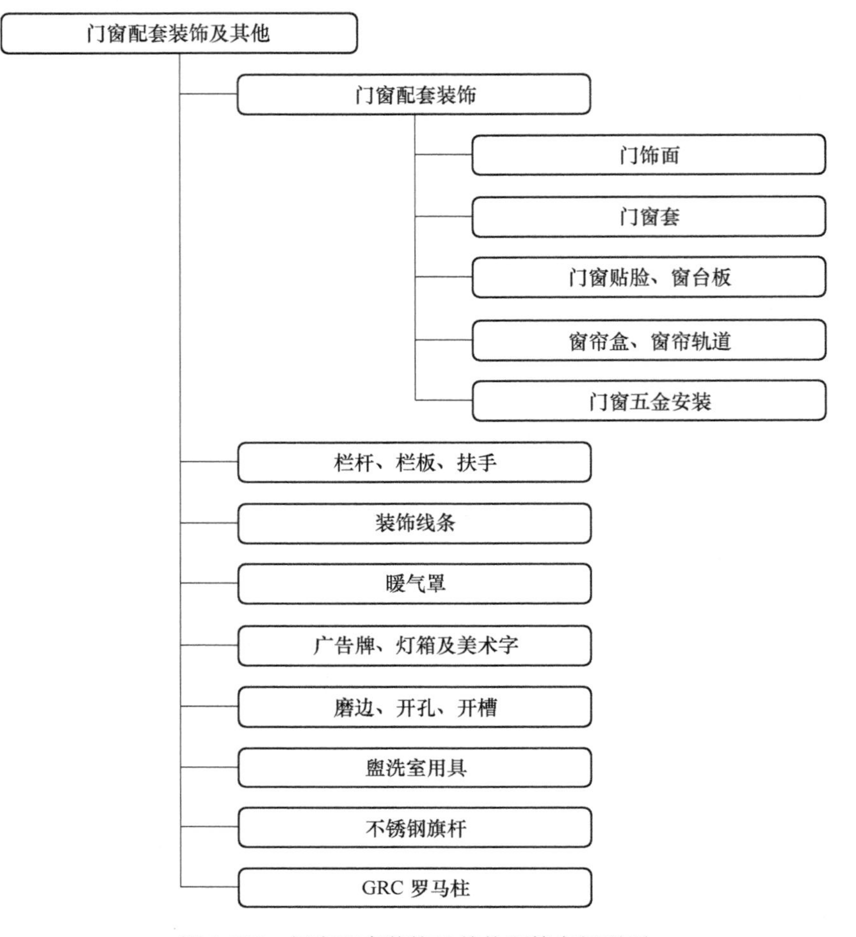

图 8-100　门窗配套装饰及其他预算定额列项

①平面广告牌基层工程量按正立面投影面积以 m^2 计算。

②墙、柱面灯箱基层工程量按设计图示尺寸的展开面积以 m^2 计算。

③广告牌、灯箱面层工程量按设计图示展开面积以 m^2 计算。

11）美术字安装（除注明者外）均按字体的最大外围矩形面积以个计算。

12）开孔、钻孔工程量按设计图示数量以个计算。

13）大理石洗漱台按设计图示尺寸的展开面积以 m^2 计算，不扣除台面开孔所占的面积。

14）盥洗室镜面玻璃按面积以 m^2 计算。

15）不锈钢旗杆按长度以 m 计算。

16）GRC 罗马柱按不同直径以延长米计算。

17）不锈钢帘子杆按设计图示长度以 m 计算。

3. 调整系数

1）装饰线条项目是按墙面直线安装编制的，实际施工不同时，可按下列规定进行调整。

①墙面安装圆形曲线装饰线条，其相应定额人工消耗量乘系数1.34，材料消耗量乘系数1.10。

②天棚安装直线装饰线条，其相应定额人工消耗量乘系数1.34。

③天棚安装圆形曲线装饰线条，其相应人工消耗量乘系数1.60，材料消耗量乘系数1.10。

④装饰线条做艺术图案，其相应人工消耗量乘系数1.80，材料消耗量乘系数1.10。

2）广告牌基层以附墙式考虑，如设计为独立柱式的，其人工消耗量乘系数1.10；基层材料如设计与定额不同时，可进行换算。

4. 定额说明

1）定额项目材料品种、规格与设计要求或实际施工选用不同时，可进行换算。

2）门窗套及窗台板项目不包括装饰线条，另按线条相应定额项目计算。

3）各类装饰线条均按成品编制。

4）不锈钢矮栏杆高度是按400mm以内综合考虑的，若设计高度与定额规定不同时，可进行换算。

5）突出箱外的灯饰、艺术装潢等均另行计算。

6）旗杆基座应另行计算，套用相应定额。

7）本章定额不含饰面油漆，饰面油漆按第十九章油漆、涂料、裱糊工程相应定额项目计算。

8.4.5　柜类工程量计算

1. 计算内容及定额列项

装饰工程中各种柜类的制作工程量是装饰工程的重要组成部分，其工程量计算原理简单，但品种规格较多，预算定额列项如图8-101所示。

2. 工程量计算规则

1）柜类工程量按正立面设计图示尺寸投影面积以m^2计算。

2）各类台工程量按设计图示尺寸台面中心线长度以m计算。

3）试衣间工程量按设计图示数量以个计算。

4）大理石台面按设计图示尺寸的实贴面积以m^2计算。

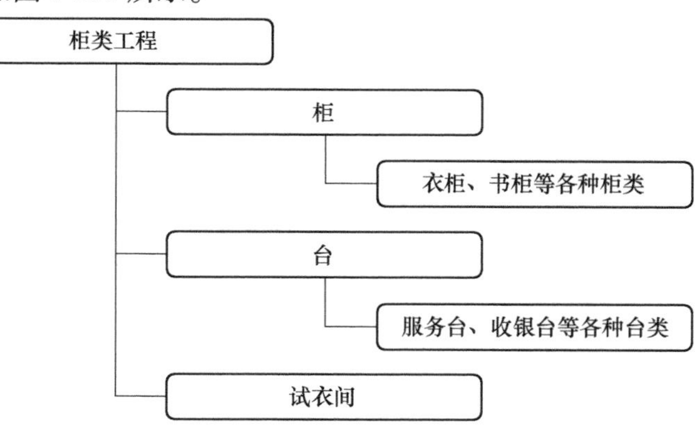

图8-101　柜类工程预算定额列项

3. 调整系数

本章定额消耗量是根据定额附图取定，与实际不同时，材料按实调整，机械不变，人工按下列规定调整。

1）胶合板总量每增减30%时，人工增减10%。

2）抽屉数量与附图不同时，每增减一个抽屉，人工增减0.1工日。

3）按m^2计算的柜类，当单个柜正立面投影面积在$1m^2$以内时，人工乘系数1.10。

4）按m计量的柜类，当单件柜长度在1m以内时，人工乘系数1.10。

5）弧形面柜类，人工乘系数 1.10。

4. 定额说明

1）本章适用于施工现场制作的柜类工程。

2）柜类构造做法如下：

①柜类结构以木工板为主。柜的开间立板、水平隔层板、上下封面板按 15mm 胶合板考虑，柜的抽屉板按 12mm 胶合板考虑，柜门内结构骨架按 9mm 胶合板考虑，柜的背板、柜门的结构板及柜的抽屉底板按 5mm 胶合板考虑。

②内外饰面按宝丽板、榉木胶合板、防火板等考虑。

3）胶合板柜按内外不同构成、不同材料，分别设置定额项目。同一个柜有带门和不带门时，应分别计算工程量，并套用相应带门定额项目和不带门定额项目。

4）内外装饰面板、封边线与实际不同时，可进行换算。

5）本章不含柜类饰面油漆，饰面油漆按第十九章油漆、涂料、裱糊工程相应定额项目计算。

6）本章未考虑面板拼花及饰面板上贴其他材料（如花饰、艺术造型等），发生时另行计算。

8.4.6　油漆、涂料及裱糊工程量计算

1. 计算内容及定额列项

油漆、涂料及裱糊工程计算建筑物各部位的涂贴类表层装饰，预算定额列项如图 8-102 所示。

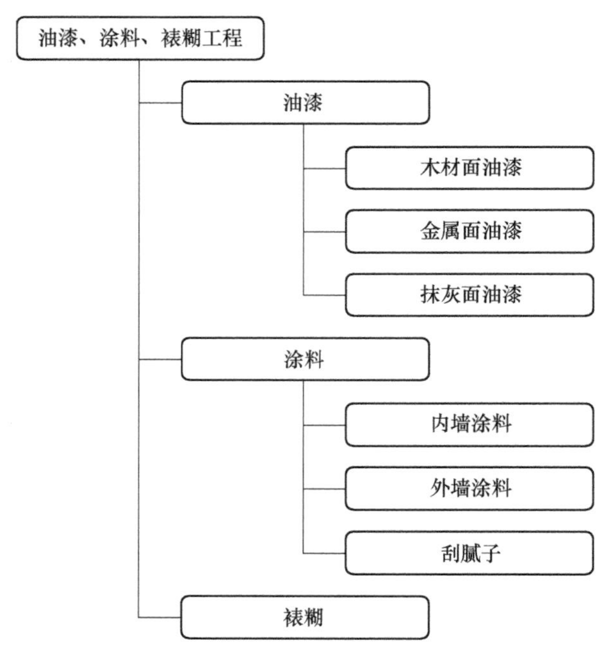

图 8-102　油漆、涂料及裱糊工程预算定额列项

2. 工程量计算规则

1）楼地面、天棚面、墙、柱、梁面等喷刷涂料、抹灰面油漆及裱糊的工程量按表 8-51

相应的工程量计算规则计算。

表8-51　油漆、涂料、裱糊工程系数表

项　目　名　称	系数	工程量计算规则
亭顶棚	1.00	按设计图示尺寸的斜面积以 m^2 计算
楼地面、天棚、墙、柱、梁面、混凝土梯底（梁式）	1.00	按设计图示尺寸的展开面积以 m^2 计算
混凝土梯底（板式）	1.30	按设计图示尺寸的水平投影面积以 m^2 计算
混凝土花格窗、栏杆花饰	1.82	按设计图示尺寸的单面外围面积以 m^2 计算

2）金属面油漆工程量按不同构件理论质量乘表8-52规定的换算系数以 m^2 计算。

3）木材面油漆工程量以单层木门、单层木窗、木扶手、其他木材面为基数相应乘表8-53～表8-56规定的系数计算。

4）柜类油漆工程量按表8-57相应的工程量计算规则计算。

表8-52　金属结构油漆重量与面积换算表

项目（金属制品）名称	每吨展开面积/m^2	项目（金属制品）名称	每吨展开面积/m^2
半截百叶钢窗	150	钢梁	27
钢折叠门	138	车挡	24
平开门、推拉门钢骨架	52	钢屋架（型钢为主）	30
间壁	37	钢屋架（圆钢为主）	42
钢柱	24	钢屋架（圆钢管为主）	38
吊车梁	24	天窗架、挡风架	35
花式梁柱	24	墙架（实腹式）	19
空花构件	24	墙架（格板式）	31
操作台、走台、制动梁	27	屋架梁	27
支撑、拉杆	40	轻型屋架	54
檩条	39	踏步式钢扶梯	40
钢爬梯	45	金属脚手架	46
钢栅栏门	65	H型钢	22
钢栏杆、窗栅	65	零星铁件	50
钢梁、柱、檩条	29		

表8-53　单层木门工程量系数表

项目名称	系数	工程量计算规则
夹板门	1.00	按设计图示洞口尺寸以 m^2 计算
镶板门	1.14	
实木装饰木门（现场油漆）	1.35	
单层半截玻璃门	0.98	
单层全玻璃门	0.83	
厂库木大门	1.10	

表 8-54　单层木窗工程量系数表

项目名称	系数	工程量计算规则
单层玻璃窗	1.00	按设计图示洞口尺寸以 m^2 计算
双层玻璃窗	2.00	
一玻一纱窗	1.36	

表 8-55　木扶手工程量系数表

项目名称	系数	工程量计算规则
木扶手	1.00	按设计图示长度以 m 计算
窗帘盒	2.04	
封檐板、顺水板、博风板	1.74	
生活园地框、挂镜线、装饰线条、压条宽度 30mm 以内	0.35	
挂衣板、黑板框、装饰线条、压条宽度 30mm 以外	0.52	

表 8-56　其他木材面工程量系数表

项 目 名 称	系数	工程量计算规则
木板、胶合板（单面）、顶面	1.00	按设计图示尺寸以 m^2 计算
门窗套（含收口线条）	1.10	按设计图示尺寸的油漆部分展开面积以 m^2 计算
清水板条天棚、檐口	1.07	按设计图示尺寸以 m^2 计算
木方格吊顶天棚	1.20	
吸声板墙面、天棚面	0.87	
屋面板（带檩条）	1.11	
木间壁、木隔断	1.90	按设计图示尺寸的单面外围面积以 m^2 计算
玻璃间壁露明墙筋	1.65	
木栅栏、木栏杆（带扶手）	1.82	
零星木装修	1.10	按设计图示尺寸的油漆部分展开面积以 m^2 计算
木屋架	1.79	按 1/2 设计图示跨度乘设计图示高度以 m^2 计算
木楼梯（不带地板）	2.30	按设计图示尺寸的水平投影面积以 m^2 计算
木楼梯（带地板）	1.30	

表 8-57　柜类工程量系数表

项 目 名 称	系数	工程量计算规则
不带门衣柜	5.04	按设计图示尺寸的柜正立面投影面积计算
带木门衣柜	1.35	
不带门书柜	4.97	
带木门书柜	1.3	
带玻璃门书柜	5.28	
带玻璃门及抽屉书柜	5.82	
带木门厨房壁柜	1.47	
不带门厨房壁柜	4.41	

（续）

项 目 名 称	系数	工程量计算规则
厨房吊柜	1.92	按设计图示尺寸的柜正立面投影面积计算
带木门货架	1.37	
不带门货架	5.28	
带玻璃门吧台背柜	1.72	
带抽屉吧台背柜	2.00	
酒柜	1.97	
存包柜	1.34	
资料柜	2.09	
鞋柜	2.00	
带木门电视柜	1.49	
不带门电视柜	6.35	
带抽屉床头柜	4.32	
不带抽屉床头柜	4.16	
行李柜	5.65	
梳妆台	2.70	按设计图示尺寸以台面中心线长度计算
服务台	5.78	
收银台	3.74	
试衣间	7.21	按设计图示数量以个计算

3. 调整系数

1）定额中油漆、涂料除注明者外，均按手工操作考虑，如实际操作为喷涂时，油漆消耗量乘系数1.5，其他不增加。

2）单层木门油漆按双面刷油考虑，如采用单面油漆，按定额相应项目乘系数0.53。

3）梁、柱及天棚面涂料按墙面定额人工乘系数1.2，其他不变。

4. 定额说明

1）油漆定额项目中，油漆的各种颜色已综合考虑在定额内。设计为美术图案的，应另行计算。

2）壁柜门、顶橱门执行单层木门项目。

3）石膏板面乳胶漆执行抹灰面乳胶漆定额，板面补缝另行计算。

4）普通涂料按不批腻子考虑，如实际需要批腻子时，按相应定额项目计算。

5）板面补缝按长度以m计算。

6）壁纸定额内不含刮腻子，刮腻子按相应定额项目计算。

7）金属面防腐及防火涂料按第十章防腐及防火涂料工程相应定额项目计算。

8）壁纸基层处理采用壁纸基膜的，应取消壁纸定额项目中的酚醛清漆。

5. 装饰工程工程量计算实例

【例8-25】 一门厅外台阶平面如图8-103所示，台阶做法为：①大理石面层；②1:3水泥砂浆结合层；③素水泥浆一道。请根据《甘肃省建筑工程预算定额》计算该工程大理石台阶面层工程量，并填写工程量计算表。

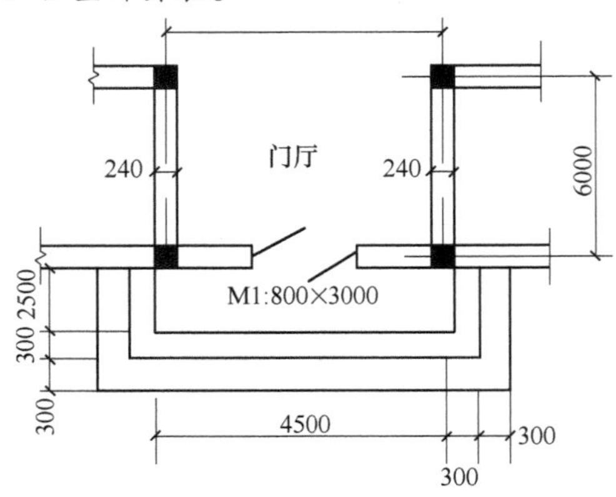

图 8-103 某台阶平面图

【解】 该台阶工程做法有三层，根据预算定额材料消耗，水泥砂浆结合层和素水泥浆已综合在块料面层中，所以只需计算大理石台阶块料面层工程量。根据工程量计算规则，台阶块料面层工程量按最上层踏步外沿加300mm以水平投影面积计算，工程量计算见表8-58。

表 8-58 工程量计算表

定额编号	项目名称	单位	工程量	计 算 式
14-7	大理石台阶	m^2	9.09	[(4.5+0.3×4)×(0.3×3)+(2.5-0.3)×(0.3×3)×2]

【例 8-26】 某工程装饰天棚平面图及做法如图8-104所示，墙厚均为240mm，轴线居中，请根据《甘肃省建筑与装饰工程预算定额》计算该工程客厅、卧室天棚装饰工程量。

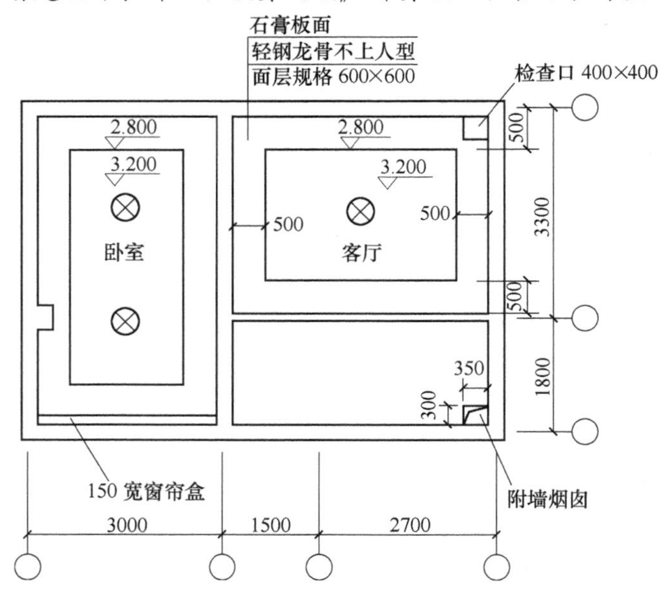

图 8-104 某装饰天棚平面图

【解】 天棚装饰工程包括龙骨的工程量、基层板工程量和面层的工程量。由图可知，该工程天棚应计算轻钢龙骨工程量、石膏板面层工程量。

根据工程量计算规则：天棚龙骨工程量按主墙间设计图示尺寸以 m^2 计算，不扣除附墙烟囱、检查口所占的面积。天棚面层和基层工程量按主墙间设计图示尺寸的实铺展开面积以 m^2 计算，不扣除附墙烟囱、检查口所占的面积，扣除天棚相连的窗帘盒所占的面积。工程量计算见表 8-59。

表 8-59 工程量计算表

定额编号	项目名称	单位	工程量	计 算 式
16-12	U 型轻钢龙骨（不上人型）	m^2	25.53	$(3-0.24)\times(1.8+3.3-0.24)+(4.2-0.24)\times(3.3-0.24)$
16-68	石膏板面层	m^2	33.63	$25.53+(3-0.24-0.5\times2+1.8+3.3-0.24-0.5\times2)\times2\times0.4+(4.2-0.24-0.5\times2+3.3-0.24-0.5\times2)\times2\times0.4-(3-0.24)\times0.15$

【例 8-27】 某宿舍楼建筑平面图如图 8-105 所示，办公室地面做法：①铺贴 800mm × 800mm 陶瓷地砖；②20mm 厚 1∶3 水泥砂浆结合层；③素水泥浆一道。宿舍地面装饰做法为：①铺实木地板；②双向单层木龙骨，间距 250mm × 250mm。M_1：1500mm × 2400mm，M_2：1000mm × 2400mm，墙厚均为 240mm，轴线居中。根据《甘肃省建筑工程预算定额》计算办公室及宿舍装饰地面工程量。

【解】 该工程办公室地面做法有三层，根据预算定额材料消耗，水泥砂浆结合层和素水泥浆已综合在块料面层中，所以只需计算陶瓷地砖块料面层工程量；宿舍地面应按龙骨、面层分别列项计算。

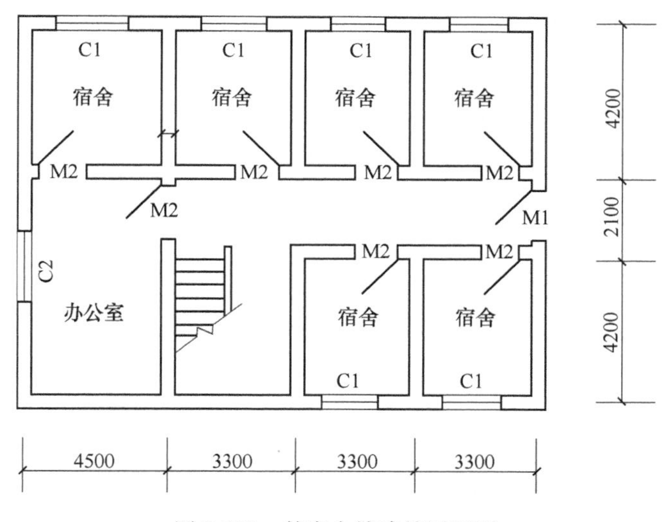

图 8-105 某宿舍楼建筑平面图

根据工程量计算规则，楼地面块料面层、木地板（龙骨、基层、面层）工程量按设计图示尺寸的实铺面积以 m^2 计算，见表 8-60。

表 8-60　工程量计算表

定额编号	项目名称	单位	工程量	计 算 式
14-27	办公室 800×800 陶瓷地砖	m^2	26.06	$(4.5-0.24)\times(4.2+2.1-0.24)+1\times0.24$
14-71	宿舍双向单层木龙骨	m^2	103.27	$(3.3-0.24)\times(4.2-0.24)\times5+(4.5-0.24)\times(4.2-0.24)$
14-80	宿舍实木地板铺在木龙骨上	m^2	103.27	$(3.3-0.24)\times(4.2-0.24)\times5+(4.5-0.24)\times(4.2-0.24)$

8.5　措施项目计算

8.5.1　模板工程量计算

1. 工程量计算规则

1）现浇构件模板工程量除注明外，均按模板与混凝土接触面积以 m^2 计算，不扣除柱与梁、梁与梁连接重叠部分和后浇带的面积，后浇带侧面积不增加。

2）现浇混凝土墙及板上单孔面积在 0.30m^2 以内时，不扣除孔洞所占模板面积，孔洞侧壁模板也不增加；单孔面积在 0.30m^2 以外时，应扣除孔洞所占模板面积，孔洞侧壁模板应并入墙、板模板面积内计算。

3）现浇混凝土楼梯模板工程量（包括踏步、休息平台、楼梯与楼层连接梁；不扣除宽度 500mm 以内的楼梯井）按设计图示尺寸水平投影面积以 m^2 计算。梁式楼梯的模板应扣除斜梁的水平投影面积，其斜梁另按矩形单梁定额项目计算。

4）现浇混凝土悬挑板及台阶的模板工程量均按水平投影面积以 m^2 计算。台阶与平台连接时，其投影面积应以最上层踏步外沿加 0.30m 计算。

5）无梁楼板的柱帽模板并入楼板模板内计算。

6）构造柱的模板按下列规定分别计算：

①凡嵌入墙内的构造柱，其混凝土与砌体间竖向缝隙的宽度在 5cm 以内者，按构造柱的支模高度以 m 计算。

②构造柱混凝土有一面、二面、三面露明者，或混凝土与砌体间竖向缝隙的宽度在 5cm 以外者，应以混凝土与模板接触面积按矩形柱模板定额计算。

7）大钢模板工程量按墙长乘墙高以 m^2 计算，不扣除门窗洞口所占模板面积，侧壁也不增加。

8）地沟模板不分沟底、沟壁均以模板与混凝土接触面积合并计算。

9）现浇混凝土柱、梁、板、墙的支撑高度（即室外地坪至板底或板面至板底之间的高度）以 3.60m 以内为准，超过 3.60m 时，其超过部分的工程量按模板支撑超高项目计算。

10）混凝土线条展开宽度 30cm 以内的模板以延长米计算，30cm 以外的模板按面积以 m^2 计算。

11）现浇混凝土水塔塔身、水塔水箱、贮水池及化粪池的模板，均按混凝土实体积以

m^3 计算。

12）液压滑升钢模板施工的烟囱筒身、水塔塔身及贮仓圆筒筒仓的模板，均按混凝土实体积以 m^3 计算。贮仓的顶板、隔离板及非滑模施工的仓壁模板按模板与混凝土的接触面积以 m^2 计算。

13）预制混凝土构件模板工程量均按构件实体积以 m^3 计算。

14）后浇带模板增加费按延长米计算。

15）混凝土扶手模板工程量按延长米计算。

16）砖平碹、砖过梁模板工程量按门窗洞口宽度乘砖平碹、砖过梁宽度以 m^2 计算。

17）分格缝模板工程量按单面接触面积以 m^2 计算。

2. 调整系数

1）预制带肋底板混凝土叠合楼板不计算模板费用，当标志跨度大于等于4.50m时，在跨中设置的一道临时支撑执行第二十章措施项目模板定额，以板支撑高度超过3.60m每增加1m定额项目乘系数2。

2）型钢混凝土组合结构采用模板，应按相应定额项目乘系数1.2。

3. 定额说明

1）混凝土散水及垫层的模板按基础垫层模板计算。

2）井桩模板用于井口以上外露桩身模板。

3）砖胎膜按第三章砌体工程的零星砖砌体项目计算。

4）地下部分剪力墙模板定额中不包括对拉止水螺栓，发生时应另行计算。

5）施工实际使用模板与定额不同时，不得调整。

6）砖平碹、砖过梁模板套用小型构件模板项目计算。

7）滑模定额项目内已包括了提升支撑杆的用量，设计规定利用支撑杆代替结构钢筋时，应在计算钢筋用量时，扣除支撑杆的重量，需要拔出支撑杆时，其拔杆费用和支撑杆回收费用均不计算。支撑杆的定额用量可按实调整。

8.5.2 脚手架工程量计算

1. 工程量计算规则

脚手架分综合脚手架、单项脚手架两种形式。凡能计算建筑面积的，执行综合脚手架定额；凡不能计算建筑面积的，执行单项脚手架定额。

（1）综合脚手架

1）综合脚手架工程量，按建筑物的总建筑面积以 m^2 计算。

2）建筑物高度超过4.50m时，可按建筑面积另行计算综合脚手架增加费。

（2）单项脚手架

1）外脚手架、吊篮脚手架工程量按外墙外边线长度乘以室外地坪至外墙顶高度以 m^2 计算，不扣除门窗洞口、空圈等所占的面积。突出墙外面宽度在24cm以内的墙垛、附墙烟囱等不展开计算，宽度超过24cm以外时按图示尺寸展开计算，并入外脚手架工程量之内。同一建筑物各墙面的高度不同，且不在同一定额步距内时，应分别计算工程量。

2）里脚手架工程量按墙面垂直投影面积以 m^2 计算。

3）独立柱按单排外脚手架定额项目计算，其工程量按图示柱结构外围周长另加3.60m

乘高度以 m^2 计算。

4）室内天棚装饰面距设计室内地坪在3.60m以上时，应计算满堂脚手架，计算满堂脚手架后，墙面装饰工程则不再计算脚手架费用。满堂脚手架工程量按室内净面积以 m^2 计算，其高度在3.60～5.20m之间时，计算基本层，超过5.20m时，每增加1.20m按增加一层计算，不足0.60m时不计。增加层计算式如下：

满堂脚手架增加层数＝(室内净高度－5.20)/1.20

5）架空通道工程量按搭设长度以延长米计算。

6）悬空脚手架工程量按搭设水平投影面积以 m^2 计算。

7）斜道工程量按不同高度以座计算。

8）烟囱及水塔脚手架工程量按筒径和高度以座计算。

9）电梯井脚手架工程量按单孔以座计算。

10）悬挑脚手架工程量按搭设面积以 m^2 计算。

11）内墙面粉饰脚手架工程量按内墙面垂直投影面积以 m^2 计算，不扣除门窗洞口的面积。

12）外墙电动吊篮及电动桥式、升降式、盘销式脚手架工程量按外墙垂直投影面积以 m^2 计算。

13）独立柱装饰脚手架，按柱周长加3.60m乘高度以 m^2 计算。

14）挑脚手架工程量按搭设长度以延长米计算。

2. 调整系数

1）水塔脚手架按相应的烟囱脚手架计算，其中人工乘系数1.11，其他不再调整。

2）架空运输道，以架宽2m为准，如架宽超过2m时，应按定额项目乘系数1.20；超过3m时，应按定额项目乘系数1.50。

3. 定额说明

1）同一建筑物高度不同时，应按不同高度分别计算。

2）外脚手架单排、双排按以下规则取定：①砌筑高度在15m以下的按单排脚手架计算；②砌筑高度在15m以上或砌筑高度虽不足15m，但外墙门窗及装饰面积超过外墙表面积60%以上时，按双排脚手架计算。

3）外脚手架定额中均综合了上料平台、护卫栏杆等。

4）烟囱脚手架综合了垂直运输架、斜道、缆风绳、地锚等。

5）滑升模板施工的钢筋混凝土烟囱筒身、水塔塔身及筒仓，不得再计算脚手架。

6）砌筑贮仓按双排外脚手架计算。

7）贮水（油）池池壁高度超过1.20m时，应按里脚手架计算。水池内池顶及池壁抹面应按满堂脚手架计算，其池壁抹面不得再计算脚手架。

8）钢结构工程脚手架按单项脚手架计算。

9）护坡脚手架按双排脚手架计算。

10）墙、柱、天棚高度在3.60m以下时套用活动脚手架定额项目。

11）内墙面有装饰饰面层时，其脚手架按单项脚手架相应定额项目计算。

12）使用于单独承包装饰工程需重新搭设的脚手架按单项脚手架相应定额项目计算。

8.5.3 垂直运输

1. 工程量计算规则

1）住宅、教学及办公用房、医院、宾馆、图书馆、影剧院、商场、厂房、科研用房及其他、综合楼等建筑物的垂直运输工程量，按建筑面积以 m^2 计算。

2）烟囱、水塔、筒仓的垂直运输工程量按不同高度以座计算。

3）装饰楼面（包括楼层所有装饰工程量）区别不同的垂直运输高度（单层建筑物系檐口高度）按定额工日分别计算。

2. 调整系数

1）由一个施工单位总承包的单位工程均应执行本章垂直运输定额。有若干个施工单位分别承包建筑工程和装饰工程时，其装饰工程垂直运输工程量按装饰工程措施费费用定额项目执行；其建筑工程垂直运输工程量则按表8-61～表8-64调整。

表8-61 檐高20m以下卷扬机施工

结构类型		混合结构	框架结构	预制排架
调整系数（%）	住宅	74.68	80.68	
	教学及办公用房	75.61	79.59	
	医院、宾馆、图书馆	76.85	80.39	
	影剧院	83.74	84.37	
	商场	66.99	67.50	
	多层厂房	76.85	85.34	
	科研用房及其他	77.35	78.17	
	单层厂房	75.44	80.89	80.79

表8-62 檐高20m以上、30m以下卷扬机施工

结构类型		混合结构	框架结构
调整系数（%）	住宅	80.40	79.94
	教学及办公用房	81.13	80.38
	医院、宾馆、图书馆	79.08	81.08
	影剧院	83.74	84.37
	商场	39.37	68.44
	多层厂房	80.62	79.43
	科研用房及其他	76.25	81.98

表8-63 檐高20m以下塔式起重机施工

结构类型		混合结构	框架结构	其他结构
调整系数（%）	住宅	74.68	80.68	71.43
	教学及办公用房	75.61	79.59	74.36
	医院、宾馆、图书馆	76.85	80.39	79.31

（续）

结构类型		混合结构	框架结构	其他结构
调整系数（%）	影剧院	83.74	84.37	
	商场	66.99	67.50	63.45
	多层厂房	76.85	85.34	86.84
	科研用房及其他	77.35	78.17	77.78

表 8-64 檐高 20m 以上塔式起重机施工

结构类型		混合结构	框架结构	框剪及剪力墙结构	其他结构
调整系数（%）	住宅	79.73	70.46		75.87
	教学及办公用房	78.99			74.01
	医院、宾馆、图书馆	80.91	77.25		80.99
	影剧院	86.26			
	商场	69.01			64.79
	多层厂房	78.52			84.50
	科研用房及其他	80.47			80.16
	综合楼	76.29		72.58	

2）本定额中框架结构系指柱、梁全部为现浇的钢筋混凝土框架结构。柱、梁及楼板全部现浇时，按框架结构定额乘系数 1.04；柱、梁部分现浇时按框架结构定额乘系数 0.96。

3）本定额是按Ⅰ类厂房为准编制的，Ⅱ类厂房定额乘系数 1.09。厂房分类如下：Ⅰ类为机加工、机修、五金、缝纫、一般纺织（粗纺、制条、洗毛等）及无特殊要求车间。Ⅱ类为厂房内设备基础及工艺要求较复杂、建筑设备标准较高的车间，如铸造、锻压、电镀、酸碱、电子、仪表、手表、电视、医药、食品等车间。建筑标准较高的车间，是指车间有吊顶或油漆的顶棚、内墙面贴墙纸（布）或油漆墙面、水磨石地面等三项，其中一项所占建筑面积达到全车间建筑面积 50% 及以上者。

3. 定额说明

1）钢筋混凝土柱、钢屋架的单层厂房按排架定额计算。

2）垂直运输定额项目是在合理工期内完成全部工程项目所需的垂直运输机械台班。

3）同一建筑物有多种用途或多种结构，按不同用途或结构分别计算。

4）服务用房系指城镇、街道、居民区具有较小规模综合服务功能的设施，其建筑面积不超过 1000m^2，层数不超过三层，如副食、百货、饮食店等。

5）室外地坪至檐口标高 3.60m 以内的单层建筑，不计算垂直运输。

6）垂直运输定额项目划分是以建筑物的檐高及层数两个指标界定的，凡檐高达到上限而层数未达到时，以檐高为准；如层数达到上限而檐高未达到时，以层数为准。

7）构筑物高度超过定额规定高度时，再按每增高 1m 定额项目计算，其高度不足 1m 时，亦按 1m 计算。

8）本章垂直运输定额是按泵送混凝土编制的，实际采用现场搅拌混凝土不泵送时，应按相应定额项目乘表8-65系数计算。

表8-65 系 数 表

结构形式	系 数
砌体结构	1.09
框架（剪）结构、剪力墙结构	1.15
其他结构	1.03

9）装饰工程一层地下室层高超过3.60m，或地下室超过两层时，可计取垂直运输费。

10）原有建筑二次装饰可以利用原有建筑物电梯时，其垂直运输按实计算。

8.5.4 超高增加费

1. 工程量计算规则

1）建筑工程超高费应以建筑物高度20m以上部分的建筑面积计算。当建筑物高度在20m以上至屋面檐口顶面或屋面女儿墙、栏杆及栏板顶面以下的高度大于1m没楼层无建筑面积可算时按顶层建筑面积计算。

2）建筑工程以设计室外地坪至屋面檐口顶面或屋面女儿墙、栏板及栏杆顶面的高度超过20m（不包括20m）时，方可计算建筑工程超高费。突出屋面的楼梯间、电梯间、水箱间、塔楼及瞭望台等不作为超高高度计算。

3）超高部分有高有低时，应按不同高度划分建筑面积，当高度超过20m时，套用相应子目计算。

4）装饰工程超高费应以人工、机械降效系数进行计算，其人工、机械降效按装饰工程直接工程费的人工费、机械费之和乘定额系数计算，不包括各项脚手架和垂直运输中的人工费、机械费。

5）装饰工程建筑物施工用水加压增加的水泵台班，按±0.000以上的建筑面积以m^2计算。

2. 定额说明

1）超高增加费定额项目适用于建筑物檐高20m以上的工程。

2）建筑工程超高费包括人工降效、脚手架使用期延长增加摊销量、脚手架超高加固和超高加压水泵台班等全部所需费用。

3）建筑物高度在20m以上至屋面檐口顶面或屋面女儿墙、栏杆及栏板顶面以下的高度小于1m时不计算超高费。

4）同一建筑物檐高不同时，按不同檐高的建筑面积，分别按相应项目计算。

5）计算超高费用时，包括建筑物的全部工程项目，不包括各类构件的水平运输、措施项目中的垂直运输及各项脚手架。

6）建筑超高增加费所发生的停滞台班费，按本定额基价附录中的停滞台班计算。

8.5.5 施工降排水

1. 工程量计算规则

1）抽水降水区别不同深度按槽底面积以m^2计算。

2）管井降水以每口井为单位计算，使用按每昼夜计算。

3）管井深度以7.5m为准计算；小于7.5m或大于7.5m时，小于部分或大于部分按每增减2.5m为单位计算。

2. 定额说明

1）以每昼夜24小时为一天计算，使用天数按施工组织设计规定的天数计算。工程结算时，按实调整。

2）降水管井是按钢筋混凝土管编制的，实际采用不同时可进行换算。

3）管井成孔的土壤类别是综合确定的，无论实际是几类土壤，仍按定额执行。

8.5.6 措施费工程量计算实例

【例8-28】 某工程基础平面及剖面图如图8-106所示，基础垫层为现浇C10混凝土垫层，基础为现浇C25混凝土独立基础，基础混凝土采用分层浇筑，根据《甘肃省建筑工程预算定额》，计算该垫层模板及基础模板工程量。

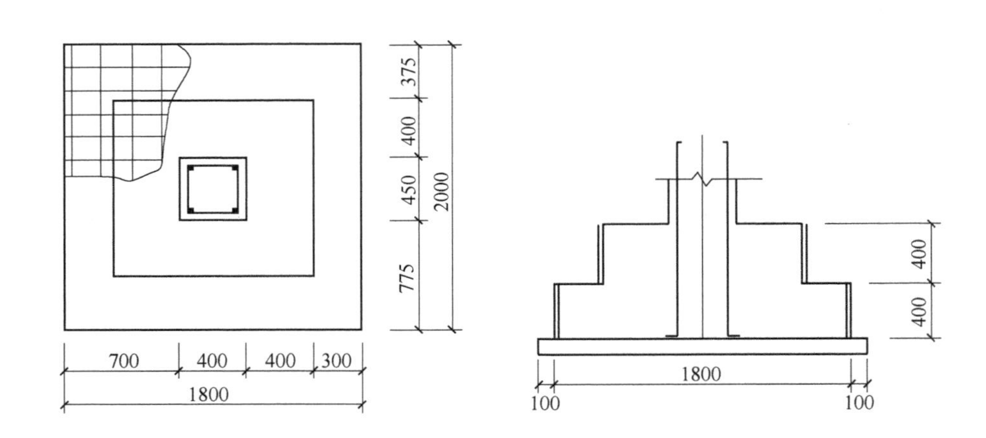

图8-106　某基础平面及剖面图

【解】 根据工程量计算规则，现浇构件模板工程量除注明外，均按模板与混凝土接触面积以 m^2 计算。该基础为柱下独立基础，垫层及基础均为四侧面支设模板，工程量计算见表8-66。

表8-66　工程量计算表

定额编号	项目名称	单位	工程量	计　算　式
20-10	混凝土垫层模板	m^2	0.84	(1.8+0.1×2+2+0.1×2)×2×0.1
20-3	矩形独立基础模板	m^2	5	(1.8+2)×2×0.4+(1.2+1.25)×2×0.4

【例8-29】 某工程现浇C25混凝土有梁板平面及剖面图如图8-107所示，层高3m，根据《甘肃省建筑工程预算定额》，计算该工程有梁板的模板工程量。

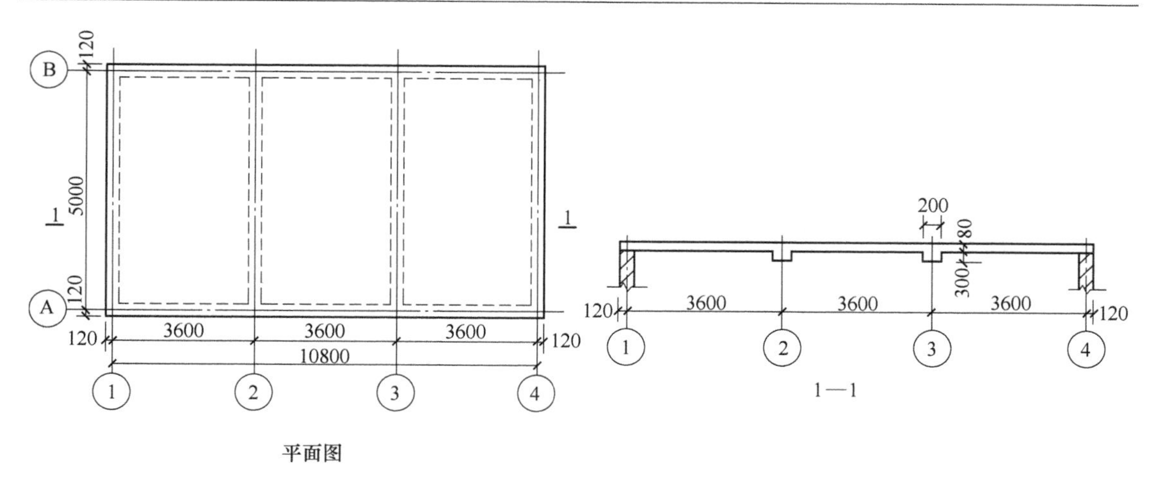

图 8-107 某现浇有梁板平面及剖面图

【解】 同例 8-28，工程量计算见表 8-67。

表 8-67 工程量计算表

定额编号	项目名称	单位	工程量	计 算 式
20-30	有梁板模板	m^2	58.58	(10.8+0.24+5+0.24)×2×0.08+(10.8−0.24)×(5−0.24)+(5−0.24)×0.3×4

第 9 章　建设工程施工图预算

【学习重点】

建设工程施工图预算的概念及组成；定额计价模式下建设工程施工图预算的编制。

【学习目标】

通过本章学习，了解建设工程施工图预算的概念及组成；掌握建设工程施工图预算的编制方法及流程，能够熟练进行定额计价模式下房屋建筑与装饰工程施工图预算的编制。

9.1　建设工程施工图预算概述

9.1.1　我国现行计价模式

1. 我国现行计价模式简介

在我国建设工程工程造价领域，现行的计价模式有传统的定额计价模式和工程量清单计价模式两种。我国传统的定额计价模式是采用国家、部门或地区统一规定的定额和取费标准进行工程造价计价的模式。在传统的定额计价模式下，工、料、机消耗量根据“社会平均水平”综合测定，取费标准根据不同地区价格水平平均测算，企业自主报价的空间很小。工程量计算由招投标的各方单独完成，计价基础不统一，不利于招标工作的规范性。工程量清单计价模式是按照工程量清单规范规定的全国统一工程量计算规则，由招标人提供工程量清单和有关技术说明，投标人根据企业自身的定额水平和市场价格进行计价的模式。

我国目前正处于两种计价模式并行的时期，在招投标阶段，全国各个地区主要使用工程量清单计价模式，而在工程施工及结算过程中，部分省区又以传统定额模式为主，并逐步向工程量清单计价模式转变。

2. 定额计价模式与工程量清单计价模式的主要区别

定额计价模式与工程量清单计价模式同为工程造价计价模式，最终目的都是合理确定和有效控制建设工程造价，二者的主要区别见表 9-1。

表 9-1　定额计价模式与工程量清单计价模式的主要区别

计价模式 区别	定额计价模式	工程量清单计价模式
所适用的经济模式不同	企业根据国家或行业提供统一的人工、材料和机械消耗标准和价格，计算工程造价，是计划经济的产物	企业根据自身条件和市场情况自主确定人工、材料和机械消耗标准和价格，计算工程造价，是市场经济的产物
计价的依据和计价水平不同	主要依据地区统一的预算定额和定额基价计价，反映社会平均水平	主要依据全国统一的《建设工程工程量清单计价规范》和企业定额计价，反映企业自身的生产能力及水平

（续）

区别＼计价模式	定额计价模式	工程量清单计价模式
项目的设置不同	一般按照预算定额的子目内容设置，各子目的内容与定额子目一致，包括的工程内容也是单一的	按照清单计价规范的子目内容设置，较定额项目划分有较大的综合性，一个清单项目可能包括多个定额子目
工程量计算规则不同	采用地区统一的定额工程量计算规则，计算内容为工程净量加上预留量或工程操作裕度	采用全国统一的清单工程量计算规则，计算内容为工程实体的净量，是国际通行的工程量计算方法
单价的构成不同	采用工料单价计价，即分项工程的单价仅由人工费、材料费和机械费构成，不包括管理费、利润和风险，不能反映建筑产品的真实价格	采用综合单价计价，即分项工程的单价不仅包括人工费、材料费和机械费，还包括管理费、利润和一定范围内的风险费，反映建筑产品的真实价格
风险承担方式不同	量和价的风险均由承包人承担	工程量的风险由招标人承担，报价的风险由承包人承担

9.1.2　建设工程施工图预算的概念及作用

施工图预算是指在施工图设计完成以后，根据施工图设计文件、工程量清单，按照现行预算定额或企业定额、费用定额和其他取费文件等，编制的单位工程或单项工程预算价格的文件；按照施工图图纸及计价所需的各种依据在工程实施前所计算的工程价格，均可称为施工图预算价格。该施工图预算价格可以是按照政府统一规定的预算单价、取费标准、计价程序计算得到的计划中的价格，也可以是根据企业自身的实力和市场供求及竞争状况计算的反映市场的价格。施工图预算可以划分为两种计价模式，即传统定额计价模式施工图预算和工程量清单计价模式的清单报价。

施工图预算的作用主要体现在以下方面：

1）施工图预算是施工单位在施工前组织材料、机具、设备及劳动力供应的依据。

2）施工图预算是施工企业编制进度计划、统计完成工作量、进行经济核算的依据。

3）施工图预算是甲乙双方办理工程结算和拨付工程款的依据。

4）施工图预算是施工单位拟定降低成本措施和按照工程量计算结果、编制施工预算的依据。

5）对于造价管理部门来说，施工图预算是监督、检查执行定额标准，合理确定工程造价，测算造价指数及审定招标工程标底的依据。

9.1.3　施工图预算的内容

建设工程施工图预算包括单位工程预算、单项工程预算和建设项目总预算。通过施工图预算，统计建设工程造价中的建筑安装工程费用。单位工程预算是根据单位工程施工图设计文件、现行预算定额、费用标准，以及人工、材料、设备、机械台班等预算价格资料，以一定方法编制出的施工图预算；汇总所有单位工程施工图预算，就成为单项工程施工图预算；再汇总所有单项工程施工图预算，便成为建设项目建筑安装工程的总预算。

单位工程预算包括建筑工程预算和设备安装工程预算。对一般工业与民用建筑工程而言，建筑工程预算按其工程性质分为如下几个方面：

1）一般土建单位工程预算：包括各种房屋及一般构筑物工程，铁路、公路及其附属构筑物工程，厂区围墙、道路工程预算。

2）给排水工程预算：包括室内外给排水管道工程、房屋卫生设备及给排水工程附件的预算。

3）采暖与通风单位工程预算：包括室内外暖气管道工程及通风工程预算。

4）燃气单位工程预算：包括室内外民用燃气管道及附件工程预算。

5）建筑电气单位工程预算：包括电缆工程、室内电气照明工程、防雷接地工程等工程预算。

6）特殊构筑物单位工程预算：如炉窑、烟囱、水塔等工程预算，设备基础工程，工业管道用隧道、地沟、支架工程，设备的金属结构支架工程，设备的绝缘工程，各种工业炉砌筑工程，炉衬工程，涵洞、栈桥、高架桥工程及其他特殊构筑物工程预算等。

7）工业管道单位工程预算：包括蒸汽管道工程、氧气管道工程、压缩空气管道工程、煤气管道工程、生产用给排水管道工程、工艺物料输送管道工程及其他工业管道工程预算等。

设备安装工程预算可分为以下几个方面：

1）机械设备安装单位工程预算：包括各种工艺设备安装工程、各种起重运输设备安装工程、动力设备安装工程、工业用泵与通风设备安装工程、其他机械设备安装工程等。

2）电气设备安装单位工程预算：包括传动电气设备、吊车电气设备和起重控制设备安装工程，变电及整流电气设备安装工程，弱电系统设备安装工程，计算机及自动控制系统和其他电气设备安装工程预算等。

3）化工设备、热力设备安装单位工程预算等。

9.1.4　施工图预算的编制依据

施工图预算的编制依据有以下 7 个方面的内容：

1）经有关主管部门批准，同时经过会审的施工图设计文件。经审定的施工图图纸、说明书和标准图集，完整地反映了工程的具体内容、各部分的具体做法、结构尺寸、技术特征及施工方法，并为编制工程预算、结合预算定额分项工程项目，选择套用定额子目，取定尺寸和计算各项工程量提供了重要数据，是编制施工图预算的重要依据；经主管部门批准的设计概算文件，是指导施工图设计的主要技术经济文件。

2）现行预算定额及单位估价表、建筑安装工程费用定额。国家和地区颁发的现行建筑安装工程预算定额，建筑安装工程费用定额及单位估价表和相应的工程量计算规则，是编制施工图预算、确定分项工程子目、计算工程量、选用单位估价表、计算工程费用的主要依据。

3）经施工企业主管部门批准并报业主及监理工程师认可的施工组织设计文件（包括施工方案、施工进度计划、施工现场平面布置及各项技术措施等）。因为施工组织设计或施工方案中包含了编制施工图预算必不可少的有关资料（如建设地点的土质、地质情况，土石方开挖的施工方法及余土外运方式与运距，施工机械使用情况，结构件预制加工方法及运距，重要的梁、板、柱的施工方案，重要或特殊机械设备的安装方案等），所以是编制施工图预算的重要依据。

4）材料、人工、机械台班预算价格，工程造价信息及调价规定等。材料、人工、机械台班预算价格是预算定额的三大要素，是构成直接工程费的主要因素，尤其是材料费在工程成本中占的比重很大，而且在市场经济条件下，材料、人工、机械台班的价格是随市场而变化的。为使预算造价尽可能接近实际，应尽可能采用地区现行市场实际预算价格作为计算依据，各地区造价主管部门都有相应的工程造价网站或定期发布造价信息和其他形式的调价规定，来对当地市场进行调控。因此，合理确定材料、人工、机械台班预算价格及其调价规定是编制施工图预算的重要依据。

5）施工现场勘察及测量资料。

6）预算工作手册及有关工具书。预算工作手册和工具书包括了计算各种结构件面积和体积的公式，钢材、木材等各种材料规格、型号及用量数据，各种单位换算比例，特殊断面、结构件的工程量的速算方法，金属材料重量表等。

7）工程招标文件。它明确了施工单位承包的工程范围，应承担和具有的责任、权利和义务。

9.1.5　施工图预算的编制原则

施工图预算是建设单位控制单项工程造价的重要依据，也是施工企业及建设单位实现工程价款结算的重要依据。施工图预算的编制工作是一项细致而繁琐的工作，它既有很强的技术性，又有很强的政策性和时效性，因此编制施工图预算必须遵循以下原则：

1）认真贯彻执行国家及各省、市、地区现行的各项政策、法规及各项具体规定和有关调整变更通知。

2）实事求是地计算工程量及工程造价，做到既不高估、冒算，又不漏算、少算。

3）充分了解工程情况及施工现场情况，做到工程量计算准确，定额套用合理。

9.2　定额计价施工图预算编制

施工图预算编制中确定工程造价的最基本内容包括两大部分：数量和单价：数量指分项工程数量或人工、材料、机械台班定额消耗量；单价指分项工程定额基价或人工、材料、机械台班预算单价。为统一口径，一般均以统一的项目划分方法和工程量计算规则所计算的工程量作为确定造价的基础，按照当地现行适用的定额单价或定额消耗量进行套算，从而计算出分部分项工程费或人工、材料、机械台班总消耗量。随着市场经济体制改革的深化，上述工料消耗量、定额单价及人、材、机的预算单价的计算标准将不断市场化。

我国现阶段各地区、各部门确定工程造价的方法尚不统一，与国际工程的计价方法差别也较大。我国已建立了庞大的造价定额体系，这仍将是今后编制施工图预算或其他工程造价文件的重要依据。我国目前编制传统定额模式下施工图预算的方法有单价法和实物法。

9.2.1 单价法编制施工图预算

1. 单价法编制施工图预算的思路

用单价法编制施工图预算，就是根据地区统一单位估价表的各项工程定额单价，乘以相应的各分项工程的工程量，汇总相加得到单位工程的分部分项工程费后，再加上按规定程序计算出来的措施费、间接费、利润和税金，便可得出单位工程的施工图预算造价。

用单价法编制施工图预算的主要计算公式为：

单位工程施工图预算直接工程费 = Σ（工程量 × 预算定额单价）

2. 单价法编制施工图预算的步骤

单价法编制施工图预算的步骤如图 9-1 所示，详细步骤如下所述。

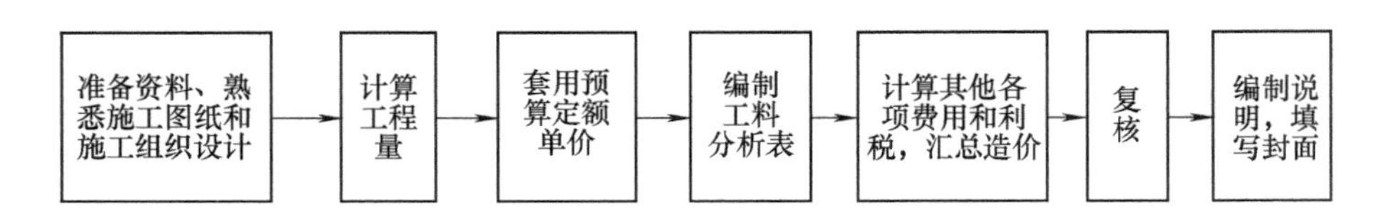

图 9-1　单价法编制施工图预算的步骤

（1）准备各种编制依据资料　包括施工图纸、施工组织设计或施工方案、现行建筑安装工程预算定额、取费标准、统一的工程量计算规则、预算工作手册和工程所在地区的材料、人工、机械台班预算价格与调价规定、工程预算软件等。

（2）熟悉施工图纸、定额和施工组织设计　建设工程预算定额是确定工程造价的主要依据，能否正确应用预算定额及其规定是工程量计算的基础，因此必须熟悉现行预算定额的全部内容与子目划分，了解和掌握各分部工程的定额说明，以及定额子目中的工作内容、施工方法、计算单位、工程量计算规则等。

审查图纸和说明书的重点是检查图纸是否齐全，设计要采用的标准图集是否具备，图示尺寸是否有错误，建筑图、结构图、细部大样和各种相应图纸之间是否相互对应。

土建工程阅读及审查图纸顺序要求如下：

1）总平面图。了解新建工程的位置、坐标、标高、地上和地下障碍物、地形、地貌等情况。

2）基础平面图。掌握基础工程的做法、基础底标高、各轴线净空尺寸、外边线尺寸、管道及其他布置情况，并结合节点大样、首层平面图，核对轴线、基础墙身、楼梯基础等部位的尺寸。

3）建筑施工图。建筑施工图包括各层平面、立面、剖面、楼梯详图、特殊房间布置等，要核对其室内空间、进深、层高、檐高、屋面做法、建筑配件细部尺寸等有无矛盾，要逐层逐间核对。

4）结构施工图。结构施工图包括各层平面图、节点大样，结构部件及梁（板、柱）配筋图等，结合建筑平面（立面、剖面）图，对结构尺寸、总长、总高、分段长、分层高、大样详图、节点标高、构件规格数量等数据进行核算，有关构件的标高和尺寸必须交圈对口，以免发生差错。

预算编制人员应到施工现场了解施工条件、周围环境、水文地质条件等情况，还应掌握施工方法、施工机械配备、施工进度安排、技术组织措施及现场平面布置等与施工组织设计有关的内容，这些都是影响工程造价的因素。

总之，预算编制人员通过熟悉图纸，要达到对该建筑物的全部构造、构件连接、材料做法、装饰要求及特殊装饰等，都有一个清晰的认识，把设计意图形成立体概念，为编制预算创造条件。

（3）计算工程量　工程量的计算是施工图预算编制过程中最重要的环节，从预算子目的划分到准确计算工程量，都直接影响单位工程造价。

（4）套用预算定额及地区基价，确定分部分项工程费　工程量计算完毕并核对无误后，用所得到的分部分项工程量套用地区基价表中相应的地区基价，相乘后再相加汇总，便可求出单位工程的分部分项工程费，填写工程预算表。套用单价时需注意如下几点：

1）分项工程量的名称、规格、计量单位必须与预算定额或地区基价表所列内容一致，重套、错套、漏套预算单价都会引起直接工程费的偏差，进而导致施工图预算造价出现偏差。

2）当施工图纸的某些设计要求与定额单价的特征不完全符合时，必须根据定额使用说明，对定额单价进行调整或换算。

3）当施工图纸的某些设计要求与定额单价特征相差甚远，也就是既不能直接套用也不能换算和调整时，必须编制补充地区基价或补充定额。

（5）编制工料分析表确定主要材料用量　根据各分部分项工程的实物工程量和相应定额中的项目所列的用工工日及材料数量，计算出各分部分项工程所需的人工及材料数量，相加汇总便得出该单位工程所需要的各类人工和材料的数量。它是工程预、决算中人工、材料和机械费用调差及计算其他各种费用的基数，又是企业进行经济核算、加强企业管理的重要依据。

对配比材料如混凝土、砂浆等，通过工料分析可得该材料用量，如果还需要原材料用量，则需进一步做材料的二次分析，结合《混凝土砂浆消耗量定额》，计算原材料的用量。

（6）计算其他各项费用和汇总造价　按照建筑安装单位工程造价构成的规定费用项目的费率及计费基础，分别计算出费用计算程序中规定的所有费用，并汇总得出单位工程造价。

（7）复核　单位工程预算编制后，有关人员对单位工程预算进行复核，以便及时发现差错，提高预算质量。复核时，应对工程量计算公式和结果、套用定额基价、各项费用的取费费率及计算基础和计算结果、材料和人工预算价格及其价格调整等方面是否正确进行全面复核。

（8）编制说明，填写封面　编制说明是编制者向审核者交代编制方面的有关情况，包括编制依据、工程性质、内容范围、设计图纸号、所用预算定额编制年份（即价格水平年份）、有关部门的调价文件号、套用单价或补充单位估价表方面的情况及其他需要说明的问题。填写封面应写明工程名称、工程编号、建筑面积、预算总造价及单方造价、编制单位名称及负责人和编制日期，审查单位名称及负责人和审核日期等。

9.2.2 用实物法编制施工图预算

1. 实物法编制施工图预算的思路

应用实物法编制施工图预算，首先根据施工图纸分别计算出分项工程量，然后套用相应预算人工、材料、机械台班的定额用量，再分别乘以工程所在地当时的人工、材料、机械台班的实际单价，求出单位工程的人工费、材料费和施工机械使用费，并汇总求和，进而求得直接工程费，然后再按规定计取其他各项费用，汇总后就可得出单位工程施工图预算造价。

实物法编制施工图预算中主要的计算公式为：

单位工程预算直接工程费 =

∑（工程量 × 人工预算定额用量 × 当时当地人工工资单价）+

∑（工程量 × 材料预算定额用量 × 当时当地材料预算单价）+

∑（工程量 × 施工机械台班预算定额用量 × 当时当地机械台班单价）

2. 实物法编制施工图预算的步骤

实物法编制施工图预算的步骤如图 9-2 所示。

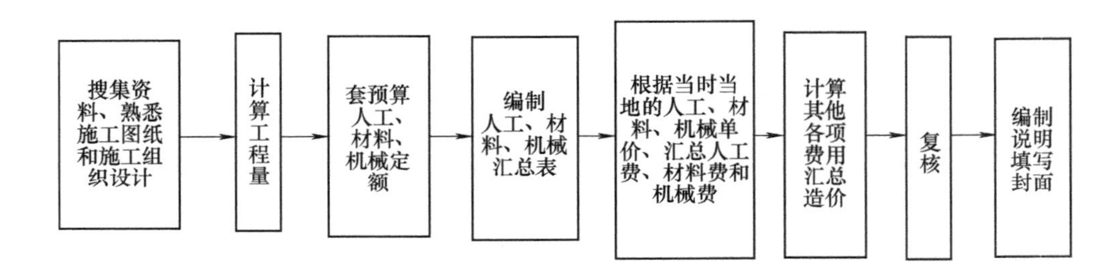

图 9-2 实物法编制施工图预算的步骤

从图 9-2 可以看出，实物法编制施工图预算的首尾步骤与单价法相同，二者最大的区别在于中间的步骤，也就是计算人工费、材料费和施工机械使用费及汇总三者费用之和的方法不同，见表 9-2、表 9-3 所示。

1）准备资料，熟悉施工图纸。针对实物法的特点，在此阶段需要全面搜集各种人工、材料、机械台班的当时当地的实际价格，包括不同品种、不同规格的材料预算价格，不同工种、不同等级的人工工资单价，不同种类、不同型号的机械台班单价等，要求获得的各种实际价格全面、系统、真实、可靠。

2）计算工程量，内容与单价法相同。

3）套用相应的预算人工、材料、机械台班定额用量。国家原建设部 1995 年颁发的《全国统一建筑工程基础定额》和 2000 年颁布的《全国统一安装工程预算定额》是符合国家技术规范、质量标准，并反映一定时期施工工艺水平的分项工程计价所需的人工、材料、施工机械的消耗量的标准。这个消耗量标准，在建材产品、标准、设计、施工技术及其相关规范和工艺水平等没有大的突破性变化之前，是相对稳定不变的，因此它是合理确定和有效控制造价的依据。

4）统计各分项工程人工、材料、机械台班消耗数量，并汇总单位工程各类人工工日、材料和机械台班的消耗量。各分项工程人工、材料、机械台班消耗数量，由分项工程的工程量乘以预算人工定额用量、材料定额用量和机械台班定额用量而得出，汇总后便可得出单位工程各类人工、材料和机械台班的消耗量。

5）用当时当地的各类人工、材料和机械台班的实际预算单价，分别乘以人工、材料和机械台班的消耗量，汇总便得出单位工程的人工费、材料费和机械使用费。人工单价、材料预算单价和机械台班的单价，可在当地工程造价主管部门的专业网站查询，或由工程造价主管部门定期发布的价格、造价信息中获取，企业也可根据自己的情况自行确定。如人工单价可按各专业、各地区企业一定时期实际发放的平均工资水平合理确定，并按规定加入工资性补贴计算；材料预算价格可分解为材料原价（供应价）和运杂费及采购保管费，材料原价可按各地生产资料交易市场或生产厂家出厂价格综合确定。

6）计算其他各项费用，汇总造价。一般而言，税金相对稳定，而其措施费、间接费、利润率则要由企业根据建筑市场的供求状况自行确定。

7）复核。认真检查人工、材料、机械台班的消耗数量计算是否准确，有无漏算、重算，套用定额是否正确，采用的价格是否切合实际。

8）编制说明，填写封面。

在市场经济条件下，人工、材料和机械台班单价是随市场而变化的，是影响工程造价最活跃、最主要的因素。用实物法编制施工图预算，采用的是工程所在地当时人工、材料、机械台班价格，可较好地反映实际价格水平，工程造价的准确性高。虽然计算过程较单价法繁琐，但利用计算机便可解决此问题。因此，定额实物法是与市场经济体制相适应的预算编制方法。

表 9-2　某住宅楼建筑工程基础部分预算书（实物法）
——人工、材料、机械费用汇总表

序号	人工、材料、机械或费用名称	计量单位	实物工程数量	价值/元	
				当时当地单价	合价
1	人工	工日	2238.552	20.79	46539.5
2	土石屑	m^3	1196.1912	50.00	59809.56
3	C10 素混凝土	m^3	166.1633	132.68	22046.55
4	C20 钢筋混凝土	m^3	431.1822	290.83	125400.72
5	M5 主体砂浆	m^3	8.3976	130.81	1098.49
6	机砖	千块	17.8099	142.1	2530.79
7	脚手架材料费	元	96.0857		96.09
8	黄土	m^3	1891.41	10.77	20370.49
9	蛙式打夯机	台班	95.8198	10.28	985.03
10	挖土机	台班	12.5178	143.14	1791.8
11	推土机	台班	2.5036	155.13	388.38
12	其他机械费	元	3137.1944		3137.19
13	矩形柱与异形柱差价	元	61		61
14	基础抹隔潮层费	元	130		130
15	直接工程费小计	元			284385.59

9.3　房屋建筑与装饰工程施工图预算编制案例

9.3.1　案例背景资料

某框架结构办公楼工程，地上三层，基础为无梁式满堂基础，构件混凝土强度等级均为C30。墙体采用M5混合砂浆砌筑砌块墙，外墙250mm，内墙200mm，女儿墙250mm。建筑部分工程材料做法及结构设计要求详见本书附录部分的设计图纸总说明。

9.3.2　施工图预算编制要求

根据住房城乡建设部、财政部印发的《建筑安装工程费用项目组成》（建标［2013］44号）文件的相关规定，结合甘肃省现行2013版《建筑工程预算定额》及地区基价、2013版费用定额编制该工程施工图预算书。钢筋部分采用11G101－1、11G101－2、11G101－3相关节点计算，其余建筑构造均按图纸设计为准计算。

9.3.3　施工图预算编制成果文件

1. 工程预算书封面

单 位 工 程 施 工 图 预 算 书

建设单位：	×××××××	施工单位：	×××××××
工程名称：	办公楼工程	建筑面积：	1071.72m^2
工程造价：	2179721.07元	编制日期：	2014年4月
编 制 人：	×××	执业资格证号：	×××××××
审 核 人：	×××	执业资格证号：	×××××××

2. 编制说明(表9-4)

表9-4 编制说明

一、工程概况

该工程为某框架结构办公楼工程，地上三层，建筑面积1071.72m^2。基础类型为无梁式满堂基础，构件混凝土强度等级均为C30。墙体采用M5混合砂浆砌筑砌块墙，外墙250mm，内墙200mm，女儿墙250mm。建筑部分工程材料做法按照图纸工程材料做法表计算，结构设计要求详见图纸总说明。

二、编制依据

本预算书依据《某办公楼工程》施工图纸及11G101平法图集进行工程量计算；预算定额采用《甘肃省建筑与装饰工程预算定额》（DBJD25-44-2013）及兰州地区基价，费用计算按照《甘肃省建筑安装工程费用定额》（2013）执行。由于所采用预算定额及地区基价均为最新版本，无价差调整文件，故本预算书编制未进行价差调整。

三、取费标准

本工程为三类工程，工程费用计算按照三类工程取费标准执行，税金计算按工程所在地在市区计取。

四、其他

本预算书编制范围为图纸设计范围内的房屋建筑与装饰工程，未包含室外工程部分。

3. 工程计价表(表 9-5)

表 9-5　工程计价表

工程名称:办公楼工程　　　　第 1 页 共 5 页

定额编号	分项工程名称	单位	数量	单价/元	合价/元	其中							
						人工		材料		主材		机械	
						单价/元	合价/元	单价/元	合价/元	单价/元	合价/元	单价/元	合价/元
01	土石方工程				15509. 03		13443. 61		28. 25				2037. 16
1-1	人工挖土方、一、二类土、深度 1. 5m 以内	m^3	568. 51	8. 51	4838. 02	8. 51	4838. 02						
1-79	基础回填土	m^3	247. 03	15. 61	3856. 14	13. 40	3310. 2	0. 05	12. 35			2. 16	533. 58
1-79	房心回填土	m^3	317. 98	15. 61	4963. 67	13. 40	4260. 93	0. 05	15. 90			2. 16	686. 84
1-84	平整场地	m^2	527. 24	1. 43	753. 95	1. 430	753. 95						
1-87	土方运输　运输距离 1000m 以内 500m	m^3	45. 91	23. 90	1097. 25	6. 11	280. 51					17. 79	816. 74
02	砌筑工程				67108. 52		17682. 83		49240. 87				184. 81
3-43	加气混凝土砌块墙	m^3	236. 94	283. 23	67108. 52	74. 63	17682. 83	207. 82	49240. 87			0. 78	184. 81
03	混凝土工程				188439. 88		42301. 01		135985. 47				10153. 39
4-52	混凝土　垫层	m^3	40. 32	172. 73	6964. 47	60. 52	2440. 17	92. 79	3741. 29			19. 42	783. 01
4-67-3	现浇基础梁　混凝土 C30	m^3	57. 44	292. 03	16774. 20	65. 89	3784. 72	214. 03	12293. 88			12. 11	695. 60
4-63-3	现浇满堂基础　无梁式　混凝土 C30	m^3	237. 05	278. 58	66037. 39	45. 20	10714. 66	213. 27	50555. 65			20. 11	4767. 08
4-65-3	现浇矩形柱　混凝土 C30	m^3	99. 275	333. 70	33128. 07	106. 9	10612. 5	214. 44	21288. 53			12. 36	1227. 04
4-66-3 H1-37 1-38	现浇构造柱　混凝土 C30	m^3	0. 81	353. 22	286. 11	126. 56	102. 51	214. 3	173. 58			12. 36	10. 01
4-79-3	现浇有梁板　混凝土 C30	m^3	211. 016	294. 52	62148. 43	64. 56	13623. 19	217. 85	45969. 84			12. 11	2555. 40
4-88-3	现浇楼梯　板式　直形　混凝土 C30	m^2	31. 19	73. 01	2277. 18	23. 81	742. 63	45. 93	1432. 56			3. 27	101. 99

工程计价表

工程名称:办公楼工程　　　　　　　　　　　　　　　　　　　　第 2 页 共 5 页

定额编号	分项工程名称	单位	数量	单价/元	合价/元	其中							
						人工		材料		主材		机械	
						单价/元	合价/元	单价/元	合价/元	单价/元	合价/元	单价/元	合价/元
4-96-3 H1-15 1-16	现浇压顶　混凝土 C30	m^3	1.36	382.38	520.04	130.81	177.90	251.57	342.14				
4-97-3 H1-15 1-16	现浇过梁　混凝土 C30	m^3	0.69	440.57	303.99	148.89	102.73	272.46	188.00			19.22	13.26
04	钢筋工程				628386.95		77650.57		536570.78				14165.61
5-2	现浇构件非预应力钢筋　圆钢 ϕ5mm 以上	t	48.077	5712.91	274659.57	716.26	34435.63	4868.13	234045.09			128.52	6178.86
5-4	现浇构件非预应力钢筋　螺纹钢　Ⅱ级	t	62.144	5692.06	353727.38	695.40	43214.94	4868.14	302525.69			128.52	7986.75
05	屋面工程				60836.94		12013.31		48536.14				287.50
11-27-1	水泥砂浆 1:2 在混凝土或硬基层上　厚度 20mm	m^2	338.24	12.26	4146.82	4.77	1613.4	7.11	2404.89			0.38	128.53
9-6-1	水泥炉渣 1:6	m^3	42.45	226.25	9604.31	48.5	2058.83	177.75	7545.49				
9-7-3	水泥珍珠岩 1:10	m^3	33.82	414.97	14034.29	52.47	1774.54	362.5	12259.75				
11-28-1	水泥砂浆 1:2 在填充材料上　厚度 20mm	m^2	338.24	13.45	4549.33	4.9	1657.38	8.08	2732.98			0.47	158.97
8-36	改性沥青卷材(SBS-Ⅰ) 满铺　厚度 4mm	m^2	356.99	54.36	19405.98	3.29	1174.5	51.07	18231.48				
8-121	塑料雨水管(PVC)　直径 150mm	m	223.2	39.94	8914.61	16.38	3656.02	23.56	5258.59				

工程计价表

工程名称：办公楼工程　　　　第 3 页 共 5 页

定额编号	分项工程名称	单位	数量	单价/元	合价/元	其中							
						人工		材料		主材		机械	
						单价/元	合价/元	单价/元	合价/元	单价/元	合价/元	单价/元	合价/元
8-123	塑料雨水口（PVC）　方形 150mm	个	4	45.40	181.60	19.66	78.64	25.74	102.96				
06	楼地面工程				134679.83		22618.18		110855.89				1205.72
11-1-3	灰土 3∶7　打夯机夯实	m^3	32	111.70	3574.40	40.64	1300.48	69.87	2235.84			1.19	38.08
4-52-1	现浇混凝土垫层　C10	m^3	14.32	253.86	3635.28	60.52	866.65	173.92	2490.53			19.42	278.09
14-14	花岗岩楼地面（每块周长/mm）2400 以内	m^2	40.07	387.30	15519.11	15.42	617.88	371.26	14876.39			0.62	24.84
11-27-3	水泥砂浆 1∶3　在混凝土或硬基层上　厚度 20mm	m^2	273.53	11.07	3027.98	4.77	1304.74	5.92	1619.30			0.38	103.94
14-27	陶瓷地砖楼地面（每块周长/mm）　1200 以内　湿铺	m^2	760.36	86.13	65489.81	17.31	13161.83	68.39	52001.02			0.43	326.95
14-1	大理石楼地面（每块周长/mm）2400 以内	m^2	119.04	219.72	26155.47	15.12	1799.88	203.98	24281.78			0.62	73.80
11-30-1	细石混凝土　C20　厚度 30mm	m^2	592.24	12.42	7355.62	4.76	2819.06	7.06	4181.21			0.60	355.34
8-35	改性沥青卷材（SBS-I）满铺厚度 3mm	m^2	33.32	48.65	1621.02	3.29	109.62	45.36	1511.4				
8-206	聚氨酯涂抹防水　平面　厚度 1.5mm	m^2	66.64	24.54	1635.35	2.00	133.28	22.54	1502.07				
14-18	花岗岩踢脚板	m^2	13.58	394.25	5353.92	26.87	364.89	367.14	4985.76			0.24	3.26
14-5	大理石踢脚板	m^2	5.904	222.2	1311.87	23.69	139.87	198.27	1170.59			0.24	1.42
07	墙面工程	m^2			456164.77		123583.35		331279.23				1302.20
15-97	墙面木龙骨　平均中距 300mm 以内	m^2	1959.72	33.35	65356.66	5.92	11601.54	27.36	53617.94			0.07	137.18

工程计价表

工程名称:办公楼工程　　　　第4页　共5页

定额编号	分项工程名称	单位	数量	单价/元	合价/元	其中							
						人工		材料		主材		机械	
						单价/元	合价/元	单价/元	合价/元	单价/元	合价/元	单价/元	合价/元
15-123	墙面面层　胶合板	m^2	1959.72	48.60	95242.39	8.69	17029.97	39.91	78212.43				
19-4	木材面油漆　调和漆二遍　其他木材面	100 m^2	19.5972	1370.34	26854.83	810.08	15875.3	560.26	10979.53				
8-210	防水涂膜　厚度2mm	m^2	1959.72	75.98	148899.53	11.12	21792.09	64.86	127107.44				
8-206	聚氨酯涂抹防水　平面　厚度1.5mm	m^2	428.31	24.54	10510.73	2.00	856.62	22.54	9654.11				
12-4	内墙、柱面抹灰　水泥砂浆墙面、墙裙　轻质墙	m^2	1959.72	17.95	35176.97	11.99	23497.04	5.55	10876.45			0.41	803.49
15-63	陶瓷块料　水泥砂浆结合层墙面(块料周长/mm) 400以内　密缝	m^2	428.31	74.81	32041.87	35.04	15007.98	39.45	16896.83			0.32	137.06
15-65	陶瓷块料　水泥砂浆结合层墙面(块料周长/mm) 800以内　密缝	m^2	701.48	59.99	42081.79	25.55	17922.81	34.12	23934.50			0.32	224.47
08	天棚工程				49859.38		18314.25		31313.47				231.66
12-93	混凝土天棚　现浇水泥砂浆底面	m^2	631.61	20.36	12859.58	14.37	9076.24	5.67	3581.23			0.32	202.12
19-68	抹灰面油漆　墙、柱、天棚面底油一遍　调和漆二遍	100 m^2	6.3161	902.23	5698.57	403.71	2549.87	498.52	3148.70				
16-7	轻钢龙骨装配式U型不上人型面层规格mm300×300平面	m^2	73.19	55.03	4027.65	14.67	1073.7	40.11	2935.65			0.25	18.30
16-53	天棚基层　石膏板	m^2	73.19	20.58	1506.25	9.15	669.69	11.43	836.56				
19-89	防水腻子两遍	100m^2	0.7319	1403.78	1027.43	499.20	365.36	904.58	662.06				
16-78	天棚面层　铝板600×600	m^2	73.19	138.87	10163.9	8.18	598.69	130.69	9565.20				

工程计价表

工程名称:办公楼工程　　　　第5页　共5页

定额编号	分项工程名称	单位	数量	单价/元	合价/元	其中							
						人工		材料		主材		机械	
						单价/元	合价/元	单价/元	合价/元	单价/元	合价/元	单价/元	合价/元
16-1	木龙骨 30×40 平面龙骨　中距 305×305	m^2	187.32	37.42	7009.51	8.29	1552.88	29.07	5445.39			0.06	11.24
16-54	天棚面层　胶合板　无格式	m^2	187.32	26.69	4999.57	4.86	910.38	21.83	4089.20				
19-4	木材面油漆　调和漆二遍　其他木材面	100 m^2	1.8732	1370.34	2566.92	810.08	1517.44	560.26	1049.48				
09	混凝土散水				4232.58		1337.87		2780.93				113.77
11-16-2	卵石灌缝　水泥石灰膏砂浆 M5.0	m^3	12.15	181.13	2200.73	47.42	576.15	127.78	1552.53			5.93	72.05
11-41-1	整体面层　细石混凝土 C20 厚度 40mm	m^2	4.05	18.31	74.16	6.24	25.27	11.49	46.53			0.58	2.35
11-42×2	整体面层　细石混凝土　每增减 5mm 子目乘以系数 2	m^2	4.05	1.18	4.78	1.04	4.21	0.02	0.08			0.12	0.49
11-38-1	防滑坡道　水泥砂浆 1:2	m^2	81.00	24.11	1952.91	9.04	732.24	14.59	1181.79			0.48	38.88
10	混凝土台阶				948.63		375		547.78				25.83
11-1-3	灰土 3:7　打夯机夯实	m^3	2.27	111.70	253.56	40.64	92.25	69.87	158.60			1.19	2.70
4-91-1	现浇台阶　混凝土 C15	m^2	7.56	54.91	415.12	19.76	149.39	32.65	246.83			2.50	18.90
11-37-1	台阶　水泥砂浆 1:2	m^2	7.56	37.03	279.95	17.64	133.36	18.83	142.35			0.56	4.23
11	门窗工程				34495.55		3202.76		31263.07				29.72
13-32	普通钢门　全钢门	m^2	12.18	262.68	3199.44	13.08	159.31	247.16	3010.41			2.44	29.72
13-6	镶板门　不带亮子	m^2	52.65	126.10	6639.17	18.09	952.44	108.01	5686.73				
13-50	塑钢门窗　推拉窗　中空玻璃	m^2	92.40	266.85	24656.94	22.63	2091.01	244.22	22565.93				
	合计				1640662.06		332522.74		1278401.88				29737.37

4. 费用计算表(表 9-6)

表 9-6　费用计算表

工程名称:办公楼工程　　　　第 1 页　共 1 页

序号	费用项名称	费用代号	费率代号	费率(%)	计　算　式	费用金额/元
一	分部分项工程费及定额措施项目费	A				1764248.42
	其中:人工费	A1				384334.50
	其中:材料费	A2				1342743.19
	其中:机械费	A3				37170.73
二	措施项目费用(费率措施费)	B			(人工费+机械费)×费率	94332.88
三	企业管理费	C		24.75	(人工费+机械费)×费率	104322.54
四	利润	D		11.2	(人工费+机械费)×费率	47208.59
五	价差调整	E				
	人工费调整	E1		0	人工费×调整系数	
	材料价差	E2				
	其中:实物法材料价差	E21			按照实物法调差规定计算	
	其中:系数法材料价差	E22		0	定额材料费×调整系数	
	机械费调整	E3		0	机械费×调整系数	
六	规费	F			人工费×费率	96890.73
	其中:社会保险费	F1		18		69180.21
	其中:住房公积金	F2		7		26903.42
	其中:工程排污费	F3		0.21		807.10
七	税金	G		3.48	(一+二+三+四+五+六)×费率	73323.71
八	工程造价	H			一+二+三+四+五+六+七	2180326.87

法定代表人:　　　　编制单位(盖章):　　　　编制日期:

5. 主要材料数量及价差明细表(表 9-7)

表 9-7　主要材料数量及价差明细表

工程名称:办公楼工程　　　　第 1 页　共 1 页

序号	材料名称	单位	数量	预算价/元	指导价或市场价/元	价差/元	小计/元	备　注
1	螺纹钢Ⅱ级	t	64. 320	4612. 50	4612. 50		296671. 57	
2	圆钢 ϕ5mm 以上	t	49. 760	4612. 50	4612. 50		229516. 59	
3	普通硅酸盐水泥 32. 5	kg	87074. 02	0. 43	0. 43		37441. 83	
4	普通硅酸盐水泥 42. 5	kg	158305. 71	0. 45	0. 45		71237. 57	
5	砂	m^3	461. 64	68. 68	68. 68		31705. 24	
6	卵石	m^3	567. 51	63. 55	63. 55		36065. 40	
7	加气混凝土块	m^3	228. 65	210. 00	210. 00		48015. 89	
8	板方材	m^3	8. 06	2035. 65	2035. 65		16400. 40	
9	胶合板厚 3mm	m^2	2352. 38	18. 45	18. 45		43401. 37	
10	竹胶板	m^2	350. 44	49. 20	49. 20		17241. 70	
11	墙面砖 200mm × 200mm	m^2	729. 54	20. 50	20. 50		14955. 55	
12	墙面砖 100mm × 100mm	m^2	445. 44	25. 63	25. 63		11416. 69	
13	瓷质抛光砖 300mm × 300mm	m^2	775. 57	56. 38	56. 38		43726. 48	
14	花岗岩板(综合)	m^2	54. 72	348. 50	348. 50		19070. 97	
15	大理石板(综合)	m^2	127. 44	184. 50	184. 50		23513. 21	
16	木龙骨 30mm × 40mm	m	16104. 82	3. 08	3. 08		49602. 83	
17	塑钢中空玻璃推拉窗	m^2	87. 60	233. 39	233. 39		20443. 84	
18	木压条 15mm × 40mm	m	2724. 01	12. 30	12. 30		33505. 33	
19	改性沥青卷材(SBS-Ⅰ)4mm 厚	m^2	398. 04	32. 80	32. 80		13055. 84	
20	防水涂膜	kg	4703. 33	25. 00	25. 00		117583. 20	
合计				1174571. 5				

6. 定额措施费汇总表(表9-8)

表9-8 定额措施费汇总表

工程名称:办公楼工程　　　　第1页　共1页

序号	编号	名称	单位	单价/元	数量	合价/元	人工		材料		机械	
							单价/元	合价/元	单价/元	合价/元	单价/元	合价/元
1		模板				108779.57		46877.56		55685.03		6216.96
	20-10	现浇构件混凝土模板　混凝土垫层	$100m^2$	4030.37	0.0816	328.88	828.37	67.59	3145.51	256.67	56.49	4.61
	20-7	现浇构件混凝土模板　满堂基础	$100m^2$	3555.06	0.4848	1723.49	1678.74	813.85	1766.34	856.32	109.98	53.32
	20-16	现浇构件混凝土模板　基础梁	$100m^2$	4062.09	3.0156	12249.64	1677.22	5057.82	2224.58	6708.44	160.29	483.37
	20-11	现浇构件混凝土模板　矩形柱	$100m^2$	4318.76	3.572	15426.61	1967.71	7028.66	2134.48	7624.36	216.57	773.59
	20-30	现浇构件混凝土模板　有(无)梁板	$100m^2$	4834.79	15.4443	74669.95	2071.79	31997.35	2453.29	37889.35	309.71	4783.25
	20-37	现浇构件混凝土模板　楼梯　直形	$100m^2$	13217.92	0.3119	4122.67	5727.64	1786.45	7122.14	2221.4	368.14	114.82
	20-39	现浇构件混凝土模板　台阶	$100m^2$	3417.03	0.0756	258.33	1664.49	125.84	1699.65	128.49	52.89	4.00
2		脚手架				14806.88		4934.20		8656.28		1216.40
	20-127	综合脚手架　高度(12m)以内	$100m^2$	138.16	107.172	14806.88	46.04	4934.20	80.77	8656.28	11.35	1216.40
3		垂直运输										
	20-212×1.15	檐高20m以下卷扬机施工　教学及办公用房框架结构子目乘以系数1.15	m^2	27.20	107.172	2915.08					27.20	2915.08
		合计				123586.45		51811.76		64341.31		7433.36

法定代表人:　　　　编制单位(盖章):　　　　编制日期:

7. 费率措施费汇总表(表9-9)

表9-9　费率措施费汇总表

工程名称:办公楼工程　　　　第1页　共1页

序号	名　称	单　位	计算基数	费率(%)	合价/元	备　注
1	环境保护费	项	人工费+机械费+定额措施项目人工费+定额措施项目机械费	0.77	3245.59	(人工费+机械费)×费率
2	文明施工费	项	人工费+机械费+定额措施项目人工费+定额措施项目机械费	1.24	5226.66	(人工费+机械费)×费率
3	安全施工费	项	人工费+机械费+定额措施项目人工费+定额措施项目机械费	8.87	37387.51	(人工费+机械费)×费率
4	临时设施费	项	人工费+机械费+定额措施项目人工费+定额措施项目机械费	4.16	17534.62	(人工费+机械费)×费率
5	夜间施工增加费	项	人工费+机械费+定额措施项目人工费+定额措施项目机械费	1.86	7840	(人工费+机械费)×费率
6	二次搬运费	项	人工费+机械费+定额措施项目人工费+定额措施项目机械费	2.44	10284.73	(人工费+机械费)×费率
7	已完工程及设备保护费	项	人工费+机械费+定额措施项目人工费+定额措施项目机械费	0.10	421.51	(人工费+机械费)×费率
8	冬雨期施工增加费	项	人工费+机械费+定额措施项目人工费+定额措施项目机械费	2.44	10284.73	(人工费+机械费)×费率
9	工程定位复测费	项	人工费+机械费+定额措施项目人工费+定额措施项目机械费	0.50	2107.53	(人工费+机械费)×费率
10	施工因素增加费	项	人工费+机械费+定额措施项目人工费+定额措施项目机械费	0		(人工费+机械费)×费率
11	特殊地区增加费	项	人工费+机械费+定额措施项目人工费+定额措施项目机械费	0		(人工费+机械费)×费率
	措施项目合计				94332.88	

法定代表人:　　　　编制单位(盖章):　　　　编制日期:

8. 工程量计算表(表 9-10)

表 9-10　工程量计算表

序号	分部分项工程名称	单位	计 算 式	数量
一	土石方工程			
1	平整场地	m^2	$S=(22.9+4)\times(15.6+4)=527.24$	527.24
2	人工挖土方(二类土)	m^3	$H=1.25m$,需放坡　$K=0.5, C=0.3m$ $V=(24+2\times0.3+0.5\times1.25)\times(16.8+2\times0.3+0.5\times1.25)\times1.25+1/3\times0.5^2\times1.25^3=568.51$	568.51
3	基础回填土	m^3	$V=568.51-40.32-237.05-39.49-4.62=247.03$ 垫层 $V=24\times16.8\times0.1=40.32$ 筏板 $V=23.8\times16.6\times0.6=237.05$ JZL　$V=0.5\times0.55\times(6\times2+6.9+3.3-0.35\times2-0.7\times3)\times4+0.5\times0.55\times(6\times2+3-0.3\times2-0.6\times2)\times5=39.49$ 柱　$V=0.55\times0.7\times0.6\times20=4.62$	247.03
4	房心回填土	m^3	$V=[15.6\times22.9-0.7\times0.6\times20-(22.9-0.7\times5)\times0.25\times2-(15.6-0.6\times4)\times0.25\times2-(22.9-0.7\times5)\times0.2-(4.5-0.1+0.05)\times0.2-(6-0.1+0.05)\times0.2-(6-0.3\times2)\times0.2\times6-(6-0.35\times2)\times0.2\times2]=317.98$	317.98
5	土方运输	m^3	$V=568.51-247.03\times1.2-317.98=-45.91$	45.91
二	砌筑工程(陶粒砌块砌体)	m^3	$V=33.58+39.23+34.97\times2+42.37\times2+9.45=236.94$	236.94
1	首层外墙	m^3	$V=[(22.9-0.7\times5+15.6-0.6\times4)\times2\times(3.6-0.7)-1.5\times2\times6-3\times2\times3-3.3\times2-4.2\times2.9]\times0.25=33.58$	33.58
2	首层内墙	m^3	$V=\{[(22.9-0.7\times5)+(6-0.35\times2)\times2+(6-0.3\times2)\times6]\times(3.6-0.7)-0.9\times2.4\times6\}-(0.9+0.25)\times0.2\times0.12\times6+[(6+0.05-0.1)\times(3.6-0.5)-0.75\times2.1\times2]\times0.2-(0.75+0.47)\times0.2\times0.12\times2+(4.5+0.05-0.1)\times(3.6-0.45)\times0.2=39.23$	39.23
3	二层外墙	m^3	$V=[(22.9-0.7\times5+15.6-0.6\times4)\times2\times(3.6-0.7)-1.5\times2\times6-3\times2\times3-3.3\times2\times2]\times0.25=34.97$	34.97
4	二层内墙	m^3	$V=\{[(22.9-0.7\times5)+(6-0.3\times2)\times6+(6-0.35\times2)\times2+(6.9-0.35\times2)]\times(3.6-0.7)-0.9\times2.4\times7\}\times0.2-(0.9+0.25)\times0.2\times0.12\times7+[(6+0.05-0.1)\times(3.6-0.5)-0.75\times2.1\times2]\times0.2-(0.75+0.47)\times0.2\times0.12\times2+(4.5+0.05-0.1)\times(3.6-0.45)\times0.2=42.37$	42.37

（续）

序号	分部分项工程名称	单位	计算式	数量
5	三层外墙	m^3	工程量同二层	34.97
6	三层内墙	m^3	工程量同二层	42.37
7	女儿墙	m^3	$V=(22.9-0.25\times8+15.6-0.25\times6)\times2\times0.54\times0.25=9.45$	9.45
三	混凝土工程			
1	C30 混凝土垫层	m^3	$V=24\times16.8\times0.1=40.32$	40.32
2	C30 混凝土筏板基础	m^3	$V=23.8\times16.6\times2.6=237.05$	237.05
3	C30 混凝土基础梁	m^3	$V=0.5\times0.8\times(22.9-0.7\times5)\times4+0.5\times0.8\times(15.6-0.6\times4)\times5=57.44$	57.44
4	C30 混凝土柱	m^3	$V=0.7\times0.6\times11.75\times20=98.7$	98.7
5	Z1	m^3	$V=0.25\times0.25\times0.8\times2+0.25\times0.25\times1.8\times2=0.575$	0.575
6	混凝土构造柱	m^3	$V=0.25\times0.25\times0.54\times24=0.81$	0.81
7	C30 有梁板	m^3	$V=69.93\times2+71.156=211.016$	211.016
	一层梁	m^3	$V=0.30\times7\times(22.9-0.7\times5)\times4+(6-0.15)\times0.25\times0.5+0.3\times0.7\times(15.6-0.6\times4)\times5+(4.5-0.125)\times0.25\times0.45=31.38$	
	一层板	m^3	$V=(6-0.15-0.25)\times(4.5-0.125)\times0.1+(1.5-0.125-0.15)\times(6-0.15)\times0.1+(3-0.15\times2)\times(6-0.15)\times0.1+(6-0.15)\times(6-0.15)\times0.15+(6-0.15\times2)\times(6-0.15)\times0.15+(6-0.15\times2)\times(3-0.15\times2)\times0.1+(6-0.15\times2)\times(6-0.15)\times0.15+(6.9-0.15\times2)\times(6-0.15)\times0.15+(3-0.15\times2)\times(6.9-0.15\times2)\times0.1+(6.9-0.15\times2)\times(6-0.15)\times0.15+(3.3-0.15)\times(6-0.15)\times0.1+(3-0.15\times2)\times(3.3-0.15)\times0.1+0.95\times(3.3-0.15)\times0.1-0.35\times0.3\times0.1-0.15\times0.35\times0.1\times3-0.15\times0.35\times0.15-0.35\times0.3\times0.15-0.3\times0.2\times0.15-0.15\times0.2\times0.15-0.15\times0.2\times0.1\times3-0.3\times0.2\times0.1-0.3\times0.2\times0.15\times4-0.15\times0.2\times0.15\times4-0.2\times0.15\times0.1\times8-0.15\times0.2\times0.15\times4-0.3\times0.2\times0.15\times4-0.2\times0.15\times0.1\times4-0.2\times0.3\times0.1-0.3\times0.35\times0.1-0.35\times0.15\times0.1\times4=37.55$	
	一层有梁板	m^3	$V=69.93$	
	二层有梁板	m^3	工程量同一层有梁板	
	屋面梁	m^3	$V=0.3\times0.7\times[(22.9-0.7\times5)\times4+(15.6-0.6\times4)\times5]=30.16$	

（续）

序号	分部分项工程名称	单位	计算式	数量
7	屋面板	m^3	$V=(6-0.15)\times(6-0.15)\times0.15\times2+(6-0.15)\times(6-0.15\times2)\times0.15\times2+(6.9-0.15\times2)\times(6-0.15)\times0.15\times2+(3.3-0.15)\times(6-0.15)\times0.1\times2+(22.2-0.3\times3)\times(3-0.15\times2)\times0.1-0.35\times0.3\times0.15\times2-0.3\times0.2\times0.15\times10-0.35\times0.3\times0.1\times2-0.3\times0.2\times0.1\times2-0.35\times0.15\times10.1\times2-0.2\times0.15\times0.15\times10-0.15\times0.2\times0.1\times2-0.35\times0.15\times0.1\times2-0.35\times0.15\times0.1\times4-0.2\times0.15\times0.1\times12=41.00$	
	有梁板	m^3	$V=41+30.156=71.156$	
8	混凝土过梁	m^3	$V=(0.9+0.25)\times0.2\times0.12\times6+(0.9+0.25)\times0.2\times0.12\times7\times2+(0.75+0.47)\times0.2\times0.12\times2\times2=0.685$	0.685
9	混凝土压顶	m^3	$V=0.3\times0.06\times(22.9-0.3+15.6-0.3)\times2=1.36$	1.36
10	混凝土楼梯	m^3	$S=(6+0.05-1.1)\times(3.3+0.05-0.1)\times2=31.185$	31.185
四	钢筋工程			
（一）	无梁式满堂基础的钢筋Φ20@200			
	X方向		$L_X=23.8-0.04\times2+2\times0.02=24.2$　　$N=(16.6-0.04\times2)/0.2+1=84$ 根	
	Y方向		$L_Y=16.6-0.04\times2+2\times12\times0.02=17$　　$N=(23.8-0.04\times2)/0.2+1=120$ 根	
	Φ20	t	$T=(24.2\times84\times2+17\times120\times2)\times2.47\times10^{-3}=20.120$	20.120
（二）	基础梁钢筋			
			弯锚 $=1.045$；直锚 $=0.775$	
	JZL1（4根）　上部通长筋6Φ25		$L=(6+6+6.9+3.3-0.35\times2)+1.045\times2=23.59$	
	下部通长筋6Φ25		$L=23.59$	
	Φ25	t	$T=23.59\times6\times2\times4\times3.85\times10^{-3}=4.360$	4.360
	G4Φ16		$L=(6+6+6.9+3.3-0.35\times2)+2\times15\times0.016=21.98$	
	Φ16	t	$T=21.98\times4\times4\times1.58\times10^{-3}=0.556$	0.556
	拉筋Φ8@300		$L=0.5-2\times0.03+0.008+2\times11.9\times0.008=0.638$ $N=\{[(6-0.35\times2-0.05\times2)/0.3+1]+[(6-0.35\times2-0.05\times2)/0.3+1]\}\times2=140$ 根	
	Φ8	t	$T=21.98\times4\times4\times1.58\times10^{-3}=0.141$	0.141

（续）

序号	分部分项工程名称	单位	计算式	数量
	箍筋Φ12@150		$L_1=2\times(0.5+0.8)-8\times0.03-4\times0.012+2\times11.9\times0.012=2.614$ $L_2=(0.8-0.03\times2-0.012)\times2+[(0.5-0.03\times2-0.012\times2-0.025)/(6-1)\times1+0.025+0.012]\times2+2\times11.9\times0.012=1.972$ $N=[(6-0.035\times2-0.05\times2)/0.15+1]\times2+[(0.5-0.03\times2-0.05\times2)/0.15+1]+[(3.3-0.35\times2-0.05\times2)/0.15+1]=132$	
	Φ12	t	$T=(2.314+1.972)\times132\times4\times0.888\times10^{-3}=2.150$	2.150
			弯锚 =0.945；直锚 =0.775	
	JZL2（5 根） 上部通长筋 6 Φ25		$L=(6+3+6-0.3\times2)+0.945\times2=16.29$	
	下部通长筋 6 Φ25		$L=16.29$	
	Φ25		$T=16.29\times6\times2\times5\times3.85\times10^{-3}=3.763$	3.763
	G4 Φ16		$L=(6+3+6-0.3\times2)+2\times15\times0.016=14.88$	
	Φ16	t	$T=14.88\times4\times5\times1.58\times10^{-3}=0.1470$	0.147
	拉筋Φ8@300		$L=0.5-0.03\times2+0.008+2\times11.9\times0.008=0.638$ $N=[(6-0.3\times2-0.05\times2)/0.3+1]\times2+[(3-0.3\times2-0.05\times2)/0.3+1]\times2=94$ 根	
	Φ8		$T=0.638\times94\times5\times0.395\times10^{-3}=0.118$	0.118
	箍筋Φ12@150		$L_1=2\times(0.5+0.8)-8\times0.03-4\times0.012+2\times11.9\times0.012=2.614$ $L_2=(0.8-0.03\times2-0.012)\times2+[(0.5-0.03\times2-0.012\times2-0.025)/(6-1)\times1+0.025+0.012]\times2+2\times11.9\times0.012=1.972$ $N=[(6-0.3\times2-0.05\times2)/0.15+1]\times2+[(3-0.3\times2-0.05\times2)/0.15+1]=91$ 根	
	Φ12	t	$T=(2.614+1.972)\times91\times5\times0.888\times10^{-3}=1.853$	1.853
（三）	框架柱			
	角柱（4 个） 角柱外侧 10 Φ25		$L=15\times0.025+0.6-0.04+10.75+1-0.7+1.5\times31\times0.025=13.15$	
	内侧 8 Φ25		$L=15\times0.025+0.6-0.04+10.75-0.7+0.7-0.03+1)\times0.025=12.955$	
	Φ25	t	$T=(13.15\times10+12.955\times8)\times4\times3.85\times10^{-3}=3.621$	3.621

（续）

序号	分部分项工程名称	单位	计算式	数量
	箍筋Φ10@100/200 基础内非复合箍筋2根		$L=2\times(0.7+0.6)-0.8\times0.03-4\times0.010+2\times11.9\times0.010=2.558$	
	柱身复合箍筋		$L_1=2\times(0.7+0.6)-8\times0.03-4\times0.01+2\times11.9\times0.01=2.558$ $L_2=(0.6-0.03\times2-0.01)\times2+[(0.7-0.03\times2-0.01\times2-0.025)/5\times1+0.025+0.01]\times2+2\times11.9\times0.01=1.606$ $L_3=0.6-0.03\times2+0.01+2\times11.9\times0.01=0.788$ $L_4=(0.7-0.03\times2-0.01)\times2+[(0.6-0.03\times2-0.01\times2-0.025)/4\times1+0.025+0.01]\times2+2\times11.9\times0.01=2.063$	
	$N_{加密}$		$N_1=[(4.55-0.7)/3]/0.1+1=14$ 根 $N_2=\{\max[(4.55-0.7)/3,700,500]+0.7+\max[(3.6-0.7)/6,700,500]\}/0.1+1=22$ 根 $N_3=\{\max[(3.6-0.7)/6,700,500]+0.7+\max[(3.6-0.7)/6,700,500]\}/0.1+1=22$ 根 $N_4=\{0.7+\max[(3.6-0.7)/6,700,500]\}/0.1+1=15$ 根	
	$N_{非加密}$		$N=[11.75-(4.55-0.7)/3-2.1\times2-1.4]/0.2-3=74$ 根	
	Φ10	t	$T=[2.558\times2+(2.558+1.606+0.788+2.063)\times(14+22\times2+15+74)]\times4\times0.617\times10^{-3}=4.642$	4.642
	AD轴上边柱(6个) 外侧钢筋6Φ25		$L=13.15$	
	内侧钢筋12Φ25		$L=12.955$	
	Φ25	t	$T=(13.15\times6+12.955\times12)\times6\times3.85\times10^{-3}=5.414$	5.414
	箍筋同角柱Φ10	t	$T=[2.558\times2+(2.558+1.606+0.788+2.063)\times(14+22\times2+15+74)]\times6\times0.617\times10^{-3}=6.963$	6.963
	①⑤轴上边柱(4根)　外侧5Φ25		$L=13.15$	
	内侧13Φ25		$L=12.955$	
	Φ25	t	$T=(13.15\times5+12.955\times13)\times4\times3.85\times10^{-3}=3.606$	3.606
	箍筋同角柱Φ10	t	$T=[2.558\times2+(2.558+1.606+0.788+2.063)\times(14+22\times2+15+74)]\times4\times0.617\times10^{-3}=4.642$	4.642
	中柱(6根)　18Φ25		$L=12.955$	
	Φ25	t	$T=18\times12.955\times6\times3.85\times10^{-3}=5.387$	5.387
	箍筋同角柱Φ10	t	$T=[2.558\times2+(2.558+1.606+0.788+2.063)\times(14+22\times2+15+74)]\times6\times0.617\times10^{-3}=6.963$	6.963

（续）

序号	分部分项工程名称	单位	计算式	数量
(四)	梁钢筋			
			KL1-KL4：弯锚 =1.045，直锚 =0.775；KL5－KL9：弯锚 =0.945，直锚 =0.775； WKL1：弯锚 =1.34，直锚 =0.775；WKL2：弯锚 =1.24，直锚 =0.775	
	KL1 300×700　上部通长筋 4Φ25		$L=(3+3+6+6.9+3.3-0.35\times2)+2\times1.045=23.59$	
	下部通长筋 4Φ25		$L=23.59$	
	Φ25	t	$T=23.59\times4\times2\times3.85\times10^{-3}=0.727$	0.727
	G2Φ14		$L=(3+3+6+6.9+3.3-0.35\times2)+2\times15\times0.014=21.92$	
	Φ14	t	$T=21.92\times2\times1.21\times10^{-3}=0.053$	0.053
	拉筋Φ6@400		$L=0.3-0.03\times2+0.006+2\times(0.075+1.9\times0.006)=0.419$ $N=[(6-0.35\times2-0.05\times2)/0.4+1]\times2+[(6.9-0.35\times2-0.05\times2)/0.4+1]+[(3.3-0.35\times2-0.05\times2)/0.4+1]=53$ 根	
	Φ6	t	$T=0.419\times53\times0.222\times10^{-3}=0.005$	0.005
	箍筋Φ10@100/200		$L=2\times(0.3+0.7)-8\times0.03-4\times0.01+2\times11.9\times0.01=1.958$	
	加密		$N=[(1.5\times0.7-0.05)/0.1+1]\times8=88$ 根	
	非加密		$N_1=[(6-0.35\times2-1.5\times0.7\times2)/0.2-1]\times2=30$ 根 $N_2=(6.9-0.35\times2-1.5\times0.7\times2)/0.2-1=20$ 根 $N_3=(3.3-0.35\times2-1.5\times0.7\times2)/0.2-1=2$ 根	
	Φ10	t	$T=1.958\times(88+30+20+2)\times0.617\times10^{-3}=0.619$	0.619
	KL2300×700　上部通长筋 2Φ25		$L=23.59$	
	下部非贯通筋　第一跨 4Φ25		$L=1.045+(6-0.35\times2)+0.775=7.12$	
	第二跨 4Φ25		$L=0.775\times2+(6-0.35\times2)=6.85$	
	第三跨 4Φ25		$L=0.775\times2+(6.9-0.35\times2)=7.75$	
	第四跨 4Φ25		$L=0.775+(3.3-0.35\times2)+1.045=4.42$	

（续）

序号	分部分项工程名称	单位	计算式	数量
	支座负筋①轴 2 Ф25		$L=1.045+(6-0.35\times2)/3=2.812$	
	②轴 2 Ф25		$L=0.7+[(6-0.35\times2)/3]\times2=4.233$	
	③轴 2 Ф25		$L=0.7+[(6.9-0.35\times2)/3]\times2=4.833$	
	④轴 2 Ф25		$L=1.045+(3.3-0.35\times2)/3=1.912$	
	Ф25	t	$T=[23.59\times2+(7.12+6.85+7.75+4.42)\times4+(2.812+4.233+4.833+1.912)\times2]\times3.85\times10^{-3}=0.690$	0.690
	G2 Ф14		$L=21.92$	
	Ф14	t	$T=0.053$	0.053
	拉筋Φ6@400 一排		$L=0.419$ $N=53$	
	Φ6	t	$T=0.419\times53\times0.222\times10^{-3}=0.005$	0.005
	箍筋Φ10@100/200		$L=1.958$ $N_{加}=88$ 根 $N_{非加}=52$ 根	
	Φ10	t	$T=0.169$	0.169
	KL3 300×700 上部通长筋 2 Ф25		$L=23.59$	
	下部非贯通筋		计算长度同 KL2	
	支座负筋①轴支座		第一排 2 Ф25：$L=2.812$； 第二排 2 Ф25：$L=1.045+(6-0.35\times2)/4=2.37$	
	②轴支座		第一排 2 Ф25：$L=4.233$； 第二排 2 Ф25：$L=0.7+(6-0.35\times2)/4\times2=3.35$	
	③轴支座		第一排 2 Ф25：$L=4.833$； 第二排 2 Ф25：$L=0.7+(6.9-0.35\times2)/4\times2=3.8$	
	④轴支座		第一排 2 Ф25：$L=1.912$； 第二排 2 Ф25：$L=1.045+(3.3-0.35\times2)/4=2.37$	
	Ф25	t	$T=[23.59\times2+(7.12+6.85+7.75+4.42)\times4+(2.812+2.37+4.233+3.35+4.833+3.8+1.912+1.695)\times2]\times3.86\times10^{-3}=0.777$	0.777
	G2 Ф14	t	工程量同 KL2 $T=0.053$	0.053
	拉筋Φ6@400 一排	t	工程量同 KL2 $T=0.005$	0.005
	箍筋Φ10@100/200	t	工程量同 KL2 $T=0.169$	0.169
	KL4 300×700 上部通长筋 2 Ф25		$L=23.59$	

（续）

序号	分部分项工程名称	单位	计　算　式	数量
	下部非贯通长筋Φ25		单根长度同 KL2，根数第一、二、三跨为 6 根，四跨为 4 根	
	支座负筋Φ25		工程量同 KL3	
	Φ25	t	$T=[23.59\times2+(7.12+6.85+7.75)\times6+4.42\times4+(2.812+2.37+4.233+3.35+4.833+3.8+1.912+1.695)\times2]\times3.85\times10^{-3}=0.944$	0.944
	G2 Φ14	t	工程量同 KL2　$T=0.053$	0.053
	拉筋Φ6@400	t	工程量同 KL2　$T=0.005$	0.005
	箍筋Φ10@100/200	t	工程量同 KL2　$T=0.169$	0.169
	D 轴　2Φ18 吊筋		$L=0.25+0.05\times2+(0.7-0.03\times2)/\sin45°\times2+20\times0.018\times2=2.880$	
	C D 轴间　2Φ18 吊筋		$L=0.25+0.05\times2+(0.5-0.03\times2)/\sin45°\times2+20\times0.018\times2=2.315$	
	Φ18	t	$T=(2.88\times2+2.315\times2)\times2\times10^{-3}=0.021$	0.021
	L1　250×500　上部通长筋 2Φ18		$L=6+0.05\times2+2\times0.584=7.268$	
	支座负筋①轴 2Φ18		$L=0.548+(6-0.05\times2)/3=2.617$	
	②轴 2Φ18		$L=2.617$	
	Φ18	t	$T=(7.268\times2+2.617\times4)\times2\times10^{-3}=0.05$	0.05
	下部通长筋 6Φ22	t	$L=6+0.05\times2+2\times12\times0.022=6.628$　$T=6.628\times6\times2.98\times10^{-3}=0.119$	0.119
	箍筋Φ8@200		$L=2\times(0.25+0.5)-8\times0.03-4\times0.008+2\times11.9\times0.008=1.4184$ $N=(6+0.05\times2-0.05\times2)/0.2+1=31$ 根	
	Φ8	t	$T=1.4184\times31\times0.395\times10^{-3}=0.017$	0.017
	KL5		$L=(6+3+1.5+4.5-0.3\times2)+2\times0.945=16.29$	
	支座负筋　A 轴		第一排 2Φ25 $L=0.945+(6-0.3\times2)/3=2.745$；第二排 2Φ25 $L=0.945+(6-0.3\times2)/4\times2=2.295$	
	B 轴		第一排 2Φ25$L=0.6+(6-0.3\times2)/3\times2=4.2$；第二排 2Φ25 $L=0.6+(6-0.3\times2)/4\times2=3.3$	
	C 轴		第一排 2Φ25$L=4.2$；　第二排 2Φ25　$L=3.3$	
	D 轴		第一排 2Φ25$L=2.745$；　第二排 2Φ25　$L=2.295$	

（续）

序号	分部分项工程名称	单位	计算式	数量
	架立钢筋2Φ12　1跨		$L=6-0.3\times2-(6-0.3\times2)/3\times2+2\times0.15=2.1$	
	3跨		$L=2.1$	
	下部非贯通筋　1跨6Φ25		$L=0.945+6-0.3\times2+0.775=7.12$	
	2跨4Φ25		$L=0.775\times2+3-0.3\times2=3.95$	
	3跨6Φ25		$L=0.775+6-0.3\times2+0.945=7.12$	
	Φ25	t	$T=[16.29\times2+(2.745+2.295+4.2+3.3+4.2+3.3+2.745+2.295)\times2+(7.12+7.12)\times6+3.95\times4]\times3.85\times10^{-3}=0.708$	0.708
	Φ12	t	$T=2-1\times2\times2\times0.888\times10^{-3}=0.007$	0.007
	箍筋Φ10@100/200		$L_1=2\times(0.3+0.7)-8\times0.03-4\times0.01+2\times11.9\times0.01=1.958$ $L_2=(0.7-0.03\times2-0.01)\times2+[(0.3-0.03\times2-0.01\times2-0.025)/5\times1+0.025+0.01]\times2+2\times11.9\times0.01=1.646$	
	加密		$N=[(1.5\times0.7-0.05)/0.1+1]\times6=66$ 根	
	非加密		$N_1=N_3=(6-0.3\times2-1.5\times0.7\times2)/0.2-1=16$ 根 $N_2=(3-0.3\times2-1.5\times0.7\times2)/0.2-1=1$ 根	
	附加箍筋		$N=8$ 根	
	Φ10	t	$T=(1.958+1.646)\times(66+16\times2+1+8)\times0.617\times10^{-3}=0.238$	0.238
	KL6 300×700　上部通长筋2Φ25		$L=16.29$	
	支座负筋		工程量同KL5	
	下部非贯通筋		工程量同KL5	
	Φ25	t	$T=0.708$	0.708
	N2Φ16		$L=(6+3+6-0.3\times2)+2\times0.775=15.95$	
	Φ16	t	$T=15.95\times2\times1.58\times10^{-3}=0.05$	0.05
	拉筋Φ6@400　一排		$L=0.3-0.03\times2+0.006+2\times(0.075+1.9\times0.006)=0.419$ $N=[(6-0.3\times2-0.05\times2)/0.4+1]\times2+[(3-0.3\times2-0.05\times2)/0.4+1]+=37$ 根	

（续）

序号	分部分项工程名称	单位	计 算 式	数量
	⌀6	t	$T=0.419\times37\times0.222\times10^{-3}=0.003$	0.003
	箍筋⌀10@100/200		$L=1.958$ 加密：$N=66$ 根；非加密：$N=33$ 根；附加箍筋：$N=8$ 根	
	⌀10	t	$T=1.958\times(66+33+8)\times0.617\times10^{-3}=0.129$	0.129
	KL7　300×700　G2⌀14		$L=(6+3+6-0.3\times2)+2\times15\times0.014=14.82$	
	⌀14	t	$T=14.82\times2\times1.21\times10^{-3}=0.036$	0.036
	拉筋⌀6@400　一排		$L=0.419$　$N=37$ 根	
	⌀6	t	$T=0.003$	0.003
	箍筋⌀10@100/200		$L=1.958$　加密：$N=66$ 根；非加密：$N=33$ 根	
	⌀10	t	$T=0.120$	0.120
			其余钢筋同 KL6	
	KL8 300×700 C 轴支座负筋		第一排 2⌀25：$L=(6-0.3\times2)/3\times2+0.6=4.2$；第二排 2⌀25：$L=(6-0.3\times2)/3+0.945=2.745$	
			其余钢筋同 KL7	
	KL9 300×700 C 轴支座负筋 A 轴 2⌀22		$L=(6-0.3\times2)/3+0.9=2.9$	
	B 轴 2⌀22		$L=(6-0.3\times2)/3\times2+0.6=4.2$	
	C 轴 2⌀22		$L=4.2$	
	D 轴 2⌀22		$L=2.7$	
			其余钢筋同 KL7	
	L2　250×450　上部通长筋 2⌀16		$L=(4.5-0.125)+2\times0.519=5.413$	
	⌀16	t	$T=5.413\times2\times0.592\times10^{-3}=0.006$	0.006
	下部通长筋 3⌀18		$L=(4.5-0.125)+2\times12\times0.018=4.807$	
	⌀18	t	$T=4.807\times3\times2\times10^{-3}=0.029$	0.029
	箍筋⌀8@200		$L=2\times(0.25+0.45)-8\times0.03-4\times0.008+2\times11.9\times0.008=1.3184$ $N=(4.5-0.125-0.05\times2)/0.2+1=23$ 根	

（续）

序号	分部分项工程名称	单位	计算式	数量
	Φ8	t	$T=1.3184\times23\times0.395\times10^{-3}=0.012$	0.012
	WKL1 300×700 上部通长筋 2Φ25(4 根)		$L=(22.2-0.35\times2)+2\times1.34=24.18$	
	支座负筋①轴		第 1 排 2Φ25: $L=(6-0.35\times2)/3+1.34=3.107$；第 2 排 2Φ25: $L=(6-0.35\times2)/4+1.34=2.665$	
	②轴		第 1 排 2Φ25: $L=(6-0.35\times2)/3\times2+0.7=4.233$；第 2 排 2Φ25: $L=(6-0.35\times2)/4\times2+0.7=3.35$	
	③轴		第 1 排 2Φ25: $L=(6.9-0.35\times2)/3\times2+0.7=4.833$；第 2 排 2Φ25: $L=(6.9-0.35\times2)/4\times2+0.7=3.8$	
	④轴		第 1 排 2Φ25: $L=4.833$；第 2 排 2Φ25: $L=3.8$	
	⑤轴		第 1 排 2Φ25: $L=(3.3-0.35\times2)/3+1.34=2.207$；第 2 排 2Φ25: $L=(3.3-0.35\times2)/4+1.34=1.99$	
	下部非贯通筋　1 跨 6Φ25		$L=1.34+6-0.35\times2+0.775=7.415$	
	2 跨 6Φ25		$L=0.775\times2+6-0.35\times2=6.85$	
	3 跨 6Φ25		$L=0.775\times2+6.9-0.35\times2=7.75$	
	4 跨 6Φ25		$L=0.775+3.3-0.35\times2+1.34=4.715$	
	箍筋Φ10@100/200		$L=2\times(0.3+0.7)-8\times0.03-4\times0.01+211\times.9\times0.01=1.958$	
	加密		$N=[(1.5\times0.7-0.05)/0.1+1]\times8=88$ 根	
	非加密		$N=[(6-0.35\times2-1.5\times0.7\times2)/0.2-1]+[(6.9-0.35\times2-1.5\times0.7\times2)/0.2-1]+[(3.3-0.35\times2-1.5\times0.7\times2)/0.2-1]=52$ 根	
	Φ25	t	$T=[(24.18+3.107+2.665+4.223+3.35+4.833+3.8+2.207+1.99)\times2+(7.415+6.85+7.75+4.715)\times6]\times4\times3.85\times10^{-3}=4.287$	4.287
	Φ10	t	$T=1.958\times(88+52)\times4\times0.617\times10^{-3}=0.676$	0.676
	WKL2 300×700 上部通长筋 2Φ25(5 根)		$L=(6\times2+3-0.3\times2)+2\times1.24=16.88$	
	支座负筋 A 轴		第一排 2Φ25: $L=(6-0.3\times2)/3+1.24=3.04$；二排 2Φ25: $L=(6-0.3\times2)/4+1.24=2.59$	
	B 轴		第一排 2Φ25: $L=(6-0.3\times2)/3\times2+0.6=4.2$；二排 2Φ25: $L=(6-0.3\times2)/4\times2+0.6=3.3$	
	C 轴		工程量同 B 轴	
	D 轴		工程量同 A 轴	

（续）

序号	分部分项工程名称	单位	计算式	数量
	下部非贯通筋　1跨6Φ25		L=1.24+6−0.3×2+0.775=7.415	
	2跨6Φ25		L=0.775×2+3−0.3×2=3.95	
	3跨6Φ25		L=1.24+6−0.3×2+0.775=7.415	
	N4Φ16		L=(6×2+3−0.3×2)+2×1.24=16.88	
	拉筋⌀6@400(2排)		L=0.3−0.03×2+0.006+2×(0.075+1.9×0.006)=0.419 N=[(6−0.3×2−0.05×2)/0.4+1]+[(3−0.3×2−0.05×2)/0.4+1]×2=74根	
	箍筋⌀10@100/200		L=1.958	
	加密		N=[(1.5×0.7−0.05)/0.1+1]×6=66根	
	非加密		N=[(6−0.3×2−1.5×0.7×2)/0.2−1]×2+[(3−0.3×2−1.5×0.7×2)/0.2−1]=33根	
	Φ25	t	T=(16.88×2+13.04+2.59+4.2+3.3)×4+(7.415×6×2+3.95×4)×5×3.85×10^{-3}=3.678	3.678
	Φ16	t	T=16.88×4×1.58×10^{-3}=0.107	0.107
	⌀6	t	T=0.419×74×0.222×10^{-3}=0.007	0.007
	⌀10	t	T=1.958×99×5×0.617×10^{-3}=0.598	0.598
(五)	板钢筋		支座负筋端支座的锚固长度 $l_a=30d$	
	一层　LB1(AB之间)X方向⌀10@120		L=(6.9−0.15×2)+0.3/2×2+2×6.25×0.01=7.025　N=(6−0.15−0.05×2)/0.12+1=49根	
	Y方向⌀10@100		L=(6−0.15×2)+0.3/2×2+2×6.25×0.01=6.275　N=(6.9−0.15×2−0.05×2)/0.1+1=66根	
	③轴支座⑥号钢筋⌀10@100		L=1.5×2+2×(0.15−2×0.015)=3.24　N=(6−0.15−0.05×2)/0.1+1=59根	
	分布筋⌀8@200		L=6　$N_1=N_2$=(1.5−0.15−0.05)/0.2+1=8根	
	④轴支座④号钢筋⌀10@150		L=6.25×0.01+30×0.01+(1.5−0.15)+(0.15−0.015)=1.8475　N=(6−0.15−0.05×2)/0.15+1=40根	
	分布筋⌀8@200		L=6　N=(1.5−0.15−0.05)/0.2+1=8根	
	A轴支座④号钢筋⌀10@150		L=1.8475　N=(6.9−0.15×2−0.05×2)/0.15+1=45根	
	分布筋⌀8@200		L=6.9　N=(1.5−0.15−0.05)/0.2+1=8根	
	B轴②号钢筋⌀10@100		L=3+1.5×2+2×(0.15−0.015×2)=6.24　N=(6.9−0.15×2−0.05×2)/0.1+1=66根	

（续）

序号	分部分项工程名称	单位	计　算　式	数量
	分布筋Φ8@200		$L=6.9$　$N_1=N_2=(1.5-0.15-0.05)/0.2+1=8$ 根　$N_3=(3-0.15\times2-0.05\times2)/0.2+1=14$ 根	
	Φ10	t	$T=(7.025\times49+6.275\times66+3.24\times59+1.8475\times40+1.8475\times45+6.24\times66)\times0.617\times10^{-3}=0.937$	0.937
	Φ8	t	$T=[6\times16+6\times8+0.9\times8+6.9\times(8\times2+14)]\times0.395\times10^{-3}=0.160$	0.160
	LB1（DC 轴之间）X 方向Φ10@120		$L=7.025$　$N=49$	
	Y 方向Φ10@100		$L=6.275$　$N=66$	
	③轴支座⑥号钢筋Φ10@100		$L=3.24$　$N=59$	
	分布筋Φ8@200		$L=6$　$N_1=N_2=8$	
	④轴支座⑨号钢筋Φ10@120		$L=1.5+1+(0.15-2\times0.015)+(0.1-2\times0.015)=2.69$　$N=(6-0.15-0.05\times2)/0.12+1=49$ 根	
	分布筋Φ8@200		$L=6$　$N_1=(1.5-0.15-0.05)/0.2+1=8$ 根　$N_2=(1-0.15-0.05)/0.2+1=5$ 根	
	D 轴支座负筋④号Φ10@150		$L=1.8475$　$N=45$	
	分布筋Φ8@200		$L=6.9$　$N=8$	
	Φ10	t	$T=(7.025\times49+6.275\times66+3.24\times59+2.69\times49+1.8475\times45)\times0.617\times10^{-3}=0.718$	0.718
	Φ8	t	$T=(6\times8\times2+6\times(8+5)+6.9\times81\times0.395\times10^{-3}=0.196$	0.196
	LB2　①、②轴之间　$X\&Y$ Φ10@100	t	$L_X=6-0.15+0.15\times2+2\times6.25\times0.01=6.275$　$N=(6-0.15-0.05\times2)/0.1+1=59$ 根	
			$L_Y=6-0.15+0.15\times2+2\times6.25\times0.01=6.275$　$N=(6-0.15-0.05\times2)/0.1+1=59$ 根	
	①轴支座④Φ10@150		$L=1.8475$　$N=(6-0.15-0.05\times2)/0.15+1=40$ 根	
	分布筋Φ8@200		$L=6$　$N=8$	
	②轴支座⑥Φ10@100		$L=1.5\times2+2\times(0.15-0.015\times2)=3.24$　$N=(6-0.15-0.05\times2)/0.1+1=59$ 根	
	分布筋Φ8@200		$L=6$　$N_1=N_2=8$	
	A 轴支座④Φ10@150		$L=1.8475$　$N=(6-0.15-0.05\times2)/0.15+1=40$ 根	
	分布筋Φ8@200		$L=6$　$N=8$	
	B 轴支座①Φ8@100		$L=1.5+3+1.5+1+(0.15-0.015)+(0.1-0.015)=7.22$　$N=(6-0.15-0.05\times2)/0.1+1=59$ 根	
	分布筋Φ8@200		$L=6$　$N=8$　$N_2=(3-0.15\times2-0.05\times2)/0.2+1=14$ 根　$N_3=(1.5-0.15-0.125-0.05\times2)/0.2+1=7$ 根 $N_4=(1-0.125-0.05)/0.2+1=6$ 根	

（续）

序号	分部分项工程名称	单位	计 算 式	数量
	Φ10	t	$T=(6.275\times59+6.275\times59+1.8475\times40\times2)\times0.617\times10^{-3}=0.55$	0.55
	Φ8	t	$T=[6\times8+6\times8\times2+6\times8+7.22\times59+6\times(8+14+7+6)]\times0.395\times10^{-3}=0.327$	0.327
	LB2 ②③、AB 之间　$X\&Y$ Φ10@100		$L_X=6-0.15\times2+0.15\times2+2\times6.25\times0.01=6.125$　$N=(6-0.15-0.05\times2)/0.1+1=59$ 根	
			$L_Y=6-0.15+0.15\times2+2\times6.25\times0.01=6.275$　$N=(6-0.15\times2-0.05\times2)/0.1+1=57$ 根	
	A 轴支座④Φ10@150		$L=1.8475$　$N=(6-0.15\times2-0.05\times2)/0.15+1=39$ 根	
	分布筋Φ8@200		$L=6$　$N=8$	
	B 轴支座②Φ10@100		$L=1.5+3+1.5+2\times(0.15-0.015\times2)=6.24$　$N=(6-0.15\times2-0.05\times2)/0.1+1=57$ 根	
	分布筋Φ8@200		$L=6$　$N_1=N_2=8$ 根　$N_3=(3-0.15\times2-0.05\times2)/0.2+1=14$ 根	
	Φ10	t	$T=(6.125\times59+6.275\times57+1.8475\times39+6.24\times57)\times0.617\times10^{-3}=0.708$	0.708
	Φ8	t	$T=[6\times8+6\times(8\times2+14)]\times0.395\times10^{-3}=0.090$	0.090
	LB2 ②③、DC 之间　$X\&Y$ Φ10@100		$L_X=6.125$　$N=59$	
			$L_Y=6.275$　$N=57$	
	②轴支座⑦Φ10@120		$L=1+1.5+0.15-0.015+0.1-0.015=2.72$　$N=(4.5-0.125-0.05\times2)/0.12+1=37$ 根	
	分布筋Φ8@200		$L=4.5$　$N_1=8$　$N_2=(1-0.15-0.05)/0.2+1=5$ 根	
	⑥Φ10@100		$L=1.5\times2+0.15-0.015+0.1-0.015=3.22$　$N=(1.5-0.125-0.15-0.05\times2)/0.1+1=13$ 根	
	分布筋Φ8@200		$L=1.5$　$N_1=N_2=8$	
	D 轴支座④Φ10@150		$L=1.8475$　$N=39$	
	分布筋Φ8@200		$L=6$　$N=8$	
	Φ10	t	$T=(6.125\times59+6.275\times57+2.72\times37+3.22\times13)\times0.617\times10^{-3}=0.532$	0.532
	Φ8	t	$T=[4.5\times(8+5)+1.5\times8\times2+6\times8]\times0.395\times10^{-3}=0.052$	0.052
	LB3 $h=100$　BC、③④之间　X Φ8@150		$L_X=6-0.15\times2+0.15\times2+2\times6.24\times0.008=6.1$　$N=(3-0.15\times2-0.05\times2)/0.15+1=19$ 根	
	Y Φ8@100		$L_Y=3-0.15\times2+0.15\times2+2\times6.25\times0.008=3.1$　$N=(6-0.15\times2-0.05\times2)/0.1+1=57$ 根	
	③轴支座⑥Φ10@100		$L=1.5\times2+2\times(0.1-0.015\times2)=3.14$　$N=(3-0.15\times2-0.05\times2)/0.1+1=27$ 根	

（续）

序号	分部分项工程名称	单位	计算式	数量
	分布筋Φ8@200		$L=3$　$N_1=N_2=8$	
	Φ10	t	$T=3.14\times27\times0.617\times10^{-3}=0.052$	0.052
	Φ8	t	$T=(6.1\times19+3.1\times57+3\times8\times2)\times0.395\times10^{-3}=0.135$	0.135
	LB3　④⑤、BC间　XΦ8@150		$L_X=3.3-0.15+0.15\times2+2\times6.25\times0.008=3.55$　$N=(3-0.15\times2-0.05\times2)/0.15+1=19$ 根	
	YΦ8@100		$L_Y=3.1$　$N=(3.3-0.15-0.05\times2)/0.1+1=32$ 根	
	B轴支座③Φ8@100		$L=30\times0.008+6.25\times0.008+3-0.15+1+0.1-0.015=4.225$　$N=32$	
	分布筋Φ8@200		$L=3.3$　$N_1=(3-0.15\times2-0.05\times2)/0.2+1=14$ 根　$N_2=(1-0.15-0.05)/0.2+1=5$ 根	
	⑤轴⑤Φ8@150		$L=6.25\times0.008+30\times0.008+1-0.15+0.1-0.015=1.225$　$N=(3-0.15\times2-0.05\times2)/0.15+1=19$ 根	
	分布筋Φ8@200		$L=3$　$N=(1-0.15-0.05)/0.2+1=5$ 根	
	Φ8	t	$T=[3.55\times19+3.1\times32+4.225\times32+3.3\times(14+5)+1.225\times19+3\times5]\times0.395\times10^{-3}=0.159$	0.159
	LB3 BC、②③之间　XΦ8@150		$L_X=6-0.15\times2+0.15\times2+2\times6.25\times0.008=6.1$　$N=19$ 根	
	YΦ8@100		$L_Y=3.1$　$N=(6-0.15\times2-0.05\times2)/0.1+1=57$ 根	
	②轴支座⑥Φ10@100		$L=3.14$　$N=27$	
	分布筋Φ8@200		$L=3$　$N_1=N_2=8$	
	Φ10	t	$T=3.14\times27\times0.617\times10^{-3}=0.052$	0.052
	Φ8	t	$T=(6.1\times19+3.1\times57+3\times8\times2)\times0.395\times10^{-3}=0.135$	0.135
	LB3 BC、①②之间　XΦ8@150		$L_X=6-0.15+0.15+0.15\times2+2\times6.25\times0.008=6.3$　$N=19$ 根	
	YΦ8@100		$L_Y=3.1$　$N=(6-0.15-0.05\times2)/0.1+1=59$ 根	
	①轴支座⑤Φ8@150		$L=1.225$　$N=19$	
	分布筋Φ8@200		$L=3$　$N=5$	
	Φ8	t	$T=(6.3\times19+3.1\times59+1.225\times19+3\times5)\times0.395\times10^{-3}=0.135$	0.135
	LB3 ①②、DC之间　XΦ8@150		$L_X=6.3$　$N=19$	
	YΦ8@100		$L_Y=1.5-0.15-0.125+0.15+0.125+2\times6.25\times0.008=1.6$　$N=(6-0.15-0.05\times2)/0.1+1=59$ 根	

（续）

序号	分部分项工程名称	单位	计　算　式	数量
	①轴支座⑤Φ8@150		$L=1.225$　　$N=(1.5-0.15-0.125-0.05\times2)/0.15+1=9$ 根	
	分布筋Φ8@200		$L=1.5$　　$N=5$	
	Φ8	t	$T=(6.3\times19+1.6\times59+1.225\times9+1.5\times5)\times0.395\times10^{-3}=0.092$	0.092
	LB4　④⑤、DC之间　XΦ8@100		$L_X=3.3-0.15+0.15\times2+2\times6.25\times0.008=3.55$　　$N=(6-0.15-0.05\times2)/0.1+1=59$ 根	
	YΦ8@150		$L_Y=6-0.15+0.15\times2+6.25\times0.008\times2=6.25$　　$N=(3.3-0.15-0.05\times2)/0.15+1=22$ 根	
	⑤轴⑤Φ8@150		$L=1.225$　　$N=(6-0.15-0.05\times2)/0.15+1=40$ 根	
	分布筋Φ8@200		$L=6$　　$N=5$	
	①轴⑤Φ8@150		$L=1.225$　　$N=(3.3-0.15-0.05\times2)/0.15+1=22$ 根	
	分布筋Φ8@200		$L=3.3$　　$N=5$	
	Φ8	t	$T=(3.55\times59+6.25\times22+1.225\times40+6\times5+1.225\times22+3.3\times5)\times0.395\times10^{-3}=0.187$	0.187
	LB4 ①、DC之间　XΦ8@100		$L_X=3-0.125+0.15+0.125+2\times6.25\times0.008=3.3$　　$N=(4.5-0.125-0.05\times2)/0.1+1=44$ 根	
	YΦ8@150		$L_Y=4.5-0.125+0.15+0.125+2\times6.25\times0.008=4.75$　　$N=(3-0.125-0.05\times2)/0.15+1=20$ 根	
	①轴⑤Φ8@150		$L=1.225$　　$N=(4.5-0.125-0.05\times2)/0.15+1=30$ 根	
	分布筋Φ8@200		$L=4.5$　　$N=5$	
	①轴⑤Φ8@150		$L=1.225$　　$N=20$	
	分布筋Φ8@200		$L=3$　　$N=5$	
	①轴⑤Φ8@150		$L=1.225$　　$N=20$	
	分布筋Φ8@200		$L=3$　　$N=5$	
	中间轴⑧Φ8@150		$L=1\times2+2\times(0.1-0.015\times2)=2.14$　　$N=3$	
	分布筋Φ8@200		$L=4.5$　　$N_1=N_2=(1-0.125-0.05)/0.2+1=6$ 根	
	Φ8	t	$T=(3.3\times4.4+4.75\times20+1.225\times30+4.5\times5+1.225\times20+3\times5+2.14\times30+4.5\times6\times2)\times0.395\times10^{-3}=0.181$	0.181
	LB4　②、DC之间　XΦ8@100		$L_X=3-0.125-0.15+0.15+0.125+2\times6.25\times0.008=3.1$　　$N=44$	

（续）

序号	分部分项工程名称	单位	计算式	数量
	Y中8@150		$L_Y=4.75$　　$N=20$	
	D轴⑤中8@150		$L=1.225$　　$N=(3-0.125-0.15-0.05\times2)/0.15+1=19$ 根	
	分布筋中8@200		$L=3$　　$N=5$	
	中8	t	$T=(3.1\times44+4.75\times20+1.225\times19+3\times5)\times0.395\times10^{-3}=0.107$	0.107
	二层		二层板钢筋工程量同一层	
	屋面板　WB1 ③④、AB之间　X中10@120		$L=(6.9-0.15\times2)+0.3/2\times2+2\times6.25\times0.01=7.025$　　$N=(6-0.15-0.05\times2)/0.12+1=49$ 根	
	Y中10@100		$L=(6-0.15\times2)+0.3/2\times2+2\times6.25\times0.01=6.275$　　$N=(6.9-0.15\times2-0.05\times2)/0.1+1=66$ 根	
	③轴支座⑤号钢筋中10@100		$L=1.8\times2+2\times(0.15-2\times0.015)=3.84$　　$N=(6-0.15-0.05\times2)/0.1+1=59$ 根	
	分布筋中8@200		$L=6$　　$N_1=N_2=(1.8-0.15-0.05)/0.2+1=9$ 根	
	④轴支座⑥号钢筋中10@120		$L=1.8+1+2\times(0.15-2\times0.015)=3.04$　　$N=(6-0.15-0.05\times2)/0.15+1=40$ 根	
	分布筋中8@200		$L=6$　　$N_1=(1.8-0.15-0.05)/0.2+1=9$ 根　　$N_2=(1-0.15-0.05)/0.2+1=5$ 根	
	A轴支座③号钢筋中10@150		$L=6.25\times0.01+30\times0.01+(1.8-0.15)+(0.15-0.015)=2.1475$ $N=(6.9-0.15\times2-0.05\times2)/0.15+1=45$ 根	
	分布筋中8@200		$L=6.9$　　$N=(1.8-0.15-0.05)/0.2+1=9$ 根	
	B轴①号钢筋中10@100		$L=3+1.8\times2+2\times(0.15-0.015\times2)=6.84$　　$N=(6.9-0.15\times2-0.05\times2)/0.1+1=66$ 根	
	分布筋中8@200		$L=6.9$　　$N_1=N_2=(1.8-0.15-0.05)/0.2+1=9$ 根　$N_3=(3-0.15\times2-0.05\times2)/0.2+1=14$ 根	
	中10	t	$T=(7.025\times49+6.275\times66+3.84\times59+3.04\times40+2.1475\times45+6.84\times66)\times0.617\times10^{-3}=1.021$	1.021
	中8	t	$T=[6\times18+6\times14+6.9\times9+6.9\times(9\times2+14)]\times0.395\times10^{-3}=0.188$	0.188
	WB1 ③④、DC之间 X中10@120		$L=(6.9-0.15\times2)+0.3/2\times2+2\times6.25\times0.01=7.025$　　$N=(6-0.15-0.05\times2)/0.12+1=49$ 根	
	Y中10@100		$L=(6-0.15\times2)+0.3/2\times2+2\times6.25\times0.01=6.275$　　$N=(6.9-0.15\times2-0.05\times2)/0.1+1=66$ 根	
	③轴支座⑤号钢筋中10@100		$L=1.8\times2+2\times(0.15-2\times0.015)=3.84$　　$N=(6-0.15-0.05\times2)/0.1+1=59$ 根	
	分布筋中8@200		$L=6$　　$N_1=N_2=(1.8-0.15-0.05)/0.2+1=9$ 根	
	④轴支座⑥号钢筋中10@120		$L=1.8+1+2\times(0.15-2\times0.015)=3.04$　　$N=(6-0.15-0.05\times2)/0.15+1=40$ 根	

（续）

序号	分部分项工程名称	单位	计　算　式	数量
	分布筋Φ8@200		$L=6$　$N_1=(1.8-0.15-0.05)/0.2+1=9$ 根　$N_2=(1-0.15-0.05)/0.2+1=5$ 根	
	D 轴支座③号钢筋Φ10@150		$L=6.25\times0.01+30\times0.01+(1.8-0.15)+(0.15-0.015)=2.1475$ $N=(6.9-0.15\times2-0.05\times2)/0.15+1=45$ 根	
	分布筋Φ8@200		$L=6.9$　$N=(1.8-0.15-0.05)/0.2+1=9$ 根	
	Φ10	t	$T=(7.025\times49+6.275\times66+3.84\times59+3.04\times40+2.1475\times45)\times0.617\times10^{-3}=0.742$	0.742
	Φ8	t	$T=(6\times18+6\times14+6.9\times9)\times0.395\times10^{-3}=0.100$	0.100
	WB2　①②、AB 之间　X&YΦ10@100		$L_X=6-0.15+0.15\times2+2\times6.25\times0.01=6.275$　$N=(6-0.15-0.05\times2)/0.1+1=59$ 根	
			$L_Y=6-0.15+0.15\times2+2\times6.25\times0.01=6.275$　$N=(6-0.15-0.05\times2)/0.1+1=59$ 根	
	①轴支座③号钢筋Φ10@150		$L=6.25\times0.01+30\times0.01+(1.8-0.15)+(0.15-0.015)=2.1475$　$N=(6-0.15-0.05\times2)/0.15+1=40$ 根	
	分布筋Φ8@200		$L=6$　$N=(1.8-0.15-0.05)/0.2+1=9$ 根	
	②轴支座⑤号钢筋Φ10@100		$L=1.8\times2+2\times(0.15-2\times0.015)=3.84$　$N=(6-0.15-0.05\times2)/0.1+1=59$ 根	
	分布筋Φ8@200		$L=6$　$N_1=N_2=(1.8-0.15-0.05)/0.2+1=9$ 根	
	A 轴支座③号钢筋Φ10@150		$L=6.25\times0.01+30\times0.01+(1.8-0.15)+(0.15-0.015)=2.1475$　$N=(6-0.15-0.05\times2)/0.15+1=40$ 根	
	分布筋Φ8@200		$L=6$　$N=(1.8-0.15-0.05)/0.2+1=9$ 根	
	B 轴①号钢筋Φ10@100		$L=3+1.8\times2+2\times(0.15-0.015\times2)=6.84$　$N=(6-0.15-0.05\times2)/0.1+1=59$ 根	
	分布筋Φ8@200		$L=6$　$N_1=N_2=(1.8-0.15-0.05)/0.2+1=9$ 根　$N_3=(3-0.15\times2-0.05\times2)/0.2+1=14$ 根	
	Φ10	t	$T=(6.275\times59+6.275\times59+2.1475\times40+3.84\times59+2.1475\times40+6.84\times59)\times0.617\times10^{-3}=0.952$	0.952
	Φ8	t	$T=[6\times9+6\times9\times2+6\times9+6\times(9\times2+14)]\times0.395\times10^{-3}=0.161$	0.161
	WB2　①②、DC 之间　X&YΦ10@100		$L_X=6-0.15+0.15\times2+2\times6.25\times0.01=6.275$　$N=(6-0.15-0.05\times2)/0.1+1=59$ 根	
			$L_Y=6-0.15+0.15\times2+2\times6.25\times0.01=6.275$　$N=(6-0.15-0.05\times2)/0.1+1=59$ 根	
	①轴支座③号钢筋Φ10@150		$L=6.25\times0.01+30\times0.01+(1.8-0.15)+(0.15-0.015)=2.1475$　$N=(6-0.15-0.05\times2)/0.15+1=40$ 根	
	分布筋Φ8@200		$L=6$　$N=(1.8-0.15-0.05)/0.2+1=9$ 根	
	②轴支座⑤号钢筋Φ10@100		$L=1.8\times2+2\times(0.15-2\times0.015)=3.84$　$N=(6-0.15-0.05\times2)/0.1+1=59$ 根	

（续）

序号	分部分项工程名称	单位	计算式	数量
	分布筋Φ8@200		$L=6$　　$N_1=N_2=(1.8-0.15-0.05)/0.2+1=9$ 根	
	D轴支座③号钢筋Φ10@150		$L=6.25\times0.01+30\times0.01+(1.8-0.15)+(0.15-0.015)=2.1475$　$N=(6-0.15-0.05\times2)/0.15+1=40$ 根	
	分布筋Φ8@200		$L=6$　　$N=(1.8-0.15-0.05)/0.2+1=9$ 根	
	Φ10	t	$T=(6.275\times59+6.275\times59+2.1475\times40+3.84\times59+2.1475\times40)\times0.617\times10^{-3}=0.703$	0.703
	Φ8	t	$T=(6\times9+6\times9\times2+6\times9)\times0.395\times10^{-3}=0.085$	0.085
	WB2　②③、AB之间　X&YΦ10@100		$L_X=6-0.15\times2+0.15\times2+2\times6.25\times0.01=6.125$　　$N=(6-0.15-0.05\times2)/0.1+1=59$ 根	
			$L_Y=6-0.15+0.15\times2+2\times6.25\times0.01=6.275$　　$N=(6-0.15\times2-0.05\times2)/0.1+1=55$ 根	
	A轴支座③号钢筋Φ10@150		$L=6.25\times0.01+30\times0.01+(1.8-0.15)+(0.15-0.015)=2.1475$ $N=(6-0.15\times2-0.05\times2)/0.15+1=39$ 根	
	分布筋Φ8@200		$L=6$　　$N=(1.8-0.15-0.05)/0.2+1=9$ 根	
	B轴①号钢筋Φ10@100		$L=3+1.8\times2+2\times(0.15-0.015\times2)=6.84$　　$N=(6-0.15\times2-0.05\times2)/0.1+1=55$ 根	
	分布筋Φ8@200		$L=6$　　$N_1=N_2=(1.8-0.15-0.05)/0.2+1=9$ 根　　$N_3=(3-0.15\times2-0.05\times2)/0.2+1=14$ 根	
	Φ10	t	$T=(6.125\times59+6.275\times55+2.1475\times39+6.84\times55)\times0.617\times10^{-3}=0.720$	0.720
	Φ8	t	$T=[6\times9+6\times(9\times2+14)]\times0.395\times10^{-3}=0.097$	0.097
	WB2　②③、DC之间　X&YΦ10@100		$L_X=6-0.15\times2+0.15\times2+2\times6.25\times0.01=6.125$　　$N=(6-0.15-0.05\times2)/0.1+1=59$ 根	
			$L_Y=6-0.15+0.15\times2+2\times6.25\times0.01=6.275$　　$N=(6-0.15\times2-0.05\times2)/0.1+1=55$ 根	
	D轴支座③号钢筋Φ10@150		$L=6.25\times0.01+30\times0.01+(1.8-0.15)+(0.15-0.015)=2.1475$ $N=(6-0.15\times2-0.05\times2)/0.15+1=39$ 根	
	分布筋Φ8@200		$L=6$　　$N=(1.8-0.15-0.05)/0.2+1=9$ 根	
	Φ10	t	$T=(6.125\times59+6.275\times55+2.1475\times39)\times0.617\times10^{-3}=0.488$	0.488
	Φ8	t	$T=6\times9\times0.395\times10^{-3}=0.021$	0.021
	WB3　①②之间　XΦ8@150		$L_X=6-0.15+0.15\times2+2\times6.25\times0.008=6.25$　　$N=(3-0.15\times2-0.05\times2)/0.15+1=19$ 根	
	XΦ8@100		$L_Y=3-0.15\times2+0.15\times2+2\times6.25\times0.008=3.1$　　$N=(6-0.15-0.05\times2)/0.1+1=59$ 根	

（续）

序号	分部分项工程名称	单位	计　算　式	数量
	①轴支座③号钢筋Φ10@150		$L=6.25\times0.01+30\times0.01+(1.8-0.15)+(0.1-0.015)=2.0975$　$N=(3-0.15\times2-0.05\times2)/0.15+1=19$ 根	
	分布筋Φ8@200		$L=3$　$N=(1.8-0.15-0.05)/0.2+1=9$ 根	
	②轴支座⑤号钢筋Φ10@100		$L=1.8\times2+2\times(0.1-2\times0.015)=3.74$　$N=N=(3-0.15\times2-0.05\times2)/0.1+1=27$ 根	
	分布筋Φ8@200		$L=3$　$N_1=N_2=(1.8-0.15-0.05)/0.2+1=9$ 根	
	Φ10	t	$T=(2.0975\times19+3.74\times27)\times0.617\times10^{-3}=0.087$	0.087
	Φ8	t	$T=(6.25\times19+3.1\times59+3\times9+3\times9\times2)\times0.395\times10^{-3}=0.151$	0.151
	WB3　②③之间　X Φ8@150		$L_X=6-0.15\times2+0.15\times2+2\times6.25\times0.008=6.1$　$N=(3-0.15\times2-0.05\times2)/0.15+1=19$ 根	
	X Φ8@100		$L_Y=3-0.15\times2+0.15\times2+2\times6.25\times0.008=3.1$　$N=(6-0.15\times2-0.05\times2)/0.1+1=55$ 根	
	③轴支座⑤号钢筋Φ10@100		$L=1.8\times2+2\times(0.1-2\times0.015)=3.74$　$N=N=(3-0.15\times2-0.05\times2)/0.1+1=27$ 根	
	分布筋Φ8@200		$L=3$　$N_1=N_2=(1.8-0.15-0.05)/0.2+1=9$ 根	
	Φ10	t	$T=3.74\times27\times0.617\times10^{-3}=0.062$	0.062
	Φ8	t	$T=(6.1\times19+3.1\times59+3\times9\times2)\times0.395\times10^{-3}=0.139$	0.139
	WB3　③④之间　X Φ8@150		$L_X=6.9-0.15\times2+0.15\times2+2\times6.25\times0.008=7.0$　$N=(3-0.15\times2-0.05\times2)/0.15+1=19$ 根	
	X Φ8@100		$L_Y=3-0.15\times2+0.15\times2+2\times6.25\times0.008=3.1$　$N=(6.9-0.15\times2-0.05\times2)/0.1+1=66$ 根	
	④轴支座⑥号钢筋Φ10@100		$L=1.8+1+2\times(0.1-2\times0.015)=2.94$　$N=(3-0.15\times2-0.05\times2)/0.1+1=27$ 根	
	分布筋Φ8@200		$L=3$　$N_1=(1.8-0.15-0.05)/0.2+1=9$ 根　$N_2=(1-0.15-0.05)/0.2+1=5$ 根	
	Φ10	t	$T=2.94\times27\times0.617\times10^{-3}=0.049$	0.049
	Φ8	t	$T=[7\times19+3.1\times66+3\times(9+5)]\times0.395\times10^{-3}=0.150$	0.150
	WB3　④⑤之间　X Φ8@150		$L_X=3.3-0.15+0.15\times2+2\times6.25\times0.008=3.55$　$N=(3-0.15\times2-0.05\times2)/0.15+1=19$ 根	
	X Φ8@100		$L_Y=3-0.15\times2+0.15\times2+2\times6.25\times0.008=3.1$　$N=(3.3-0.15-0.05\times2)/0.1+1=32$ 根	
	⑤轴支座④号钢筋Φ8@150		$L=6.25\times0.008+30\times0.008+(1-0.15)+(0.1-0.015)=2.0975$　$N=(6-0.15\times2-0.05\times2)/0.15+1=39$ 根	
	分布筋Φ8@200		$L=3$　$N=(1-0.15-0.05)/0.2+1=5$ 根	
	B 轴支座②号钢筋Φ8@100		$L=3+1\times2+2\times(0.1-2\times0.015)=5.14$　$N=(3.3-0.15-0.05\times2)/0.1+1=32$ 根	

（续）

序号	分部分项工程名称	单位	计算式	数量
	分布筋Φ8@200		$L=3\text{m}$　$N_1=N_2=(1-0.15-0.05)/0.2+1=5$ 根　$N_3=(3-0.15\times2-0.05\times2)/0.2+1=14$ 根	
	Φ8	t	$T=[3.55\times19+3.1\times32+2.0975\times39+3\times9+5.14\times32+3\times(5\times2+14)]\times0.395\times10^{-3}=0.316$	0.316
	WB4 AB 之间　XΦ8@100		$L_X=3.3-0.15+0.15\times2+2\times6.25\times0.008=3.55$　$N=(6-0.15-0.05\times2)/0.1+1=59$ 根	
	XΦ8@150		$L_Y=6-0.15+0.15\times2+2\times6.25\times0.008=6.25$　$N=(3.3-0.15-0.05\times2)/0.15+1=22$ 根	
	⑤轴支座④号钢筋Φ8@150		$L=6.25\times0.008+30\times0.008+(1-0.15)+(0.1-0.015)=2.0975$　$N=(6-0.15-0.05\times2)/0.15+1=40$ 根	
	分布筋Φ8@200		$L=6\text{m}$　$N=(1-0.15-0.05)/0.2+1=5$ 根	
	A 轴支座④号钢筋Φ8@150		$L=6.25\times0.008+30\times0.008+(1-0.15)+(0.1-0.015)=2.0975$　$N=(3.3-0.15-0.05\times2)/0.15+1=22$ 根	
	分布筋Φ8@200		$L=3.3\text{m}$　$N=(1-0.15-0.05)/0.2+1=5$ 根	
	Φ8	t	$T=(3.55\times59+6.25\times22+2.0975\times40+6\times5+2.0975\times22+3.3\times5)\times0.395\times10^{-3}=0.207$	0.207
	WB4　DC 之间　XΦ8@100		工程量同 AB 间（WB4）	
	钢筋合计	t	Φ6：$T=0.033$；　Φ8：$T=6.022$；　Φ10：$T=38.019$；　Φ12：$T=4.003$	
		t	Ф12：$T=0.007$；Ф14：$T=0.248$；Ф16：$T=0.866$；Ф18：$T=0.1$；Ф20：$T=20.12$；Ф22：$T=0.202$；Ф25：$T=40.601$	
五	屋面工程			
1	1:2 水泥砂浆找平	m^2	$S=(22.9-0.25\times2)\times(15.6-0.3\times2)=338.24$	338.24
2	水泥炉渣找坡层	m^3	$h=(15.6-0.25\times2)/2\times2\%/2+0.05=0.1255$　$V=338.24\times0.1255=42.45$	42.45
3	1:10 水泥珍珠岩保温	m^3	$h=100$　$V=338.24\times0.1=33.82$	33.82
4	1:2 水泥砂浆找平	m^2	$S=338.24$	338.24
5	SBS 防水	m^2	$S=338.24$	338.24
6	PVC 雨水管	m	$L=(10.8+0.45)\times4=223.2$	223.2
7	PVC 雨水口	个	4	4
六	楼地面工程			
	地 19　一层（大厅）			
1	100 厚 3:7 灰土	m^3	$V=(6.9-0.1\times2)\times(6+0.05-0.1)\times0.1=3.99$	3.99

（续）

序号	分部分项工程名称	单位	计算式	数量
2	50 厚 C10 混凝土垫层	m^3	$V=(6.9-0.1\times2)\times(6+0.05-0.1)\times0.05=1.99$	1.99
3	20 厚磨光花岗岩石板	m^2	$S=(6.9-0.1\times2)\times(6+0.05-0.1)-0.25\times0.3\times2-0.25\times0.35\times2+0.125\times4.2=40.07$	40.07
	地 9（一层办公室、走廊、楼梯间）			
1	100mm 厚 3∶7 灰土	m^3	$V=[(6-0.1\times2)\times(6+0.05-0.1)\times2+(6+0.05-0.1)\times(6+0.05-0.1)+(3.3+0.05-0.1)\times(6+0.05-0.1)+(3-0.1\times2)\times(6\times2+0.05)+(6.9+3.3+0.05)\times(3-0.1)+(6+0.05)\times(3.3+0.05-0.1)]\times0.1=20.69$	20.69
2	50mm 厚 C10 混凝土	m^3	$V=S\times0.05=10.34$	10.34
3	20mm 厚 1∶3 水泥砂浆找平	m^2	$S=206.89$	206.89
4	5～10mm 厚地砖	m^2	$S=(6-0.1\times2)\times(6+0.05-0.1)\times2-0.25\times0.35\times4-0.25\times0.2\times4+(6+0.02-0.1)\times(3.3+0.05-0.1)-0.25\times0.35-0.45\times0.35-0.2\times0.45-0.25\times0.2+(6+0.05)\times(3.3+0.05-0.1)-0.25\times0.3-0.45\times0.3-0.25\times0.35-0.35\times0.45+(6+0.05+0.1)\times(6+0.05+0.1)-0.35\times0.45-0.25\times0.35-0.45\times0.2-0.25\times0.2+(6\times2+0.05)\times(3-0.1\times2)-0.45\times0.2\times2-0.7\times0.2\times2-0.2\times0.35\times2+(6.9+3.3+0.05)\times(3-0.1)-0.35\times0.2-0.35\times0.3-0.2\times0.7\times2-0.2\times0.45-0.3\times0.45+1.2\times0.1+0.9\times0.2\times4+0.9\times0.1=204.76$	204.76
	地 16（会议室）			
1	100mm 厚 3∶7 灰土	m^3	$V=(6.9-0.1\times2)\times(6+0.05-0.1)\times0.1=3.39$	3.39
2	50mm 厚 C10 混凝土	m^3	$V=(6.9-0.1\times2)\times(6+0.05-0.1)\times0.05=1.99$	1.99
3	20mm 厚大理石板	m^2	$S=(6.9-0.1\times2)\times(6+0.05-0.1)-0.25\times0.35\times2-0.25\times0.2\times2+0.9\times0.1=39.68$	39.68
	地 9F（厕所）			
1	100mm 厚 3∶7 灰土	m^3	$V=[(6+0.05-0.1-0.2)\times(4.5+0.05-0.1)+(6+0.05-0.1)\times(1.5-0.1\times2)]\times0.1=3.33$	3.33
2	C15 细石混凝土找坡	m^2	$S=(6+0.05-0.1-0.2)\times(4.5+0.05-0.1)+(6+0.05-0.1)\times(1.5-0.1\times2)=33.32$	33.32
3	3mm 厚高聚物改性沥青涂膜防水	m^2	$S=33.32$	33.32
4	35mm 厚 C15 细石混凝土	m^2	$S=33.32$	33.32

（续）

序号	分部分项工程名称	单位	计算式	数量
5	5～10厚地砖	m^2	$S=(6+0.05-0.1-0.2)\times(4.5+0.05-0.1)+(6+0.05-0.1)\times(1.5-0.1\times2)-0.35\times0.45-0.35\times0.25-0.45\times0.2-0.25\times0.2+0.75\times0.2\times2+0.1\times1.2=33.36$	33.36
	楼8C(二、三层办公室、走廊)			
1	34～39厚C15细石混凝土找平	m^2	$S=[(6-0.1\times2)\times(6+0.05-0.1)\times2+(6-0.1+0.05)\times(6-0.1+0.05)+(6.9-0.1\times2)\times(6+0.05-0.1)+(3.5+0.05-0.1)\times(6+0.05-0.1)+(22.2+0.05\times2)\times(3-0.1\times2)+(0.95+0.1)\times(3+0.05-0.1)]\times2=458.96$	458.96
2	5～10厚地砖	m^2	$S_1=S-$柱角$-$门洞$=(229.48-0.25\times0.35\times4-0.25\times0.2\times4-0.25\times0.35-0.35\times0.45-0.25\times0.2-0.2\times0.45-0.45\times0.2-0.2\times0.25-0.35\times0.2-0.35\times0.45-0.45\times0.2\times3-0.2\times0.7\times6-0.45\times0.7-0.25\times0.4+0.1\times1.2+0.9\times0.2\times5+0.9\times0.1)\times2=455.52$	455.52
	楼15D(二、三层会议室)			
1	20厚大理石板	m^2	$S=(6.9-0.1\times2)\times(6+0.05-0.1)-0.35\times0.25\times2-0.25\times0.2\times2+0.9\times0.1=79.36$	79.36
	楼8F2(二、三层厕所)			
1	30厚C15细石混凝土找坡	m^2	$S=[(6+0.05-0.1-0.2)\times(4.5+0.05-0.1)+(6+0.05-0.1)\times(1.5-0.1\times2)]\times2=66.64$	66.64
2	20厚1:2水泥砂浆找平	m^2	$S=33.32\times2=66.64$	66.64
3	1.5厚聚氨酯涂膜防水	m^2	$S=33.32\times2=66.64$	66.64
4	5～10厚地砖	m^2	$S_1=S-$柱角$+$门洞$=(33.32-0.35\times0.45-0.35\times0.25-0.45\times0.2-0.25\times0.2+0.75\times0.2\times2+0.1\times1.2)\times2=66.72$	66.72
	踢11C(一层大厅、办公室)			
1	10～15厚花岗岩板	m^2	$S=0.12\times[(6+0.05)\times2+1.35\times2+0.25\times2+0.125\times2+0.125\times2+(6+0.05-0.1)\times10+(6-0.1\times2)\times4+(3.3+0.05-0.1)\times2+(6+0.05-0.1)\times2-0.9\times5+0.1\times10]=13.58$	13.58
	踢10C1(二、三层会议室)			
1	10～15厚大理石板	m^2	$S=0.12\times[(6.9+0.05)\times2+(6+0.05-0.1)\times2-0.9+0.1\times2]\times2=5.904$	5.904
七	墙面工程			
	裙10D2(一层会议室)			

（续）

序号	分部分项工程名称	单位	计 算 式	数量
1	水泥砂浆	m^2	S = 1.2 × [(6.9 − 0.1 × 2) × 2 + (6 + 0.05 − 0.1) × 2 − 0.9] − 0.3 × 3.3 + 0.3 × 2 × 0.125 + 1.2 × 2 × 0.1 = 28.61	28.61
2	高聚物改性沥青涂抹防潮	m^2	S = 28.61	28.61
3	墙面龙骨	m^2	S = 28.61	28.61
4	胶合板面层	m^2	S = 28.61	28.61
5	刷油漆	m^2	S = 28.61	28.61
	内墙 5D2（一、二、三层除厕所外所有墙面）			
1	内墙面水泥砂浆	m^2	S_1 = [(6 − 0.1 × 2) × 2 + (6 + 0.05 − 0.1) × 2] × (3.6 − 0.15) − 0.9 × 2.4 − 3 × 2 + (3 + 2 × 2) × 0.125 + (2.4 × 2 + 0.9) × 0.1 + [(6.9 − 0.1 × 2) × 2 + (6 + 0.05 − 0.1) × 2] × (3.6 − 0.15 − 1.2) − 3.3 × 1.7 − 0.9 × 1.2 + (3.3 + 1.7 × 2) × 0.125 + (1.2 × 2 + 0.9) × 0.1 + [(3.3 + 0.05 − 0.1) × 2 + (6 + 0.05 − 0.1) × 2] × (3.6 − 0.1) − 1.5 × 2 − 0.9 × 2.4 + (1.5 + 2 × 2) × 0.125 + (0.9 × 2.4 × 2) × 0.1 + (22.2 + 0.05 × 2 + 0.2 × 8) × (3.6 − 0.1) − 0.9 × 2.4 × 4 + (0.9 + 2.4 × 2) × 0.1 × 4 + (3 − 0.3 × 2) × 2 × (3.6 − 0.1) − 1.5 × 2 × 2 + (1.5 + 2 × 2) × 0.125 × 2 + (6 × 2 + 0.05 + 0.2 × 4) × (3.6 − 0.1) − 0.9 × 2.4 × 2 + (0.9 + 2.4 × 2) × 0.1 × 2 + [(6 + 0.05) × 2 + (3.3 + 0.05 − 0.1) + 0.7 + 0.3 × 2 + 0.45 × 2 + 0.2] × (3.6 − 0.1) − 1.5 × 2 + (1.5 + 2 × 2) × 0.125 + [(6 + 0.05) × 2 + (6.9 − 0.1 × 2) + 0.35 + 0.3 × 2] × (3.6 − 0.15) − 4.2 × 2.9 + (4.2 + 2.9 × 2) × 0.125 + [(6 − 0.1 × 2) × 2 + (6 + 0.05 − 0.1) × 2] × (3.6 − 0.15) − 3 × 2 − 0.9 × 2.4 + (3 + 2 × 2) × 0.125 + (0.9 + 2.4 × 2) × 0.1 + (6 + 0.05 − 0.1) × 4 × (3.6 − 0.15) − 3 × 2 − 0.9 × 2.4 + (3 + 2 × 2) × 0.125 + (2.4 × 2 + 0.9) × 0.1 = 618.79	
		m^2	$S_2 = S_3$ = [(6 − 0.1 × 2) × 2 + (6 + 0.05 − 0.1) × 2] × (3.6 − 0.15) − 3 × 2 − 0.9 × 2.4 + (3 + 2 × 2) × 0.125 + (0.9 + 2.4 × 2) × 0.1 + [(6.9 − 0.1 × 2) × 2 + (6 + 0.05 − 0.1) × 2] × (3.6 − 0.15) − 3.3 × 2 − 0.9 × 2.4 + (3.3 + 2 × 2) × 0.125 + (0.9 + 2.4 × 2) × 0.1 + [(6 + 0.05 − 0.1) × 2 + (33.3 + 0.05 − 0.1) × 2] × (3.6 − 0.1) − 1.5 × 2 − 0.9 × 2.4 + (1.5 + 2 × 2)0.15 + (0.9 + 2.4 × 2) × 0.1 + [(22.2 + 0.05 × 2) + 0.2 × 8] × (3.6 − 0.1) − 0.9 × 2.4 × 4 + (0.9 + 2.4 × 2) × 0.1 × 4 + (3 − 0.3 × 2) × 2 × (3.6 − 0.1) − 1.5 × 2 × 2 + (1.5 + 2 × 2) × 0.125 × 2 + [(6 × 2 + 6.9 + 0.05) + 0.2 × 6] × (3.6 − 0.1) − 0.9 × 2.4 × 3 + (0.9 + 2.4 × 2) × 0.1 × 3 + [(6 + 0.05) × 2 + (3.3 − 0.1 + 0.05) + 0.35 + 0.45 + 0.3 × 2] × (3.6 − 0.1) − 1.5 × 2 + (1.5 + 2 × 2) × 0.125 + [(6.9 − 0.1 × 2) × 2 + (6 + 0.05 − 0.1) × 2] × (3.6 − 0.15) − 3.3 × 2 − 0.9 × 2.4 + (3.3 + 2 × 2) × 0.125 + (0.9 + 2.4 × 2) × 0.1 + [(6 − 0.1 × 2) × 2 + (6 + 0.05 − 0.1) × 2] × (3.6 − 0.15) − 3 × 2 − 0.9 × 2.4 + (3 + 2 × 2) × 0.125 + (0.9 + 2.4 × 2) × 0.1 + (6 + 0.05 − 0.1) × 4 × (3.6 − 0.15) − 0.9 × 2.4 − 3 × 2 + (0.9 + 2.4 × 2) × 0.1 + (3 + 2 × 2) × 0.125 = 656.16	

（续）

序号	分部分项工程名称	单位	计　算　式	数量
		m²	S = 1931.11	1931.11
2	高聚物改性沥青防潮	m²	S = 1931.11	1931.11
3	龙骨	m²	S = 1931.11	1931.11
4	胶合板面层	m²	S = 1931.11	1931.11
5	油漆	m²	S = 1931.11	1931.11
	内墙 38C-F(一、二、三层厕所)			
1	9 厚 1:3 水泥砂浆打底	m²	$S_1=S_2=S_3$ = [(4.5 + 0.05 − 0.1) × 4 + (6 − 0.1 + 0.05 − 0.2) × 2 + (6 − 0.05 + 0.1) × 2 + (1.5 − 0.1 × 2) × 2] × (3.6 − 0.1) − 1.5 × 2 × 2 − 0.75 × 2.1 × 2 × 2 − 0.9 × 2.4 + (1.5 + 2 × 2) × 0.125 × 24 + (0.75 + 2.1 × 2) × 0.2 × 2 + (0.9 + 2.4 × 2) × 0.1 = 142.77	
		m²	S = 428.31	428.31
2	1.5 聚合物防水涂料	m²	S = 428.31	428.31
3	2.5 厚釉面砖面层	m²	S = 428.31	428.31
4	外墙面贴块料面层	m²	S = (22.9 + 15.6) × 2 × (10.8 + 0.6 + 0.45) − 1.5 × 2 × 6 × 3 − 3 × 2 × 3 × 3 − 3.3 × 2 × 5 − 4.2 × 2.9 + (1.5 + 2 × 2) × 0.125 × 18 + (3 + 2 × 2) × 0.125 × 9 + (3.3 + 2 × 2) × 0.125 × 5 + (4.2 + 2.9 × 2) × 0.125 − 49.20 = 701.48	701.48
八	天棚工程			
	棚 7B(一、二、三层大厅、办公室、楼梯间，二、三层会议室)			
1	3 厚 1:2.5 水泥砂浆找平	m²	S = [(6 + 0.05) × (6.9 − 0.1 × 2) + (6 − 0.1 × 2) × (6 + 0.05 − 0.1) × 2 + (6 + 0.05 − 0.1) × (3.3 + 0.05 − 0.1) + (6 + 0.05 − 0.1) × (6 + 0.05 − 0.1) + (6 + 0.05) × (3.3 + 0.05 − 0.1)] × 3 + [(6.9 − 0.1 × 2) × (6 + 0.05 − 0.1) × 2] = 631.61	631.61
2	喷刷饰面	m²	S = 631.61	631.61
	棚 26(一层会议室)			

（续）

序号	分部分项工程名称	单位	计 算 式	数量
1	龙骨	m^2	$S=(6.9-0.1\times2)\times(6+0.05-0.1)=39.865$	39.865
2	纸面石膏板	m^2	$S=39.865$	39.865
3	防潮涂料	m^2	$S=39.865$	39.865
4	耐水腻子	m^2	$S=39.865$	39.865
5	饰面	m^2	$S=39.865$	39.865
	棚27(一、二、三层厕所)			
1	龙骨	m^2	$S=(6+0.05-0.1-0.2)\times(4-10.05-0.1)+(6+0.05-0.5)\times(1.5-0.1\times2)=33.32$	33.32
2	纸面石膏板	m^2	$S=33.32$	33.32
3	防潮涂料	m^2	$S=33.32$	33.32
4	耐水腻子	m^2	$S=33.32$	33.32
5	饰面	m^2	$S=33.32$	33.32
	棚23(一、二、三、层走廊)			
1	龙骨	m^2	$S=(22.2+0.05\times2)\times(3-0.1\times2)\times3=187.32$	187.32
2	胶合板	m^2	$S=187.32$	187.32
3	无光油漆	m^2	$S=187.32$	187.32
九	混凝土散水			
1	150mm 厚卵石灌浆	m^3	$V=[(22.9+1\times2)\times2+15.6\times2]\times1\times0.15=12.15$	12.15
2	50mm 厚 C20 细石混凝土	m^3	$V=4.05$	4.05
3	水泥砂浆抹面	m^2	$S=[(22.9+1\times2)\times2+15.6\times2]\times1=81$	81
十	混凝土台阶			
1	300mm 厚 3:7 灰土	m^3	$V=[(4.8+0.3\times4)\times(1.5+0.3\times2)-(4.8-0.3\times2)\times(1.5-0.3)]\times0.3=2.27$	2.27

（续）

序号	分部分项工程名称	单位	计　算　式	数量
2	100mm 厚 C15 混凝土	m^2	$S=7.56$	7.56
3	水泥砂浆抹面	m^2	$S=7.56$	7.56
十一	门窗工程			
1	全玻门	m^2	$S=4.2\times2.9=12.18$	12.18
2	胶合板门	m^2	$S=0.9\times2.4\times20+0.75\times2.1\times6=52.65$	52.65
3	塑钢窗	m^2	$S=1.5\times2\times18+3\times2\times9+3.3\times2\times5=92.4$	92.4
十二	措施项目			
	模板工程			
	垫层模板	m^2	$S=0.1\times(24+16.8)\times2=8.16$	8.16
	筏板基础模板	m^2	$S=0.6\times(23.8+16.61)\times2=48.48$	48.48
	基础梁模板	m^2	$S=0.8\times(22.9-0.7\times5)\times8+0.5\times(22.9-0.7\times5)\times4+0.8\times(15.6-0.6\times4)\times10+0.5\times(15.6-0.6\times4)\times5=301.56$	301.56
1	框架柱模板	m^2	$S=(0.7+0.6)\times2\times11.75\times20=357.2$	357.2
	框架梁模板	m^2	$S=[0.7\times(22.9-0.7\times5)\times8+0.3\times(22.9-0.7\times5)\times4+0.7\times(15.6-0.6\times4)\times10+0.3\times(15.6-0.6\times4)\times5]\times3=720.48$	720.48
	板模板	m^2	$S=[22.9\times15.6-0.7\times0.6\times20-0.3\times(22.9-0.7\times5)\times4-0.3\times(15.6-0.6\times4)\times5-(6-0.15)\times(3.3-0.15)-0.25\times(4.5-0.125)-0.25\times(6-0.15)]\times3=823.95$	823.95
	楼梯模板	m^2	$S=31.19$	31.19
2	脚手架（综合）	m^2	$S=(22.9+15.6)\times3=1071.72$	1071.72
3	垂直运输	m^2	$S=(22.9+15.6)\times3=1071.72$	1071.72

思考与练习

1. 简述施工图预算的概念。
2. 简述单价法编制施工图预算的步骤。

第 10 章　设计概算的编制

【学习重点】

建设工程设计概算的概念及组成；单位工程设计概算的编制方法。

【学习目标】

通过本章学习，了解建设工程设计概算的概念及组成；掌握建设工程设计概算的编制方法及流程，能够熟练进行建筑安装工程设计概算的编制。

10.1　建设工程设计概算概述

10.1.1　设计概算的概念及内容

设计概算是初步设计概算的简称，是指在初步设计或扩大初步设计阶段，在投资估算的控制下，由设计单位根据初步设计图纸、概算定额、概算指标、其他工程费用定额和取费标准、设备及材料预算价格等资料，编制和确定的建设项目从筹建到竣工交付使用所需全部费用的文件。它是初步设计文件的重要组成部分，经过批准的设计概算是控制工程建设投资的最高限额。

设计概算的内容分为三级概算，即单位工程概算、单项工程综合概算、建设项目总概算。其编制内容及其相互关系如图 10-1 所示。

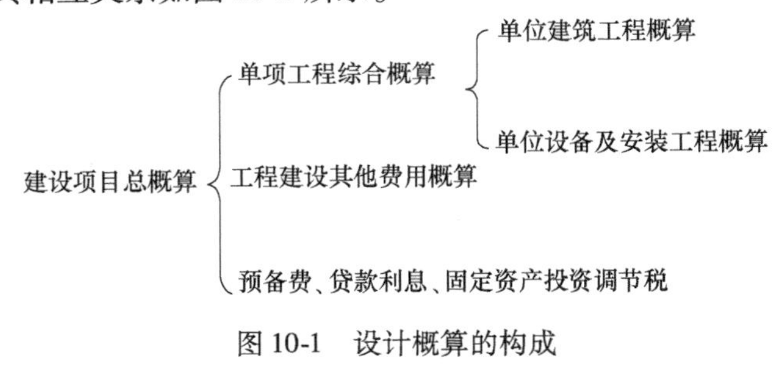

图 10-1　设计概算的构成

10.1.2　设计概算的作用

1）设计概算是国家制定和控制建设投资的依据。对于国家投资项目，需按照规定报请有关部门或单位批准初步设计及总概算；一经批准即作为建设项目静态总投资的最高限额，不得任意突破，若建设项目实际投资额超过了总概算，必须由原设计单位和建设单位共同提出追加投资申请，报原审批部门（单位）批准后方可追加投资。

2）设计概算是编制建设投资计划的依据。建设年度计划安排的工程项目，其投资需要量的确定、建设物资供应计划和建筑安装施工计划等，都以主管部门批准的设计概算为依据。

3）设计概算是进行拨款和贷款的依据。建设银行根据批准的设计概算和年度投资计划进行拨款和贷款，并严格实行监督控制。对超出概算的部分，未经计划部门批准，建设银行不得追加拨款和贷款。

4）设计概算是实行投资包干的依据。在进行概算包干时，单项工程综合概算及建设项目总概算是投资包干指标商定和确定的基础，尤其经上级主管部门批准的设计概算或修正概算，是主管单位和包干单位签订包干合同、控制包干数额的依据。

5）设计概算是考核设计方案经济合理性和控制施工图预算和施工图设计的依据。设计单位可根据设计概算进行技术经济分析和多方案评价，以提高设计质量和经济效果，同时保证施工图预算和施工图设计在设计概算的范围内。

6）设计概算是进行各种施工准备、设备供应指标、加工订货及落实各项技术经济责任制的依据。

7）设计概算是控制项目投资、考核建设成本、提高项目实施阶段工程管理和经济核算水平的必要手段。

10.1.3　设计概算的编制原则

1）严格执行国家的建设方针和经济政策的原则。设计概算是一项重要的技术经济工作，要严格按照党和国家的方针、政策，严格执行规定的设计标准。

2）要完整、准确地反映设计内容的原则。编制设计概算时，要认真了解设计意图，根据设计文件、图纸准确计算工程量，避免重算和漏算。设计修改后，要及时修正概算。

3）要坚持结合拟建工程的实际，反映工程所在地当时价格水平的原则。为提高设计概算的准确性，要实事求是地对工程所在地的建设条件及可能影响造价的各种因素进行认真的调查研究。在此基础上正确使用定额、指标、费率和价格等各项编制依据，按照现行工程造价构成，根据有关部门发布的价格信息及价格调整指数，考虑建设期的价格变化因素，使概算尽可能地反映设计内容、施工条件和实际价格。

10.1.4　设计概算的编制依据

1）国家发布的有关建设和造价管理的法律、法规和方针政策。

2）批准的建设项目的设计任务书（或批准的可行性研究文件）和主管部门的有关规定。

3）初步设计项目一览表。

4）能满足编制设计概算的各专业的设计图纸、文字说明和主要设备表，其中包括：

①土建工程中建筑专业提交建筑平面图、立面图、剖面图和初步设计文字说明（应说明或注明装修指标、门窗尺寸）；结构专业提交结构平面布置图、构件截面尺寸、特殊构件配筋率。

②给水排水、电气、采暖、通风、空气调节、动力等专业提交平面布置图、文字说明和主要设备表。

③室外工程有关各专业提交平面布置图；总图专业提交建设场地的地形图和场地设计标高及道路、排水沟、挡土墙、围墙等构筑物的断面尺寸。

④当地和主管部门的现行建筑工程和专业安装工程的概算定额（或预算定额、综合预

算定额)、单位估价表、材料及构配件预算价格、工程费用定额和有关费用规定的文件等资料。

⑤现行的有关设备原价及运杂费率。

⑥现行的有关其他费用定额、指标和价格。

⑦建设场地的自然条件和施工条件。

⑧类似工程的概算及技术经济指标。

⑨建设单位提供的有关工程造价的其他资料。

10.2 建设工程设计概算的编制

10.2.1 建设工程设计概算文件的组成

建设工程设计概算按编制形式分为三级编制（总概算、综合概算、单位工程概算）和二级编制（总概算、单位工程概算）。其中三级形式设计概算文件由封面、签署页及目录，编制说明，总概算表，其他费用表，综合概算表，单位工程概算和补充单位估价表组成；二级形式设计概算由封面、签署页及目录，编制说明，总概算表，单位工程概算表和补充单位估价表组成。

10.2.2 建设项目总概算及单项工程综合概算的编制

1. 概算编制说明

1）项目概况：简述建设项目的建设地点、设计规模、建设性质（新建、扩建或改建）、工程类别、建设期（年限）、主要工程内容、主要工程量、主要工艺设备及数量等。

2）主要技术经济指标：项目概算总投资（有引进的给出所需外汇额度）及主要分项投资、主要技术经济指标（主要单位工程投资指标）等。

3）资金来源：按资金来源渠道不同分别说明，发生资产租赁的说明租赁方式及租金。

4）编制依据：参见设计概算的编制依据。

5）其他需要说明的问题。

6）总说明附表：

①建筑、安装工程工程费用计算程序表。

②引进设备、材料清单及从属费用计算表。

③具体建设项目概算要求的其他附表及附件。

2. 概算表

概算总投资由工程费用、其他费用、预备费及应列入项目概算总投资中的几项费用组成。

（1）第一部分　工程费用，按单项工程综合概算组成编制，采用二级编制的按单位工程概算组成编制。

1）民用建设项目一般排列顺序：主体建（构）筑物、辅助建（构）筑物、配套系统。

2）工业建设项目一般排列顺序：主要工艺生产装置、辅助工艺生产装置、公用工程、总图运输、生产管理服务性工程、生活福利工程、厂外工程。

（2）第二部分　其他费用，一般按其他费用概算顺序列项。

（3）第三部分　预备费，包括基本预备费、价差预备费。

（4）第四部分　应列入项目概算总投资中的几项费用，一般包括建设期利息、铺底流动资金、固定资产投资方向调节税（暂停征收）等。

3. 注意事项

1）综合概算以单项工程所属的单位工程概算为基础，采用综合概算表（表 10-1）进行编制，分别按各单位工程概算汇总成若干个单项工程综合概算。

表 10-1　综合概算表

工程名称（单项工程）：________________　　单位：万元

序号	概算编号	工程项目或费用名称	建筑工程费	设备购置费	安装工程费	其他费用	合 计
一		主要工程					
1	××	×××××					
2	××	×××××					
二		辅助工程					
1	××	×××××					
2	××	×××××					
三		配套工程					
1	××	×××××					
2	××	×××××					
		单项工程概算费用合计					

编制人：　　审核人：　　审定人：

2）对单一的、具有独立性的单项工程建设项目，按二级编制形式编制，直接编制总概算。

10.2.3　其他费用、预备费、专项费用概算的编制

1. 其他费用概算的编制

一般建设项目其他费用包括建设管理费、建设用地费、可行性研究费、研究试验费、勘察设计费、环境影响评价及验收费、水土保持评价及验收费、劳动安全卫生评价及验收费、职业病危害评价费、场地准备及临时设施费、引进技术和引进设备其他费、工程保险费、联合试运转费、特殊设备安全监督检查费、市政公用设施费、专利及专有技术使用费、生产准备及开办费等。

1）建设管理费

①以建设投资中的工程费用为基数乘以建设管理费费率计算。

$$建设管理费 = 工程费用 \times 建设管理费费率 \tag{10-1}$$

②由于工程监理是受建设单位委托的工程建设技术服务，属建设管理范畴。如采用监理，建设单位部分管理工作量会转移至监理单位。监理费应根据委托的监理工作范围和监理

深度在监理合同中商定或按当地所属行业部门有关规定计算。

③如建设管理采用工程总承包方式，其总包管理费由建设单位与总包单位根据总包工作范围在合同中商定，从建设管理费中支出。

④改建、扩建项目的建设管理费费率应比新建项目适当降低。

⑤建设项目建成后，应及时组织验收，移交生产或使用。已超过批准的试运行期，并已符合验收条件但未及时办理竣工验收手续的建设项目，视同项目已交付生产，其费用不得从基建投资中支付，所实现的收入作为生产经营收入，不再作为基建收入。

2）建设用地费

①根据征用建设用地面积、临时用地面积，按建设项目所在省、市、自治区人们政府制定颁发的土地征用补偿、安置补助费标准和耕地占用税、城镇土地使用税标准计算。

②建设用地上的建筑物如需迁建，其迁建补偿费应按迁建补偿协议计列或按新建同类工程造价计算。

③建设项目采用“长租短付”方式租用土地使用权，在建设期间支付的租地费用计入建设用地费，在生产经营期间支付的土地使用费应进入营运成本中核算。

3）可行性研究费

①依据前期研究委托合同计列，或参照原国家计委《关于印发〈建设项目前期工作咨询收费暂行规定〉的通知》（计投资［1999］1283号）规定计算。

②编制预可行性研究报告参照编制项目建议书收费标准并可适当调增。

4）研究试验费

①按照研究试验内容和要求进行编制。

②研究试验费不包括以下项目：

a. 应由科技三项费用（即新产品试制费、中间试验费和重要科学研究补助费）开支的项目。

b. 应在建筑安装费用中列支施工企业对建筑材料、构件和建筑物进行一般鉴定、检查所发生的费用及技术革新的研究试验费。

c. 应由勘察设计费或工程费用中开支的项目。

5）勘察设计费。依据勘察设计委托合同计列，或参照原国家计委、建设部《关于发布〈工程勘察设计收费管理规定〉的通知》（计价格［2002］10号）规定计算。

6）环境影响评价及验收费、水土保持评价及验收费、劳动安全卫生评价及验收费。环境影响评价及验收费依据委托合同计列，或按照原国家计委、国家环境保护总局《关于规范环境影响咨询收费有关问题的通知》（计价格［2002］125号）规定及建设项目所在省、市、自治区环境保护部门有关规定计算；水土保持评价及验收费、劳动安全卫生评价及验收费依据委托合同并按照国家和建设项目所在省、市、自治区劳动和国土资源等行政部门规定的标准计算。

7）职业病危害评价费等。依据职业病危害评价、地震安全性评价、地质灾害评价委托合同计列，或按照建设项目所在省、市、自治区有关行政部门规定的标准计算。

8）场地准备及临时设施费

①场地准备及临时设施费应尽量与永久性工程统一考虑。建设场地的大型土石方工程应计入工程费用中的总图运输费用中。

②新建项目的场地准备和临时设施费应根据实际工程量估算，或按工程费用的比例计算。改建、扩建项目一般只计拆除清理费。

$$场地准备和临时设施费=工程费用\times 费率+拆除清理费 \quad (10\text{-}2)$$

③发生拆除清理费时可按新建同类工程造价或主材费、设备费的比例计算。凡可回收材料的拆除工程采用以料抵工方式冲抵拆除清理费。

④此项费用不包括已列入建筑安装工程费用中的施工单位临时设施费用。

9）引进技术和引进设备其他费

①引进项目图纸资料翻译复制费：根据引进项目的具体情况计列或按引进货价的比例估列；引进项目发生备品备件测绘费时按具体情况估列。

②出国人员费用：依据合同或协议规定的出国人次、期限以及相应的费用标准计算。生活费按照财政部、外交部规定的现行标准计算，旅费按中国民航公布的票价计算。

③来华人员费用：依据引进合同或协议有关条款及来华技术人员派遣计划进行计算。来华人员接待费用可按每人次费用指标计算。引进合同价款中已包括的费用内容不得重复计算。

④银行担保及承诺费：应按担保或承诺协议计取。投资估算和概算编制时可以担保金额或承诺金额为基础乘以费率计算。

⑤引进设备材料的国外运输费、国外运输保险费、关税、增值税、外贸手续费、银行财务费、国内运杂费、引进设备材料国内检验费等，按照引进货价（FOB 或 CIF）计算后计入相应的设备材料费中。

⑥单独引进软件，不计关税，只计增值税。

10）工程保险费

①不投保的工程不计取此项费用。

②不同的建设项目可根据工程特点选择投保险种，根据投保合同计列保险费用。编制投资估算和概算时可按工程费用的比例估算。

③不包括已列入施工企业管理费中的施工管理财产、车辆保险费。

11）联合试运转费

①不发生试运转或试运转收入大于（或等于）费用支出的工程，不列此项费用。

②当联合试运转收入小于试运转支出时：

$$联合试运转费=联合试运转费用-联合试运转收入 \quad (10\text{-}3)$$

③联合试运转费不包括应由设备安装工程费用开支的调试及试车费用，以及在试运转中暴露出来的因施工原因或设备缺陷等发生的处理费用。

④试运行期按照以下规定确定：引进国外设备项目按建设合同中规定的试运行期执行；国内一般性建设项目试运行期原则上按照批准的设计文件所规定的期限执行。个别行业的建设项目试运行期需要超过规定的试运行期的，应报项目设计文件审批机关批准。试运行期一经确定，各建设单位应严格按规定执行，不得擅自缩短或延长。

12）特殊设备安全监督检查费。按照建设项目所在省、市、自治区的监察部门的规定标准计算，无具体规定的，在编制投资估算和概算时可按受检设备现场安装费的比例估算。

13）市政公用设施费。按工程所在地人民政府规定标准计列；不发生或按规定免征项目不计算。

14）专利及专有技术使用费

①按专利使用许可协议和专有技术使用合同的规定计列。

②专有技术的界定应以省、部级鉴定批准为依据。

③项目投资中只计需要在建设期支付的专利及专有技术使用费。协议或合同规定在生产期支付的使用费应在生产成本中核算。

④一次性支付的商标权、商誉及特许经营权费按协议或合同规定计列。协议或合同规定在生产期支付的商标权或特许经营权费应在生产成本中核算。

⑤为项目专门配套的专用设施投资，包括专用铁路线、专用公路、专用通信设施、变送电站、地下管道、专用码头等，如由项目建设单位负责投资但产权不归属本单位的，应作无形资产处理。

15）生产准备及开办费

①新建项目按设计定员为基数计算，改建、扩建项目按新增设计定员为基数计算：

$$生产准备费 = 设计定员 \times 生产准备费用指标（元/人） \quad (10\text{-}4)$$

②可采用综合的生产准备费用指标进行计算，也可按费用内容的分类指标计算。

2. 预备费概算的编制

预备费包括基本预备费和价差预备费，基本预备费以总概算第一部分“工程费用”和第二部分“其他费用”之和为基数的百分比计算。价差预备费一般按下式计算：

$$PF = \sum_{t=1}^{n} I_t[(1+f)^m(1+f)^{0.5}(1+f)^{t-1} - 1] \quad (10\text{-}5)$$

式中 PF——价差预备费；

n——建设期年数；

I_t——建设期第 t 年的投资；

f——投资价格指数；

t——建设期第 t 年；

m——建设前年数（从编制概算到开工建设年数）。

3. 专项费用概算的编制

1）建设期利息。建设期利息根据不同资金来源及利率分别计算：

$$Q = \sum_{t=1}^{n}(P_{j-1} + A_j/2)i \quad (10\text{-}6)$$

式中 Q——建设期利息；

P_{j-1}——建设期第（$j-1$）年末贷款累计金额与利息累计金额之和；

A_j——建设期第 j 年贷款金额；

i——贷款年利率；

n——建设期年数；

2）铺底流动资金按国家或行业有关规定计算。

3）固定资产投资方向调节税（暂停征收）。

10.2.4 单位工程概算的编制

单位工程概算的编制要求如下：

1）单位工程概算是编制单项工程综合概算（或项目总概算）的依据，单位工程概算项目根据单项工程中所属的每个单体按专业分别编制。

2）单位工程概算一般分为建筑工程、设备及安装工程两大类。

3）建筑工程单位工程概算

①建筑工程概算费用内容及组成应符合原建设部、财政部《建筑安装工程费用项目组成》（建标［2003］206号）的相关规定。

②建筑工程概算要采用“建筑工程概算表”表6-4形式，按构成单位工程的主要分部分项工程编制，根据初步设计工程量按工程所在省、市、自治区颁布的概算定额（指标）或行业概算定额（指标）以及工程费用定额计算。

③对于通用结构建筑可采用“造价指标”编制概算；对于特殊或重要的建（构）筑物，必须按构成单位工程的主要分部分项工程编制，必要时结合施工组织设计进行详细计算。

4）设备及安装工程单位工程概算。设备及安装工程概算费用由设备购置费和安装工程费组成。

10.2.5　设计概算文件的质量控制

设计概算文件的质量控制规定如下：

1）设计概算文件编制的有关单位应当一起制定编制原则、方法，以及确定合理的概算投资水平，对设计概算的编制质量、投资水平负责。

2）项目设计负责人和概算负责人对全部设计概算的质量负责；概算文件编制人员应参与设计方案的讨论；设计人员要树立以经济效益为中心的观念，严格按照批准的工程内容及投资额度设计，提出满足概算文件编制深度的技术资料；概算文件编制人员对投资的合理性负责。

3）概算文件需要经编制单位自审，建设单位（项目业主）复审，工程造价主管部门审批。

4）概算文件的编制与审查人员必须具有国家注册造价工程师资格，或者具有省、市（行业）颁发的造价员资格证，并根据工程项目大小按持证专业承担相应的编审工作。

5）各造价协会或行业造价主管部门可根据所主管的工程特点制定概算编制质量的管理办法，并对编制人员采取相应的措施进行考核。

10.3　单位工程设计概算的编制方法

建设工程设计概算的编制方法有概算定额法、概算指标法、类似工程预算法等；设备及安装工程设计概算的编制方法有预算单价法、扩大单价法、设备价值百分比法和综合吨位指标法等。单位工程概算投资由直接费、间接费、利润和税金组成。

10.3.1　概算定额法

概算定额法又称为扩大单价法或扩大结构定额法，是采用概算定额编制建筑工程概算的方法。根据初步设计图纸资料和概算定额的项目划分计算出工程量，然后套用概算定额单价（基价），计算汇总后，再计取有关费用，便可得出单位工程概算造价。

概算定额法要求初步设计达到一定深度，建筑结构比较明确，能够按照初步设计的平面、立面、剖面图纸计算出楼地面、墙身、门窗和屋面等分部工程（或扩大结构件）项目的工程量时，才可采用。

概算定额法编制设计概算的步骤：

1）列出单位工程中分项工程或扩大分项工程的项目名称，并计算其工程量。

2）确定各分部分项工程项目的概算定额单价。

3）计算分部分项工程的直接工程费，合计得到单位工程直接工程费总和。

4）按照有关规定标准计算措施费，合计得到单位工程直接费。

5）按照一定的取费标准计算间接费和利税。

6）计算单位工程概算造价。

在用概算定额法编制设计概算的步骤中，编制思路同施工图预算的编制，在此不再赘述。

10.3.2 概算指标法

概算指标法是采用直接工程费指标，用拟建厂房、住宅的建筑面积或体积乘以技术条件相同的概算指标而得出直接工程费，然后按规定计算出措施费、间接费、利润和税金等，编制单位工程概算的方法，其适用于初步设计深度不够，不能准确地计算工程量，但工程设计是采用技术比较成熟而又有类似工程概算指标可以利用的情况。概算指标法计算精度较低，只是一种对工程造价估算的方法，但由于其编制速度快，故有一定的实用价值。

1）当拟建项目结构特征与概算指标相同时。在使用概算指标法时，如果拟建项目在建设地点、结构特征、地质及自然条件、建筑面积等方面与概算指标相同或相近，就可以直接套用概算指标来编制概算。直接套用时，拟建工程应符合以下条件：①拟建工程的建设地点与概算指标中的工程建设地点相同。②拟建工程的工程特征和结构特征与概算指标中的工程特征和结构特征基本相同。③拟建工程的建筑面积和概算指标中的建筑面积相差不大。

2）当拟建项目结构特征与概算指标有局部差异时，应在原概算指标中对不同部分进行调整，然后再计算。

10.3.3 类似工程预算法

类似工程预算法是利用技术条件与设计对象相类似的已完工程或在建工程的工程造价资料来编制拟建工程设计概算的方法。该方法适用于拟建工程初步设计与已完工程或在建工程的设计相类似又没有可用的概算指标的情况，但必须对建筑结构差异和价差进行调整。

思考与练习

1. 设计概算由哪些内容构成？
2. 设计概算中的其他费用应如何确定？
3. 设计概算的编制方法有哪些？

第11章　建设工程施工预算

【学习重点】

建设工程施工预算的概念及作用；施工预算的编制方法；两算对比。

【学习目标】

通过本章学习，了解建设工程施工预算的概念及作用；掌握建设工程施工预算的编制方法及流程，理解两算对比的含义；能够熟练进行建筑安装工程施工预算的编制。

11.1　施工预算概述

11.1.1　建设工程施工预算的概念和作用

1. 施工预算的概念

施工预算是指在建设工程施工前，在施工图预算的控制下，施工企业内部根据施工图计算的分项工程量、施工定额，结合施工组织设计等资料，通过工料分析，计算和确定完成一个单位工程或其分部分项工程所需的人工、材料、机械台班消耗量及其相应费用的经济文件。施工预算一般以单位工程为编制对象。

2. 施工预算的作用

1）施工预算是施工计划部门安排施工作业计划和组织施工的依据。施工预算确定施工中所需的人力、物力的供应量；进行劳动力、运输机械和施工机械的平衡；计算材料、构件的需要量，进行施工备料和及时组织材料；计算实物工作量和安排施工进度，并做出最佳安排。

2）施工预算是施工单位签发施工任务单和限额领料单的依据。施工任务单上的工程计量单位、产量定额和计件单位，均需取自施工预算或施工定额。

3）施工预算是施工企业进行经济活动分析，贯彻经济核算，对比和加强工程成本管理的基础。施工预算既反映设计图纸的需求，也考虑在现有条件下可能采取的节约人工、材料和降低成本的各项具体措施。执行施工预算，不仅可以起到控制成本、降低费用的作用，同时也为贯彻经济核算、加强工程成本管理奠定基础。

4）施工预算是企业经营部门进行“两算”（施工图预算和施工预算）对比，研究经营决策，推行各种形式经济责任制的依据。通过对比分析，进一步落实各项增产的措施，以促使企业加快技术进步。施工预算是开展造价分析和经济对比的依据。

5）施工预算是班组推行全优综合奖励制度的依据。因为施工预算中规定完成一个分项工程所需要的人工、材料、机械台班使用量，都是按施工定额计算的，所以在完成每一个分项工程时，其超额和节约部分就成为班组计算奖励的依据之一。

11.1.2 施工预算的内容构成

施工预算的内容原则上应包括工程量、材料、人工和机械四项指标。一般以单位工程为对象，按其分部工程计算。施工预算由编制说明及表格两大部分组成。

1. 编制说明

编制说明是以简练的文字，说明施工预算的编制依据、对施工图纸的审查意见、现场勘察的主要资料、存在的问题及处理办法等，主要包括以下内容：

1）编制依据：采用的图纸名称和编号、采用的施工定额、采用的施工组织设计或施工方案。

2）工程概况：工程性质、范围、建设地点及施工期限。

3）对设计图纸的建议及现场勘察的主要资料。

4）施工技术措施：土方调配方案、机械化施工部署、新技术或代用材料的采用、质量及安全技术等。

5）施工关键部位的技术处理方法，施工中降低成本的措施。

6）遗留项目或暂估项目的说明。

7）工程中存在及尚需解决的其他问题。

2. 表格

为了减少重复计算，便于组织施工，编制施工预算常用表格来计算和整理。土建工程一般主要有以下几种表格：

1）工程量计算表。工程量计算表可根据施工图预算的工程量计算表格来进行计算。

2）施工预算的工料分析表。施工预算的工料分析表是施工预算中的基本表格，其编制方法与施工图预算工料分析相似，即将各项的工程量乘以施工定额中的工料用料。施工预算要求分部、分层、分段进行工料分析，并按分部汇总成表。

3）人工汇总表。即将工料分析表中的各工种人工数字,分工种、按分部分列汇总成表。

4）材料汇总表。即将工料分析表中的各种材料数字，分现场和外加工厂用料，按分部分列汇总成表。

5）机械汇总表。即将工料分析表中的各种施工机具数字，分名称、按分部分列汇总成表。

6）预制钢筋混凝土构件汇总表。预制钢筋混凝土构件汇总表包括预制钢筋混凝土构件加工一览表、预制钢筋混凝土构件钢筋明细表、预制钢筋混凝土构件预埋铁件明细表。

7）金属构件汇总表。金属构件汇总表包括金属加工汇总表、金属结构构件加工材料明细表。

8）门窗加工汇总表。门窗加工汇总表包括门窗加工一览表、门窗五金明细表。

9）“两算”对比表。即将施工图预算与施工预算中的人工、材料、机械费用进行对比。

11.1.3 施工预算与施工图预算的区别

1. 用途及编制方法不同

施工预算用于施工企业内部核算，主要计算工料用量和直接费；而施工图预算却要确定整个单位工程造价。施工预算必须在施工图预算价值的控制下进行编制。

2. 使用定额不同

施工预算的编制依据是施工定额，施工图预算使用的是预算定额，两种定额的项目划分不同。即使是同一定额项目，在两种定额中各自的人工、材料、机械台班消耗数量都有一定的差别。

3. 工程项目粗细程度不同

施工预算比施工图预算的项目多、划分细，因为施工定额的项目综合性小于预算定额。施工预算的工程量计算要分层、分段、分工程项目计算，其项目要比施工图预算多。如砌砖基础，预算定额仅列了 1 项，而施工定额根据不同深度及砖基础墙的厚度，共划分了 6 个项目。

4. 计算范围不同

施工预算一般只计算工程所需工料的数量，有条件的地区可计算工程的直接费；而施工图预算要计算整个工程的直接费、间接费、利润及税金等各项费用。

5. 所考虑的施工组织及施工方法不同

施工预算所考虑的施工组织及施工方法是结合施工进场的实际情况，进行确定和列项计算；而施工图预算是按照设计综合考虑，按照预算定额的分项进行列项计算。

6. 计量单位不同

施工预算与施工图预算的工程量计量单位也不完全一致。如门窗安装施工预算分门窗框、门窗扇安装两个项目，门窗框安装以“樘”为单位计算，门窗扇安装以“扇”为单位计算工程量；但施工图预算门窗安装包括门窗框及扇，均以“m^2”计算。

11.2 施工预算的编制

11.2.1 施工预算的编制依据

1. 施工图纸及其说明书

编制施工预算需要具备全套施工图纸和有关的标准图集。施工图纸和说明书必须经过建设单位、设计单位和施工单位共同会审，并要有会审记录，未经会审的图纸不宜采用，以免因与实际施工不相符而返工。

2. 施工组织设计或施工方案

经批准的施工组织设计或施工方案所确定的施工方法、施工顺序、施工组织措施和现场平面布置等，可供施工预算具体计算时采用。

3. 现行的施工定额或劳动定额、材料消耗定额和机械台班使用定额

各省、市、自治区或地区，一般都编制颁发《建筑工程施工定额》。若没有编制或原编制的施工定额已过时且废止使用，则可依据国家颁布的《建筑安装工程统一劳动定额》以及各地区编制的《材料消耗定额》和《机械台班使用定额》编制施工预算。

4. 施工图预算书

由于施工图预算中的许多工程量数据可供编制施工预算时利用，因而依据施工图预算书可减少施工预算的编制工作量，提高编制效率。

5. 建筑材料手册和预算手册

根据建筑材料手册和预算手册进行材料长度、面积、体积、重量之间的换算，工程量的计算等。

6. 人工工资标准及实际勘察与测量资料

11.2.2 施工预算的编制方法

施工预算的编制方法分为实物法和实物金额法两种。

1. 实物法

实物法就是根据施工图纸和说明书，以及施工组织设计，按照施工定额或劳动定额的规定计算工程量，再分析并汇总人工和材料的数量。这是目前编制施工预算大多采用的方法。应用这些数量可向施工班组签发任务书和限额领料单，进行班组核算，并与施工图预算的人工、材料和机械台班数量对比，分析超支或节约的原因，进而改进和加强企业管理。

2. 实物金额法

实物金额法编制施工预算又分为以下两种：一种是根据实物法编制出人工、材料数量，再分别乘以相应的单价，求得人工费和材料费；另一种是根据施工定额的规定，计算出各分项工程量，套用其相应施工定额的单价，得出合价，再将各分项工程的合价相加，求得单位工程直接费。这种方法与施工图预算单价法的编制方法基本相同。所求得的实物量用于签发施工任务单和限额领料单，而其人工费、材料费、机械台班费可用于进行“两算”对比，以利于企业进行经济核算，提高经济效益。

11.2.3 施工预算的编制程序

施工预算的编制步骤与施工图预算的编制步骤基本相同，所不同的是施工预算比施工图预算的项目划分得更细，以适合施工方法的需要，有利于安排施工进度计划和编制统计报表。施工预算的编制，可按下述步骤进行。

1）熟悉基础资料。在编制施工预算前，要认真阅读经会审和交底的全套施工图纸、说明书及有关标准图集，掌握施工定额内容范围，了解经批准的施工组织设计或施工方案，为正确、顺利地编制施工预算奠定基础。

2）计算工程量。要合理划分分部分项工程项目，一般可按施工定额项目划分，并依照施工定额手册的项目顺序排列。有时为签发施工任务单方便，也可按施工方案确定的施工顺序或流水施工的分层分段排列。此外，为便于进行“两算”对比，也可按照施工图预算的项目顺序排列。为加快施工预算的编制速度，在计算工程量过程中，凡能利用的施工图预算的工程数据可直接利用。工程量计算完毕核对无误后，根据施工定额内容和计量单位的要求，按分部分项工程的顺序或分层分段，逐项整理汇总。各类构件、钢筋、门窗、五金等也整理列成表格。

3）分析和汇总工、料、机消耗量。按所在地区或企业内部自行编制的施工定额进行套用，以分项工程的工程量乘以相应项目的人工、材料和机械台班消耗量定额，得到该项目的人工、材料和机械台班消耗量。将各分部工程中同类的各种人工、材料和机械台班消耗量相加，得到每一分部工程的各种人工、材料和机械台班的总消耗量，再进一步将各分部工程的人工、材料和机械总消耗量汇总，并制成表格。

4）“两算”对比。将施工图预算与施工预算中的分部工程人工、材料、机械台班消耗量或价值列出，并一一对比，算出节约差或超支额，以便反映经济效果，核算施工预算是否达到降低工程成本的目的；如未达到降低工程成本的目的，应重新研究施工方法和技术组织措施，修正施工方案，防止亏本。

5）编写编制说明。

11.3 “两算”对比

11.3.1 “两算”对比的概念

“两算”对比是指施工预算与施工图预算的对比。施工图预算确定的是工程预算成本，施工预算确定的是工程计划成本，它们是从不同角度计算的工程成本。

“两算”对比是建筑企业运用经济活动分析来加强经营管理的一种重要手段。通过“两算”对比分析，可以了解施工图预算的正确与否，发现问题，及时纠正；通过“两算”对比，可以对该单位工程给施工企业带来的经济效益进行预测，使施工企业做到心中有数，事先控制不合理的开支，以免造成亏损；通过“两算”对比分析，可以预先找出节约或超支的原因，研究其解决措施，防止亏本。

11.3.2 “两算”对比的方法

“两算”对比的方法一般采用实物量对比法或实物金额对比法。

1. 实物量对比法

实物量是指分项工程所消耗的人工、材料和机械台班消耗的实物数量。对比是将“两算”中相同项目所需的人工、材料和机械台班消耗量进行比较，或者以分部工程或单位工程为对象，将“两算”的人工、材料汇总数量相比较。因“两算”各自的定额项目划分工作内容不一致，为使两者有可比性，常常需经过项目合并、换算之后才能进行对比。由于预算定额项目的综合性较施工定额项目大，故一般是合并施工预算项目的实物量，使其与预算定额项目相对应，然后再进行对比，如表 11-1 所示。

表 11-1　砖基础“两算”对比表

工程名称：________________

项目名称	单位/m^3		对比内容			
			人工/工日	砂浆/m^3	砖/块	机械/台班
1 砖基础	6	施工预算	5.61	1.42	3 132	0.29
		施工图预算	7.82	1.49	3 148	0.18
1.5 砖基础	4	施工预算	3.61	0.97	2 072	0.20
		施工图预算	5.04	1.02	2 082	0.12
合计	10	施工预算	9.22	2.30	5 204	0.49
		施工图预算	12.86	2.51	5 230	0.30
		“两算”对比额	+3.64	+0.12	+26	−0.19
		“两算”对比（±）%	+28.3	+4.78	+0.50	−63.33

2. 实物金额对比法

实物金额是指分项工程所消耗的人工、材料和机械台班的金额费用。由于施工预算只能反映完成项目所消耗的实物量，并不反映其价值，为使施工预算与施工图预算进行金额对比，就需要将施工预算中的人工、材料和机械台班的数量，乘以各自的单价，汇总成人工费、材料费和机械台班使用费，然后与施工图预算的人工费、材料费和机械台班使用费相比较。

3. “两算”对比的一般说明

1）人工数量。一般施工预算工日数应低于施工图预算工日数10%～15%，因为两者的基础不一样。比如，考虑到在正常施工组织的情况下，工序搭接及土建与水电安装之间的交叉配合所需停歇的时间，工程质量检查与隐蔽工程验收而影响的时间和施工中不可避免的少量零星用工等因素，施工图预算定额有10%的人工幅度差。计算公式为：

$$\text{人工费节约或超支额} = \text{施工图预算人工费} - \text{施工预算人工费}$$

$$\text{计划人工费降低率} = \frac{(\text{施工图预算人工费} - \text{施工预算人工费})}{\text{施工图预算人工费}} \times 100\%$$

计算结果为正值时，表示计划人工费节约；当结果为负值时，表示计划人工费超支。

2）材料消耗。材料消耗方面，一般施工预算应低于施工图预算消耗量。由于定额水平不一致，有的项目会出现施工预算消耗量大于施工图预算消耗量的情况，这时要调查分析，根据实际情况调整施工预算用量后再予对比。材料费的节约或超支额及计划材料费降低率按下式计算：

$$\text{材料费节约或超支额} = \text{施工图预算材料费} - \text{施工预算材料费}$$

$$\text{计划材料费降低率} = \frac{(\text{施工图预算材料费} - \text{施工预算材料费})}{\text{施工图预算材料费}} \times 100\%$$

3）机械台班数量及机械费。由于施工预算是根据施工组织设计或施工方案规定的实际进场的施工机械种类、型号、数量和工期编制计算机械台班，而施工图预算定额的机械台班是根据需要和合理配备来综合考虑的，多以金额表示，因此一般以“两算”的机械费相对比，且只能核算搅拌机、卷扬机、塔吊、汽车吊和履带吊等大中型机械台班费是否超过施工图预算机械费。如果机械费大量超支，没有特殊情况，应改变施工采用的机械方案，尽量做到不亏本而略有盈余。

4）脚手架工程。脚手架工程无法按实物量进行“两算”对比，只能用金额对比。因为施工预算是根据施工组织设计或施工方案规定的搭设脚手架内容编制、计算其工程量和费用的；而施工图预算定额是综合考虑，按建筑面积计算脚手架摊销费用的。

思考与练习

1. 简述施工预算的作用。
2. 简述施工预算与施工图预算的区别。

第12章　工程价款结算

【学习重点】

建设工程工程价款结算的概念及意义；工程价款结算的主要内容；工程价款结算的程序；工程索赔。

【学习目标】

通过本章学习，了解工程价款结算的概念及意义；掌握建设工程工程价款结算的主要内容及结算程序；能够熟练进行建筑安装工程工程价款结算的编制。

12.1　工程价款结算概述

12.1.1　工程结算的概念

工程结算是指施工企业（承包商）在工程实施过程中，依据承包合同（含补充协议）中付款条款的规定和已经完成的工程量，按照规定的程序向建设单位（业主）收取工程价款的一项经济活动。

12.1.2　工程结算的重要意义

1. 工程结算是工程进度的主要指标

在施工过程中，工程结算的依据之一就是按照已完成的工程量进行结算，也就是说，承包商完成的工程量越多，所应结算的工程价款就应越多。所以，根据累计已结算的工程价款占合同总价款的比例，能够近似地反映出工程的进度情况，有利于准确掌握工程进度。

2. 工程结算是加速资金周转的重要环节

承包商能够尽快地分阶段收回工程款，有利于偿还债务，也有利于资金的回笼，降低内部运营成本。通过加速资金周转，提高资金的使用有效性。

3. 工程结算是考核经济效益的重要指标

对于承包商来说，只有工程价款如数地结算，才意味着完成了项目，避免了经营风险，才能获得相应的利润，进而得到良好的经济效益。

12.1.3　工程价款结算的主要内容

根据《建设项目工程结算编审规程》中的有关规定，工程价款结算主要包括竣工结算、分阶段结算、专业分包结算和合同中止结算。

竣工结算是指建设项目完工并经验收合格后，对所完成的建设项目进行的全面的工程结算。

分阶段结算是指在签订的施工承发包合同中，按工程特征划分为不同阶段实施和结算。该阶段合同工作内容已完成，经发包人或有关机构中间验收合格后，由承包人在原合同分阶段价格的基础上编制调整价格并提交发包人审核签认的工程价格，它是表达该工程不同阶段造价和工程价款结算依据的工程中间结算文件。

专业分包结算是指在签订的施工承发包合同或由发包人直接签订的分包工程合同中，按工程专业特征分类实施分包和结算。分包合同工作内容已完成，经总包人、发包人或有关机构对专业内容验收合格后，按合同的约定，由分包人在原合同价格基础上编制调整价格并提交总包人、发包人审核签认的工程价格，它是表达该专业分包工程造价和工程价款结算依据的工程分包结算文件。

合同中止结算是指工程实施过程中合同中止，对施工承发包合同中已完成且经验收合格的工程内容，经发包人、总包人或有关机构点交后，由承包人按原合同价格或合同约定的定价条款，参照有关计价规定编制合同中止价格，提交发包人或总包人审核签认的工程价格，它是表达该工程合同中止后已完成工程内容的造价和工程价款结算依据的工程经济文件。

12.1.4 工程价款的主要结算方式

我国现行建筑安装工程价款的主要结算方式有以下几种：

1）按月结算：即先预付部分工程款，在施工过程中按月结算工程进度款，竣工后进行竣工结算。

2）竣工后一次结算：建设工程项目或单项工程全部建筑安装工程建设期在 12 个月以内，或者工程承包合同价值在 100 万元以下的，可以实行工程价款每月月中预支，竣工后一次结算。

3）分段结算：即当年开工，当年不能竣工的单项工程或单位工程按照工程形象进度，划分不同阶段进行结算。分段结算可以按月预支工程款。

4）结算双方约定的其他结算方式：实行竣工后一次结算和分段结算的工程，当年结算的工程款应与分年度的工作量一致，年终不另清算。

12.1.5 工程价款结算的编制程序

工程价款结算应按准备、编制和定稿三个工作阶段进行，并实行编制人、校对人和审核人分别署名、盖章确认的内部审核制度。

1. 结算编制准备阶段

1）收集与工程结算编制相关的原始资料。

2）熟悉工程结算资料内容，进行分类、归纳、整理。

3）召集相关单位或部门的有关人员参加工程结算预备会议，对结算内容和结算资料进行核对与充实完善。

4）收集建设期内影响合同价格的法律和政策性文件。

2. 结算编制阶段

1）根据竣工图及施工图以及施工组织设计进行现场踏勘，对需要调整的工程项目进行观察、对照、必要的现场实测和计算，做好书面或影像记录。

2）按既定的工程量计算规则计算需调整的分部分项、施工措施或其他项目工程量。

3）按招标文件、施工发承包合同规定的计价原则和计价办法对分部分项、施工措施或其他项目进行计价。

4）对于工程量清单或定额缺项以及采用新材料、新设备、新工艺的，应根据施工过程中的合理消耗和市场价格，编制综合单价或单位估价分析表。

5）工程索赔应按合同约定的索赔处理原则、程序和计算方法，提出索赔费用，经发包人确认后作为结算依据。

6）汇总计算工程费用，包括编制分部分项费、施工措施项目费、其他项目费、零星工作项目费或直接费、间接费、利润和税金等表格，初步确定工程结算价格。

7）编写编制说明。

8）计算主要技术经济指标。

9）提交结算编制的初步成果文件待校对、审核。

3. 结算编制定稿阶段

1）由结算编制受托人单位的部门负责人对初步成果文件进行检查、校对。

2）由结算编制受托人单位的主管负责人审核批准。

3）在合同约定的期限内，向委托人提交经编制人、校对人、审核人和受托人单位盖章确认的正式结算编制文件。

12.1.6　工程价款约定的内容

发包人、承包人应当在合同条款中对涉及工程价款结算的下列事项进行约定：

1）预付工程款的数额、支付时限及抵扣方式。

2）工程进度款的支付方式、数额及时限。

3）工程施工中发生变更时，工程价款的调整方法、索赔方式、时限要求及金额支付方式。

4）发生工程价款纠纷的解决方法。

5）约定承担风险的范围及幅度以及超出约定范围和幅度的调整办法。

6）工程竣工价款的结算与支付方式、数额及时限。

7）工程质量保证（保修）金的数额、预扣方式及时限。

8）安全措施和意外伤害保险费用。

9）工期及工期提前或延后的奖惩办法。

10）与履行合同、支付价款相关的担保事项。

12.1.7　工程价款结算的编制内容

1）工程结算采用工程量清单计价的应包括：

①工程项目的所有分部分项工程量，以及实施工程项目采用的措施项目工程量；为完成所有工程量并按规定计算的人工费、材料费、设备费、机械费、间接费、利润和税金。

②分部分项和措施项目以外的其他项目所需计算的各项费用。

2）工程结算采用定额计价的应包括：套用定额的分部分项工程量、措施项目工程量和其他项目，以及为完成所有工程量和其他项目并按规定计算的人工费、材料费、设备费、机械费、间接费、利润和税金。

3）采用工程量清单或定额计价的工程结算还应包括：

①设计变更和工程变更费用。

②索赔费用。

③合同约定的其他费用。

12.2 工程价款结算程序

12.2.1 工程预付款（预付备料款）

工程预付款是指建设工程施工合同订立后，由发包人按照合同的约定，在正式开工前预先支付给承包人用于购买合同工程施工所需的材料、工程设备，以及组织施工机械和人员进场等的款项。它是施工准备和所需要材料、结构件等流动资金的主要来源，国内习惯上又称为预付备料款。支付预付款是公平合理的，因为施工企业在工程开工早期使用的金额相当大，预付款相当于建设单位给施工企业的无息贷款。

《建设工程工程量清单计价规范》（GB 50500—2013）规定预付款用于承包人为合同工程施工购置材料、工程设备，购置或租赁施工设备，修建临时设施以及组织施工队伍进场等所需的款项。预付款的支付比例不宜高于合同价款的30%。承包人对预付款必须专用于合同工程。承包人应在签订合同或向发包人提供与预付款等额的预付款保函（如有）后向发包人提交预付款支付申请。发包人应在收到支付申请的7天内进行核实后向承包人发出预付款支付证书，并在签发支付证书后的7天内向承包人支付预付款。预付款应从每支付期应支付给承包人的工程进度款中扣回，直到扣回的金额达到合同约定的预付款金额为止。承包人的预付款保函（如有）的担保金额根据预付款扣回的数额相应递减，但在预付款全部扣回之前一直保持有效。发包人应在预付款扣完后的14天内将预付款保函退还给承包人。

预付款的有关事宜，如数量、支付时间和方式、支付条件、偿（扣）还方式等，应在施工合同条款中予以确定。

1. 预付款的支付

（1）预付款的额度　各地区、各部门对工程预付款额度的规定不完全相同，主要是保证施工所需材料和构件的正常储备。工程预付款额度一般是根据施工工期、建安工作量、主要材料和构件费用占建安工程费的比例以及材料储备周期等因素经测算确定的。

1）百分比法。发包人根据工程的特点、工期长短、市场行情、供求规律等因素，招标时在合同条件中约定工程预付款的百分比。其计算公式为：

$$预付备料款=合同价款\times 合同中约定比率$$

2）公式计算法。公式计算法是根据主要材料（含结构件等）占年度承包工程总价的比重，材料储备定额天数和年度施工天数等因素，通过公式计算预付款额度数额的一种方法，其计算公式为：

$$工程预付款=\frac{年度承包工程总值\times 主要材料所占比重}{年度施工日历天数}\times 材料储备定额天数$$

式中，年度施工日历天数按365天日历天计算；材料储备定额天数由当地材料供应的在途天数、加工天数、整理天数、供应间隔天数、保险天数等因素决定。

【例12-1】 某项目签署合同价为2000万元，合同中约定材料价款占合同价款的60%，材料定额储备天数为45天，求预付款。

【解】 预付款 =(2000×60%/365)×45 =147.95(万元)

在实际工作中，工程预付款的数额，要根据各工程类型、合同工期、承包方式和供应体制等不同条件而定。例如，工业项目中钢结构和管道安装占比重较大的工程，其主要材料所占比重比一般安装工程要高，因而工程预付款数额也要相应提高。工期短的工程比工期长的要高，材料由承包人自购的比由发包人提供材料的要高。

原则上除发、承包双方有约定之外，根据《建设工程价款结算暂行办法》的规定，预付款的比例不低于合同金额（扣除暂列金额）的10%，不高于30%。对重大工程项目，按年度工程计划逐年预付。计价执行《建设工程工程量清单计价规范》（GB 50500—2013）的工程，实体性消耗和非实体性消耗部分宜在合同中分别约定预付款比例（或金额）。

对于只包工不包料的工程项目，则可以不预付备料款。

【例12-2】 某项目签署合同价为2000万元，合同中约定暂列金额100万元，预付比例为20%，求预付款。

【解】 预付款 = （2000 -100）×20% =380（万元）

（2）预付款的支付时间　根据《建设工程工程量清单计价规范》（GB 50500—2013）的规定，预付款的支付应符合下列规定：

1）承包人应在签订合同或向发包人提供与预付款等额的预付款保函（如有）后向发包人提交预付款支付申请。

2）发包人应在收到支付申请的7天内进行核实后，向承包人发出预付款支付证书，并在签发支付证书后的7天内向承包人支付预付款。

3）发包人没有按合同约定按时支付预付款的，承包人可催告发包人支付；发包人在预付款期满后的7天内仍未支付的，承包人可在付款期满后的第8天起暂停施工。发包人应承担由此增加的费用和（或）延误的工期，并向承包人支付合理利润。

2. 预付款的扣回

施工企业对工程备料款只有使用权，没有所有权。它是建设单位（业主）为保证施工生产顺利进行而预交给施工单位的一部分垫款，属于预支性质。当施工到一定程度后，材料和构配件的储备量将减少，需要的工程备料款也随之减少，此后办理工程价款结算时，应以充抵工程价款的方式陆续扣回，扣回方式应当由双方当事人在合同中明确约定。扣款的方法主要有以下两种：

（1）按合同约定扣款　预付款的扣款方法由发包人和承包人通过洽商后在合同中予以确定，一般是在承包人完成金额累计达到合同总价的一定比例后，由承包人开始向发包人还款，发包方从每次应付给承包人的金额中扣回工程预付款，发包人至少在合同规定的完工期前三个月将工程预付款的总额逐次扣回。国际工程中的扣款方法一般为：当工程进度款累计金额超过合同价格的10% ~20%时开始起扣，每月从进度款中按一定比例扣回。

（2）起扣点计算法　从未施工工程尚需的主要材料及构件的价值相当于工程预付款数额时起扣，此后每次结算工程价款时，按材料所占比重扣抵工程价款，竣工前全部扣清。起扣点的计算公式如下：

$$T = P - \frac{M}{N}$$

式中　T——起扣点，即工程预付款开始扣回时的累计完成工作量金额；

M——工程预付款限额；

N——主要材料及构件所占比重；

P——承包工程价款总额。

【例 12-3】 某项目合同价为 680 万元，预付比例为 25%，主要材料所占比例为 60%，求预付款和起扣点。

【解】 预付款 = 680 × 25% = 170（万元）

起扣点 = 680 − 170/60% = 396.67（万元）

在实际工程中，预付款的扣回比较复杂。除可按合同约定的方法对预付款进行扣回外，还可以针对工程的实际情况具体处理。如有些工程工期较短、造价较低，就无需分期扣回；有些工期较长，如跨年度工程，其备料款的占用时间较长，根据需要可少扣或不扣，并于次年按应付工程预付款调整，多退少补。

3. 预付款担保

（1）预付款担保的概念及作用　预付款担保是发生在承包人与发包人签订合同后领取预付款前，承包人正确、合理使用发包人支付的预付款而提供的担保。预付款担保的主要作用在于保证承包人能够按合同规定进行施工，偿还发包人已支付的全部预付金额，如果承包人中途毁约，中止工程，使发包人不能在规定期限内从应付工程款中扣除全部预付款，则发包人作为保函的受益人有权凭预付款担保向银行索赔该保函的担保金额作为补偿。

（2）预付款担保形式

1）银行保函是预付款担保的主要形式。预付款担保的担保金额通常与发包人的预付款是等值的。预付款一般逐月从工程预付款中扣除，预付款担保的担保金额也相应逐月减少。承包人在施工期间，应当定期从发包人处取得同意此保函减值的文件，并送交银行确认。承包人还清全部预付款后，发包人应退还预付款担保，承包人将其退回银行注销，解除担保责任。

2）发包人与承包人约定的其他形式。预付款担保也可由保证担保公司担保，或采取抵押等担保形式。承包人的预付款保函的担保金额根据预付款扣回的数额相应递减，但在预付款全部扣回之前一直保持有效。发包人应在预付款扣完后的 14 天内将预付款保函退还给承包人。

4. 安全文明施工费

《建设工程工程量清单计价规范》（GB 50500—2013）规定发包人应在工程开工后的 28 天内预付不低于当年施工进度计划的安全文明施工费总额的 60%，其余部分应按照提前安排的原则进行分解，与进度款同期支付。

发包人没有按时支付安全文明施工费的，承包人可催告发包人支付；发包人在付款期满后的 7 天内仍未支付的，若发生安全事故，发包人应承担连带责任。

12.2.2　中间结算（工程进度款的支付）

工程进度款的支付，是指发包人在合同工程施工过程中，按照合同约定对付款周期内承包人完成的合同价款给予支付的款项，也就是工程进度款的结算支付。发承包双方应按照合同约定的时间、程序和方法，根据工程计量结果，办理期中价款结算，支付进度款。进度款的支付周期应与合同约定的工程计量周期一致。

1. 工程计量

所谓工程计量，就是发承包双方根据合同约定，对承包人完成合同工程的数量进行的计算和确认。

招标工程量清单中所列的数量，通常是根据设计图纸计算的数量，是对合同工程的估计工程量。工程施工过程中，通常会由于一些原因导致承包人实际完成工程量与工程量清单中所列工程量不一致，比如：招标工程量清单缺项、漏项或项目特征描述与实际不符；工程变更；现场施工条件变化；现场签证；暂列金额中的专业工程发包等。因此，在工程合同价款结算前，必须对承包人履行合同义务所完成的实际工程进行准确的计量。

（1）工程计量的范围与依据

1）工程计量的范围包括：工程量清单及工程变更所修订的工程量清单的内容；合同文件中规定的各种费用支付项目，如费用索赔、各种预付款、价格调整、违约金等。

2）工程计量的依据包括：工程量清单及说明；合同图纸；工程变更令及其修订的工程量清单；合同条件；技术规范；有关计量的补充协议；质量合格证书等。

（2）工程计量的方法　工程量必须按照相关工程现行国家计量规范规定的工程量计算规则计算。工程计量可选择按月或按形象进度分段计量，具体计量周期在合同中约定。因承包人原因造成的超出合同工程范围施工或返工的工程量，发包人不予计量。通常区分单价合同和总价合同规定不同的计量方法，成本加酬金合同按照单价合同的计量规定进行计量。

1）单价合同计量。单价合同工程量必须以承包人完成合同工程应予计量的，按照现行国家计量规范规定的工程量计算规则计算得到的工程量确定。施工中工程计量时，若发现招标工程量清单中出现缺陷、工程量偏差，或因工程变更引起工程量的增减，应按承包人在履行合同义务中完成的工程量计算。具体方法如下：

①承包人应当按照合同约定的计量周期和时间，向发包人提交当期已完工程量报告。发包人应在收到报告后的7天内核实，并将核实计量结果通知承包人。发包人未在约定时间内进行核实的，则承包人提交的计量报告中所列的工程量视为承包人实际完成的工程量。

②发包人认为需要进行现场计量核实的，应在计量前24小时通知承包人，承包人应为计量提供便利条件并派人参加。双方均同意核实结果时，则双方应在上述记录上签字确认。承包人收到通知后不派人参加计量，视为认可发包人的计量核实结果。发包人不按照约定时间通知承包人，致使承包人未能派人参加计量，计量核实结果无效。

③如承包人认为发包人核实后的计量结果有误，应在收到计量结果通知后的7天内向发包人提出书面意见，并附上其认为正确的计量结果和详细的计算资料。发包人收到书面意见后，应在7天内对承包人的计量结果进行复核后通知承包人。承包人对复核计量结果仍有异议的，按照合同约定的争议解决办法处理。

④承包人完成已标价工程量清单中每个项目的工程量后，发包人应要求承包人派人共同对每个项目的历次计量报表进行汇总，以核实最终结算工程量。发承包双方应在汇总表上签字确认。

2）总价合同计量。采用经审定批准的施工图纸及其预算方式发包形成的总价合同，除按照工程变更规定引起的工程量增减外，总价合同各项目的工程量是承包人用于结算的最终工程量。总价合同约定的项目计量应以合同工程经审定批准的施工图纸为依据，发承包双方应在合同中约定工程计量的形象目标或时间节点进行计量。具体的计量方法如下：

①承包人应在合同约定的每个计量周期内，对已完成的工程量进行计量，并向发包人提交达到工程形象目标完成的工程量和有关计量资料的报告。

②发包人应在收到报告后 7 天内对承包人提交的上述资料进行复核，以确定实际完成的工程量和工程形象目标。对其有异议的，应通知承包人进行共同复核。

2. 工程进度款的计算

（1）已完工程的结算价款　已标价工程量清单中的单价项目，承包人应按工程计量确认的工程量与综合单价计算。如综合单价发生调整，以发承包双方确认调整的综合单价计算进度款。已标价工程量清单中的总价项目，承包人应按合同中约定的进度款支付分解，分别列入进度款支付申请中的安全文明施工费和本周期应支付的总价项目的金额中。

（2）结算价款的调整　承包人现场签证和得到发包人确认的索赔金额列入本周期应增加的金额中。由发包人提供的材料、工程设备金额，应按照发包人签约提供的单价和数量从进度款支付中扣除，列入本周期应扣减的金额中。

3. 工程进度款支付的程序

（1）承包人提交进度款支付申请　承包人应在每个计量周期到期后的 7 天内向发包人提交已完工程进度款支付申请（一式四份），详细说明此周期自己认为有权得到的款额，包括分包人已完工程的价款。支付申请的内容包括：

1）累计已完成工程的合同价款。

2）累计已实际支付的合同价款。

3）本周期合计完成的合同价款。

①本周期已完成单价项目的金额。

②本周期应支付的总价项目的金额。

③本周期已完成的计日工价款。

④本周期应支付的安全文明施工费。

⑤本周期应增加的金额。

4）本周期合计应扣减的金额。

①本周期应扣回的预付款。

②本周期应扣减的金额。

5）本周期实际应支付的合同价款。

（2）发包人签发进度款支付证书　发包人应在收到承包人进度款支付申请后的 14 天内，根据计量结果和合同约定对申请内容予以核实，确认后向承包人出具进度款支付证书。若发承包双方对部分项目的计量结果出现争议，发包人应对无争议部分的工程计量结果向承包人出具进度款支付证书。

（3）发包人支付进度款　发包人应在签发进度款支付证书后的 14 天内，按照支付证书列明的金额向承包人支付进度款。若发包人逾期未签发进度款支付证书，则视为承包人提交的进度款支付申请已被发包人认可，承包人可向发包人发出催告付款的通知。发包人应在收到通知后的 14 天内，按照承包人支付申请阐明的金额向承包人支付进度款。

发包人未按照规范规定支付进度款的，承包人可催告发包人支付，并有权获得延迟支付的利息；发包人在付款期满后的 7 天内仍未支付的，承包人可在付款期满后的第 8 天起暂停施工。发包人应承担由此增加的费用和（或）延误的工期，向承包人支付合理利润，并承担违约责任。

（4）进度款的支付比例　进度款的支付比例按照合同的约定，按期中结算价款总额计，不低于60%，不高于90%。

（5）支付证书的修正　发现已签发的任何支付证书有错、漏或重复的数额，发包人有权予以修正，承包人也有权提出修正申请。经发承包双方复核同意修正的，应在本次到期的进度款中支付或扣除。

12.2.3　质量保证金

建设工程质量保证金（以下简称保证金）是指发包人与承包人在建设工程承包合同中约定，从应付的合同价款中预留用以保证承包人在缺陷责任期内履行缺陷修复义务的金额。发包人应按照合同约定的质量保证金比例从结算款中预留质量保证金。

1. 缺陷和缺陷责任期

缺陷是指建设工程质量不符合工程建设强制性标准、设计文件以及承包合同的约定。

缺陷责任期是指承包人对已交付使用的合同工程承担合同约定的缺陷修复责任的期限。缺陷责任期一般为6个月、12个月或24个月，具体可由发承包双方在合同中约定。缺陷责任期从工程通过竣（交）工验收之日起计。由于承包人原因导致工程无法按规定期限进行竣（交）工验收的，缺陷责任期从实际通过竣（交）工验收之日起计。由于发包人原因导致工程无法按规定期限进行竣（交）工验收的，在承包人提交竣（交）工验收报告90天后，工程自动进入缺陷责任期。

2. 保证金的预留和返还

（1）承发包双方的约定　发包人应当在招标文件中明确保证金预留、返还等内容，并与承包人在合同条款中对涉及保证金的下列事项进行约定：

①保证金预留、返还方式。

②保证金预留比例、期限。

③保证金是否计付利息，如计付利息，利息的计算方式。

④缺陷责任期的期限及计算方式。

⑤保证金预留、返还及工程维修质量、费用等争议的处理程序。

⑥缺陷责任期内出现缺陷的索赔方式。

（2）保证金的预留　全部或者部分使用政府投资的建设项目，按工程价款结算总额5%左右的比例预留保证金。社会投资项目采用预留保证金方式的，预留保证金的比例可参照执行。

（3）保证金的返还　缺陷责任期内，承包人认真履行合同约定的责任。约定的缺陷责任期满，承包人向发包人申请返还保证金。发包人在接到承包人返还保证金申请后，应于14日内会同承包人按照合同约定的内容进行核实。如无异议，发包人应当在核实后4日内将保证金返还给承包人，逾期支付的，从逾期之日起，按照同期银行贷款利率计付利息，并承担违约责任。发包人在接到承包人返还保证金申请后14日内不予答复，经催告后14日内仍不予答复，视同认可承包人的返还保证金申请。

缺陷责任期满时，承包人没有完成缺陷责任的，发包人有权扣留与未履行责任剩余工作所需金额相应的质量保证金余额，并有权根据约定要求延长缺陷责任期，直至完成剩余工作为止。

3. 保证金的管理及缺陷修复

（1）保证金的管理　缺陷责任期内，实行国库集中支付的政府投资项目，保证金的管理应按国库集中支付的有关规定执行。其他的政府投资项目，保证金可以预留在财政部门或发包方。缺陷责任期内，如发包人被撤销，保证金随交付使用资产一并移交使用单位管理，由使用单位代行发包人职责。社会投资项目采用预留保证金方式的，发承包双方可以约定将保证金交由金融机构托管；采用工程质量保证担保、工程质量保险等其他保证方式的，发包人不得再预留保证金，并按照有关规定执行。

（2）缺陷责任期内缺陷责任的承担　缺陷责任期内，由承包人原因造成的缺陷，承包人应负责维修，并承担鉴定及维修费用。如承包人不维修也不承担费用，发包人可按合同约定扣除保证金，并由承包人承担违约责任。承包人维修并承担相应费用后，不免除对工程的一般损失赔偿责任。由他人原因造成的缺陷，发包人负责组织维修，承包人不承担费用，且发包人不得从保证金中扣除费用。

《建设工程工程量清单计价规范》（GB 50500—2013）规定：承包人未按照法律法规有关规定和合同约定履行质量保修义务的，发包人有权从质量保证金中扣留用于质量保修的各项支出。发包人应按照合同约定的质量保修金比例从每支付期应支付给承包人的进度款或结算款中扣留，直到扣留的金额达到质量保证金的金额为止。在保修责任期终止后的 14 天内，发包人应将剩余的质量保证金返还给承包人。剩余质量保证金的返还，并不能免除承包人按照合同约定应承担的质量保修责任和应履行的质量保修义务。经查验，工程缺陷属于发包人原因造成的，应由发包人承担查验和缺陷修复的费用。

12.2.4　竣工结算

工程竣工结算是指在工程项目完工并经竣工验收合格后，发承包双方依据国家有关法律、法规和标准规定，按照合同约定确定的最终工程造价。其包括在履行合同过程中按合同约定进行的合同价款调整，是承包人按合同约定完成了全部承包工作后，发包人应付给承包人的合同总金额。

工程竣工结算分为单位工程竣工结算、单项工程竣工结算和建设项目竣工结算。其中，单位工程竣工结算和单项工程竣工结算也可看作是分阶段结算。

1. 工程竣工结算的编制

单位工程竣工结算由承包人编制，发包人审查；实行总承包的工程，由具体承包人编制，在总包人审查的基础上，发包人审查。单项工程竣工结算或建设项目竣工总结算由总（承）包人编制，发包人可直接进行审查，也可以委托具有相应资质的工程造价咨询机构进行审查。政府投资项目，由同级财政部门审查。单项工程竣工结算或建设项目竣工总结算经发承包人签字盖章后有效。承包人应在合同约定期限内完成项目竣工结算编制工作，未在规定期限内完成的并且提不出正当理由延期的，责任自负。

（1）工程竣工结算的编制依据　工程竣工结算的编制由承包人或受其委托具有相应资质的工程造价咨询人编制，由发包人或受其委托具有相应资质的工程造价咨询人核对。工程竣工结算编制的主要依据有：

1）国家有关法律、法规、规章制度和相关的司法解释。

2）《建设工程工程量清单计价规范》（GB 50500—2013）或工程预算定额、费用定额及价格信息、调价规定等。

3）国务院建设主管部门以及各省、自治区、直辖市和有关部门发布的工程造价计价标准、计价办法、有关规定及相关解释。

4）施工承发包合同、专业分包合同及补充合同，有关材料、设备采购合同。

5）招标投标文件，包括招标答疑文件、投标承诺、中标报价书及其组成内容。

6）工程竣工图或施工图、施工图会审记录，经批准的施工组织设计，以及设计变更、工程洽商和相关会议纪要。

7）工程预算书。

8）经批准的开、竣工报告或停、复工报告。

9）发承包双方实施过程中已确认的工程量及其结算的合同价款。

10）发承包双方实施过程中已确认调整后追加（减）的合同价款。

11）其他依据。

（2）工程竣工结算的编制原则　在采用工程量清单计价的方式下，工程竣工结算计价原则如下：

1）分部分项工程和措施项目中的单价项目应依据发承包双方确认的工程量与已标价工程量清单的综合单价计算；发生调整的，以发承包双方确认调整的综合单价计算。

2）措施项目中的总价项目应依据已标价工程量清单的项目和金额计算；发生调整的，应以发承包双方确认调整的金额计算，其中安全文明施工费必须按照国家或省级、行业建设主管部门的规定计算。

3）其他项目费应按以下规定计算：

①计日工的费用应按发包人实际签证确认的事项计算。

②暂估价中的材料单价应按发承包双方最终确认价在综合单价中调整；专业工程暂估价应按中标价或发包人、承包人与分包人最终确认价计算。

③总承包服务费应依据合同约定金额计算，如发生调整的，以发承包双方确认调整的金额计算。

④施工索赔费用应依据发承包双方确认的索赔事项和金额计算。

⑤现场签证费用应依据发承包双方签证资料确认的金额计算。

⑥暂列金额应减去工程价款调整（包括索赔、现场签证）金额计算，如有余额归发包人。

4）规费和税金应按照国家或省级、行业建设主管部门对规费和税金的计取标准计算。规费中的工程排污费应按工程所在地环境保护部门规定的标准缴纳后按实列入。

此外，发承包双方在合同工程实施过程中已经确认的工程计量结果和合同价款，在竣工结算办理中应直接进入结算。

工程结算编制中若采用定额计价，工程项目中的工程单价可采用工料单价。工料单价是指把分部分项工程量乘以单价形成直接工程费，加上按规定标准计算的措施费，构成直接费。直接工程费由人工、材料、机械的消耗量及其相应价格确定。直接费汇总后另计算间接费、利润、税金，生成工程结算价。

2. 工程竣工结算的方法

竣工结算书的编制，随承包方式的不同而有所差异。

1）采用施工图概预算加增减账承包方式的工程结算书，是在原工程概预算基础上，加上施工过程中不可避免地发生的设计变更、材料代用、施工条件变化、经济政策变化等影响到原施工图概预算价格的变化费用，又称为预算结算制。

2）采用施工图概预算加包干系数或每 m^2 造价包干的工程结算书，一般在承包合同中已分清了承发包单位之间的义务和经济责任，不再办理施工过程中所承包内容的经济洽商，在工程结算时不再办理增减调整。工程竣工后，仍以原概预算加系数或 m^2 造价的价值进行计算。只有在发生超出包干范围的工程内容时，才在工程结算中进行调整。

3）采用投标方式承包工程的工程竣工结算书，原则上应按中标价格（成交价格）进行，但合同中对工期较长、内容比较复杂的工程，规定了对较大设计变更及材料调整允许调整的条文，施工单位在竣工结算时，可在中标价格基础上进行调整。当合同条文规定允许调整范围以外发生的非建筑企业原因发生中标价格以外费用时，建筑企业可以向招标单位提出签订补充合同或协议，作为结算调整价格的依据。

3. 工程竣工结算的程序

（1）承包人提交竣工结算文件　合同工程完成后，承包人应在经发承包双方确认的合同工程期中价款结算的基础上汇总编制完成竣工结算文件，并在提交竣工验收申请的同时向发包人提交竣工结算文件。

承包人未在合同约定的时间内提交竣工结算文件的，经发包人催告后 14 天内仍未提交或没有明确答复，发包人有权根据已有资料编制竣工结算文件，作为办理竣工结算和支付结算款的依据，承包人应予以认可。

（2）发包人或发包人委托工程造价咨询机构核对竣工结算文件

1）发包人应在收到承包人提交的竣工结算文件后的 28 天内核对。发包人经核实，认为承包人还应进一步补充资料和修改结算文件，应在上述时限内向承包人提出核实意见，承包人在收到核实意见后的 28 天内应按照发包人提出的合理要求补充资料，修改竣工结算文件，并应再次提交给发包人复核后批准。

2）发包人应在收到承包人再次提交的竣工结算文件后的 28 天内予以复核，将复核结果通知承包人。如果发承包双方对复核结果无异议，应在 7 天内在竣工结算文件上签字确认，竣工结算办理完毕；如果发包人或承包人对复核结果认为有误的，无异议部分办理不完全竣工结算，有异议部分由发承包双方协商解决，协商不成的，按照合同约定的争议解决方式处理。

3）发包人在收到承包人竣工结算文件后 28 天内，不核对竣工结算或未提出核对意见的，视为承包人提交的竣工结算文件已被发包人认可，竣工结算办理完毕。

4）承包人在收到发包人提出的核实意见后的 28 天内，不确认也未提出异议的，视为发包人提出的核实意见已被承包人认可，竣工结算办理完毕。

5）发包人委托工程造价咨询机构核对竣工结算的，工程造价咨询机构应在 28 天内核对完毕，核对结论与承包人结算文件不一致的，应提交给承包人复核，承包人应在 14 天内将同意核对结论或不同意见的说明提交工程造价咨询机构。工程造价咨询机构收到承包人提出的异议后，应再次复核，复核无异议的，发承包双方应在 7 天内在竣工结算文件上签字确认，竣工结算办理完毕；复核后仍有异议的，对于无异议部分办理不完全竣工结算，有异议部分由发承包双方协商解决，协商不成的，按照合同约定的争议解决方式处理。承包人逾期未提出书面异议的，视为工程造价咨询机构核对的竣工结算文件已经承包人认可。

（3）竣工结算文件的签认

对发包人或发包人委托的工程造价咨询人指派的专业人员与承包人指派的专业人员经核对后无异议的竣工结算文件，除非发承包人能提出具体、详细的不同意见，发承包人都应在竣工结算文件上签名确认，如有一方拒不签认的，按以下规定办理：

①若发包人拒不签认的，承包人可不提供竣工验收备案资料，并有权拒绝与发包人或其上级部门委托的工程造价咨询机构重新核对竣工结算文件。

②若承包人拒不签认的，发包人要求办理竣工验收备案的，承包人不得拒绝提供竣工验收资料，否则，由此造成的损失，承包人承担连带责任。

③不得重复核对。合同工程竣工结算核对完成，发承包双方签字确认后，禁止发包人又要求承包人与另一个或多个工程造价咨询人重复核对竣工结算。

（4）质量争议工程的竣工结算　发包人以对工程质量有异议，拒绝办理工程竣工结算的：

1）已经竣工验收或已竣工未验收但实际投入使用的工程，其质量争议按该工程保修合同执行，竣工结算按合同约定办理。

2）已竣工未验收且未实际投入使用的工程以及停工、停建工程的质量争议，双方应就有争议的部分委托有资质的检测鉴定机构进行检测，根据检测结果确定解决方案，或按工程质量监督机构的处理决定执行后办理竣工结算，无争议部分的竣工结算按合同约定办理。

4. 竣工结算编制程序中的重要工作

（1）编制准备　编制准备包括以下4个方面的内容：

1）收集与竣工结算编制工作有关的各种资料，尤其是施工记录与设计变更资料。

2）了解工程开工时间、竣工时间和施工进度、施工安排与施工方法等有关内容。

3）掌握在施工过程中的有关文件调整与变化，并注意合同中的具体规定。

4）检查工程质量，校核材料供应方式与供应价格。

（2）对施工预算中不真实项目进行调整

1）通过设计变更资料，寻找原预算中已列但实际未做的项目，并将该项目对应的预算从原预算中扣减出来。例如，某工程内墙面原设计为混合砂浆抹灰，并刷106涂料。施工时，应甲方要求不刷涂料，改用喷塑，并有甲乙双方签证的变更通知书，在结算时应扣除原概算中的106涂料费用，该项为调减部分。

2）计算实际增加项目的费用，费用构成依然为工程的直接费、间接费、利润、税金。上例中的墙面喷塑则属于增加项目，应按施工图预算要求，补充其费用。

3）根据施工合同的有关规定，计算由于政策变化而引起的调整性费用。在当前预结算工作中，最常见的一个问题是因文件规定的不断变化而对预结算编制工作带来的直接影响，尤其是直接费率的变化、材料系数的变化、人工工资标准的变化等。

（3）计算大型机械进退场费　预结算制度明确规定，大型施工机械进退场费结算时按实计取，但招投标工程应根据招标文件和施工合同规定办理。

（4）调整材料用量　引起材料用量尤其是主要材料用量变化的主要因素，一是设计变更引起的工程量的变化而导致的材料数量的增减，二是施工方法、材料类型不同而引起的材料数量变化。

（5）按实计算材差　一般情况下，建设单位委托承包商采购供应的“三材”和一些特殊材料按预算价、预算指导价或暂定价进行预算造价，而在结算时如实计取。这就要求在结算过程中，按结算确定的建筑材料实际数量和实际价格，逐项计算材差。

（6）确定建设单位供应材料部分的实际供应数量与实际需求数量　材料的供应数量与工程需求数量是两个不同的概念，对于建设单位供应材料来说，这种概念上的区别尤为重要。供应数量是材料的实际购买数量，通常通过购买单位的财务账目反映出来，建设单位供应材料的供应数量，也就是建设单位购买材料并交给承包商使用的数量；材料的需求数量指的是依据材料分析，完成建筑工程施工所需材料的客观消耗量。如果上述两量之间存在数量差，则应如实进行处理，既不能超供也不能短缺。

（7）计算由于施工方式的改变而引起的费用变化　预算时按施工组织设计文件要求，计算有关施工过程费用，但实际施工，施工情况、施工方式有变化，则有关费用要按合同规定和实际情况进行调整，如地下工程施工有关的技术措施、施工机械型号选用变化、施工事故处理等有关费用。

5. 竣工结算价款的支付

（1）承包人提交竣工结算款支付申请　承包人应根据办理的竣工结算文件，向发包人提交结算款支付申请。该申请应包括：

1）竣工结算合同价款总额。

2）累计已实际支付的合同价款。

3）应扣留的质量保证金。

4）实际应支付的竣工结算款金额。

（2）发包人签发竣工结算支付证书　发包人应在收到承包人提交竣工结算款支付申请后 7 天内予以核实，向承包人签发竣工结算支付证书。

（3）支付竣工结算款

竣工结算款 = 合同价款 + 施工过程中合同价款调整数额 − 预付及已结算工程价款 − 保修金

发包人签发竣工结算支付证书后的 14 天内，按照竣工结算支付证书列明的金额向承包人支付结算款。

发包人在收到承包人提交的竣工结算款支付申请后 7 天内不予核实，不向承包人签发竣工结算支付证书的，视为承包人的竣工结算款支付申请已被发包人认可；发包人应在收到承包人提交的竣工结算款支付申请 7 天后的 14 天内，按照承包人提交的竣工结算款支付申请列明的金额向承包人支付结算款。

发包人未按照规定的程序支付竣工结算款的，承包人可催告发包人支付，并有权获得延迟支付的利息。发包人在竣工结算支付证书签发后或者在收到承包人提交的竣工结算款支付申请 7 天后的 56 天内仍未支付的，除法律另有规定外，承包人可与发包人协商将该工程折价，也可直接向人民法院申请将该工程依法拍卖。承包人就该工程折价或拍卖的价款优先受偿。

12.2.5 最终结清

最终结清是指合同约定的缺陷责任期终止后，承包人已按合同规定完成全部剩余工作且质量合格的，发包人与承包人结清全部剩余款项的活动。

1. 最终结清申请单

缺陷责任期终止后，承包人已按合同规定完成全部剩余工作且质量合格的，发包人签发缺陷责任期终止证书，承包人可按合同约定的份数和期限向发包人提交最终结清申请单，并提供相关证明材料，详细说明承包人根据合同规定已经完成的全部工程价款金额以及承包人认为根据合同规定应进一步支付给他的其他款项。发包人对最终结清申请单内容有异议的，有权要求承包人进行修正和提供补充资料，由承包人向发包人提交修正后的最终结清申请单。

2. 最终结清支付证书

发包人收到承包人提交的最终结清申请单后的14天内予以核实，向承包人签发最终支付证书。发包人未在约定时间内核实，又未提出具体意见的，视为承包人提交的最终结清申请单已被发包人认可。

3. 最终结清付款

发包人应在签发最终结清支付证书后的14天内，按照最终结清支付证书列明的金额向承包人支付最终结清款。最终结清付款后，承包人在合同内享有的索赔权利也自行终止。发包人未按期支付的，承包人可催告发包人在合理的期限内支付，并有权获得延迟支付的利息。

最终结清时，如果承包人被扣留的质量保证金不足以抵减发包人工程缺陷修复费用的，承包人应承担不足部分的补偿责任。

最终结清付款涉及政府投资资金的，按照国库集中支付等国家相关规定和专用合同条款的约定办理。

承包人对发包人支付的最终结清款有异议的，按照合同约定的争议解决方式处理。

最终结清支付证书是表明发包人已经履行完其合同义务的证明文件。与缺陷责任终止证书一样是具有重要法律意义的文件。

只要监理人向承包人出具经发包人签认的最终结清支付证书，就意味着从法律上确立了发包人也已经履行完毕其应履行的合同义务；同理，最终结清支付证书也是证明合同双方的义务都已经按照合同履行完毕的证明文件，合同到此终止。

12.2.6 工程价款的动态结算

工程价款的动态结算是指在进行工程价款结算的过程中，充分考虑影响工程造价的动态因素，并将这些动态因素纳入到结算过程中进行计算，从而使所结算的工程价款能够如实反映工程项目的实际消耗费用。

工程价款的动态结算的主要内容是工程价款价差的调整。工程价款价差调整的方法很多，主要有工程造价指数调整法、实际价格调整法、调价文件计算法、调值公式法等。

1. 工程造价指数调整法

工程造价指数调整法是发承包双方采用当时的预算（或概算）定额单价计算出承包合

同价，待竣工时，根据合理的工期及当地工程造价管理部门所公布的该月度（或季度）的工程造价指数，对原承包合同价予以调整，重点调整那些由于实际人工费、材料费、施工机械费等费用上涨及工程变更因素造成的价差，并对承包商给以调价补偿。

【例 12-4】 某市某建筑公司承建一职工宿舍楼（框架结构），工程合同价款为 800 万元，2010 年 6 月签订合同并开工，2011 年 6 月竣工，如根据工程造价指数调整法予以动态结算，求价差调整的款额应为多少？

【解】 自某市建设工程造价指数表查得：宿舍楼（框架结构）2010 年 6 月的造价指数为 109.48，2011 年 6 月的造价指数为 120.02，计算如下：

价差调整款额 = 工程合同价 × 竣工时工程造价指数 − 签订合同时工程造价

$$= 800 \times \frac{120.02}{109.48} - 800 = 77.02 \text{（万元）}$$

2. 实际价格调整法

在我国，由于建筑材料需要市场采购的范围越来越大，有些地区规定对钢材、木材、水泥等三大材料的价格采取按实际价格结算的方法。工程承包商可凭发票按实报销。这种方法方便而正确，但由于是实报实销，因而承包商对降低成本不感兴趣，为了避免副作用，地方主管部门要定期发布最高限价，同时合同文件中应规定发包人或工程师有权要求承包人选择更廉价的供应来源。

3. 调价文件计算法

调价文件计算法是发承包双方采取按当时的预算价格承包，在合同工期内，按照造价管理部门调价文件的规定，进行抽料补差（在同一价格期内按所完成的材料用量乘以价差），也有的地方定期发布主要材料供应价格和管理价格，对这一时期的工程进行抽料补差。

4. 调值公式法

根据国际惯例，对建设项目工程价款的动态结算，一般采用此法。事实上，在绝大多数国际工程项目中，发承包双方在签订合同时就明确列出这一调值公式，并以此作为价差调整的计算依据。

建筑安装工程费用价格调值公式一般包括固定部分、材料部分和人工部分，但当建筑安装工程的规模和复杂性增大时，公式也变得更为复杂。调值公式一般为：

$$P = P_0 \left(a_0 + a_1 \times A/A_0 + a_2 \times B/B_0 + a_3 \times C/C_0 + a_4 \times D/D_0 + \cdots \right)$$

式中　P——调值后合同价款或工程实际结算款；

P_0——合同价款中工程预算进度款；

a_0——固定要素，代表合同支付中不能调整的部分占合同总价中的比重；

a_1、a_2、a_3、a_4…——代表有关各项费用（如人工费用、钢材费用、水泥费用、运输费用等）在合同总价中所占比重，$a_0 + a_1 + a_2 + a_3 + a_4 \cdots = 1$；

A_0、B_0、C_0、D_0…——投标截止日前 28 天与 a_1、a_2、a_3、a_4…对应的各项费用的基期价格指数或价格；

A、B、C、D…——在工程结算月份与 a_1、a_2、a_3、a_4…对应的各项费用的现行价格指数或价格。

在运用这一调值公式进行工程价款价差调整时要注意如下几点：

1）固定要素通常的取值范围为 0.15 ~ 0.35。

2）调值公式中有关的各项费用，按一般国际惯例，只选择用量大、价格高且具有代表性的一些典型人工费和材料费，通常指大宗的水泥、砂石料、钢材、木材、沥青等，并用它们的价格指数变化综合代表材料费的价格变化，以便尽量与实际情况接近。

3）各部分成本的比重系数，在许多招标文件中要求承包人在投标中提出，并在价格分析中予以论证，但也有的是由发包人在招标文件中即规定一个允许范围，由投标人在此范围内选定。

4）调整有关各项费用要与合同条款规定相一致。在国际工程中，一般在 ±5% 以上才进行调整。

5）调整有关各项费用应注意地点与时点。地点一般指工程所在地或指定的某地市场价格，时点指的是某月某日的市场价格。这里要确定两个时点价格，即签订合同时间某个时点的市场价格（基础价格）和每次支付前的一个时间的时点价格。这两个时点就是计算调值的依据。

6）确定每个品种的系数和固定要素系数，品种的系数要根据该品种价格对总造价的影响程度而定。各品种系数之和加上固定要素系数应该等于 1。

【例 12-5】 某承包商于某年承包某外资工程项目施工任务，该合同规定工程价款为 2000 万元，合同原始报价日期为当年 3 月，工程于当年 9 月建成交付使用，9 月份完成工程 500 万元。根据表 12-1 中所列的数据，计算工程 9 月份实际结算款。

表 12-1　工程人工费、材料构成比例及有关造价指数

项目	人工费	钢材	水泥	一级红砖	木材	不调值费用
比例	35%	23%	12%	8%	7%	15%
3 月指数	100	153.4	154.4	160.3	144.4	
9 月指数	110	160.2	160.2	164.2	162.8	

【解】 实际结算款 $=500\times(0.15+0.35\times110/100+0.23\times160.2/153.4+0.12\times160.2/154.4+0.08\times164.2/160.3+0.07\times162.8/144.4)$

$=531.28$（万元）

12.2.7　工程变更及现场签证

1. 工程变更

工程变更是指在合同实施过程中由发包人或承包人提出，经发包人批准的合同工程任何一项工作的增、减、取消或施工工艺、顺序、时间的改变；设计图纸的修改；施工条件的改变；招标工程量清单的错、漏从而引起合同条件的改变或工程量增减变化。

工程变更指令发出后，应当迅速落实，全面修改相关的各种文件。承包人也应当抓紧落实，如果承包人不能全面落实变更指令，则扩大的损失应当由承包人承担。

（1）工程变更的范围　根据《标准施工招标文件》（2012 版）中的通用合同条款，工程变更的范围和内容包括：

1）取消合同中任何一项工作，但被取消的工作不能转由发包人或其他人实施。

2）改变合同中任何一项工作的质量或其他特性。

3）改变合同工程的基线、标高、位置或尺寸。

4）改变合同中任何一项工作的施工时间或改变已批准的施工工艺或顺序。

5）为完成工程需要追加的额外工作。

（2）工程变更的价款调整方法

1）分部分项工程费的调整。工程变更引起分部分项工程项目发生变化的，应按照下列规定调整：

①已标价工程量清单中有适用于变更工程项目的，且工程变更导致的该清单项目的工程数量变化不足15%时，采用该项目的单价。

②已标价工程量清单中没有适用，但有类似于变更工程项目的，可在合理范围内参照类似项目的单价或总价调整。

③已标价工程量清单中没有适用也没有类似于变更工程项目的，由承包人根据变更工程资料、计量规则和计价办法、工程造价管理机构发布的信息（参考）价格和承包人报价浮动率，提出变更工程项目的单价或总价，报发包人确认后调整。承包人报价浮动率可按下列公式计算。

实行招标的工程：

$$承包人报价浮动率\ L = (1 - 中标价/招标控制价) \times 100\%$$

不实行招标的工程：

$$承包人报价浮动率\ L = (1 - 报价值/施工图预算) \times 100\%$$

注：上式中的中标价、招标控制价、报价值、施工图预算，均不含安全文明施工费。

④已标价工程量清单中没有适用也没有类似于变更工程项目，且工程造价管理机构发布的信息（参考）价格缺价的，由承包人根据变更工程资料、计量规则、计价办法和通过市场调查等取得的有合法依据的市场价格提出变更工程项目的单价或总价，报发包人确认后调整。

2）措施项目费的调整。工程变更引起措施项目发生变化的，承包人提出调整措施项目费的，应事先将拟实施的方案提交发包人确认，并详细说明与原方案措施项目相比的变化情况。拟实施的方案经发承包双方确认后执行，并应按照下列规定调整：

①安全文明施工费按照实际发生变化的措施项目调整，不得浮动。

②采用单价计算的措施项目费按照实际发生变化的措施项目，按前述分部分项工程费的调整方法确定单价。

③按总价（或系数）计算的措施项目费，除安全文明施工费外，按照实际发生变化的措施项目调整，但应考虑承包人的浮动因素，即调整金额按照实际调整金额乘以浮动率 L 计算。

如果承包人未事先将拟实施的方案提交给发包人确认，则视为工程变更不引起措施项目费的调整或承包人放弃调整措施项目费的权利。

3）承包人报价偏差的调整。如果工程变更项目出现承包人在工程量清单中填报的综合单价与发包人招标控制价或施工图预算相应清单项目的综合单价偏差超过15%的，工程变更项目的综合单价可由发承包双方协商确定。具体的调整方法，由双方当事人在合同中的专用条款中约定。

4）删减工程或工作的补偿。如果发包人提出的设计变更，非因承包人原因删减了合同中的某项原定工作或工程，致使承包人发生的费用或（和）得到的收益不能被包括在其他已支付或应支付的项目中，也未被包括在任何替代的工作或工程中，则承包人有权提出并得到合理的费用及利润的补偿。

2. 现场签证

现场签证是指发包人或其授权现场代表（包括工程监理人、工程造价咨询人）与承包人或其授权现场代表就施工过程中涉及的责任事件所作的签认证明。施工合同履行期间出现现场签证事件的，发承包双方应调整合同价款，并计入同周期的结算款中。

承包人应在收到发包人指令后的 7 天内，向发包人提交现场签证报告，发包人应在收到现场签证报告后的 48 小时内对报告内容进行核实，予以确认或提出修改意见。发包人在收到承包人现场签证报告后的 48 小时内未确认也未提出修改意见的，视为承包人提交的现场签证报告已被发包人认可。

现场签证工作完成后的 7 天内，承包人应按照现场签证内容计算价款，报送发包人确认后，作为增加合同价款，与进度款同期支付。

合同工程发生现场签证事项，未经发包人签证确认，承包人便擅自实施相关工作的，除非征得发包人书面同意，否则发生的费用由承包人承担。

12.2.8　工程索赔

工程索赔是指在施工合同履行中，当事人一方由于另一方未履行合同所规定的义务或者出现了应当由对方承担的风险而遭受损失时，向另一方提出赔偿要求的行为。通常，索赔是双向的，既包括施工承包单位向建设单位索赔，也包括建设单位向施工承包单位索赔。但在工程实践中，建设单位索赔数量较小，而且可通过冲账、扣拨工程款、扣保证金等实现对承包单位的索赔；而施工单位对建设单位的索赔则比较困难。通常情况下，索赔是指施工承包单位在合同实施过程中，对非自身原因造成的工程延期、费用增加而要求建设单位给予补偿的一种权利要求。

1. 工程索赔的原因

（1）业主方违约　包括发包人、监理人没有履行合同责任，或没有正确地行使合同赋予的权力，工程管理失误等，常常表现为没有按照合同约定履行自己的义务。监理人未能按照合同约定完成工作，如未能及时发出图纸、下达指令等也视为发包人违约。

（2）合同缺陷　常表现为合同条文不全、错误、矛盾、有歧义；设计图纸、技术规范错误等。

（3）合同变更　如双方签订新的变更协议、备忘录、修正案，发包人下达工程变更指令等。

（4）工程环境变化　工程项目本身和工程环境有许多不确定性，技术环境、经济环境、政治环境、法律环境等的变化都会导致工程的计划实施过程与实际情况不一样，这些因素都会导致施工工期和费用变化，承包商可依据相关合同条款进行索赔。

（5）不可抗力或不利的物质条件　不可抗力可以分为自然事件和社会事件，如恶劣的气候条件、地震、洪水、战争、罢工等。不利的物质条件通常是指承包人在施工现场遇到的不可预见的自然物质条件、非自然的物质障碍和污染物，包括地下和水文条件，但不包括气候条件。

2. 工程索赔的分类

工程索赔按照不同的划分标准，可分为不同的类型。本书主要介绍实际工程中最常用的索赔分类。

按索赔的目的分，工程索赔可以分为工期索赔和费用索赔。

（1）工期索赔　由于非承包单位的原因导致施工进度拖延，要求批准延长合同工期的索赔，称为工期索赔。工期索赔形式上是对权力的要求，以避免在原定合同竣工日不能完工时，被建设单位追究拖期违约责任。一旦获得批准合同工期延长后，施工单位不仅可免除承担拖期违约赔偿费的严重风险，而且可因提前交工获得奖励，最终仍反映在经济收益上。

（2）费用索赔　费用索赔是施工单位要求建设单位补偿其经济损失。

3. 工程索赔成立的条件

承包人工程索赔成立的基本条件包括：

1）索赔事件已造成了承包人直接经济损失或工期延误。

2）造成费用增加或工期延误的索赔事件是非承包人的原因发生的。

3）承包人已经按照工程施工合同规定的期限和程序提交了索赔意向通知、索赔报告及相关证明资料。

《标准施工招标文件》（2007 年版）的通用合同条款中，按照引起索赔事件的原因不同，对一方当事人提出的索赔可能给予合理补偿工期、费用和（或）利润的情况，分别做出了相应的规定。其中，引起承包人索赔事件以及可能得到的合理补偿内容见表 12-2。

表 12-2　《标准施工招标文件》中承包人索赔事件及可补偿内容

序号	条款号	索赔事件	可补偿内容		
			工期	费用	利润
1	1.6.1	延迟提供图纸	✓	✓	✓
2	1.10.1	施工中发现文物、古迹	✓	✓	
3	2.3	延迟提供施工场地	✓	✓	✓
4	3.4.5	监理人指令延迟或错误	✓	✓	
5	4.11	施工中遇到不利物质条件	✓	✓	
6	5.2.4	提前向承包人提供材料、工程设备		✓	
7	5.2.6	发包人提供材料、工程设备不合格或延迟提供或变更交货地点	✓	✓	✓
8	5.4.3	发包人更换其提供的不合格材料、工程设备	✓	✓	
9	8.3	承包人依据发包人提供的错误资料导致测量放线错误	✓	✓	✓
10	9.2.6	因发包人原因造成承包人人员工伤事故		✓	
11	11.3	因发包人原因造成工程延误	✓	✓	✓
12	11.4	异常恶劣的气候条件导致工期延误	✓		
13	11.6	承包人提前竣工		✓	
14	12.2	发包人暂停施工造成工期延误	✓	✓	✓
15	12.4.2	工程暂停后因发包人原因无法按时复工	✓	✓	✓
16	13.1.3	因发包人原因导致承包人工程返工	✓	✓	✓
17	13.5.3	监理人对已经覆盖的隐蔽工程要求重新检查且检查结果合格	✓	✓	✓

（续）

序号	条款号	索赔事件	可补偿内容		
			工期	费用	利润
18	13.6.2	因发包人提供的材料、工程设备造成工程不合格	✓	✓	✓
19	14.1.3	承包人应监理人要求对材料、工程设备和工程重新检验且检验结果合格	✓	✓	✓
20	16.2	基准日后法律的变化		✓	
21	18.4.2	发包人在工程竣工前提前占用工程	✓	✓	✓
22	18.6.2	因发包人的原因导致工程试运行失败		✓	✓
23	19.2.3	工程移交后因发包人原因出现的缺陷或损坏的修复		✓	✓
24	19.4	工程移交后因发包人原因出现的缺陷修复后的试验和试运行		✓	
25	21.3.1（4）	因不可抗力停工期间应监理人要求照管、清理、修复工程		✓	
26	21.3.1（4）	因不可抗力造成工期延误	✓		
27	22.2.2	因发包人违约导致承包人暂停施工	✓	✓	✓

12.3　工程价款结算案例

案例背景：

某市某小学移建工程项目，在2010年1月25日通过公开招标的方式，择优选择了第一中标候选人×××建筑公司为该工程的承包单位。双方于2月上旬签订合同，合同工期为332日历天。双方约定2010年3月22日正式开工，实际竣工时间为2011年1月31日。施工范围包括施工图纸中的地下室、教学楼、综合行政楼、食堂、艺术馆等工程。项目总建筑面积29394m^2，其中综合行政楼地上5层，建筑面积8898m^2；教学楼地上4层，建筑面积6060m^2；食堂、艺术馆地上3层，建筑面积4448m^2；地下车库地下1层，建筑面积9988m^2。建设范围：基坑围护、土建、装饰、安装及附属工程。该项目施工承包合同中有关工程价款及其支付约定如下。

1）签约合同价：9300万元；合同形式：可调单价合同。

2）预付款：2月9日发包方向承包方支付全额备料预付款。材料预付款为合同价的25%，工程预付款应从未施工工程尚需主要材料及构配件价值相当于工程预付款数额时起扣，每月以抵充工程款方式陆续收回（主要材料及设备费比重为50%）。

3）工程进度款

①如当月承包商实际完成工程量少于计划工程量10%以上的，则当月实际工程款的5%扣留不予支付，待竣工结算时还回工程款，计算规则不变。

②如当月承包商实际完成工程量超出计划工程量10%以上的，超出部分按原约定价格的90%计算。

③如每月实际完成工程款少于700万元时，业主方不予支付，转至累计数超出时再予支付。

④进度款金额包括：当月已完工程的合同价款，当月确认的变更、索赔金额，当月价格

调整金额，扣除合同约定应当抵扣的预付款、甲供材料和质量保证金。

4）质量保证金：从每月承包商结算工程款中按 5% 比例扣留。保修期满后，剩余部分退还承包商。

5）当物价指数超出 2 月份物价指数 5% 以上时，当月应结工程款应采用动态调值公式：

$$P = P_0 \times (0.25 + 0.15A/A_0 + 0.60B/B_0)$$

式中，P_0为按 2 月份物价水平测定的当月实际工程款，0.15 为人工费在合同总价中所占比重，0.60 为材料费在合同总价中所占比重。人工费、材料费上涨均超过 5% 时调值。

6）工期提前 1 天，奖励赶工费 1 万元，延误 1 天应罚款误工费 2 万元。

7）工人的日工资单价为 50 元/工日，运输机械台班单价为 2400 元/台班，吊装机械台班单价为 1200 元/台班。

8）分项工程项目和措施项目均采用以分部分项费为计算基础的工料单价法，其中企业管理费费率为 18%，利润率为 7%，税金为 3.48%。

施工过程中出现如下事件（下列事件发生部位均为关键工作）。

事件 1：预付款延期支付 1 个月（银行贷款年利率为 12%，简化计算月利率按 1% 计算）。

事件 2：工程施工联系单

<table>
<tr><td>工程名称</td><td colspan="4">某市某小学综合行政楼</td></tr>
<tr><td>主送单位</td><td colspan="2">×××建设发展有限公司</td><td>日　期</td><td>2010 年 3 月 25 日</td></tr>
<tr><td>抄送单位</td><td colspan="2">×××监理有限公司</td><td>主要原因</td><td>地质条件与招标文件不符</td></tr>
<tr><td>施工单位</td><td colspan="2">××××项目部</td><td>编　号</td><td>2</td></tr>
<tr><td>工程施工联系事项</td><td colspan="4">本工程施工现场实际经机械开挖后，观察探实，发现地下情况复杂，垃圾及回填土深达 3m 以上，灌注桩时不容易成型，且易倾斜，地质条件与招标文件中的内容不符。经建设单位、监理公司、施工单位共同商定将更改原承包方的施工组织方案，由原方案的转盘转孔机（回转式工程钻机）改为桩机打预制桩。增加费用 1.5 万元，工期增加 3 天，具体施工方案见附件（附件略）。
施工单位（盖章）：　　项目经理：张××</td></tr>
<tr><td rowspan="2">受理单位意见</td><td>监理单位</td><td colspan="3">同意
监理单位（盖章）：监理工程师：李××　　总　监：李××　　日　期：2010. 3. 28</td></tr>
<tr><td>建设单位</td><td colspan="3">同意
建设单位（盖章）：　　负责人：王××　　日　期：2010. 3. 30</td></tr>
</table>

事件 3：4 月份由于沙尘暴和罕见大风影响，施工停止 2 天，且造成损失如下：现场材料（乙方材料）损失 5 万元；施工人员受伤治疗费用 2 万元；施工机械损坏修复费用 1 万元；施工现场清理、被破坏工程部分修复费用 6 万元。

事件 4：5 ~ 8 月份每月施工单位使用甲方提供的材料费分别为 12 万、16 万、22 万、19 万元。

事件 5：6 月份施工单位采取防雨措施增加费用 3 万元。

事件 6：9 月份由于外部电网故障造成全场停电，施工停止 2 天，影响施工费用损失 2 万元。月中施工机械故障延误工期 1 天，费用损失 1 万元。

事件 7：10 月份由于承包方施工工艺不当造成费用损失 2 万元，工期损失 1 天；甲方为乙方垫付材料费 12 万元。

事件 8：11 月份，在完成合同工程款 800 万元的前提下，由于设计变更使某分项工程增加了工程量，作业时间延长了 20 天，增加用工 100 个工日，增加材料费 2.5 万元，增加运输机械 10 台班，吊装机械 10 台班，相应的措施费增加 1.2 万元。

事件 9：12 月份业主提出施工中必须采用乙方的特殊专利施工以保证工程质量，发生费用 10 万元。

物价指数与各月工程款数据表见表 12-3。

表 12-3　物价指数与各月工程款数据表

月　份	2010										2011
	3	4	5	6	7	8	9	10	11	12	1
计划工程款	800	800	900	950	1000	1100	1100	1000	650	500	500
实际工程款	700	600	1000	1150	1130	1100	1000	850		560	480
人工费指数	100	100	101	107	115	120	125	120	113	101	100
材料费指数	100	100	103	110	130	130	130	130	124	103	100

注：2 月份人工费指数与材料费指数为 100。

问题： 1. 确定该工程的预付款，确定预付款的起扣点。

2. 确定 11 月份新增工程款。

3. 确定该工程各月份工程变更款、结算工程款、索赔费用款，计算各月实际支付款。

解： 1. 预付款 = 合同总价 × 比例 = 9300 × 25% = 2325（万元）

起扣点 = 合同总价 − 预付款数额/主材比重 = 9300 − 2325/0.5 = 4650（万元）

2. 11 月份增加工程款 = 78000 + 14040 + 6442.8 + 3417.2 = 101900（元）= 10.19（万元）

其中：分部分项费 = 100 × 50 + 25000 + 10 × 2400 + 10 × 1200 + 12000 = 78000（元）

企业管理费 = 78000 × 18% = 14040（元）

利　润 =（78000 + 14040）× 7% = 6442.8（元）

税　金 =（78000 + 14040 + 6442.8）× 3.48% = 3417.2（元）

3. 累计工程款超过 4650 万元时起扣预付款，由于 3 ~ 8 月六个月累计工程款达到 5680 万元，故从 8 月份起扣预付款。具体结算过程分析见表 12-4。

表 12-4　结算过程分析表

年份	月份	发生事项
2010	3	扣保修金，补入延付预付款利息，增加工程变更款，扣未完成进度 10% 以上款项
	4	扣保修金，索赔，扣未完成进度 10% 以上款项
	5	扣保修金，扣甲供材料费，工程款增加 10% 以上款项计价调整
	6	扣保修金，扣甲供材料费，工程款增加 10% 以上款项计价调整，价款调值
	7	扣保修金，扣甲供材料费，工程款增加 10% 以上款项计价调整，价款调值
	8	扣保修金，扣甲供材料费，预付款起扣，价款调值
	9	扣保修金，扣预付款，索赔，扣未完成进度 10% 以上款项，价款调值
	10	扣保修金，扣甲方垫付款，扣预付款，扣未完成进度 10% 以上款项，价款调值
	11	扣保修金，增加工程变更款，工程款增加 10% 以上款项计价调整，扣预付款，价款调值
	12	扣保修金，扣预付款，增加专利使用费，工程款增加 10% 以上款项计价调整
2011	1	扣保修金，扣预付款，补还 3 月、4 月、9 月、10 月扣乙方款，增加赶工费用

3 月份：工程预付款延付属于甲方责任，应向乙方支付延付利息。施工现场地质条件与招标文件不符属于甲方责任，由此增加的费用应由甲方承担，工期顺延 3 天。

3 月份应签证工程款 $=700\times(1-5\%-5\%)+2325\times(12\%/12)+1.5=654.78$（万元）

按照合同规定 654.78 万元 < 700 万元，该月工程款不予支付，转为 4 月份支付。

4 月份：沙尘暴和罕见大风属于不可抗力，该部分的索赔原则应根据具体事件区别对待。

①运至施工现场的材料和待安装的设备损害，由发包人承担。

②承包人人员伤亡由其所在单位负责，并承担相应费用。

③工程所需清理、修复费用，由发包人承担。

④承包人的机械设备损坏及停工损失，由承包人承担。

⑤因发生不可抗力事件导致工期延误，工期应予索赔 2 天。

4 月份应签证工程款 $=(600+11)\times(1-5\%-5\%)+654.78=1204.68$（万元）

5 月份：人工费和材料费指数增加 1% 和 3%，均未超过 5%，不予调值。

工程款计价调整 $=900\times(1+10\%)+(1000-900\times1.1)\times0.9=999$（万元）

5 月份应签证工程款 $=999\times(1-5\%)-12=937.05$（万元）

6 月份：防雨措施费属于乙方可预见事件，报价应包含在措施费中，不予索赔。

人工费和材料费指数增加 7% 和 10%，均超过 5%，应予调值。

工程款计价调整 $=950\times(1+10\%)+(1150-950\times1.1)\times0.9=1139.5$（万元）

6 月份应签证工程款 $=[1139.5\times(0.25+0.15\times1.07+0.6\times1.1)]\times(1-5\%)-16=1142.84$（万元）

7 月份：人工费和材料费指数增加 15% 和 30%，均超过 5%，应予调值。

工程款计价调整 $=1000\times(1+10\%)+(1130-1000\times1.1)\times0.9=1127$（万元）

7 月份应签证工程款 $=[1127\times(0.25+0.15\times1.15+0.6\times1.3)]\times(1-5\%)-22=1265.46$（万元）

8 月份：预付款起扣 $=(5680-4650)\times50\%=515$（万元）

人工费和材料费指数增加 20% 和 30%，均超过 5%，应予调值。

8 月份应签证工程款 = [1100 × (0.25 + 0.15 × 1.2 + 0.6 × 1.3)] × (1 − 5%) − 19 − 515 = 730.45(万元)

9 月份：扣除预付款 = 1000 × 50% = 500(万元)

外部电网故障停电属于甲方责任，工期和费用应予索赔；但月中施工机械故障属于乙方责任，费用、工期不予索赔。费用索赔共计 2 万元，工期索赔 2 天。

9 月份人工费和材料费指数增加 25% 和 30%，均超过 5%，应予调值。

9 月份应签证工程款 = [1000 × (0.25 + 0.15 × 1.25 + 0.6 × 1.3) + 2] × (1 − 5% − 5%) − 500 = 597.55(万元)

合同规定：597.55 万元 < 700 万元，该月工程款不予支付，转为 10 月份支付。

10 月份：扣除预付款 = 850 × 50% = 425(万元)

施工工艺不当造成费用损失属于承包方的责任，费用和工期都不予以索赔。

10 月份人工费和材料费指数增加 20% 和 30%，均超过 5%，应予调值。

10 月份应签证工程款 = 597.55 + [850 × (0.25 + 0.15 × 1.2 + 0.6 × 1.3)] × (1 − 5% − 5%) − 12 − 425 = 1086.2(万元)

11 月份：由于设计变更造成施工方增加了合同外的工程量，该部分费用应予索赔，共计 10.19 万元，工期顺延 20 天。

实际工程款 = 800 + 10.19 = 810.19(万元)

扣除预付款 = 810.19 × 50% = 405.1(万元)

工程款计价调整 = 650 × (1 + 10%) + (810.19 − 650 × 1.1) × 0.9 = 800.67(万元)

人工费和材料费指数增加 13% 和 24%，均超过 5%，应予调值。

11 月份应签证工程款 = [800.67 × (0.25 + 0.15 × 1.13 + 0.6 × 1.24)] × (1 − 5%) − 405.1 = 479.9(万元)

合同规定：479.9 万元 < 700 万元，该月工程款不予支付，转为 12 月份支付。

12 月份：扣除预付款 = 560 × 50% = 280(万元)

本月特殊专利技术施工增加费用由甲方承担，共计 10 万元。

人工费和材料费指数上涨为 1% 和 3%，均未超过 5%，不予调值。

工程款计价调整 = 500 × (1 + 10%) + (560 − 500 × 1.1) × 0.9 = 559(万元)

12 月份应签证工程款 = 479.9 + (559 + 10) × (1 − 5%) − 280 = 740.45(万元)

次年 1 月份：扣除预付款 = 2325 − 515 − 500 − 425 − 405.1 − 280 = 199.9(万元)

补还 3 月、4 月、9 月、10 月扣乙方款 = (700 + 600 + 1000 + 850) × 5% = 157.5(万元)

索赔工期 3 + 2 + 2 + 20 = 27(天)，竣工日期应为：2010 年 3 月 22 日 + 332 + 27 即 2011 年 2 月 18 日，但实际工期为 2011 年 1 月 31 日，故提前 18 天完成。

赶工补偿费 = 18 × 1 = 18(万元)

次年 1 月份应签证工程款 = (480 + 157.5 + 18) × (1 − 5%) − 199.9 = 422.83(万元)。

思考与练习

1. 简述工程价款结算的主要内容。
2. 简述工程价款的主要结算方式。

第 13 章　竣 工 决 算

【学习重点】

建设工程竣工决算的概念及作用；工程竣工决算的编制程序及方法；竣工项目新增资产价值的确定。

【学习目标】

通过本章学习，了解竣工决算的概念及作用；掌握工程竣工决算的编制程序及方法；掌握竣工项目新增资产价值的确定。

13.1　建设项目竣工决算的概念及作用

13.1.1　建设项目竣工决算的概念

竣工决算是指所有项目竣工验收后，建设单位按照国家有关规定在项目竣工验收阶段编制的竣工决算报告。竣工决算是以实物数量和货币指标为计量单位，综合反映竣工项目从筹建开始到项目竣工交付使用为止的全部建设费用、建设成果和财务情况的总结性文件，是竣工验收报告的重要组成部分。竣工决算是正确核定新增固定资产价值，考核分析投资效果，建立健全经济责任制的依据，是反映建设项目实际造价和投资效果的文件。通过竣工决算，既能够正确反映建设工程的实际造价和投资效果；又可以通过竣工决算与概算、预算的对比分析，考核投资控制的工作成效，为工程建设提供重要的技术经济方面的基础资料，提高未来工程建设的投资效益。

13.1.2　建设项目竣工决算的作用

1）建设项目竣工决算是综合全面地反映竣工项目建设成果及财务情况的总结性文件，它采用货币指标、实物数量、建设工期和各种技术经济指标综合、全面地反映建设项目自开始建设到竣工为止全部建设成果和财务状况。

2）建设项目竣工决算是办理交付使用资产的依据，也是竣工验收报告的重要组成部分。建设单位与使用单位在办理交付资产的验收交接手续时，通过竣工决算反映了交付使用资产的全部价值，包括固定资产、流动资产、无形资产和其他资产的价值。及时编制竣工决算可以正确核定固定资产价值并及时办理交付使用，可缩短工程建设周期，节约建设项目投资，准确考核和分析投资效果。

3）为确定建设单位新增固定资产价值提供依据。在竣工决算中，详细地计算了建设项目所有的建安费、设备购置费、其他工程建设费等新增固定资产总额及流动资金，可作为建设主管部门向企业使用单位移交财产的依据。

4）建设项目竣工决算是分析和检查设计概算的执行情况，考核建设项目管理水平和投资效果的依据。竣工决算反映了竣工项目计划、实际的建设规模、建设工期以及设计和实际的生产能力，反映了概算总投资和实际的建设成本，同时还反映了所达到的主要技术经济指标。通过对这些指标计划数、概算数与实际数进行对比分析，不仅可以全面掌握建设项目计划和概算执行情况，而且可以考核建设项目投资效果，为今后制订建设项目计划，降低建设成本，提高投资效果提供必要的参考资料。

13.2 竣工决算的编制

财政部2008年9月公布的《关于进一步加强中央基本建设项目竣工财务决算工作的通知》（财办建［2008］91号）指出，财政部将按规定对中央级大中型项目、国家确定的重点小型项目竣工财务决算的审批实行“先审核、后审批”的办法，即对需先审核后审批的项目，先委托财政投资评审机构或经财政部认可的有资质的中介机构对项目单位编制的竣工财务决算进行审核，再按规定批复项目竣工财务决算。

通知指出，项目建设单位应在项目竣工后三个月内完成竣工财务决算的编制工作，并报主管部门审核。主管部门收到竣工财务决算报告后，对于按规定由主管部门审批的项目，应及时审核批复，并报财政部备案；对于按规定报财政部审批的项目，一般应在收到决算报告后一个月内完成审核工作，并将经其审核后的决算报告报财政部审批。以前年度已竣工尚未编报竣工财务决算的基建项目，主管部门应督促项目建设单位抓紧编报。

另外，主管部门应对项目建设单位报送的项目竣工财务决算认真审核，严格把关。审核的重点内容：项目是否按规定程序和权限进行立项、可行性研究和初步设计报批工作；项目建设超标准、超规模、超概算投资等问题审核；项目竣工财务决算金额的正确性审核；项目竣工财务决算资料的完整性审核；项目建设过程中存在主要问题的整改情况审核等。

13.2.1 竣工决算的编制依据

1）经批准的可行性研究报告、投资估算书，初步设计或扩大初步设计，修正总概算及其批复文件。

2）经批准的施工图设计及其施工图预算书。

3）设计交底或图纸会审会议纪要。

4）设计变更记录、施工记录或施工签证单及其他施工发生的费用记录。

5）招标控制价、承包合同、工程结算等有关资料。

6）历年基建计划、历年财务决算及批复文件。

7）设备、材料调价文件和调价记录。

8）有关财务核算制度、办法和其他有关资料。

13.2.2 竣工决算的编制要求

为了严格执行建设项目竣工验收制度，正确核定新增固定资产价值，考核分析投资效果，建立健全经济责任制，所有新建、扩建和改建等建设项目竣工后，都应及时、完整、正确地编制好竣工决算。建设单位要做好以下工作：

1）按照规定组织竣工验收，保证竣工决算的及时性。竣工决算是对建设工程的全面考核。所有的建设项目（或单项工程）按照批准的设计文件所规定的内容建成后，具备了投产和使用条件的，都要及时组织验收。对于竣工验收中发现的问题，应及时查明原因，采取措施加以解决，以保证建设项目按时交付使用和及时编制竣工决算。

2）积累、整理竣工项目资料，保证竣工决算的完整性。积累、整理竣工项目资料是编制竣工决算的基础工作，它关系到竣工决算的完整性和质量的好坏。因此，在建设过程中，建设单位必须随时收集项目建设的各种资料，并在竣工验收前，对各种资料进行系统整理，分类立卷，为编制竣工决算提供完整的数据资料，为投产后加强固定资产管理提供依据。在工程竣工时，建设单位应将各种基础资料与竣工决算一起移交给生产单位或使用单位。

3）清理、核对各项账目，保证竣工决算的正确性。工程竣工后，建设单位要认真核实各项交付使用资产的建设成本；做好各项账务、物资以及债权的清理结余工作，应偿还的及时偿还，该收回的及时收回，对各种结余的材料、设备、施工机械工具等，要逐项清点核实，妥善保管，按照国家有关规定进行处理，不得任意侵占；对竣工后的结余资金，要按规定上交财政部门或上级主管部门。在完成上述工作，核实了各项数字的基础上，正确编制从年初起到竣工月份止的竣工年度财务决算，以便根据历年的财务决算和竣工年度财务决算进行整理汇总，编制建设项目决算。

按照规定竣工决算应在竣工项目办理验收交付手续后一个月内编好，并上报主管部门，有关财务成本部分，还应送经办行审查签证。主管部门和财政部门对报送的竣工决算审批后，建设单位即可办理决算调整和结束有关工作。

13.2.3　竣工决算的内容

建设项目竣工决算应包括从筹集到竣工投产全过程的全部实际费用，即包括建筑工程费、安装工程费、设备工器具购置费及预备费等费用。按照财政部、国家发改委和住建部的有关文件规定，竣工决算由竣工财务决算说明书、竣工财务决算报表、工程竣工图和工程竣工造价对比分析四部分组成。其中，竣工财务决算说明书和竣工财务决算报表两部分又称建设项目竣工财务决算，是竣工决算的核心内容。

1. 竣工财务决算说明书

竣工财务决算说明书主要反映竣工工程建设成果和经验，是对竣工决算报表进行分析和补充说明的文件，是全面考核分析工程投资与造价的书面总结，是竣工决算报告的重要组成部分，其内容主要包括：

1）建设项目概况、对工程总的评价。

2）资金来源及运用等财务分析。

3）基本建设收入、投资包干结余、竣工结余资金的上交分配情况。

4）各项经济技术指标的分析。

5）工程建设的经验及项目管理和财务管理工作以及竣工财务决算中有待解决的问题。

6）需要说明的其他事项。

2. 竣工财务决算报表

建设项目竣工财务决算报表根据大中型建设项目和小型建设项目分别制定。大中型建设项目是指经营性项目投资额在5000万元以上，非经营性项目投资额在3000万元以上的建设项目；在上述标准之下的为小型项目。

1）大中型建设项目竣工决算报表包括：

①建设项目竣工财务决算审批表，该表作为竣工决算上报有关部门审批时使用。

②大中型建设项目概况表。该表综合反映大中型项目的基本概况，内容包括：该项目总投资、建设起止时间、新增生产能力、主要材料消耗、建设成本、完成主要工程量和主要技术经济指标。

③大中型建设项目竣工财务决算，用来反映建设项目的全部资金来源和资金占用情况，是考核和分析投资效果的依据。

④大中型建设项目交付使用资产总表，其反映建设项目建成后新增固定资产、流动资产、无形资产和其他资产价值的情况和价值，作为财产交接、检查投资计划完成情况和分析投资效果的依据。

⑤建设项目交付使用资产明细表。该表反映交付使用的固定资产、流动资产、无形资产和其他资产及其价值的明细情况，是办理资产交接和接收单位登记资产账目的依据，是使用单位建立资产明细账和登记新增资产价值的依据。

2）小型建设项目竣工财务决算表包括：

①建设项目竣工财务决算审批表。

②竣工财务决算总表，该表反映小型建设项目的全部工程和财务情况。

③建设项目交付使用资产明细表。

3. 建设工程竣工图

建设工程竣工图是真实地记录各种地上、地下建筑物、构筑物等情况的技术文件，是工程进行交工验收、维护、改建和扩建的依据，是国家的重要技术档案。国家规定：各项新建、扩建、改建的基本建设工程，特别是基础、地下建筑、管线、结构、井巷、桥梁、隧道、港口、水坝以及设备安装等隐蔽部位，都要编制竣工图。编制竣工图的形式和深度，应根据不同情况区别对待，其具体要求包括：

1）凡按图竣工没有变动的，由承包人（包括总包和分包承包人，下同）在原施工图上加盖“竣工图”标志后，即作为竣工图。

2）凡在施工过程中，虽有一般性设计变更，但能将原施工图加以修改补充作为竣工图的，可不重新绘制，由承包人负责在原施工图（必须是新蓝图）上注明修改的部分，并附以设计变更通知单和施工说明，加盖“竣工图”标志后，作为竣工图。

3）凡结构形式改变、施工工艺改变、平面布置改变、项目改变以及有其他重大改变，不宜再在原施工图上修改、补充时，应重新绘制改变后的竣工图。由原设计原因造成的，由设计单位负责重新绘制；由施工原因造成的，由承包人负责重新绘图；由其他原因造成的，由建设单位自行绘制或委托设计单位绘制。承包人负责在新图上加盖“竣工图”标志，并附以有关记录和说明，作为竣工图。

4）为了满足竣工验收和竣工决算需要，还应绘制反映竣工工程全部内容的工程设计平面示意图。

5）重大的改建、扩建工程项目涉及原有的工程项目变更时，应将相关项目的竣工图资料统一整理归档，并在原图案卷内增补必要的说明一起归档。

4. 工程造价对比分析

在竣工决算报表中，必须对控制工程造价所采取的措施、效果及其动态的变化，进行认真的比较分析，总结经验教训。批准的概算是考核建设工程造价的依据，在分析时，可先对比整个项目的总概算，然后将建筑安装工程费、设备工器具费和其他工程费逐一与竣工决算表中所提供的实际数据和相关资料及批准的概算、预算指标、实际的工程造价进行对比分析，以确定竣工项目总造价是节约还是超支，并在对比的基础上，总结先进经验，找出节约和超支的内容和原因，提出改进措施。在实际工作中，应主要分析以下内容：

1）考核主要实物工程量。对于实物工程量出入比较大的情况，必须查明原因。

2）考核主要材料消耗量。考核主要材料消耗量，要按照竣工决算表中所列明的三大材料实际超概算的消耗量，查明是在工程的哪个环节超出量最大，再进一步查明超耗的原因。

3）考核建设单位管理费、措施费和间接费的取费标准。建设单位管理费、措施费和间接费的取费标准要按照国家和各地的有关规定，根据竣工决算报表中所列的建设单位管理费与概预算所列的建设单位管理费数额进行比较，依据规定查明是否多列或少列费用项目，确定其节约、超支的数额，并查明原因。

13.2.4　竣工决算的编制步骤

1. 收集、整理和分析有关依据资料

在编制竣工决算文件之前，应系统地整理所有的技术资料、工料结算的经济文件、施工图纸和各种变更与签证资料，并分析它们的准确性。完整、齐全的资料是准确而迅速编制竣工决算的必要条件。

2. 清理各项财务、债务和结余物资

在收集、整理和分析有关资料时，要特别注意建设工程从筹建到竣工投产或使用的全部费用的各项账务，债权和债务的清理，做到工程完毕账目清晰，既要核对账目，又要查点库存实物的数量，做到账与物相等，账与账相符，对结余的各种材料、工器具和设备，要逐项清点核实，妥善管理，并按规定及时处理，收回资金。对各种往来款项要及时进行全面清理，为编制竣工决算提供准确的数据和结果。

3. 核实工程变动情况

重新核实各单位工程、单项工程造价，将竣工资料与原设计图纸进行查对、核实，必要时可实地测量，确认实际变更情况；根据经审定的承包人竣工结算等原始资料，按照有关规定对原概、预算进行增减调整，重新核定工程造价。

4. 编制建设工程竣工决算说明

按照建设工程竣工决算说明的内容要求，根据编制依据材料填写在报表中的结果，编写文字说明。

5. 填写竣工决算报表

按照建设工程决算表格中的内容，根据编制依据中的有关资料进行统计或计算各个项目和数量，并将其结果填到相应表格的栏目内，完成所有报表的填写。

6. 做好工程造价对比分析

竣工决算中应对工程造价进行比较分析，主要具体分析以下内容：

（1）主要实物工程量。概（预）算编制的主要实物工程数量的增减变化必然使工程的概（预）算造价和实际工程造价随之变化，因此，对比分析中应审查项目的建设规格、结构、标准是否遵循设计文件的规定，其间的变更部分是否按照规定的程序办理，对造价的影响如何，对于实物工程量出入比较大的情况，必须查明原因。

（2）主要材料消耗量。在建筑安装工程投资中，材料费用所占的比重往往很大，因此考核材料费用也是考核工程造价的重点。考核主要材料消耗量，要按照竣工决算表中所列明的三大材料实际超概算的消耗里，查清是在工程的哪一个环节超出量最大，再进一步查明超耗的原因。

（3）考核建设单位管理费。要根据竣工决算报表中所列的建设单位管理费，与概（预）算所列的控制额比较，确定其节约或超支数额，并进一步查清节约或超支的原因。

以上考核内容，多是易于突破概算，增大工程造价的主要因素，因此在对比分析中应列为重点来考核。在对具体项目进行具体分析时，究竟选择哪些内容作为考核重点，则应因地制宜，依竣工项目的具体情况而定。

7. 清理、装订好竣工图

根据《建筑工程资料管理规程》中建设工程资料管理的办法装订好工程竣工图纸，必须保证其完整性，准确性、真实性。

8. 上报主管部门审查存档

将上述编写的文字说明和填写的表格经核对无误，装订成册，即为建设工程竣工决算文件。将其上报主管部门审查，并把其中财务成本部分送交开户银行签证。竣工决算在上报主管部门的同时，抄送有关设计单位。大中型建设项目的竣工决算还应抄送财政部、建设银行总行和省、自治区、直辖市的财政局和建设银行分行各一份。建设工程竣工决算的文件，由建设单位负责组织人员编写，在竣工建设项目办理验收使用一个月之内完成。

13.2.5　竣工决算编制实例

【例13-1】　某大中型建设项目2012年开工建设，2013年年底有关财务核算资料如下。

1）已经完成部分单项工程，经验收合格后，已经交付使用的资产包括：

①固定资产价值67800万元。

②为生产准备的使用期限在一年以内的备品备件、工器具等流动资产价值30000万元；期限一年以上，单位价值在1500元以上的工具60万元。

③建造期间购置的专利权、专有技术等无形资产1000万元，摊销期5年。

2）基本建设支出的未完成项目包括：

①建筑安装工程支出11500万元。

②设备工器具投资32000万元。

③建设单位管理费、勘察设计费等待摊投资1700万元。

④通过出让方式购置的土地使用权形成的其他投资80万元。

3）非经营项目发生待核销基建支出45万元。

4）应收生产单位投资借款1000万元。

5）购置需要安装的器材40万元，其中待处理器材15万元。

6）货币资金330万元。

7）预付工程款及应收有偿调出器材款16万元。

8）建设单位自用的固定资产原值40550万元，累计折旧8022万元。

9）反映在“资金平衡表”上的各类资金来源的期末余额是：

①预算拨款40000万元。

②自筹资金拨款 53000 万元。

③其他拨款 550 万元。

④建设单位向商业银行借入的借款 81500 万元。

⑤建设单位当年完成交付生产单位使用的资产价值中，650 万元属于利用投资借款形成的待冲基建支出。

⑥应付器材销售商 2300 万元贷款和尚未支出的应付工程款 50 万元。

⑦未交税金 50 万元。

根据上述有关资料编制该项目竣工财务决算表，见表 13-1。

表 13-1　大中型建设项目竣工财务决算表

建设项目名称：××建设项目　　　　单位：万元

资金来源	金额	资金占用	金额	补充资料
一、基建拨款	93550	一、基本建设支出	144185	1. 基建投资借款期末余额
1. 预算拨款	40000	1. 交付使用资产	98860	
2. 基建基金拨款		2. 在建工程	45280	
其中：国债专项资金拨款		3. 待核销基建支出	45	
3. 专项建设基金拨款		4. 非经营性项目转出投资		
4. 进口设备转账拨款		二、应收生产单位投资借款	1000	2. 应收生产单位投资借款期末数
5. 器材转账拨款		三、拨付所属投资借款		
6. 煤代油专用基金拨款		四、器材	40	
7. 自筹资金拨款	53000	其中：待处理器材损失	16	3. 基建结余资金
8. 其他拨款	550	五、货币资金	330	
二、项目资本金		六、预付及应收款	16	
1. 国家资本		七、有价证券		
2. 法人资本		八、固定资产	32528	
3. 个人资本		固定资产原值	40550	
三、项目资本公积金		减：累计折旧	8022	
四、基建借款		固定资产净值	32528	
其中：国债转贷	81500	固定资产清理		
五、上级拨入投资借款		待处理固定资产损失		
六、企业债券资金				
七、待冲基建支出	650			
八、应付款	2300			
九、未交款	50			
1. 未交税金	50			
2. 未交基建支出				
3. 未交基建包干结余				
4. 其他未交款				
十、上级拨入资金				
十一、留成收入				
合计	178100	合计	178100	

13.3 竣工项目新增资产价值的确定

13.3.1 新增资产价值的分类

建设项目竣工投入运营后，所花费的总投资形成相应的资产。按照新的财务制度和企业会计准则，新增资产按资产性质可分为固定资产、流动资产、无形资产和其他资产四大类。

13.3.2 新增资产价值的确定方法

1. 新增固定资产价值的确定

新增固定资产价值是投资项目竣工投产后所增加的固定资产价值，即交付使用的固定资产价值，是以价值形态表示建设项目的固定资产最终成果的指标。新增固定资产价值的计算是以独立发挥生产能力的单项工程为对象的。单项工程建成经有关部门验收鉴定合格，正式移交生产或使用，即应计算新增固定资产价值。一次交付生产或使用的工程一次计算新增固定资产价值，分期分批交付生产或使用的工程，应分期分批计算新增固定资产价值。新增固定资产价值的内容包括：已投入生产或交付使用的建筑、安装工程造价；达到固定资产标准的设备、工器具的购置费用；增加固定资产价值的其他费用。

在计算时应注意以下几种情况：

1）对于为了提高产品质量、改善劳动条件、节约材料消耗、保护环境而建设的附属辅助工程，只要全部建成，正式验收交付使用后就要计入新增固定资产价值。

2）对于单项工程中不构成生产系统，但能独立发挥效益的非生产性项目，如住宅、食堂、医务所、托儿所、生活服务网点等，在建成并交付使用后，也要计算新增固定资产价值。

3）凡购置达到固定资产标准不需安装的设备、工器具，应在交付使用后计入新增固定资产价值。

4）属于新增固定资产价值的其他投资，应随同受益工程交付使用的同时一并计入。

5）交付使用财产的成本，应按下列内容计算：

①房屋、建筑物、管道、线路等固定资产的成本包括：建筑工程成本和待分摊的待摊投资。

②动力设备和生产设备等固定资产的成本包括：需要安装设备的采购成本，安装工程成本，设备基础、支柱等建筑工程成本或砌筑锅炉及各种特殊炉的建筑工程成本，应分摊的待摊投资。

③运输设备及其他不需要安装的设备、工具、器具、家具等固定资产一般仅计算采购成本，不计分摊的“待摊投资”。

6）共同费用的分摊方法。新增固定资产的其他费用，如果是属于整个建设项目或两个以上单项工程的，在计算新增固定资产价值时，应在各单项工程中按比例分摊。一般情况下，建设单位管理费按建筑工程、安装工程、需安装设备价值总额按比例分摊，而土地征用费、地质勘察和建筑工程设计费等费用则按建筑工程造价比例分摊，生产工艺流程系统设计费按安装工程造价比例分摊。

【例 13-2】 某工业建设项目及其总装车间的建筑工程费、安装工程费、需安装设备费以及应摊入费用见表 13-2，计算总装车间新增固定资产价值。

表 13-2　分摊费用计算表　（单位：万元）

项目名称	建筑工程	安装工程	需安装设备	建设单位管理费	土地征用费	建筑设计费	工艺设计费
建设单位竣工决算	4000	800	1000	85	100	40	25
总装车间竣工决算	700	400	350				

【解】 应分摊的建设单位管理费 $=\frac{700+400+350}{4000+800+1000}\times 85=21.25$（万元）

应分摊的土地征用费 $=\frac{700}{4000}\times 100=17.5$（万元）

应分摊的建筑设计费 $=\frac{700}{4000}\times 40=7$（万元）

应分摊的工艺设计费 $=\frac{400}{800}\times 25=12.5$（万元）

总装车间新增固定资产价值 $=(700+400+350)+(21.25+17.5+7+12.5)$
$=1508.25$（万元）

2. 新增流动资产价值的确定

流动资产是指可以在一年内或者超过一年的一个营业周期内变现或者运用的资产，包括现金及各种存款以及其他货币资金、短期投资、存货、应收及预付款项以及其他流动资产等。

1）货币性资金。货币性资金是指现金、各种银行存款及其他货币资金，其中现金是指企业的库存现金，包括企业内部各部门用于周转使用的备用金；各种存款是指企业的各种不同类型的银行存款；其他货币资金是指除现金和银行存款以外的其他货币资金，根据实际入账价值核定。

2）应收及预付款项。应收账款是指企业因销售商品、提供劳务等应向购货单位或受益单位收取的款项；预付款项是指企业按照购货合同预付给供货单位的购货定金或部分货款。应收及预付款项包括应收票据、应收款项、其他应收款、预付货款和待摊费用。一般情况下，应收及预付款项按企业销售商品、产品或提供劳务时的实际成交金额入账核算。

3）短期投资包括股票、债券、基金。股票和债券根据是否可以上市流通分别采用市场法和收益法确定其价值。

4）存货。存货是指企业的库存材料、在产品、产成品等。各种存货应当按照取得时的实际成本计价。存货的形成，主要有外购和自制两个途径。外购的存货，按照买价加运输费、装卸费、保险费、途中合理损耗、入库前加工整理及挑选费用以及缴纳的税金等计价；自制的存货，按照制造过程中的各项实际支出计价。

3. 新增无形资产价值的确定

根据我国 2001 年颁布的《资产评估准则——无形资产》规定，我国作为评估对象的无形资产通常包括专利权、非专利技术、生产许可证、特许经营权、租赁权、土地使用权、矿产资源勘探权和采矿权、商标权、版权、计算机软件及商誉等。新《企业会计准则第 6 号

——无形资产》对无形资产的规定是：无形资产是指企业拥有或者控制的没有实物形态的可辨认非货币性资产。

（1）无形资产的计价原则

1）投资者按无形资产作为资本金或者合作条件投入时，按评估确认或合同协议约定的金额计价。

2）购入的无形资产，按照实际支付的价款计价。

3）企业自创并依法申请取得的，按开发过程中的实际支出计价。

4）企业接受捐赠的无形资产，按照发票账单所载金额或者同类无形资产市场价作价。

5）无形资产计价入账后，应在其有效使用期内分期摊销，即企业为无形资产支出的费用应在无形资产的有效期内得到及时补偿。

（2）无形资产的计价方法

1）专利权的计价。专利权分为自创和外购两类。自创专利权的价值为开发过程中的实际支出，主要包括专利的研制成本和交易成本。研制成本包括直接成本和间接成本。直接成本是指研制过程中直接投入发生的费用（主要包括材料费用、工资费用、专用设备费、资料费、咨询鉴定费、协作费、培训费和差旅费等）；间接成本是指与研制开发有关的费用（主要包括管理费、非专用设备折旧费、应分摊的公共费用及能源费用）。交易成本是指在交易过程中的费用支出（主要包括技术服务费、交易过程中的差旅费及管理费、手续费、税金）。由于专利权是具有独占性并能带来超额利润的生产要素，因此，专利权转让价格不按成本估价，而是按照其所能带来的超额收益计价。

2）非专利技术的计价。非专利技术具有使用价值和价值，使用价值是非专利技术本身应具有的，非专利技术的价值在于非专利技术的使用所能产生的超额获利能力，应在研究分析其直接和间接的获利能力的基础上，准确计算出其价值。如果非专利技术是自创的，一般不作为无形资产入账，自创过程中发生的费用，按当期费用处理。对于外购非专利技术，应由法定评估机构确认后再进行估价，其方法往往通过能产生的收益采用收益法进行估价。

3）商标权的计价。如果商标权是自创的，一般不作为无形资产入账，而将商标设计、制作、注册、广告宣传等发生的费用直接作为销售费用计入当期损益。只有当企业购入或转让商标时，才需要对商标权计价。商标权的计价一般根据被许可方新增的收益确定。

4）土地使用权的计价。根据取得土地使用权的方式不同，土地使用权可有以下几种计价方式：当建设单位向土地管理部门申请土地使用权并为之支付一笔出让金时，土地使用权作为无形资产核算；当建设单位获得土地使用权是通过行政划拨的，这时土地使用权就不能作为无形资产核算；在将土地使用权有偿转让、出租、抵押、作价入股和投资按规定补交土地出让价款时，才作为无形资产核算。

4. 其他资产价值的确定

其他资产是指不能全部计入当年损益，应当在以后年度分期摊销的各种费用，包括开办费、租入固定资产改良支出等。

1）开办费的计价。开办费是指在筹建期间建设单位管理费中未计入固定资产的其他各项费用，如建设单位经费，包括筹建期间工作人员工资、办公费、差旅费、印刷费、生产职工培训费、样品样机购置费、农业开荒费、注册登记费等以及不计入固定资产和无形资产购建成本的汇兑损益、利息支出。按照新财务制度规定，除了筹建期间不计入资产价值的汇兑净损失外，开办费从企业开始生产经营月份的次月起，按照不短于 5 年的期限平均摊入管理费用中。

2）租入固定资产改良支出的计价。租入固定资产改良支出是企业从其他单位或个人租入的固定资产，所有权属于出租人，但企业依合同享有使用权。通常双方在协议中规定，租入企业应按照规定的用途使用，并承担对租入固定资产进行修理和改良的责任，即发生的修理和改良支出全部由承租方负担。对租入固定资产的大修理支出，不构成固定资产价值，其会计处理与自有固定资产的大修理支出无区别。对租入固定资产实施改良，因有助于提高固定资产的效用和功能，应当另外确认为一项资产。由于租入固定资产的所有权不属于租入企业，不宜增加租入固定资产的价值而作为递延资产处理。租入固定资产改良及大修理支出应当在租赁期内分期平均摊销。

思考与练习

1. 简述竣工决算的概念。
2. 简述竣工决算的主要内容。

附录　某办公楼工程施工图纸

建筑及结构设计说明

1. 本工程专门为学习钢筋和工程量计算最基本的知识点而设计。
2. 本工程为框架结构，地上三层，基础为无梁式满堂基础。
3. 本工程混凝土强度等级均为C30，墙体为陶粒砌块墙体，砂浆为M5混合砂浆。
4. 内装修做法（选用图集88J1-1）

层号	房间名称	地面（楼面）	踢脚（高120mm）	墙裙（高120mm）	墙面	天棚吊顶（高2700mm）
一层	大厅	地19	踢11C		内墙5D2	棚7B
	办公室	地9	踢11C		内墙5D2	棚7B
	会议室	地16		裙10D2	内墙5D2	棚26
	厕所	地9F			内墙38C-F	棚27
	走廊	地9	踢6D		内墙5D2	棚23
	楼梯间	地9	踢6D		内墙5D2	棚7B
二层	办公室	楼8C	踢6D		内墙5D2	棚7B
	会议室	楼15D	踢10C1		内墙5D2	棚7B
	厕所	楼8F2			内墙38C-F	棚27
	走廊	楼8C	踢6D		内墙5D2	棚23
	楼梯间				内墙5D2	棚7B
三层	办公室	楼8C	踢6D		内墙5D2	棚7B
	会议室	楼15D	踢10C1		内墙5D2	棚7B
	厕所	楼8F2			内墙38C-F	棚27
	走廊	楼8C	踢6D		内墙5D2	棚23
	楼梯间				内墙5D2	棚7B

5. 88J1-1图集做法明细

编号	装修名称	用料及分层做法
地19	花岗石楼面	1. 20厚磨光花岗石板（正、背面及四周边满涂防污剂），灌稀水泥浆（或掺色）擦缝 2. 撒素水泥面（洒适量清水） 3. 30厚1:3干硬性水泥砂浆粘结层 4. 素水泥浆一道（内掺建筑胶） 5. 50厚C10混凝土 6. 150厚5～32卵石灌M2.5混合砂浆，平板振捣器振捣密实（或100厚3:7灰土） 7. 素土夯实，压实系数0.90
地9	铺地砖地面	1. 5～10厚铺地砖，稀水泥浆（或彩色水泥浆）擦缝 2. 6厚建筑胶水泥砂浆粘结层 3. 20厚1:3水泥砂浆找平 4. 素水泥结合层一道 5. 50厚C10混凝土 6. 150厚5～32卵石灌M2.5混合砂浆，平板振捣器振捣密实（或100厚3:7灰土） 7. 素土夯实，压实系数0.90

（续）

编号	装修名称	用料及分层做法
地16	大理石地面	1. 20厚大理石板（正、背面及四周边满涂防污剂），灌稀水泥浆（或彩色水泥浆）擦缝 2. 撒素水泥面（洒适量清水） 3. 30厚1:3干硬性水泥砂浆粘结层 4. 素水泥浆一道（内掺建筑胶） 5. 50厚C10混凝土 6. 150厚5～32卵石灌M2.5混合砂浆，平板振捣器振捣密实（或100厚3:7灰土） 7. 素土夯实，压实系数0.90
地9F	铺地砖地面	1. 5～10厚铺地砖，稀水泥浆（或彩色水泥浆）擦缝 2. 6厚建筑胶水泥砂浆粘结层 3. 35厚C15细石混凝土随打随抹 4. 3厚高聚物改性沥青涂膜防水层（材料或按工程设计） 5. 最薄处30厚C15细石混凝土，从门口处向地漏找1%坡 6. 150厚5～32卵石灌M2.5混合砂浆，平板振捣器振捣密实（或100厚3:7灰土） 7. 素土夯实，压实系数0.90
楼8C	铺地砖楼面	1. 5～10厚铺地砖，稀水泥浆（或彩色水泥浆）擦缝 2. 6厚建筑胶水泥砂浆粘结层 3. 素水泥浆一道（内掺建筑胶） 4. 34～39厚C15细石混凝土找平层 5. 素水泥浆一道（内掺建筑胶） 6. 钢筋混凝土楼板
楼15D	大理石楼面	1. 铺20厚大理石板（正、背面及四周边满涂防污剂），灌稀水泥浆（或彩色水泥浆）擦缝 2. 撒素水泥面 3. 30厚1:3干硬性水泥砂浆粘结层 4. 素水泥浆一道 5. 钢筋混凝土楼板
楼8F2	铺地砖楼面	1. 5～10厚铺地砖，稀水泥浆（或彩色水泥浆）擦缝 2. 撒素水泥面（洒适量清水） 3. 20厚1:2干硬性水泥砂浆粘结层 4. 20厚1:3水泥砂浆保护层（装修一步到位时无此道工序） 5. 1.5厚聚氨酯涂膜防水层（材料或按工程设计） 6. 20厚1:3水泥砂浆找平层，四周及竖管根部位抹小八字角 7. 素水泥浆一道（内掺建筑胶） 8. 最薄处30厚C15细石混凝土从门口处向地漏找1%坡 9. 防水砂浆填堵预制楼板板缝，板缝上铺200宽聚酯布，涂刷防水涂料两遍（现浇钢筋混凝土楼板时无此道工序） 10. 现浇（或预制）钢筋混凝土楼板
踢11C	花岗石踢脚板	1. 10～15厚花岗石板，（正、背面及四周边满涂防污剂），稀水泥浆（或彩色水泥浆）擦缝 2. 12厚1:2水泥砂浆（内掺建筑胶）粘结层 3. 素水泥浆一道（内掺建筑胶）
踢10C1	大理石踢脚板	1. 10～15厚大理石板，（正、背面及四周边满涂防污剂），稀水泥浆（或彩色水泥浆）擦缝 2. 12厚1:2水泥砂浆（内掺建筑胶）粘结层 3. 素水泥浆一道（内掺建筑胶）

工程名称	×××办公楼	
图　名	建筑及结构设计说明	
图　号	建施1	设计

（续）

编号	装修名称	用料及分层做法
裙 10D2	胶合板墙裙	1. 刷油漆 2. 钉 5 厚胶合板面层 3.25×30 松木龙骨中距 450(正面抛刨光，满涂氟化钠防腐剂) 4. 刷高聚物改性沥青涂膜防潮层(材料或按工程设计) 5. 墙缝原浆抹平，聚合物水泥砂浆修补墙面 6. 扩孔钻扩孔，预埋木砖，孔内满填聚合物水泥砂浆将木砖卧牢，中距 450
内墙 5D2	胶合板墙面	1. 刷油漆 2. 钉 5 厚胶合板面层 3.25×30 松木龙骨中距 450(正面抛刨光，满涂氟化钠防腐剂) 4. 刷高聚物改性沥青涂膜防潮层(材料或按工程设计) 5. 墙缝原浆抹平，聚合物水泥砂浆修补墙面 6. 扩孔钻扩孔，预埋木砖，孔内满填聚合物水泥砂浆将木砖卧牢，中距 450
内墙 38C–F	釉面砖(陶瓷砖)防水墙面	1. 白水泥擦缝(或 1:1 彩色水泥细砂砂浆勾缝) 2.5 厚釉面砖面层(粘贴前先将釉面砖浸水两个小时以上) 3.4 厚强力胶粉泥粘结层，揉挤压实 4.1.5 厚聚合物水泥基复合防水涂料防水层(防水层材料或按工程设计) 5.9 厚 1:3 水泥砂浆打底压实抹平 6. 素水泥浆一道甩毛(内掺建筑胶)
棚 7B	板底抹水泥砂浆顶棚	1. 喷(刷、辊)面浆饰面 2.3 厚 1:2.5 水泥砂浆找平 3.5 厚 1:3 水泥砂浆打底扫毛或划出纹道 4. 素水泥浆一道甩毛(内掺建筑胶)
棚 26	纸面石膏板吊顶	1. 饰面(饰 1– 饰 12, 从 J19/20 页选，也可不做，由设计定) 2. 满刮 2 厚面层耐水腻子找平 3. 满刷氯偏乳胶(或乳化光油)防潮涂料两道。横纵向各刷一道(防水石膏板无此道工序) 4.9.5 厚纸面石膏板，用自攻螺钉与龙骨固定，中距≤200 5.U 形轻钢龙骨横撑 CB60×27(或 CB50×20)，中距 1200 6.U 型轻钢次龙骨 CB60×27(或 CB50×20)，中距 429 7.U 型轻钢主龙骨 CB50×20(或 CB60×27)，中距≤1200 8.Φ6(或Φ8) 钢筋吊杆，中距横向≤1200，纵向≤1100，吊杆上部与预留钢筋吊环固定 9. 钢筋混凝土板内预留钢筋吊环(勾)，中距横向≤1200，纵向≤1100(预制混凝土板可在板缝内预留吊环)
棚 27	纸面石膏板吊顶	1. 饰面(饰 1– 饰 12, 从 J19/20 页选，也可不做，由设计定) 2. 满刮 2 厚面层耐水腻子找平 3. 满刷氯偏乳胶(或乳化光油)防潮涂料两道。横纵向各刷一道(防水石膏板无此道工序) 4.9.5 厚纸面石膏板，用自攻螺钉与龙骨固定，中距≤200 5.U 型轻钢龙骨横撑 CB60×27(或 CB50×20)，中距 1200 6.U 型轻钢次龙骨 CB60×27(或 CB50×20)，中距 429 7.10 号镀锌低碳钢丝(或Φ6 钢筋)吊杆，中距横向≤800，纵向 429，吊杆上部与预留钢筋吊环固定 8. 钢筋混凝土板内预留钢筋吊环(勾)，中距横向≤800，纵向 429(预制混凝土板可在板缝内预留吊环)

（续）

编号	装修名称	用料及分层做法
棚 23	胶合板吊顶	1. 钉装饰条(材质由设计定) 2. 刷无光油漆(由设计定) 3.5 厚胶合板面层 4.50×50 木次龙骨(正面刨光)，中距 450～600(或根据纤维板尺寸确定)，与主龙骨固定，并用 12 号镀锌低碳钢丝每隔一道绑牢一道 5.50×70 木主龙骨找平，用 8 号镀锌低碳钢丝(或Φ6 钢筋)吊杆与上部预留钢筋吊环固定 6. 现浇钢筋混凝土板预留Φ8 钢筋吊环(勾)，双向中距 900～1200(预制混凝土板可在板缝内预留吊环)

6. 门窗表

类别	名称	宽度 /mm	高度 /mm	离地高 /mm	材质	数量			
						首层	二层	三层	总数
门	M1	4200	2900	0	全玻门	1	0	0	1
	M2	900	2400	0	胶合板门	6	7	7	20
	M3	750	2100	0	胶合板门	2	2	2	6
窗	C1	1500	2000	900	塑钢窗	6	6	6	18
	C2	3000	2000	900	塑钢窗	3	3	3	9
	C3	3300	2000	900	塑钢窗	1	2	2	5

7. 过梁表

类别	名称	洞口宽度 /mm	过梁高度 /mm	过梁宽度 /mm	过梁长度 /mm	过梁配筋
门	M1	4200	无			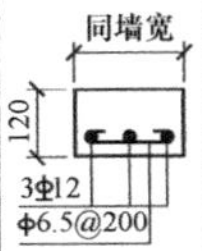 同墙宽；120；3Φ12；Φ6.5@200
	M2	900	120	同墙宽	洞口宽 +250	
	M3	750	120	同墙宽	洞口宽 +470	
窗	C1	1500	无			
	C2	3000	无			
	C3	3300	无			

8. 本工程为 3 级抗震。
9. 混凝土保护层厚度：板 15mm，梁 30mm，柱 30mm，基础底板 40mm。
10. 钢筋接头形式：钢筋直径≥18mm 采用机械连接，钢筋直径<18mm 采用绑扎连接。
11. 未注明的分布筋均为Φ8@200。
12. 砌块墙与框架柱及构造柱连接处均设置连接筋，每隔 500mm 高度配 2 根Φ6 拉接筋，并伸进墙内 1000mm。

工程名称	×××办公楼	
图名	建筑结构设计说明	
图号	建施 2	设计

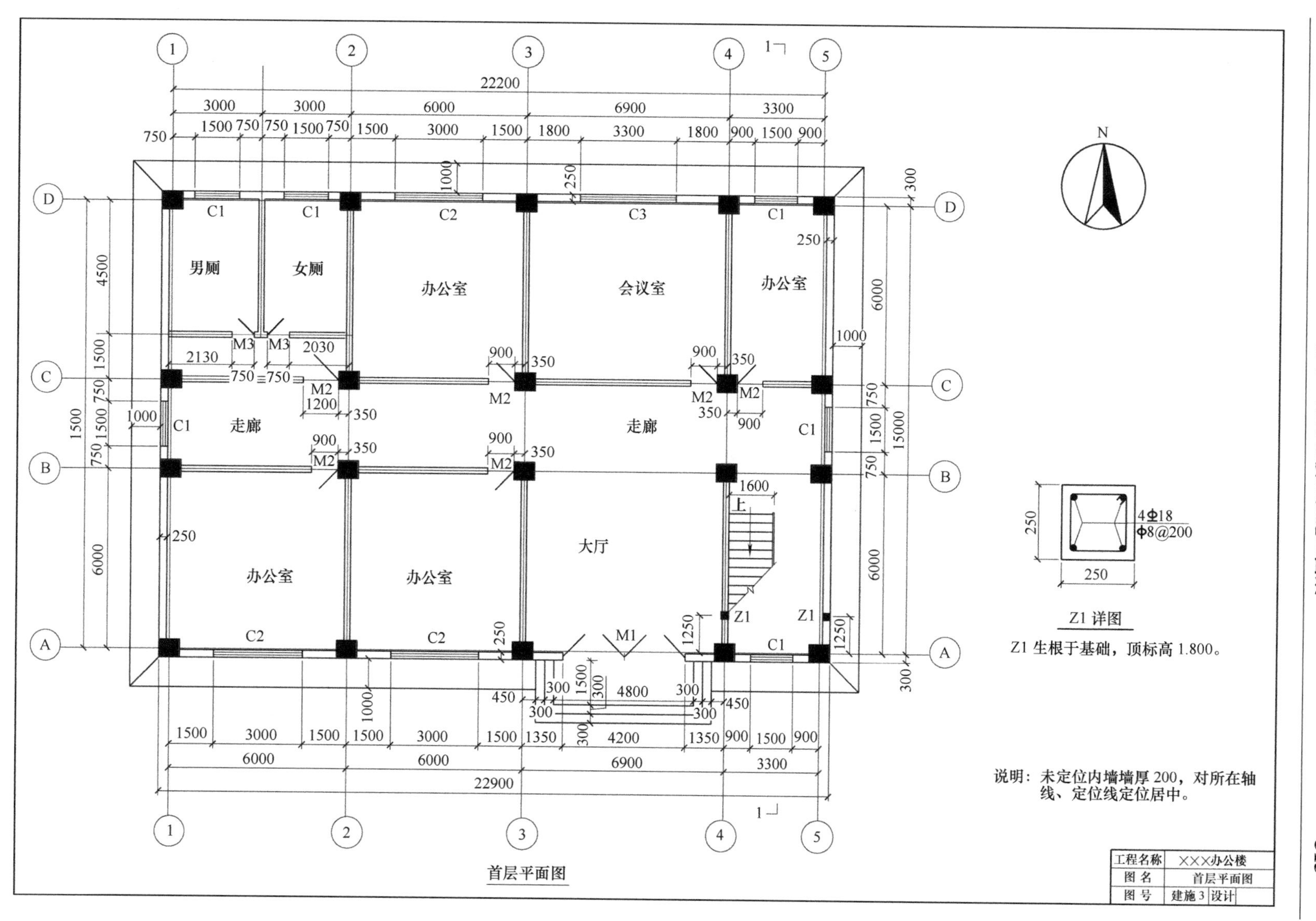
男厕
女厕
办公室
会议室
办公室
走廊
走廊
办公室
办公室
大厅
C1
C2
C3
M1
M2
M3
Z1
22200
22900
15000
N
Z1 详图
4Φ18
Φ8@200
Z1 生根于基础，顶标高 1.800。
说明：未定位内墙墙厚 200，对所在轴线、定位线定位居中。
工程名称 ×××办公楼
图名 首层平面图
图号 建施 3 设计

首层平面图

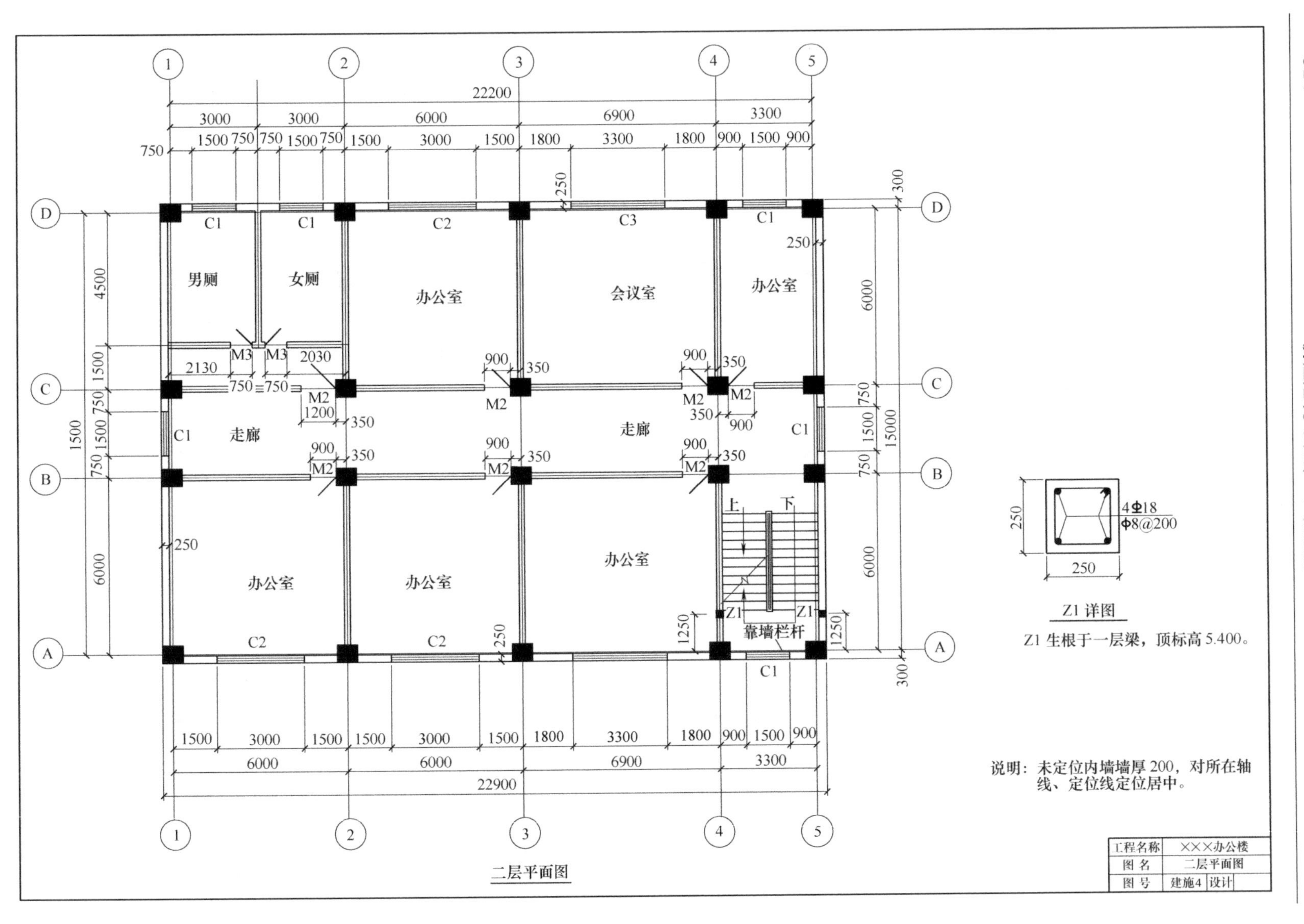
男厕
女厕
办公室
会议室
办公室
走廊
走廊
办公室
办公室
办公室
靠墙栏杆
Z1详图
4Φ18
Φ8@200
Z1生根于一层梁，顶标高5.400。
说明：未定位内墙墙厚200，对所在轴线、定位线定位居中。
工程名称 ×××办公楼
图名 二层平面图
图号 建施4 设计

二层平面图

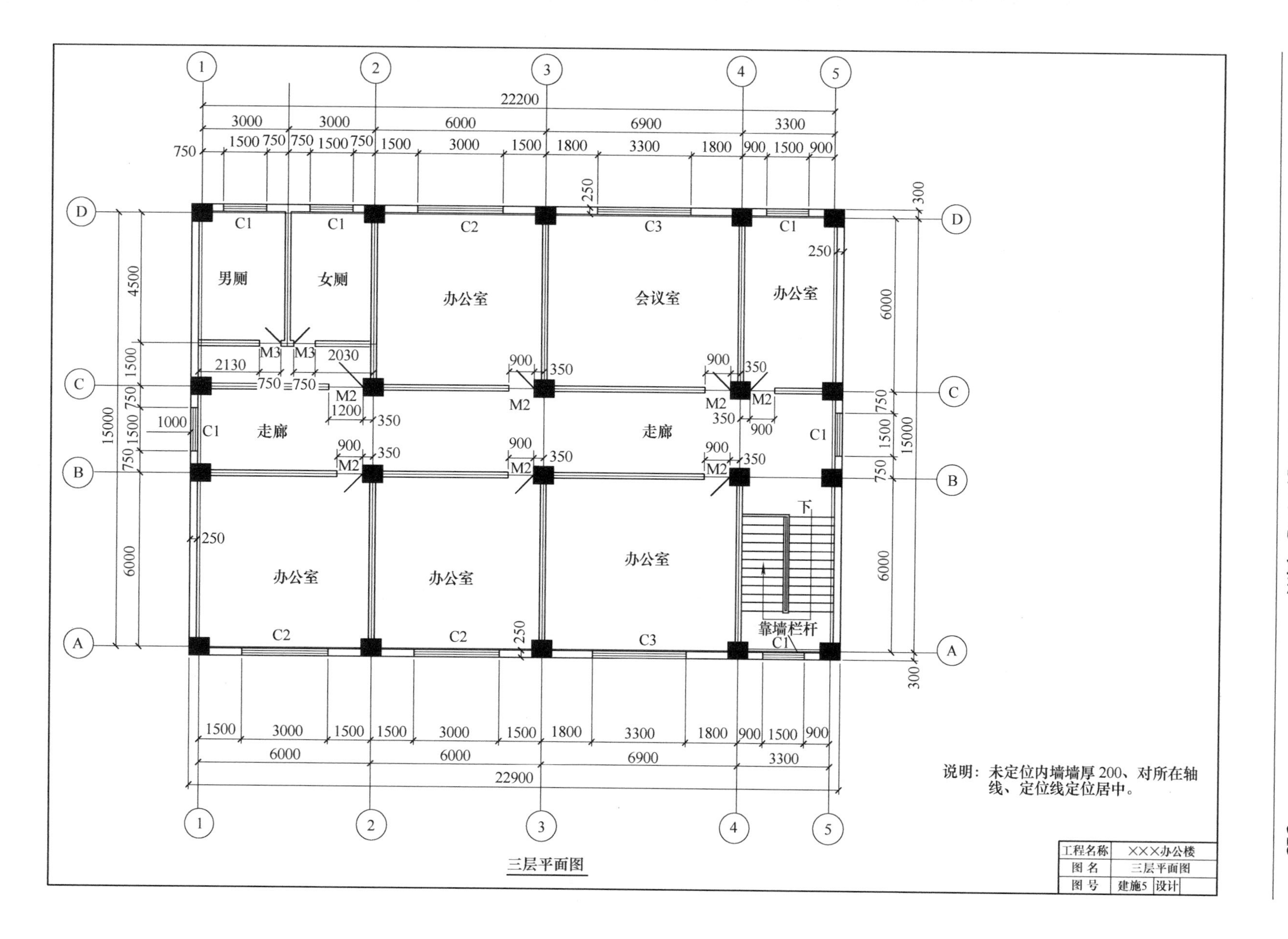

男厕
女厕
办公室
会议室
办公室
走廊
走廊
办公室
办公室
办公室
靠墙栏杆
下
C1
C2
C3
M2
M3
22200
22900
15000
说明：未定位内墙墙厚200、对所在轴线、定位线定位居中。
工程名称　×××办公楼
图名　三层平面图
图号　建施5　设计

三层平面图

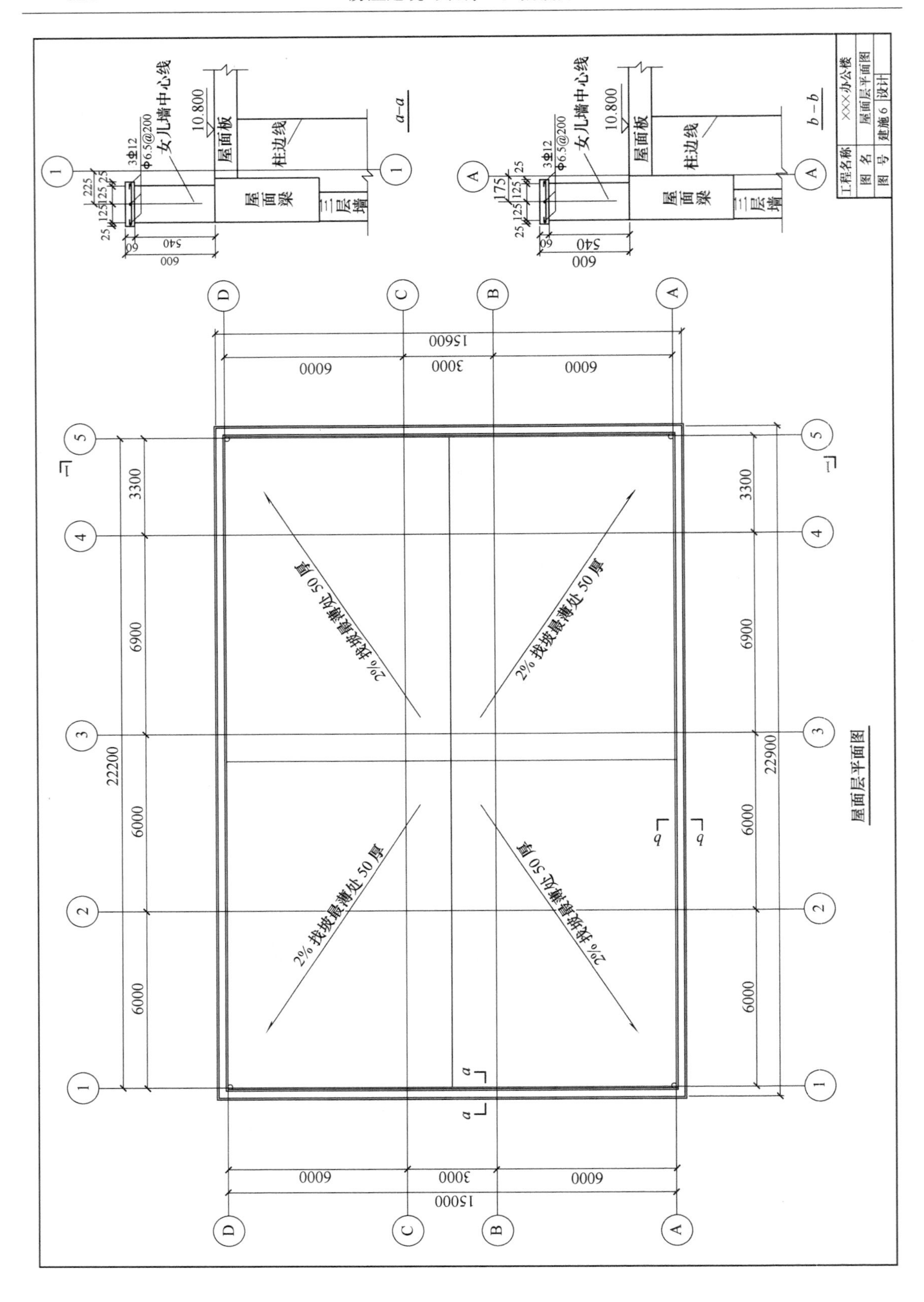
工程名称 ×××办公楼
图名 屋面层平面图
图号 建施 6 设计
a–a
b–b
女儿墙中心线
屋面板
柱边线
屋面梁
三层墙
10.800
3⌀12
Φ6.5@200
2% 找坡最薄处 50 厚
15600
15000
22200
22900
6000
3000
3300
6900
屋面层平面图

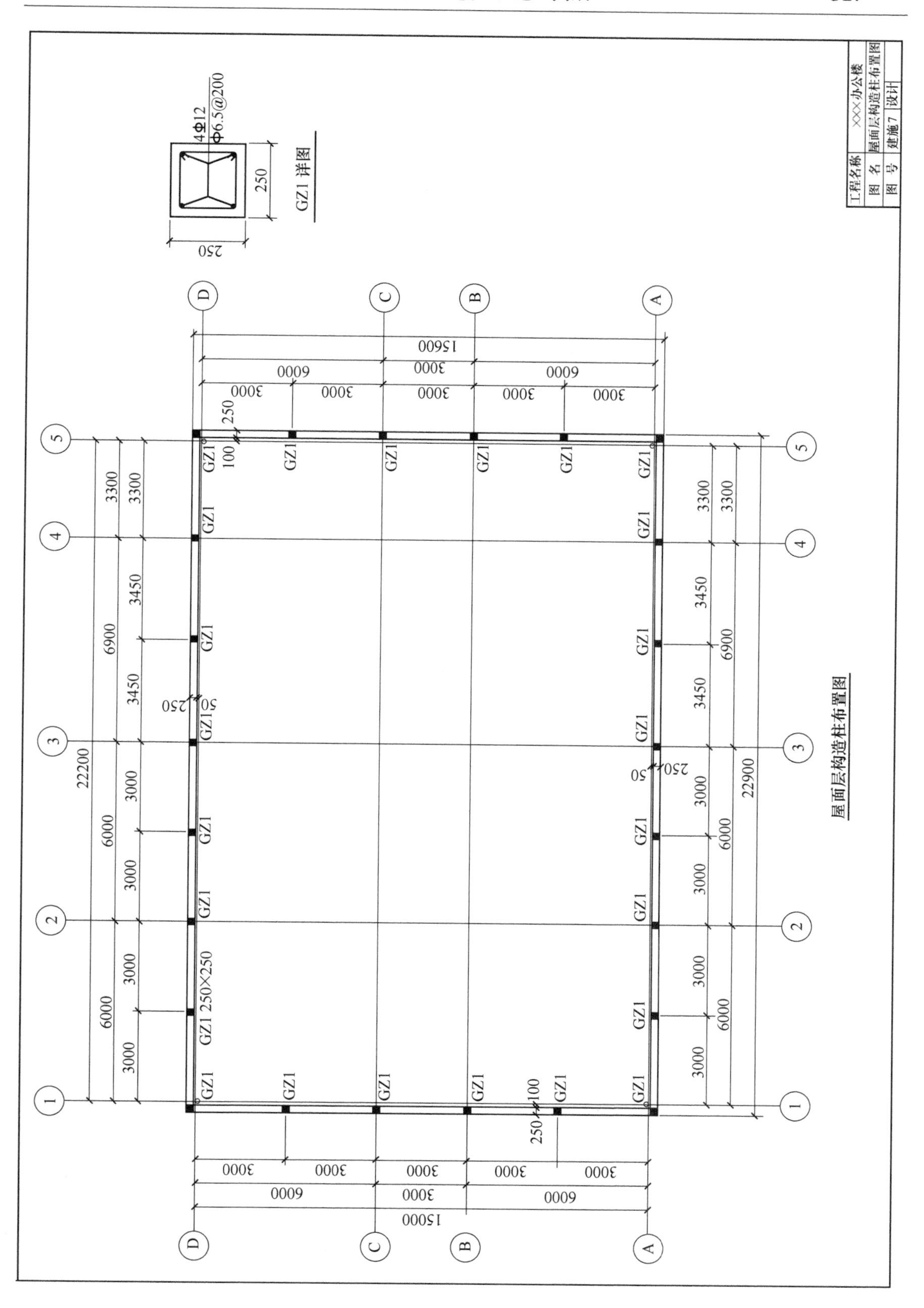
工程名称 ×××办公楼
图名 屋面层构造柱布置图
图号 建施7
设计
4Φ12
Φ6.5@200
250
GZ1 详图
GZ1
GZ1 250×250
15600
15000
22200
22900
屋面层构造柱布置图

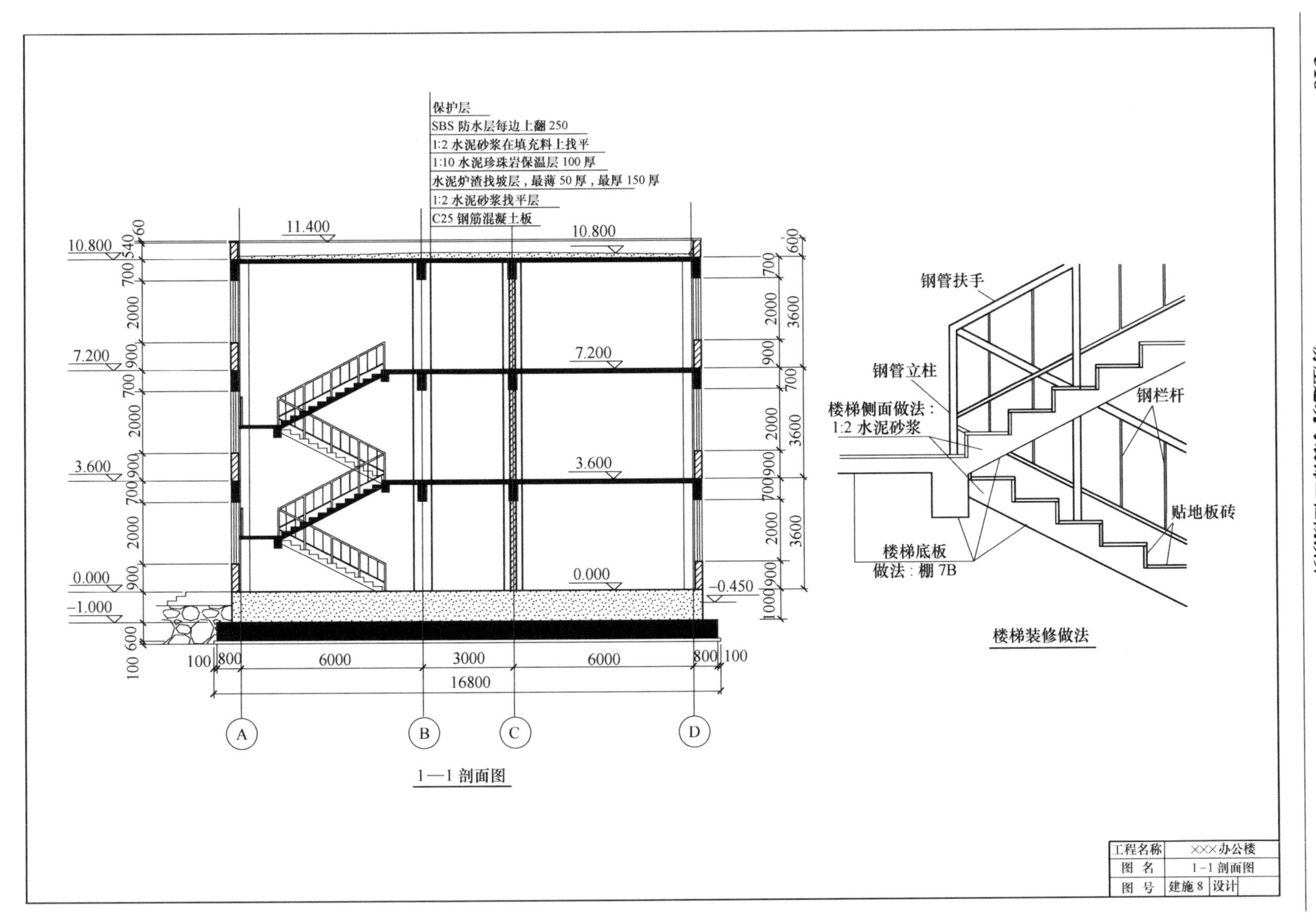

1—1 剖面图

楼梯装修做法

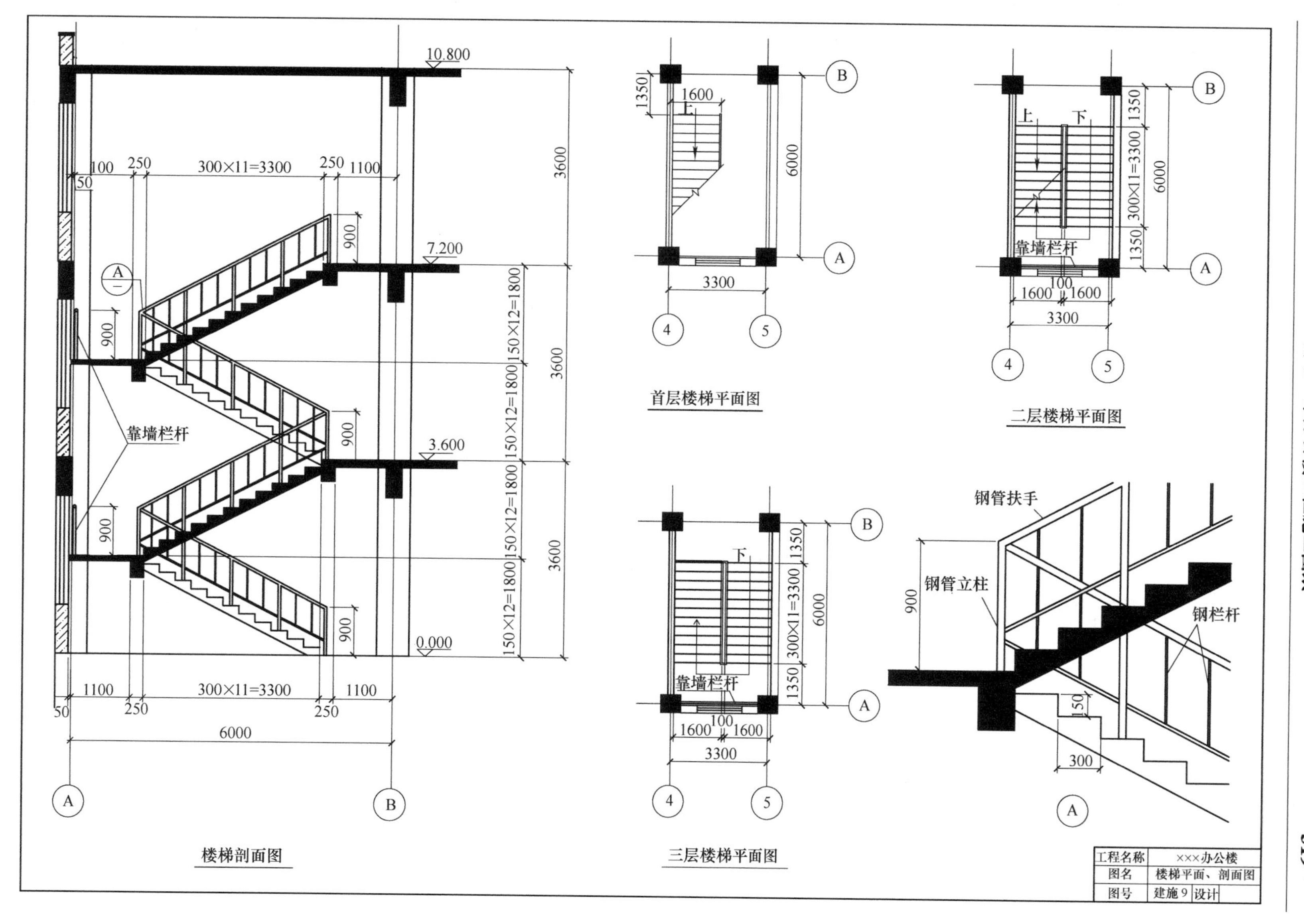

10.800
7.200
3.600
0.000
100
250
300×11=3300
250
1100
50
900
靠墙栏杆
3600
150×12=1800
1100
6000
首层楼梯平面图
二层楼梯平面图
三层楼梯平面图
1350
1600
上
下
6000
3300
100
300×11=3300
钢管扶手
钢管立柱
钢栏杆
150
300
楼梯剖面图
工程名称 ×××办公楼
图名 楼梯平面、剖面图
图号 建施9 设计

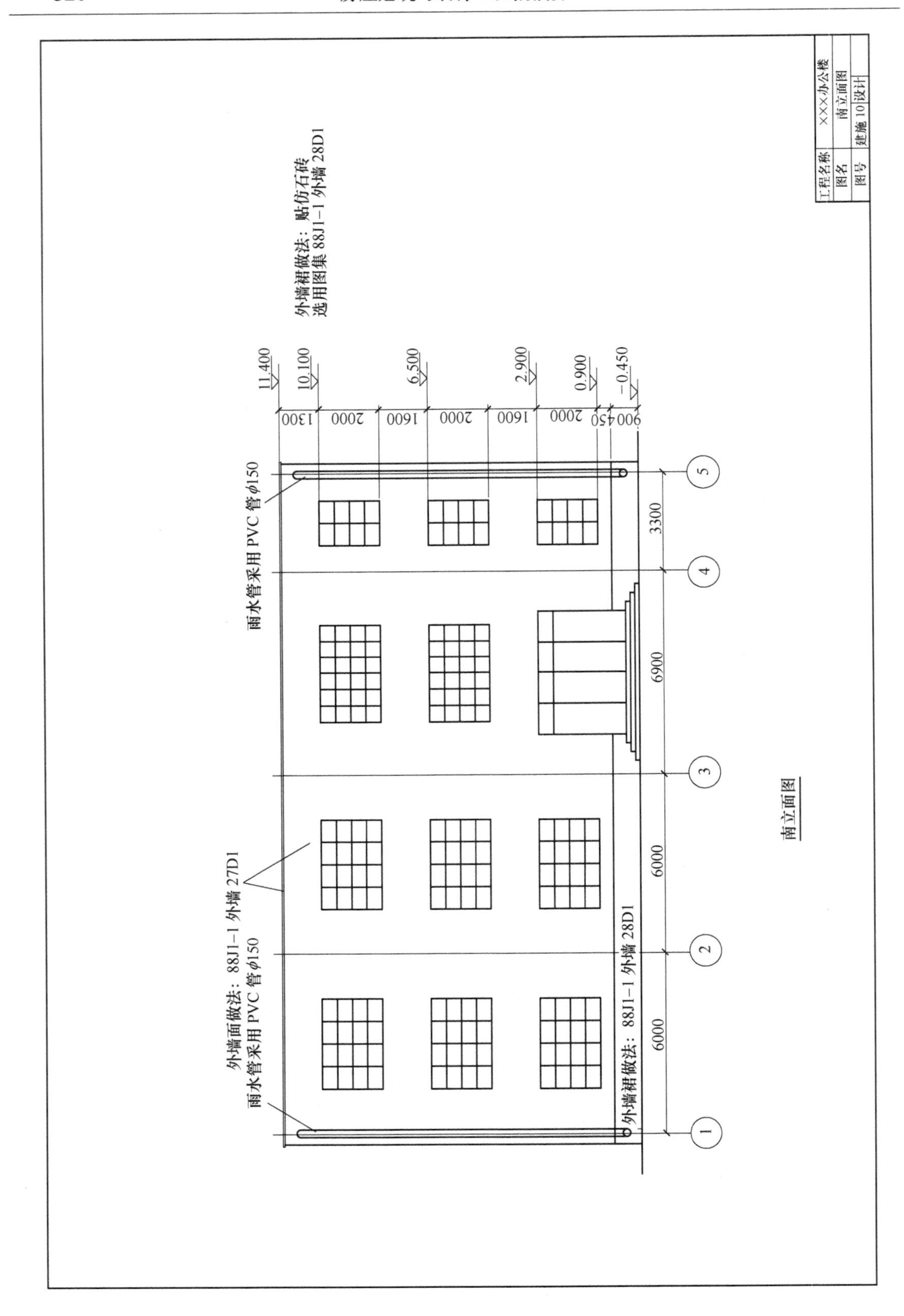

工程名称 ×××办公楼
图名 南立面图
图号 建施10设计
外墙裙做法：贴仿石砖
选用图集88J1-1 外墙28D1
11.400
10.100
6.500
2.900
0.900
−0.450
1300
2000
1600
2000
1600
2000
450
900
雨水管采用PVC管φ150
外墙面做法：88J1-1 外墙27D1
雨水管采用PVC管φ150
外墙裙做法：88J1-1 外墙28D1
3300
6900
6000
6000
1
2
3
4
5

南立面图

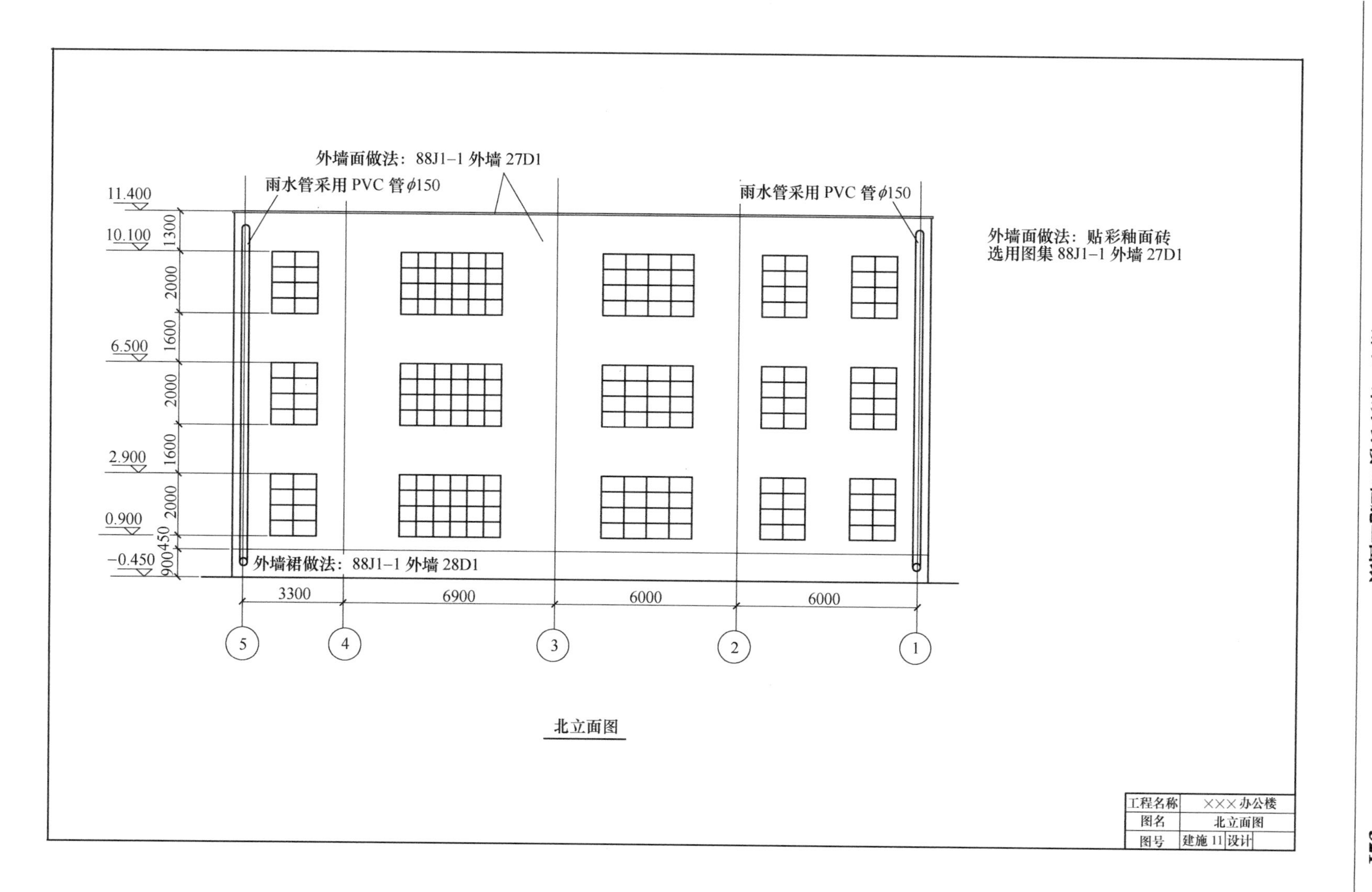

外墙面做法：88J1-1 外墙 27D1
雨水管采用 PVC 管 φ150
雨水管采用 PVC 管 φ150
外墙面做法：贴彩釉面砖
选用图集 88J1-1 外墙 27D1
11.400
10.100
6.500
2.900
0.900
−0.450
1300
2000
1600
2000
1600
2000
450
900
外墙裙做法：88J1-1 外墙 28D1
3300
6900
6000
6000
5
4
3
2
1
北立面图
工程名称 ×××办公楼
图名 北立面图
图号 建施 11 设计

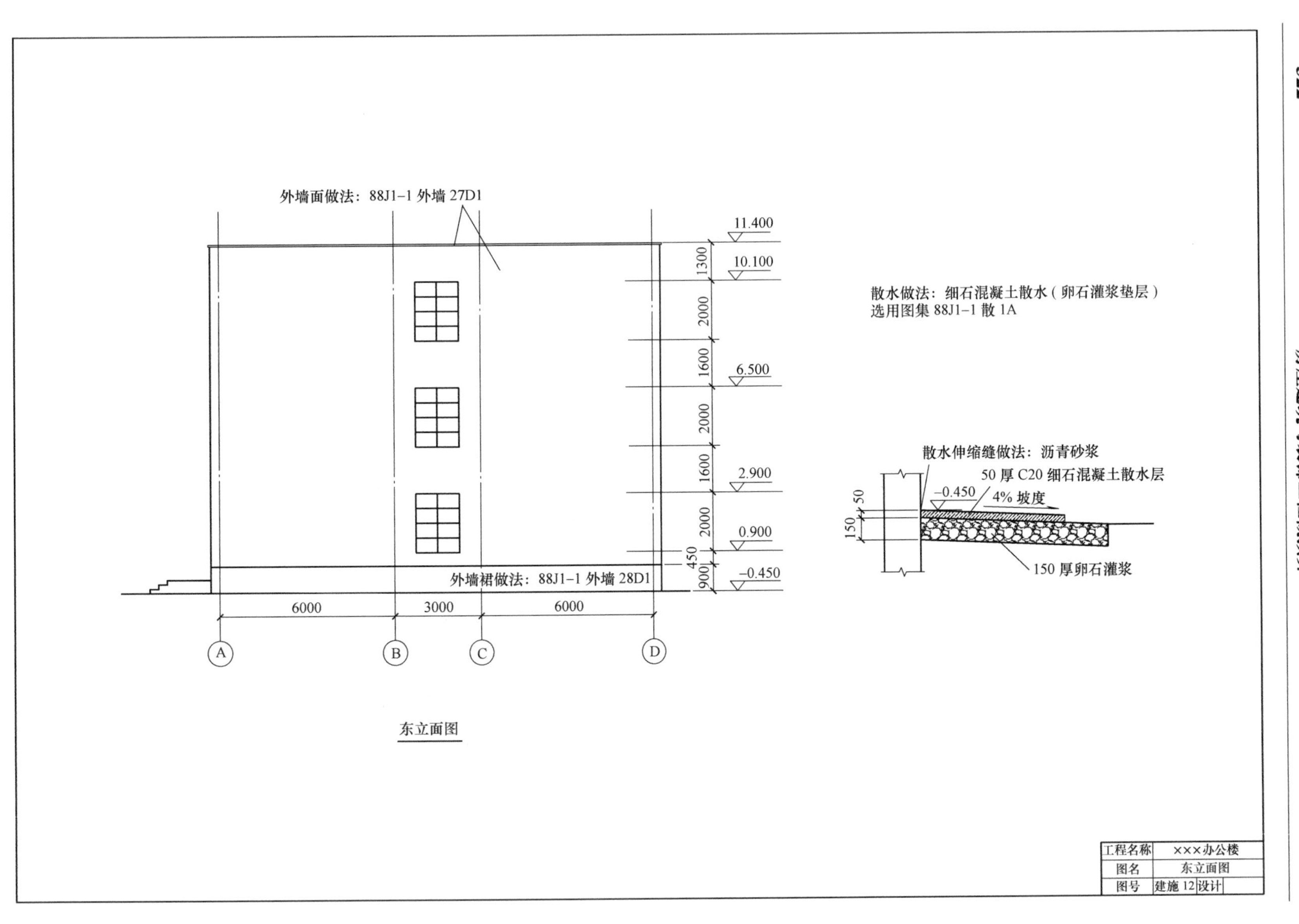
外墙面做法：88J1-1 外墙 27D1
11.400
10.100
6.500
2.900
0.900
−0.450
1300
2000
1600
2000
1600
2000
450
900
外墙裙做法：88J1-1 外墙 28D1
6000
3000
6000
A
B
C
D
散水做法：细石混凝土散水（卵石灌浆垫层）
选用图集 88J1-1 散 1A
散水伸缩缝做法：沥青砂浆
50 厚 C20 细石混凝土散水层
−0.450
4% 坡度
50
150
150 厚卵石灌浆
工程名称 ×××办公楼
图名 东立面图
图号 建施 12 设计
东立面图

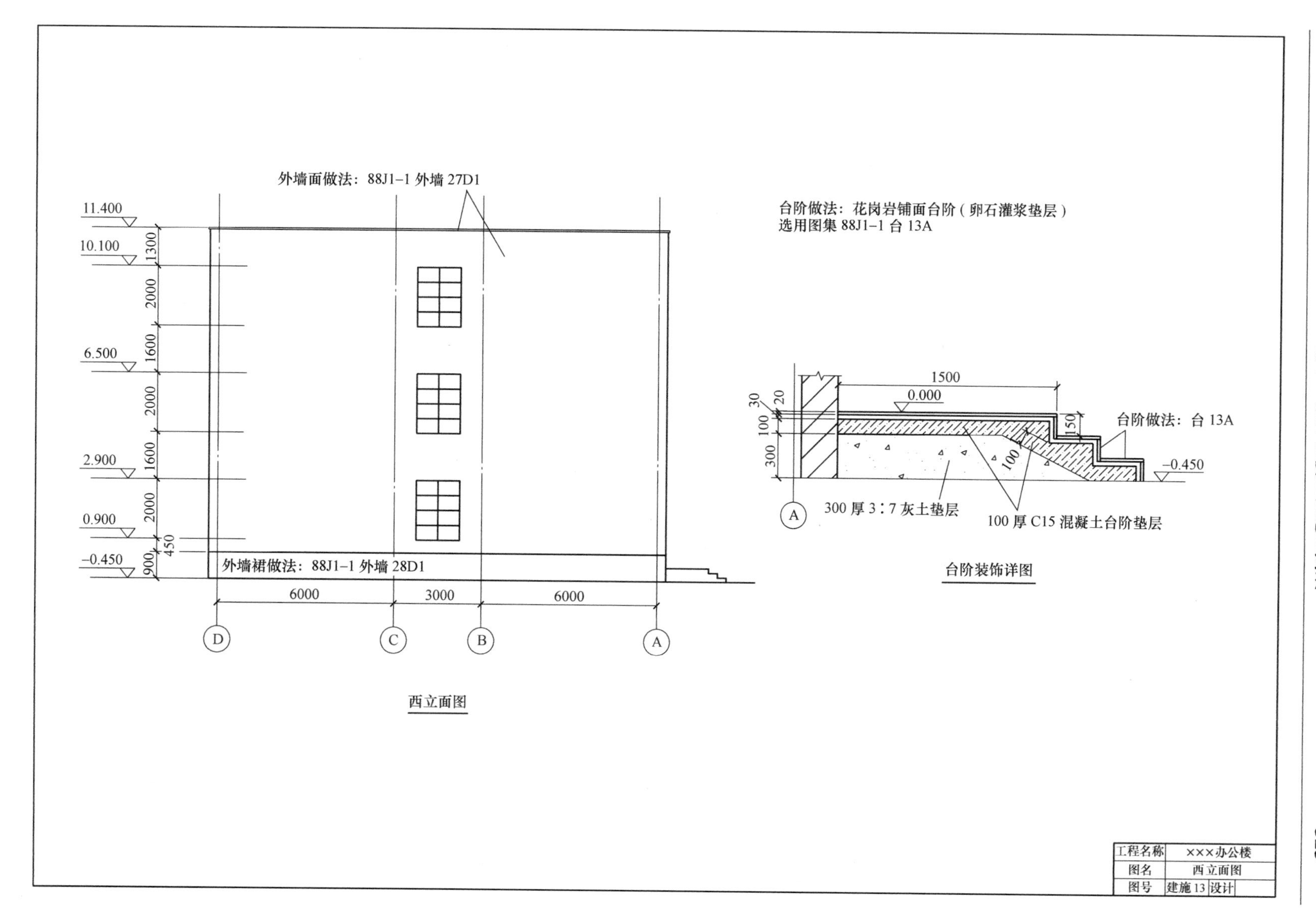
外墙面做法：88J1-1 外墙 27D1
11.400
10.100
6.500
2.900
0.900
-0.450
1300
2000
1600
2000
1600
2000
450
900
外墙裙做法：88J1-1 外墙 28D1
6000
3000
6000
D
C
B
A
西立面图
台阶做法：花岗岩铺面台阶（卵石灌浆垫层）
选用图集 88J1-1 台 13A
1500
0.000
30
20
100
300
150
台阶做法：台 13A
-0.450
100
300 厚 3∶7 灰土垫层
100 厚 C15 混凝土台阶垫层
台阶装饰详图
工程名称　×××办公楼
图名　西立面图
图号　建施 13　设计

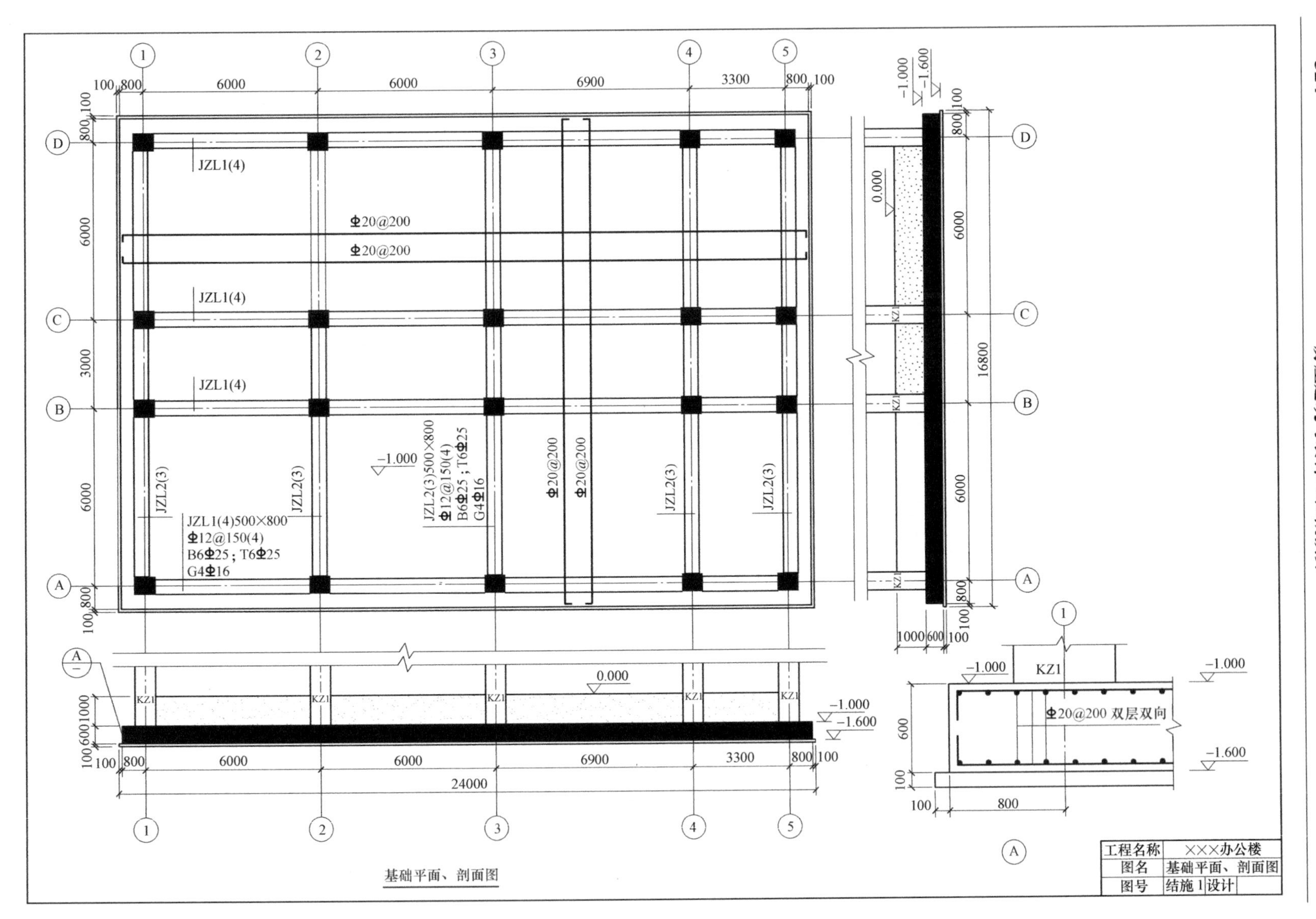
JZL1(4)
Φ20@200
Φ20@200
JZL1(4)
JZL1(4)
JZL2(3)
JZL2(3)
-1.000
JZL2(3)500×800
Φ12@150(4)
B6Φ25；T6Φ25
G4Φ16
Φ20@200
Φ20@200
JZL2(3)
JZL2(3)
JZL1(4)500×800
Φ12@150(4)
B6Φ25；T6Φ25
G4Φ16
KZ1
0.000
-1.000
-1.600
24000
16800
Φ20@200 双层双向
基础平面、剖面图
工程名称　×××办公楼
图名　基础平面、剖面图
图号　结施 1　设计

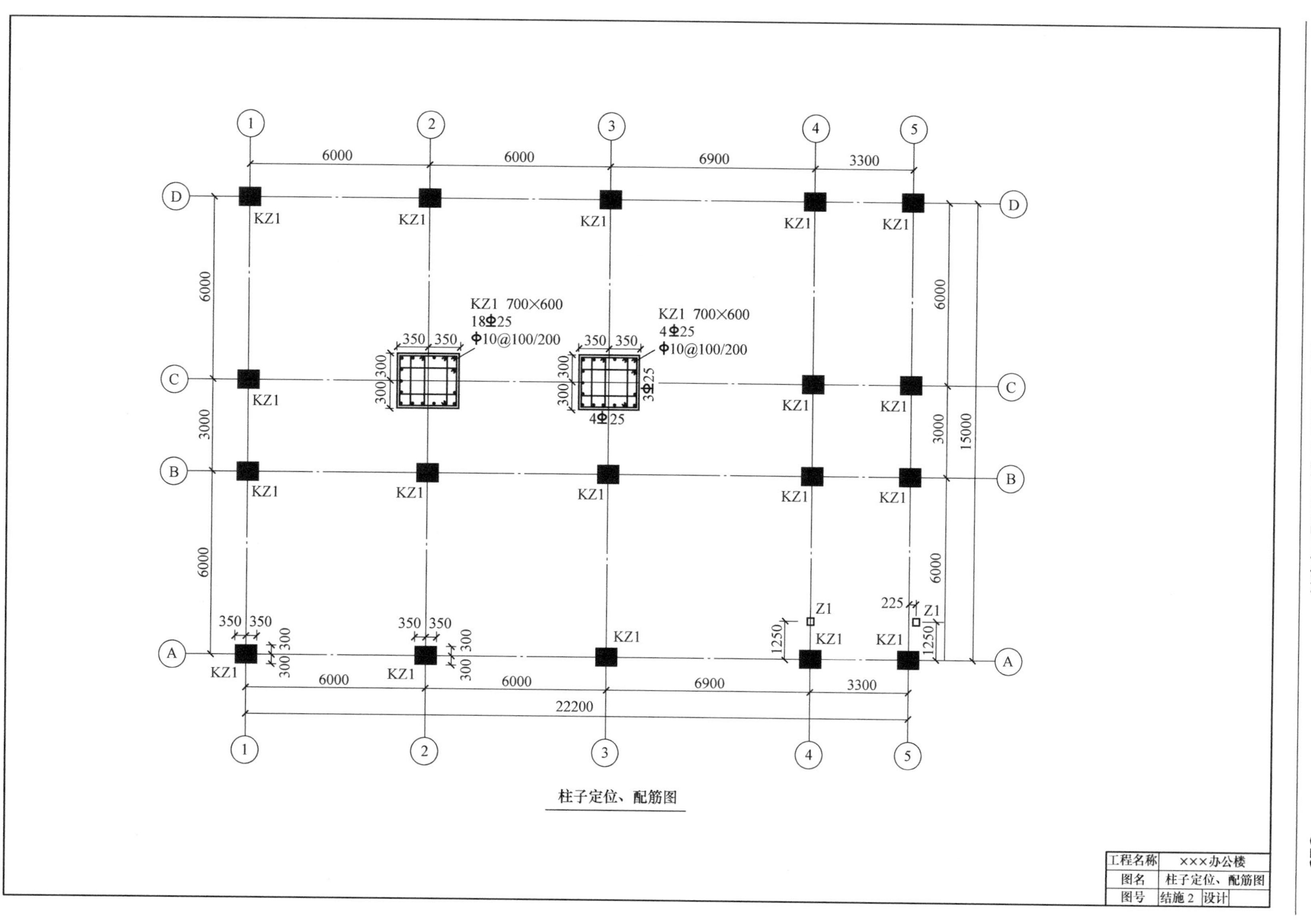
KZ1 700×600
18Φ25
Φ10@100/200
KZ1 700×600
4Φ25
Φ10@100/200
3Φ25
4Φ25
KZ1
Z1
6000
6000
6900
3300
22200
15000
工程名称 ×××办公楼
图名 柱子定位、配筋图
图号 结施2 设计

柱子定位、配筋图

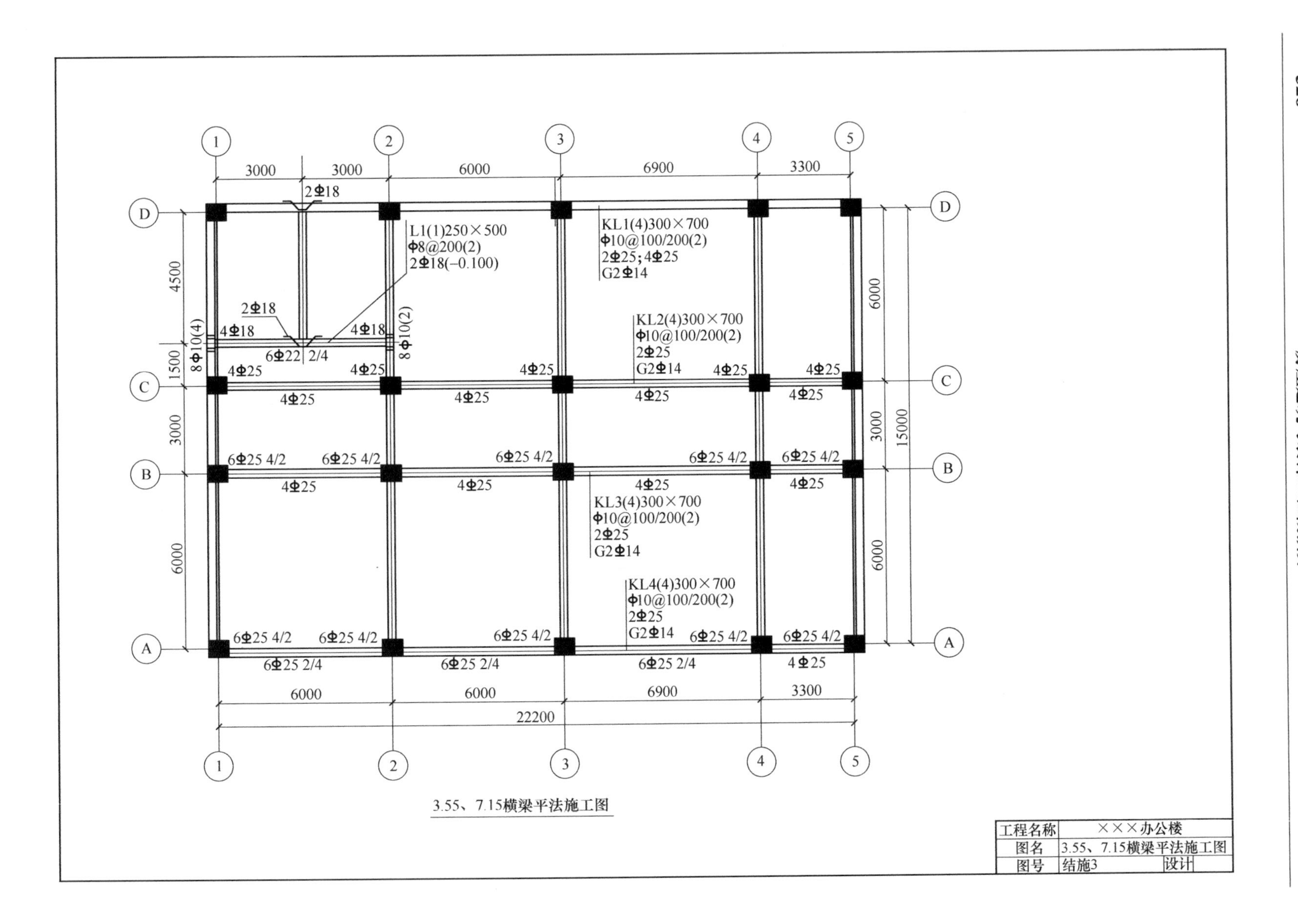

3.55、7.15横梁平法施工图

工程名称	×××办公楼	
图名	3.55、7.15横梁平法施工图	
图号	结施3	设计

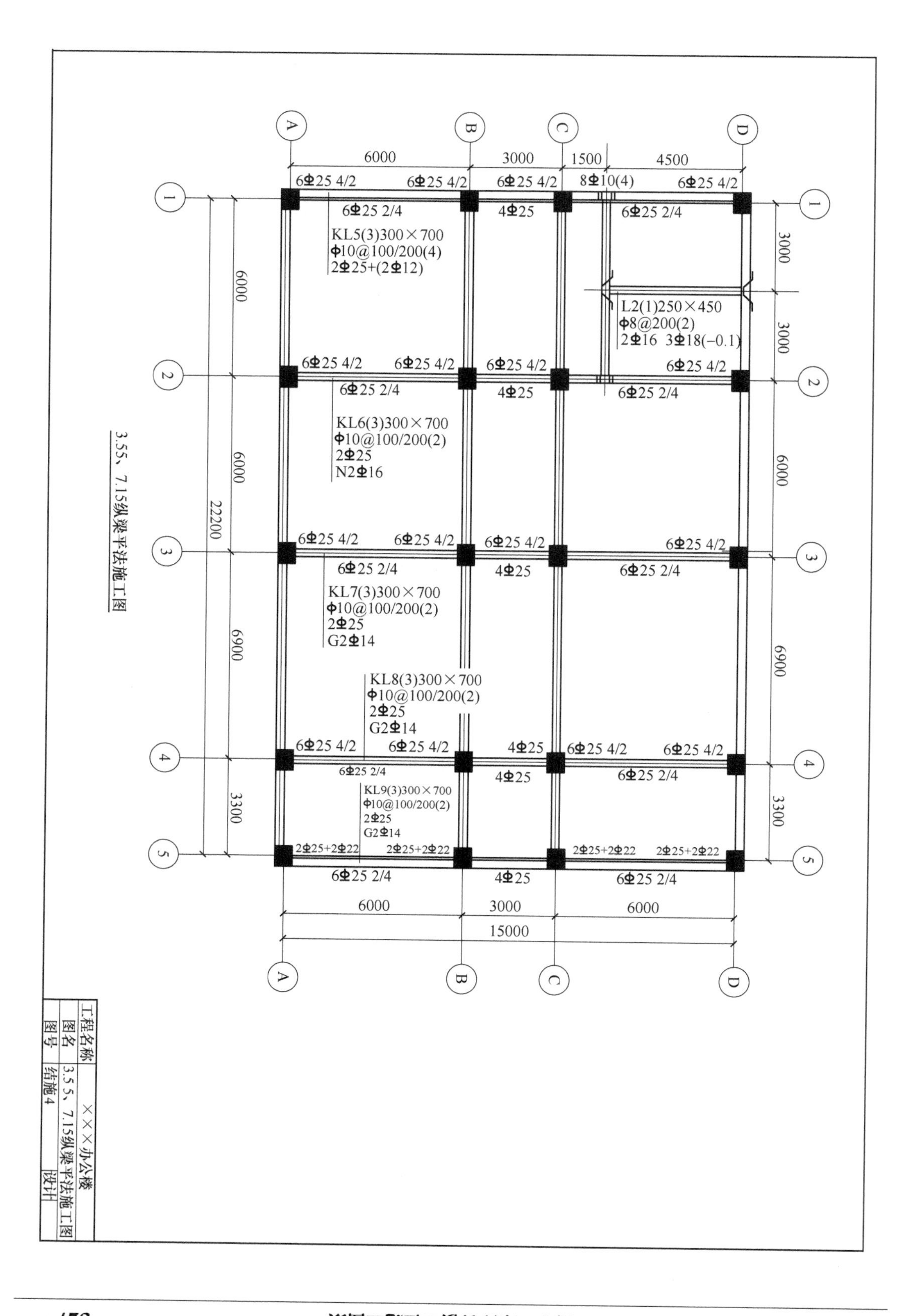
6000
3000
1500
4500
6⊈25 4/2
8ϕ10(4)
6⊈25 2/4
4⊈25
KL5(3)300×700
ϕ10@100/200(4)
2⊈25+(2⊈12)
L2(1)250×450
ϕ8@200(2)
2⊈16 3⊈18(-0.1)
KL6(3)300×700
ϕ10@100/200(2)
2⊈25
N2⊈16
KL7(3)300×700
ϕ10@100/200(2)
2⊈25
G2⊈14
KL8(3)300×700
ϕ10@100/200(2)
2⊈25
G2⊈14
KL9(3)300×700
ϕ10@100/200(2)
2⊈25
G2⊈14
2⊈25+2⊈22
15000
22200
6900
3300
3.55、7.15纵梁平法施工图
工程名称
×××办公楼
图名
3.55、7.15纵梁平法施工图
图号
结施4
设计

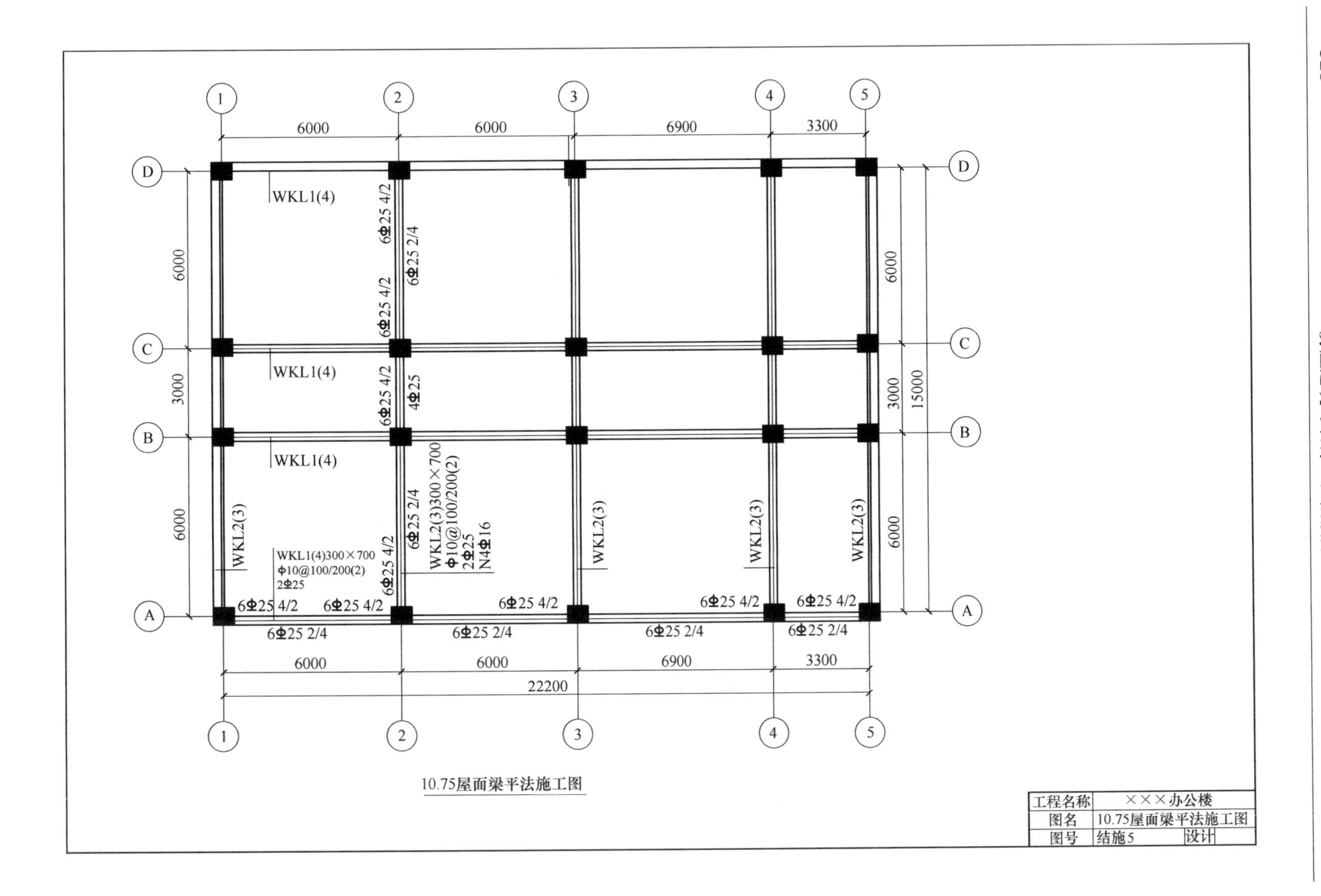

10.75屋面梁平法施工图

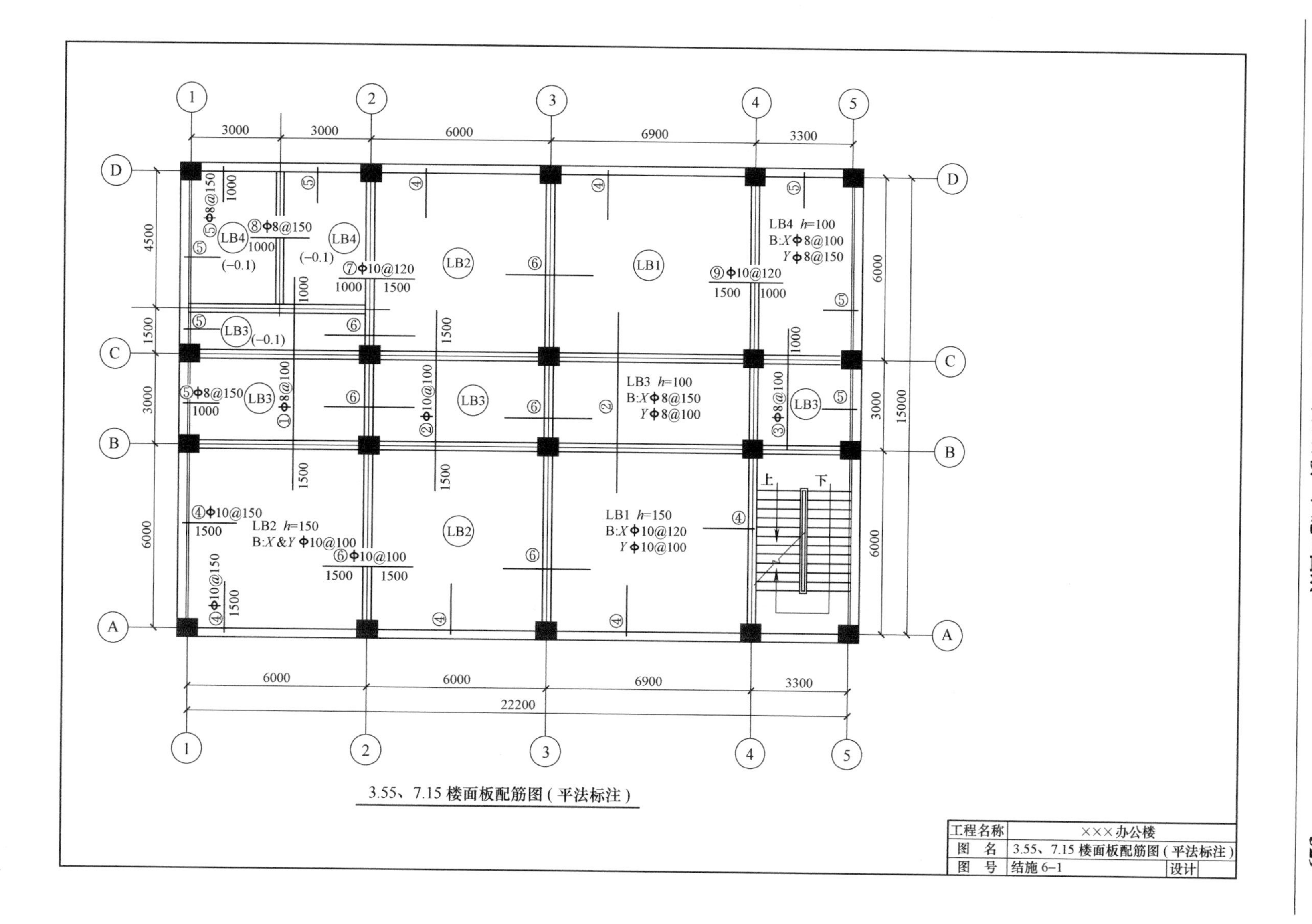

3.55、7.15 楼面板配筋图（平法标注）

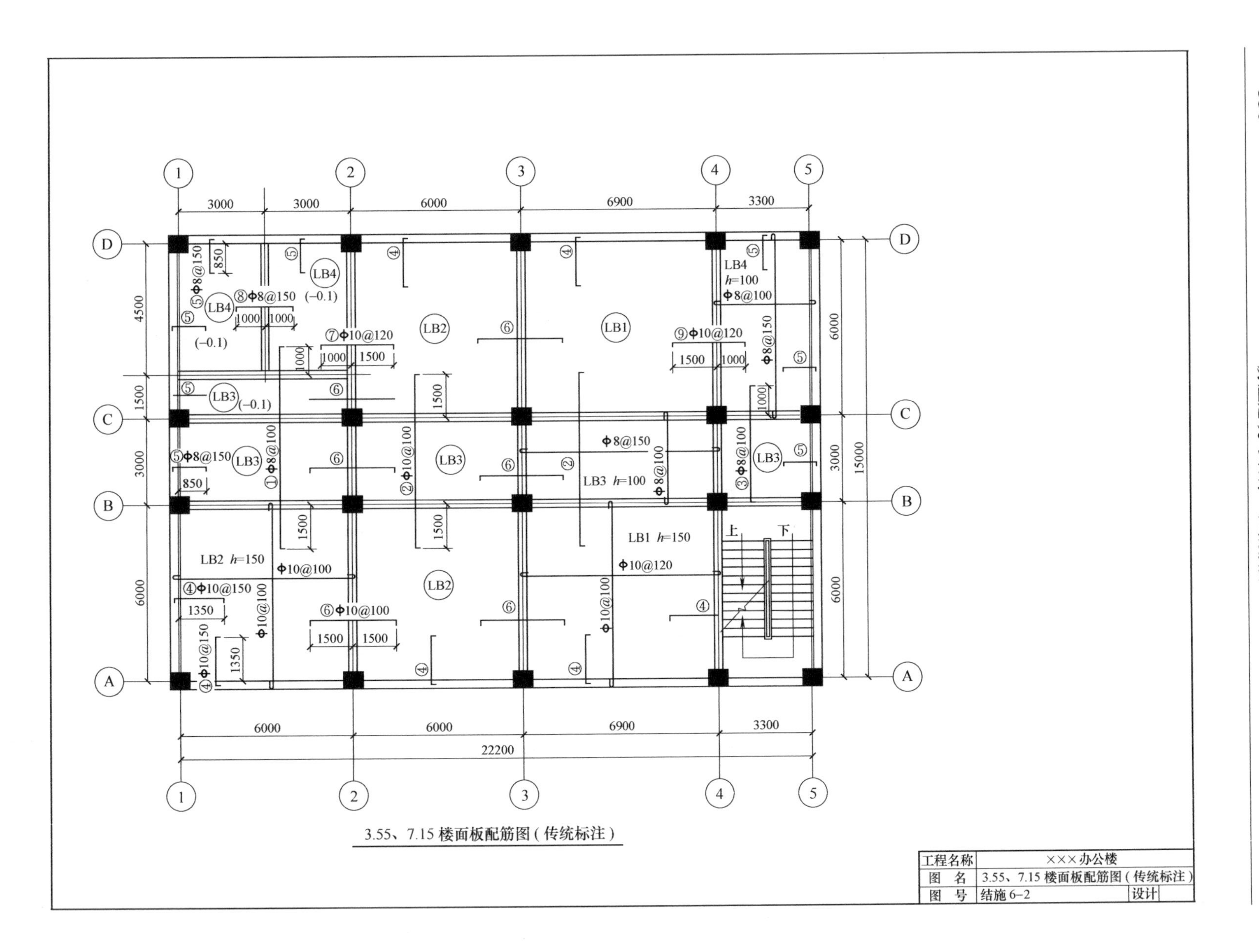

3.55、7.15 楼面板配筋图（传统标注）

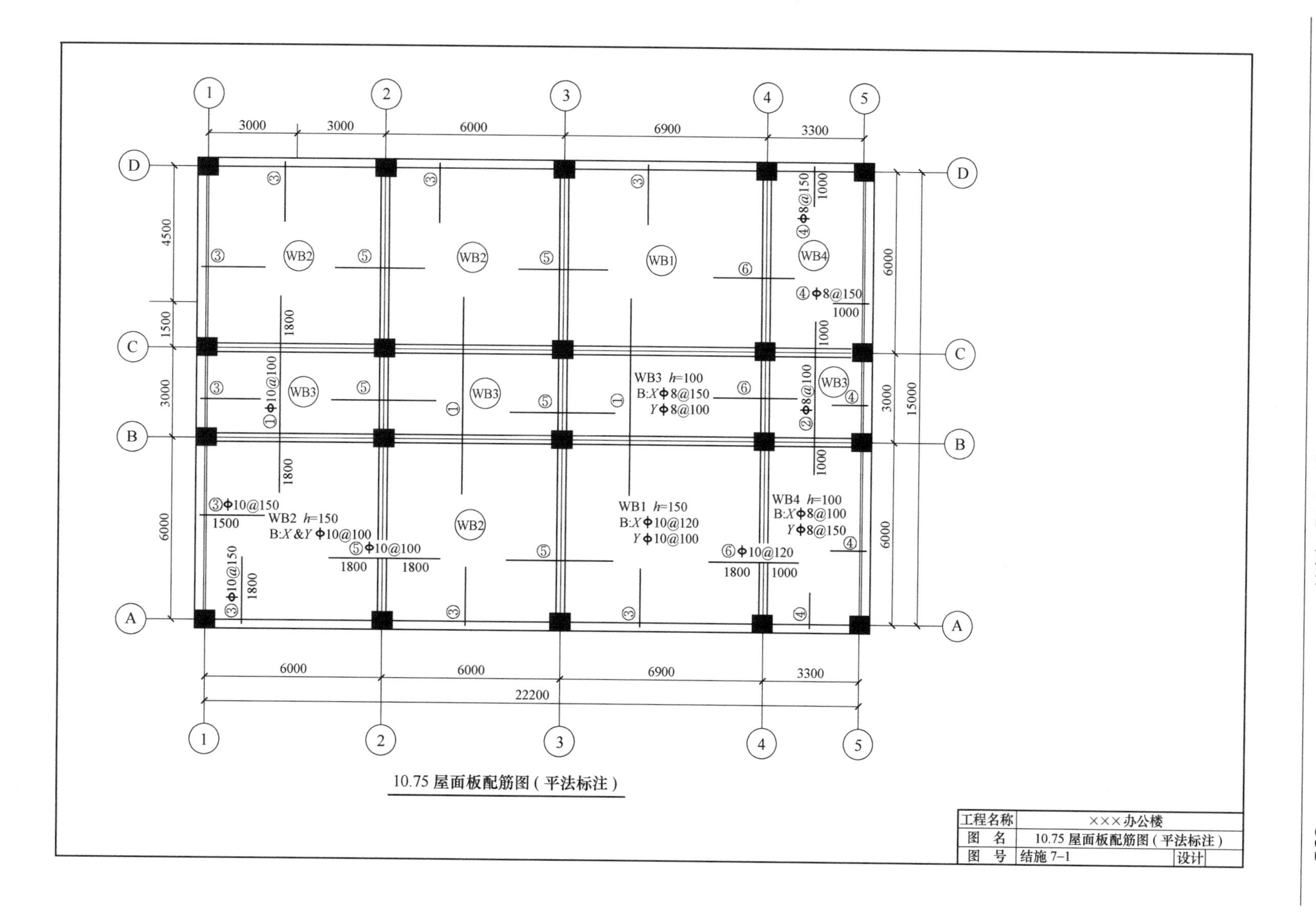

10.75 屋面板配筋图（平法标注）

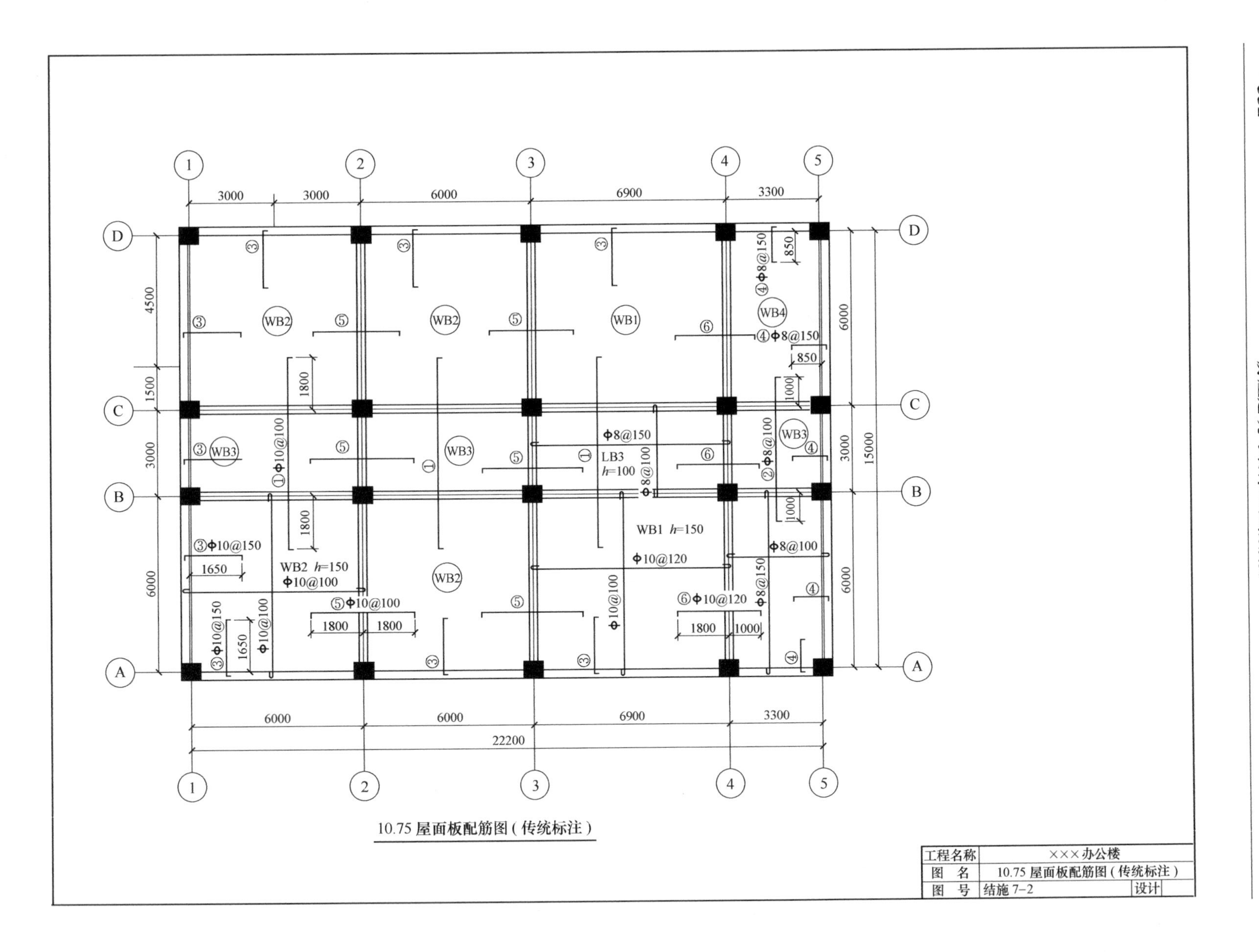

10.75屋面板配筋图（传统标注）

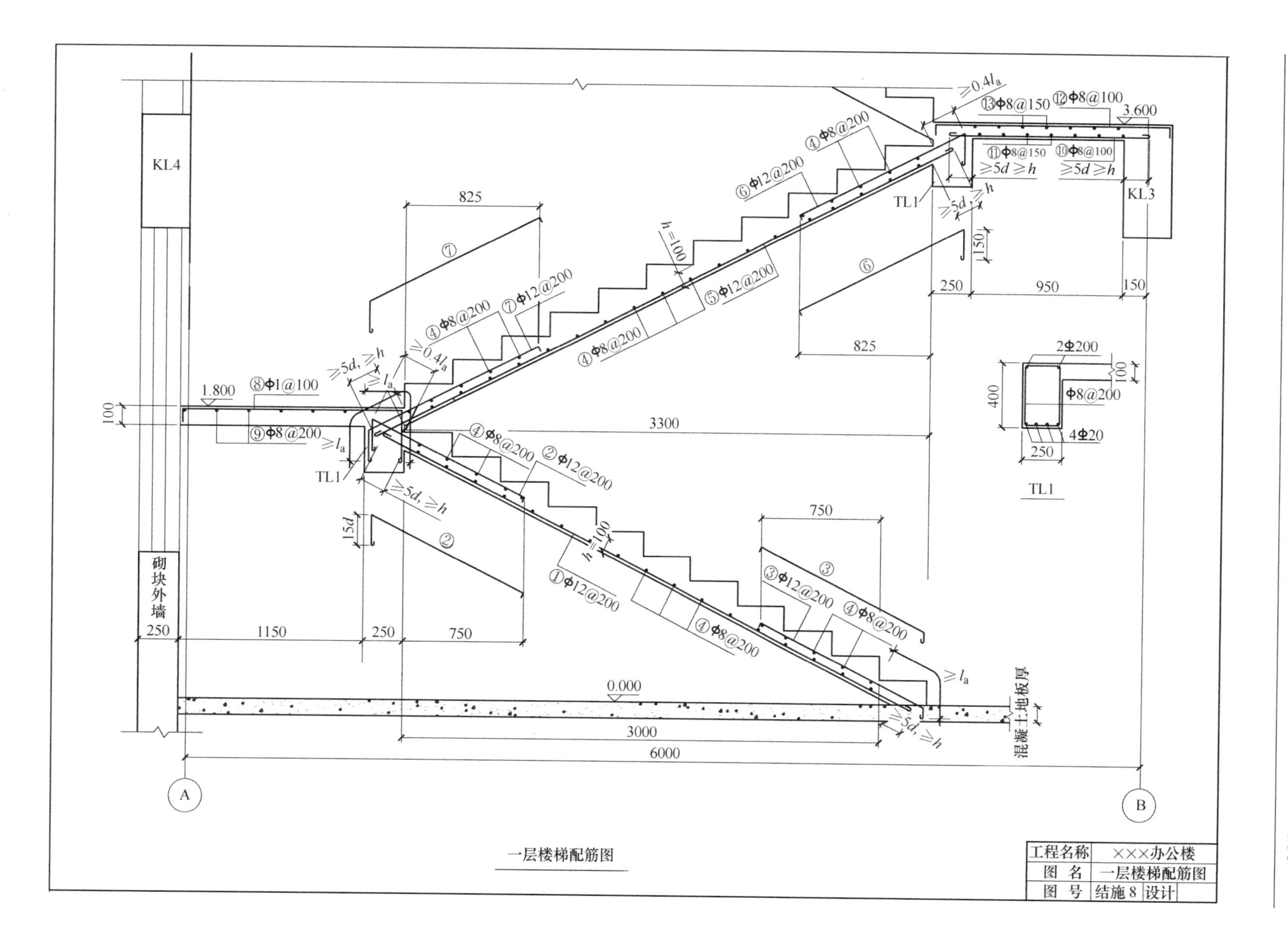
KL4
KL3
TL1
砌块外墙
混凝土地板厚
3.600
1.800
0.000
⑫Φ8@100
⑬Φ8@150
⑩Φ8@100
⑪Φ8@150
≥5d ≥h
≥0.4l_a
④Φ8@200
⑥Φ12@200
⑤Φ12@200
⑦Φ12@200
⑧Φ1@100
⑨Φ8@200
②Φ12@200
①Φ12@200
③Φ12@200
h=100
2Φ200
Φ8@200
4Φ20
825
250
950
150
3300
750
1150
3000
6000
400
100
15d
一层楼梯配筋图
工程名称 ×××办公楼
图名 一层楼梯配筋图
图号 结施8 设计

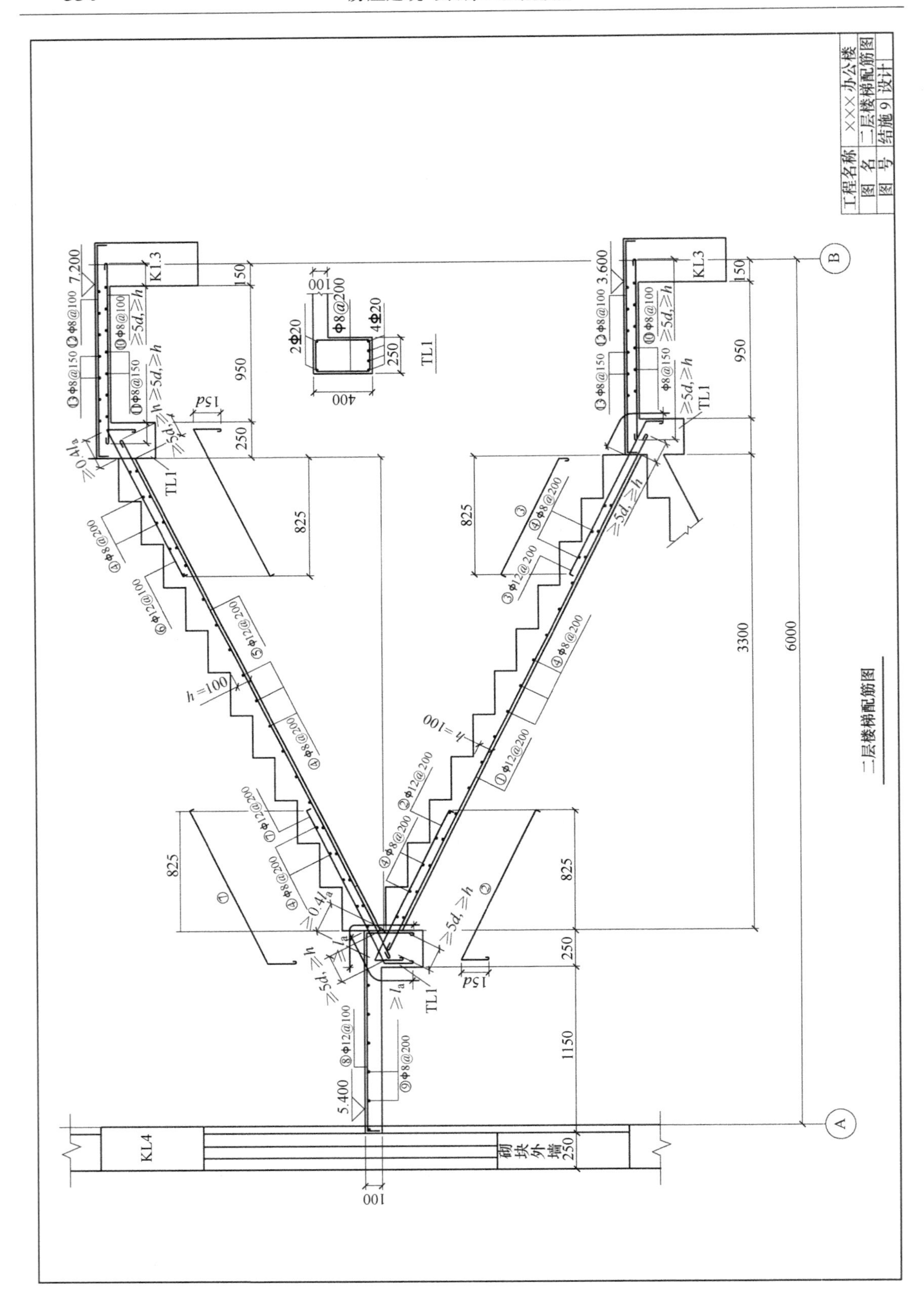
工程名称 ×××办公楼
图 名 二层楼梯配筋图
图 号 结施9 设计
二层楼梯配筋图
TL1
KL3
KL4
砌块外墙
7.200
3.600
5.400
825
950
250
150
1150
3300
6000
400
100

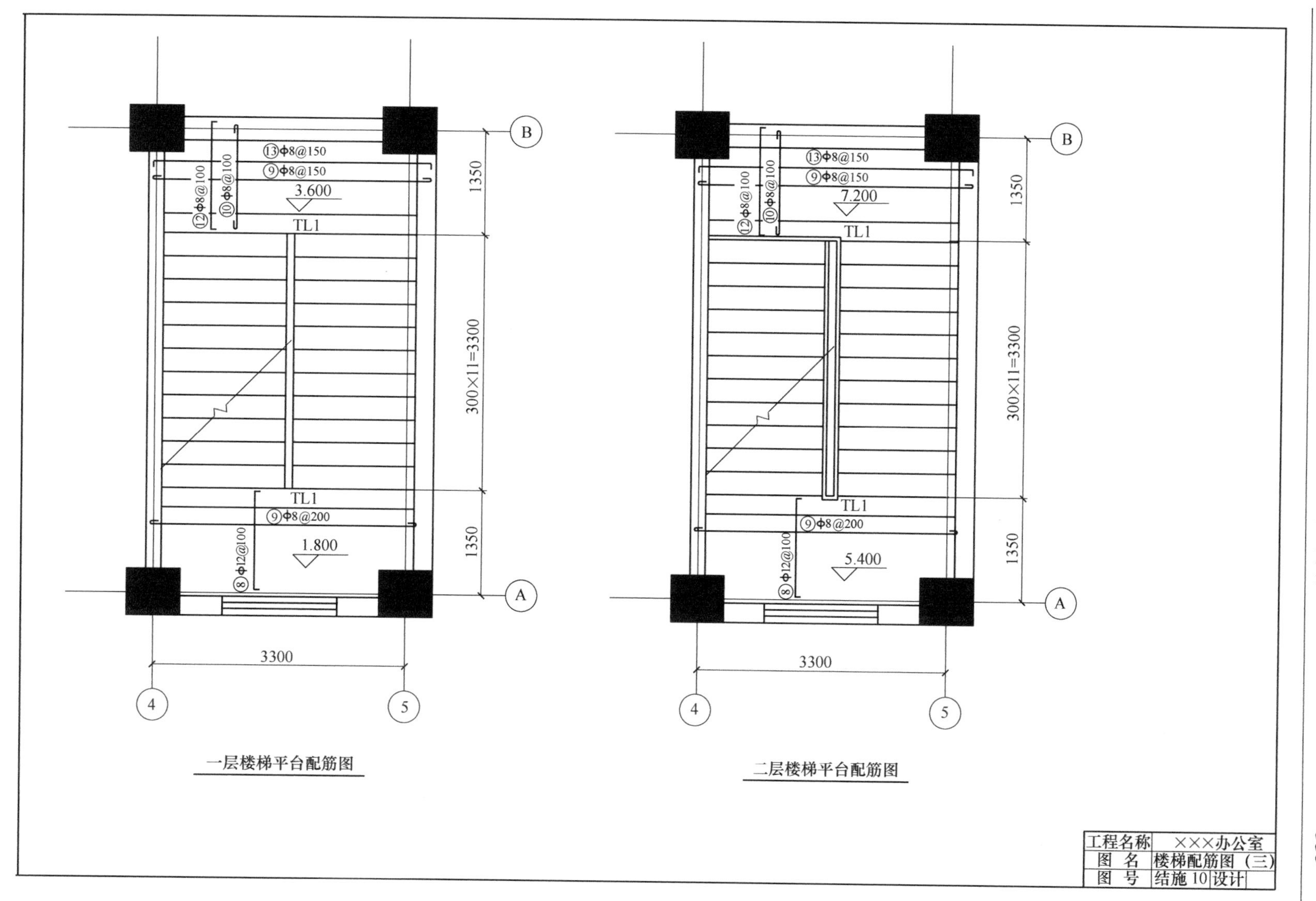

1350
300×11=3300
1350
3300
TL1
3.600
1.800
⑬Φ8@150
⑨Φ8@150
⑨Φ8@200
⑩Φ8@100
⑫Φ8@100
⑧Φ12@100
一层楼梯平台配筋图
1350
300×11=3300
1350
3300
TL1
7.200
5.400
⑬Φ8@150
⑨Φ8@150
⑨Φ8@200
⑩Φ8@100
⑫Φ8@100
⑧Φ12@100
二层楼梯平台配筋图
工程名称 ×××办公室
图 名 楼梯配筋图(三)
图 号 结施10设计

参 考 文 献

[1] 中国建筑标准设计研究院. 混凝土结构施工图平面整体表示方法制图规则和构造详图 [M]. 北京: 中国计划出版社, 2011.

[2] 郭静娟. 建设工程定额与概预算 [M]. 北京: 清华大学出版社, 2006.

[3] 中华人民共和国住房和城乡建设部. GB 50500—2013. 建设工程工程量清单计价规范 [S]. 北京: 中国计划出版社, 2013.

[4] 甘肃省建设厅. DBJD25-44-2013 甘肃省建筑与装饰工程预算定额 [M]. 北京: 中国建筑工业出版社, 2013.

[5] 甘肃省建设厅. DBJD25-45-2013 甘肃省建筑工程混凝土砂浆材料消耗量定额 [M]. 北京: 中国建筑工业出版社, 2013.

[6] 甘肃省造价管理总站. 甘肃省建设工程造价管理文件汇编——费用定额 [M]. 北京: 中国建筑工业出版社, 2013.